VMware vSphere 8 数据中心实战

何坤源　著

電子工業出版社
Publishing House of Electronics Industry
北京 · BEIJING

内 容 简 介

本书详细介绍了如何在生产环境中部署 VMware vSphere 8，针对生产环境的实际需求进行了全面分析和讲解。全书共分为 8 章，主要以实际操作为主，辅以理论知识的讲解。通过搭建各种物理环境，详细介绍了在企业生产环境中如何快速部署网络和存储，并针对 VMware vSphere 的特点提供了专业的解决方案。阅读本书后，读者可以迅速提高实际动手能力，同时本书也具有极强的可操作性和通俗易懂的特点。

本书不仅适合 VMware vSphere 8 虚拟化架构管理人员阅读，也适合其他虚拟化平台管理人员阅读参考。

图书在版编目（CIP）数据

VMware vSphere 8 数据中心实战 / 何坤源著.
北京 : 电子工业出版社, 2025. 9. -- ISBN 978-7-121-51283-4

Ⅰ. TP317

中国国家版本馆 CIP 数据核字第 2025UM5727 号

责任编辑：满美希（manmx@phei.com.cn）
印　　刷：三河市兴达印务有限公司
装　　订：三河市兴达印务有限公司
出版发行：电子工业出版社
　　　　　北京市海淀区万寿路 173 信箱　　邮编：100036
开　　本：787×1092　1/16　印张：19.25　字数：569 千字
版　　次：2025 年 9 月第 1 版
印　　次：2025 年 9 月第 1 次印刷
定　　价：98.00 元

凡所购买电子工业出版社图书有缺损问题，请向购买书店调换。若书店售缺，请与本社发行部联系，联系及邮购电话：（010）88254888，88258888。

质量投诉请发邮件至 zlts@phei.com.cn，盗版侵权举报请发邮件至 dbqq@phei.com.cn。

投稿及本书咨询联系方式：（010）88254590。

前　言

企业数据中心是企业 IT 基础设施的关键组成部分，它承载着企业的核心业务和数据。随着时间的推移，企业数据中心的规模和复杂性不断增加，面临诸如成本控制、灵活性、安全性和可靠性等多方面挑战。为了应对这些挑战，企业需要使用更高效、灵活和可靠的 IT 基础设施。在这样的背景下，应用虚拟化、容器化和云计算等技术逐渐成为企业 IT 基础设施建设的主要趋势。这些技术可以提高 IT 资源利用率、降低成本，并提高业务灵活性和可靠性等。

虚拟化技术是其中的核心技术之一。虚拟化技术可以将一台物理服务器虚拟化成多个独立的虚拟机，每个虚拟机可以运行不同的操作系统和应用程序，从而实现更加高效和灵活的 IT 资源利用。目前，比较常用的虚拟化产品有 VMware vSphere、Microsoft Hyper-V、Red Hat RHEV 等。作为云计算、大数据等技术的基础，服务器虚拟化起着不可替代的作用。虽然近年来 Docker、Kubernetes 等容器技术得到了广泛应用，但它们并不能取代虚拟化技术，特别是对服务器虚拟化部分。

为了适应市场变化，VMware 公司发布了 VMware vSphere 8.0，特别增加了软件定义网络 NSX 以及对 Kubernetes 的支持。作为一套成熟的虚拟化解决方案，VMware vSphere 8 通过整合数据中心服务器、灵活配置资源等方式，降低了运营成本。同时，在不增加成本的情况下，VMware vSphere 8 为用户提供了高可用性、灾难恢复等高级特性。

本书共分为 8 章，采用循序渐进的方式带领读者学习如何在企业中部署 VMware vSphere 8.0 虚拟化架构。希望本书能为 IT 从业人员在虚拟化部署中提供指导和参考。

本书涉及的知识点很多，由于作者水平有限，书中难免存在不妥和错误之处，敬请读者批评指正。如果有任何问题、意见或建议，欢迎发邮件到 heky@vip.sina.com 与作者联系、交流，或直接与本书编辑联系。

以下是作者的联系方式。

技术交流微信：bdnetlab

技术交流 QQ：44222798

技术交流 QQ 群：240222381

何坤源

目　录

第 1 章　安装配置 VMware ESXi 8.0

2022 年 8 月，VMware 发布了 VMware vSphere 8.0 版本，该版本被定义为企业级工作负载平台。新版本使用云服务增强现有的本地部署工作负载，满足现代分布式工作负载的吞吐量和延迟需求，有效缩短 IT 维护时段。本章将介绍 ESXi 8.0 的新增功能、部署方法以及升级到 ESXi 8.0 的相关知识。

1.1　安装 VMware ESXi 8.0

1.1.1　VMware vSphere 8.0 新特性

VMware vSphere 8.0 是一个全新的版本，引入了许多新功能，其中主要的新功能介绍如下。

1．云控制台

云控制台是 VMware vSphere 8.0 的核心升级功能之一，它融合了云计算的优势，能够管理分散的 VMware vSphere 架构。

2．管理员服务

管理员服务通过云控制台集中对基础架构进行运维，对警示和事件进行分类、评估全局清单，集中管理 ESXi 主机和 vCenter 生命周期。管理员服务能够快速更新 vCenter、执行回滚操作、检测配置偏差等。

3．附件云服务

通过附件云服务可以轻松获取有关 CPU、内存和存储使用情况的详细信息，了解容量可用情况以及集群还有多长时间耗尽容量。它能够对整个环境中运行工作负载所需的容量进行优化、规模调整和自动化处理，并针对未来的基础架构和工作负载需求进行容量规划。

4．分布式服务引擎

利用分布式服务引擎可以释放 CPU 内核性能，更好地推动更多的工作负载流量，从而提高性能加速基础架构功能。

5．支持 AI/ML 模型

VMware vSphere 8.0 支持复杂的 AI/ML 模型。VMware vSphere 7.0 支持 4 个 vGPU，VMware vSphere 8.0 支持 8 个 vGPU，使用多个 vGPU 能够加快模型训练速度。

6．生命周期管理

VMware vSphere 8.0 有效缩短了 IT 维护时间，同时 VMware vSphere 8.0 引入了环保指标，能够监控工作负载的能耗。

7．增强型内存监控和修复

通过将有关带宽、延迟和未命中率的内存统计数据考虑在内，优化工作负载布置。

8．提供对 IaaS 的自助式访问

云消费接口是一种 Web 界面的云服务，可以让 DevOps 团队轻松访问 vSphere IaaS，可用于对 Kubernetes 和云基础架构资源进行自助式访问，便于开发人员使用 API 和命令行。

9．利用 Tanzu Kubernetes Grid 2.0 提高部署灵活性

通过可用区提高容器化工作负载的恢复能力。使用 API 简化集群生命周期和软件包管理。

1.1.2 安装 ESXi 8.0 系统要求

目前市场上主流服务器的 CPU、内存、硬盘和网卡等都支持 VMware ESXi 8.0 的安装。需要注意的是，如果使用不兼容的机器，可能会出现无法安装的情况。VMware 官方推荐的硬件标准如下。

1．处理器

ESXi 8.0 对 CPU 提出了新的要求，不再支持 Intel 型号 2C (Westmere-EP)或 2F (Westmere-EX)之类的 CPU，推荐使用第四代 Intel Xeon 系列处理器。

2．内存

ESXi 8.0 要求物理服务器至少具有 8GB 内存，生产环境推荐使用 128GB 以上的内存，才能满足虚拟机的正常运行需求。

3．网卡

ESXi 8.0 要求物理服务器至少具有 2 个 1Gbit/s 的网卡，对于使用 Virtual SAN 软件定义存储的环境推荐 10GE 以上的网卡。

4．存储适配器

SCSI 适配器、光纤通道适配器、聚合的网络适配器、iSCSI 适配器或内部 RAID 控制器。

5．硬盘

ESXi 8.0 支持主流的 SATA、SAS、SSD 硬盘安装。由于需要创建 VMFS-L 分区，官方不再推荐在 SD 卡、U 盘等非硬盘介质上安装 ESXi 8.0。

对于硬件方面的详细要求，可以参考 VMware 官方网站《VMware 兼容性指南》。

1.1.3 全新安装 ESXi 8.0 系统

在 VMware 官方网站下载 VMware vSphere 8.0 安装软件。VMware vSphere 8.0 基础安装软件包括 ESXi 和 vCenter Server。未授权用户可以使用评估模式（60 天评估时间，具备完整功能）。下载相关文件后，就可以开始部署 VMware ESXi 8.0 系统了。本节操作为在 Dell 物理服务器上部署 VMware ESXi 8.0.0 系统。

1）挂载 ISO 文件并启动，启动完成后进入部署向导，按【Enter】键开始部署 VMware ESXi 8.0.0，ESXi 8.0.0 安装引导如图 1-1 所示。

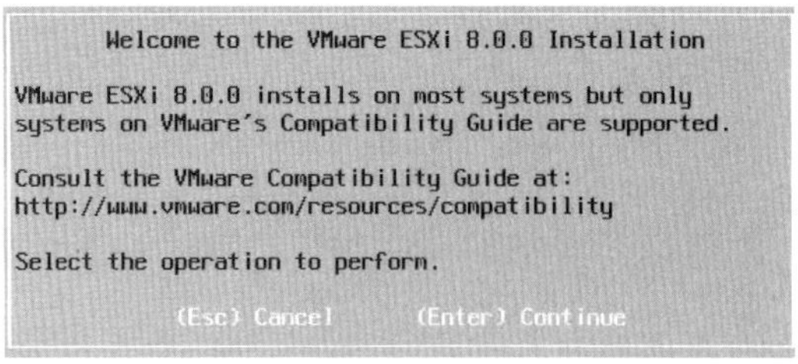

图 1-1　ESXi 8.0.0 安装引导

2）系统出现“End User License Agreement（EULA）”界面，如图 1-2 所示，也就是最终用户许可协议，按【F11】键接受“Accept and Continue”，接受许可协议。

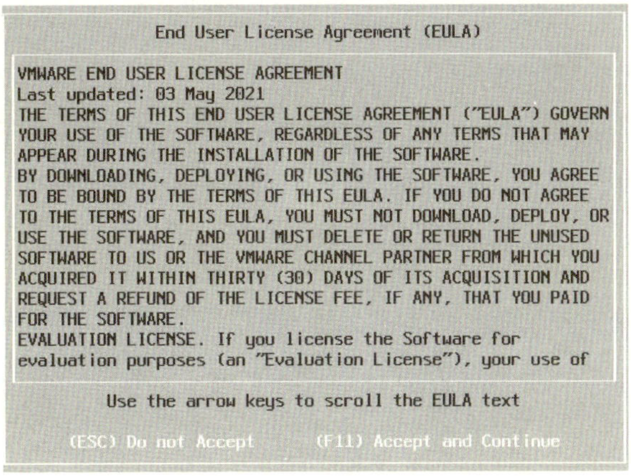

图 1-2　最终用户许可协议

3）选择安装介质，本节操作安装在本地硬盘上，如图 1-3 所示，按【Enter】键继续下一步操作。

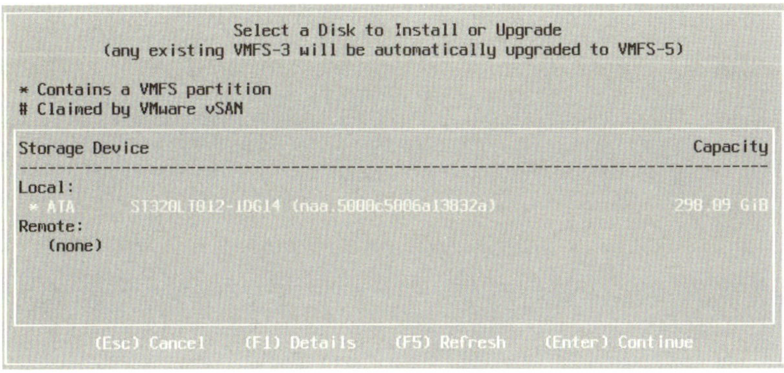

图 1-3　选择安装介质

4）服务器硬盘如果安装有其他版本的 ESXi 系统，系统会进行检测，提示选择升级安装或者全新安装，本节操作选择全新安装，如图 1-4 所示，按【Enter】键继续下一步操作。

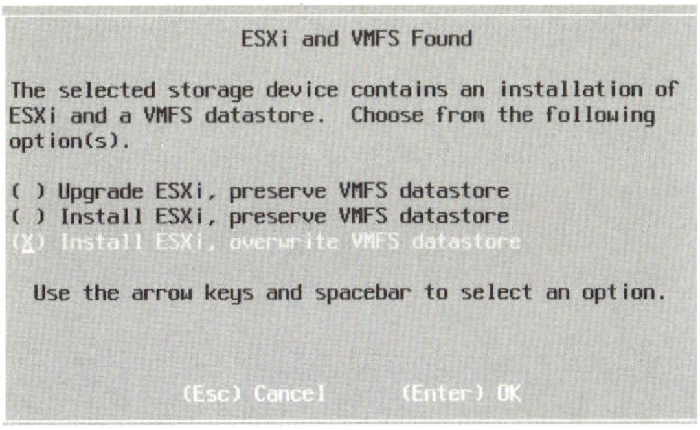

图 1-4　系统检测到其他版本的 ESXi

参数解释。

- Upgrade ESXi，preserve VMFS datastore

升级安装，保留 VMFS 存储文件及配置。

- Install ESXi，preserve VMFS datastore

全新安装，保留 VMFS 存储文件及配置。

- Install ESXi，overwrite VMFS datastore

全新安装，清空 VMFS 存储文件及配置。

5）选择键盘类型，选择“US Default”，默认美国标准，如图 1-5 所示，按【Enter】键继续下一步操作。

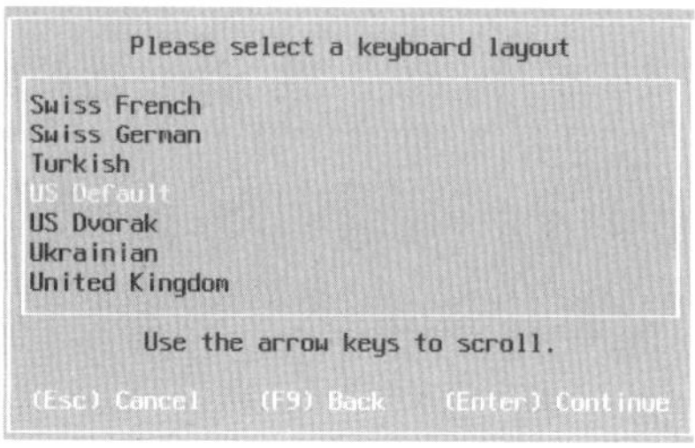

图 1-5　选择键盘类型

6）配置 root 用户的密码，根据实际情况输入，如图 1-6 所示，按【Enter】键继续下一步操作。

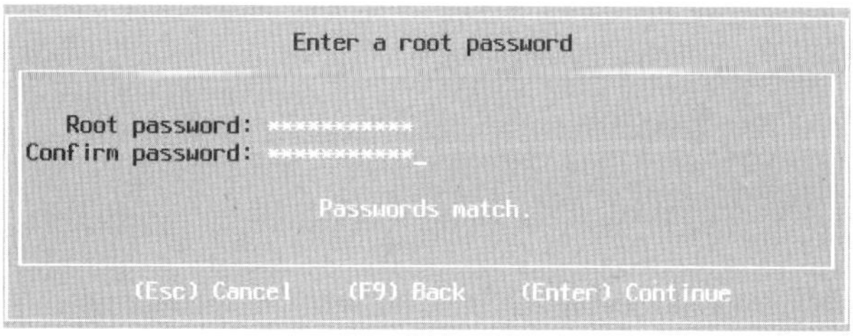

图 1-6　配置 root 用户的密码

7）物理服务器使用的 Intel Xeon E5 2620 CPU，会出现 CPU 警告提示，但仍可以安装部署，如图 1-7 所示，按【Enter】键继续下一步操作。

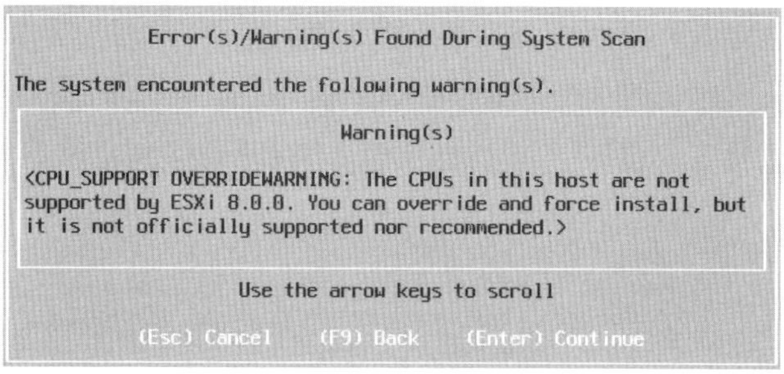

图 1-7　CPU 警告提示

8）确认开始安装 ESXi 8.0.0，如图 1-8 所示，按【F11】键开始安装。

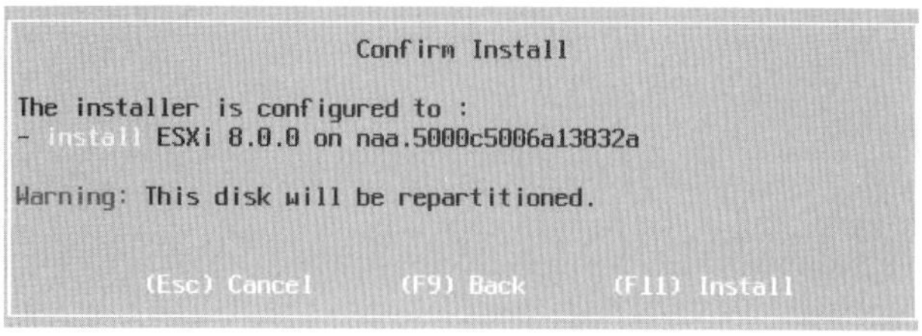

图 1-8　确认开始安装 ESXi 8.0.0

9）开始安装 ESXi 8.0.0，如图 1-9 所示。

10）安装的时间取决于服务器的性能，等待一段时间后即可完成 ESXi 8.0.0 的安装，如图 1-10 所示，按【Enter】键重启服务器。

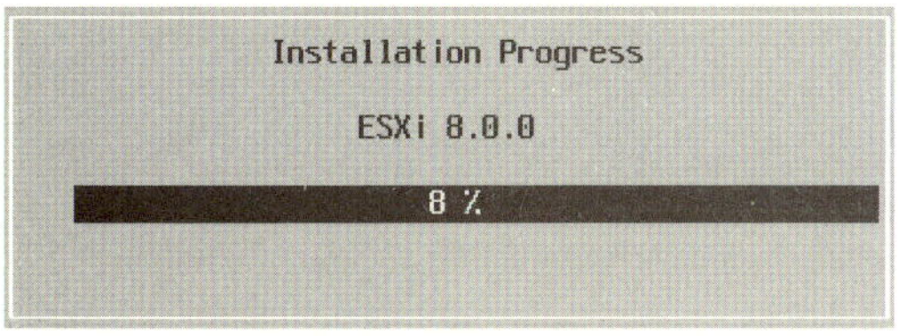

图 1-9　开始安装 ESXi 8.0.0

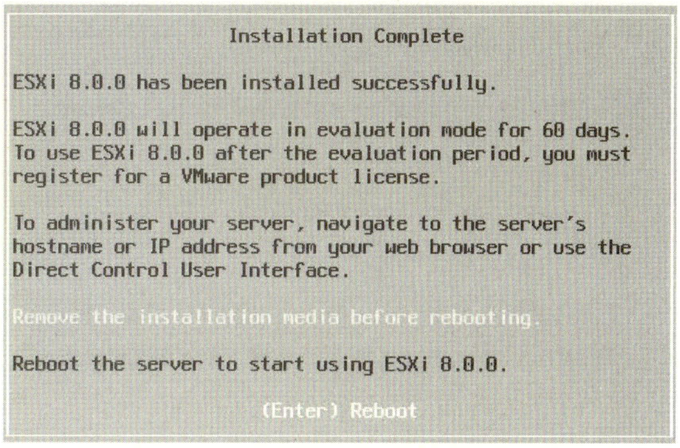

图 1-10　完成 ESXi 8.0.0 的安装

11）服务器重启完成后，进入 ESXi 8.0.0 控制台界面，如图 1-11 所示，按【F2】键输入 root 用户密码进入主机配置模式。

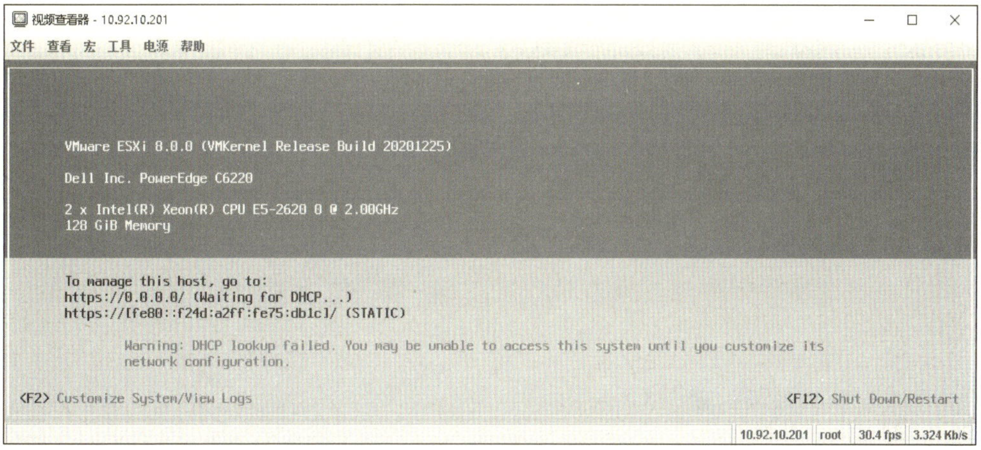

图 1-11　ESXi 8.0.0 控制台界面

12）“Configure Management Network”用于配置管理网络，如图 1-12 所示。

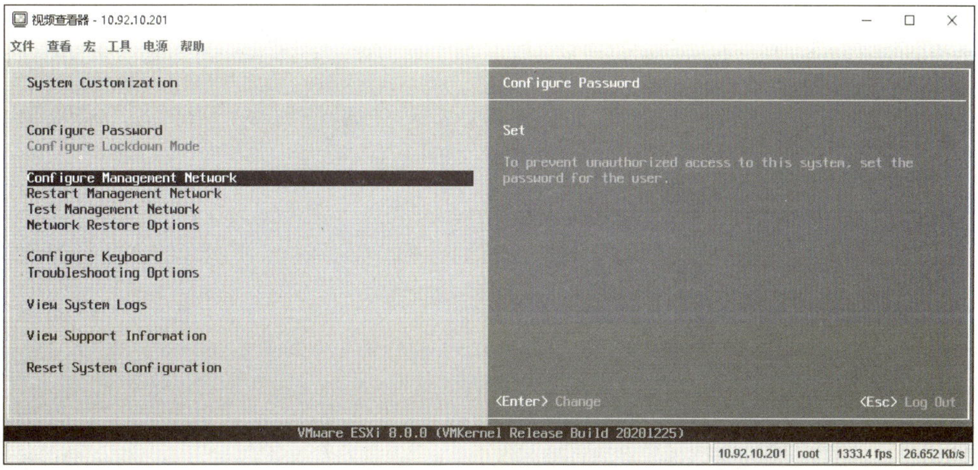

图 1-12　配置管理网络

13）“Network Adapters”用于选择网络适配器，如图 1-13 所示。

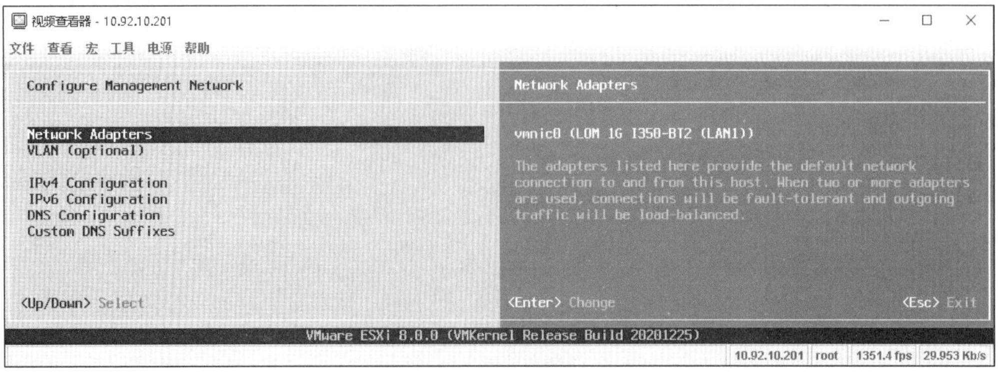

图 1-13　选择网络适配器

14）“IPv4 Configuration”用于配置 IP 地址，如图 1-14 所示，生产环境可根据实际情况选择使用模式，配置完成后按【Enter】键确定。

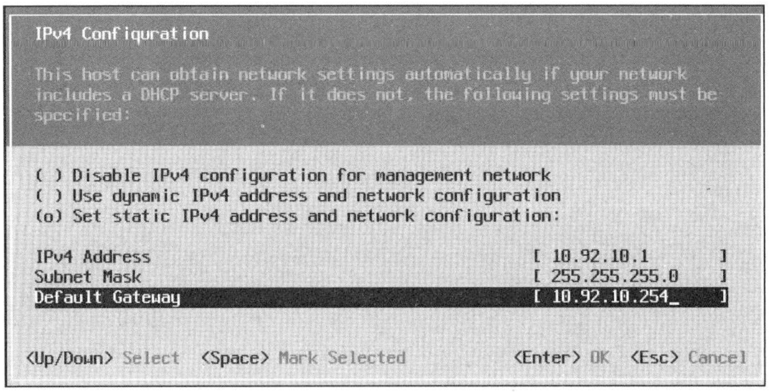

图 1-14　配置 IP 地址

15）完成主机 IP 配置，如图 1-15 所示。

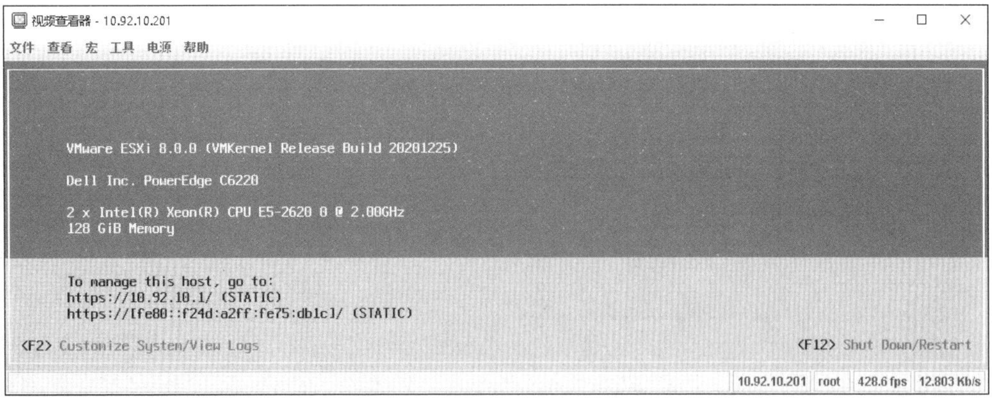

图 1-15　完成主机 IP 配置

16）使用浏览器访问 ESXi 8.0.0 主机，输入用户名和密码，如图 1-16 所示，单击“登录”按钮登录 ESXi 8.0.0 主机。

17）出现“加入 VMware 客户体验改进计划”提示，如图 1-17 所示，根据实际情况勾选是否加入该计划。

图 1-16　登录 ESXi 8.0.0 主机

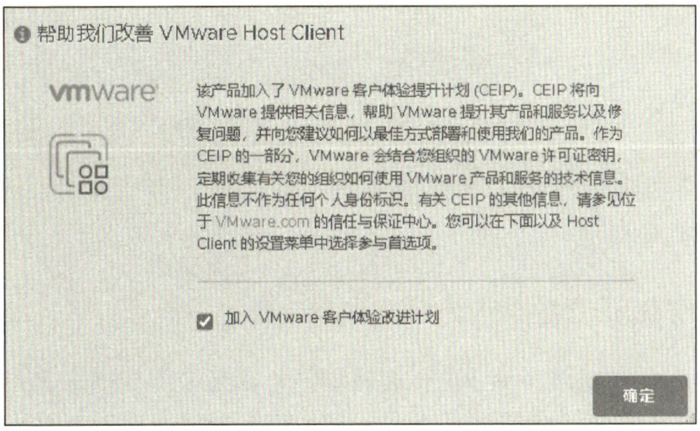

图 1-17　勾选是否加入 VMware 客户体验改进计划

18）进入 ESXi 8.0.0 主机操作界面，如图 1-18 所示，在主机操作界面中可以进行基本的配置，要想实现更多的功能需要使用 vCenter Server。

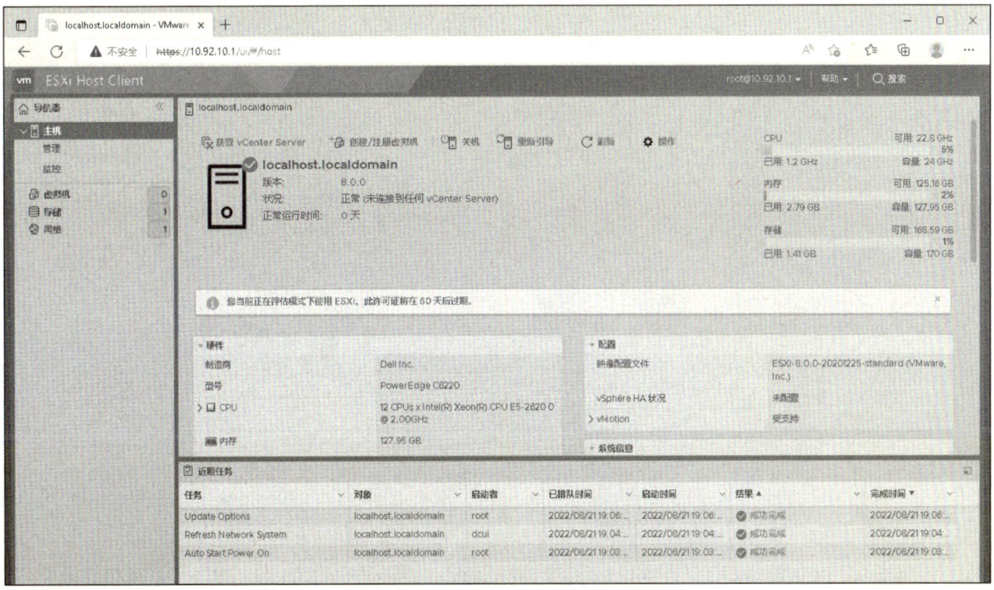

图 1-18　ESXi 8.0.0 主机操作界面

19）查看 ESXi 8.0.0 主机详细的硬件等信息，如图 1-19 所示。

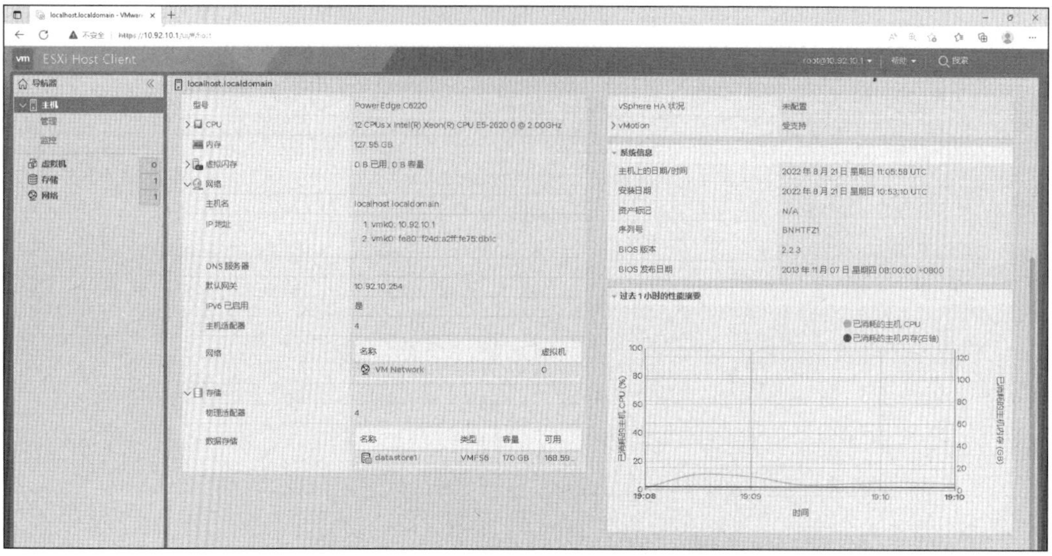

图 1-19　查看 ESXi 8.0.0 主机详细的硬件信息

至此，使用物理服务器部署 ESXi 8.0.0 系统已经完成。需要注意的是，物理服务器的 CPU 是否支持 ESXi 8.0.0 系统安装。

1.1.4　ESXi Host Client 介绍

ESXi Host Client 是由 VMware 定义的、通过浏览器直接访问和操作 ESXi 主机的 Web 管理界面。在生产环境中，我们需要熟练掌握其参数选项。下面对其界面进行介绍并说明。

1. “系统”菜单“高级设置”界面

用于配置 ESXi 主机高级选项，类似于 Windows 操作系统注册表。不建议初学者修改高级设置相关参数。“高级设置”界面如图 1-20 所示。

图 1-20　“高级设置”界面

2. “系统”菜单“自动启动”界面

用于配置虚拟机自动开机及关机，如图 1-21 所示。在生产环境中可以定义虚拟机随 ESXi 主机开机自动启动或关机功能。

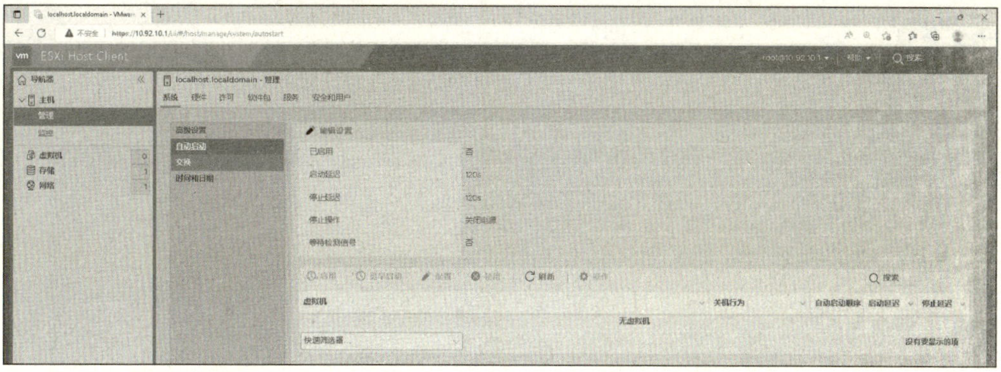

图 1-21 “自动启动”界面

3.“系统”菜单“交换”界面

用于配置 ESXi 主机缓存，如图 1-22 所示。

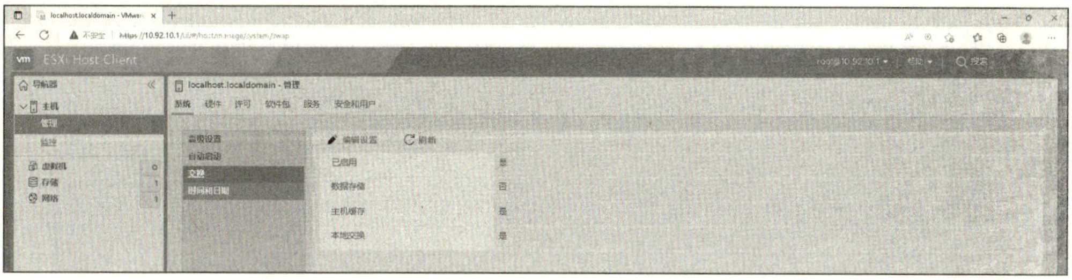

图 1-22 “交换”界面

4.“系统”菜单“时间和日期”界面

用于配置 ESXi 主机时间和日期，支持 NTP 和 PTP 配置，如图 1-23 所示。在生产环境中推荐配置 NTP 同步 ESXi 主机及虚拟机时间，“编辑 NTP 设置”界面如图 1-24 所示。

图 1-23 “时间和日期”界面

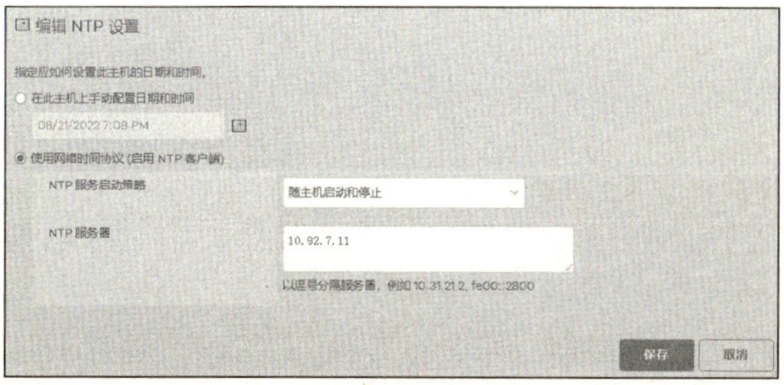

图 1-24 “编辑 NTP 设置”界面

5. “硬件”菜单“PCI 设备”界面

可以配置物理服务器硬件直通虚拟机使用，如图 1-25 所示。

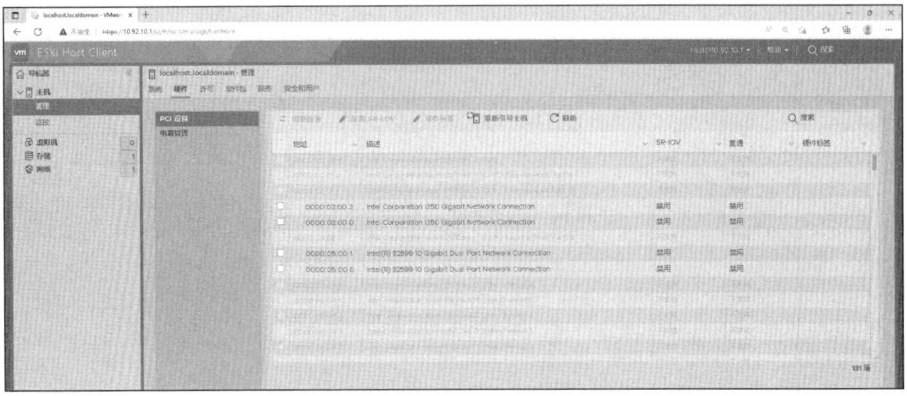

图 1-25 “PCI 设备”界面

6. “许可”菜单

用于添加分配 ESXi 许可证，ESXi 8.0.0 许可信息如图 1-26 所示。

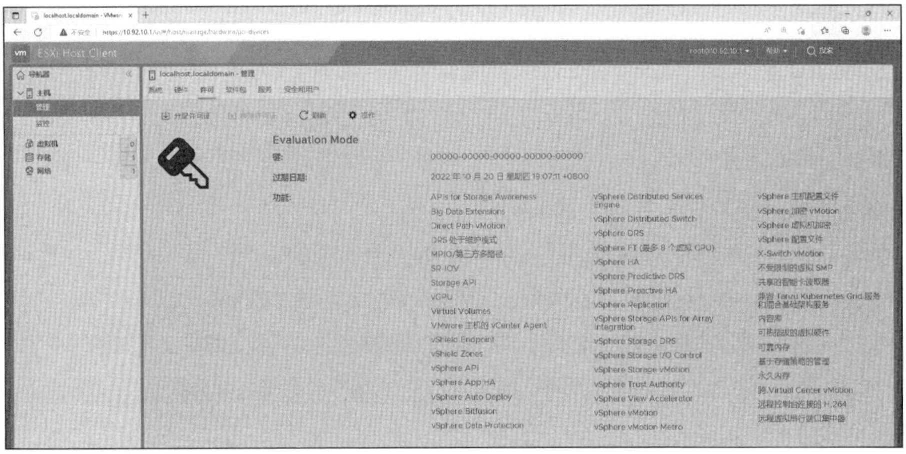

图 1-26 ESXi 8.0.0 许可信息

7. “软件包”菜单

用于查看 ESXi 主机已安装的软件，也可以在此菜单中更新软件包，如图 1-27 所示。

图 1-27 “软件包”菜单

8. “服务”菜单

用于查看 ESXi 主机运行的各种服务，可以手动启动、停止或重新启动，如图 1-28 所示。

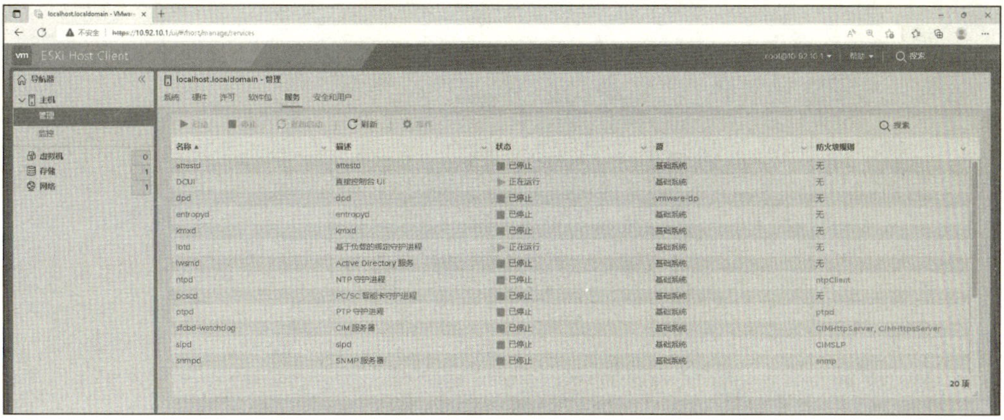

图 1-28　“服务”菜单

9. “安全和用户”菜单

用于配置 ESXi 主机安全以及用户相关信息，如图 1-29 所示。

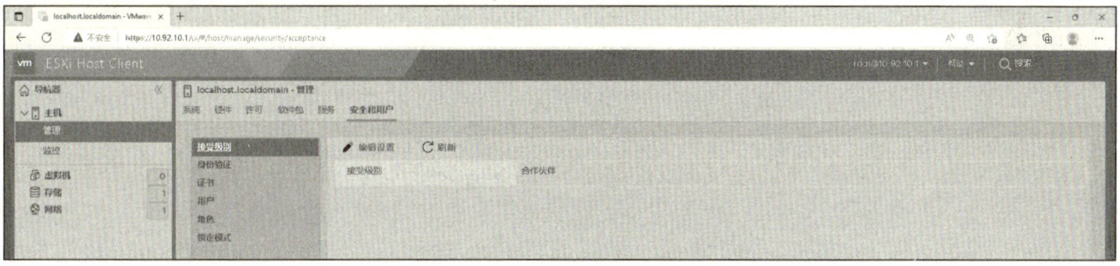

图 1-29　“安全和用户”菜单

10. “监控”选项“性能”菜单

用于监控 ESXi 主机 CPU 等硬件使用情况，如图 1-30 所示。

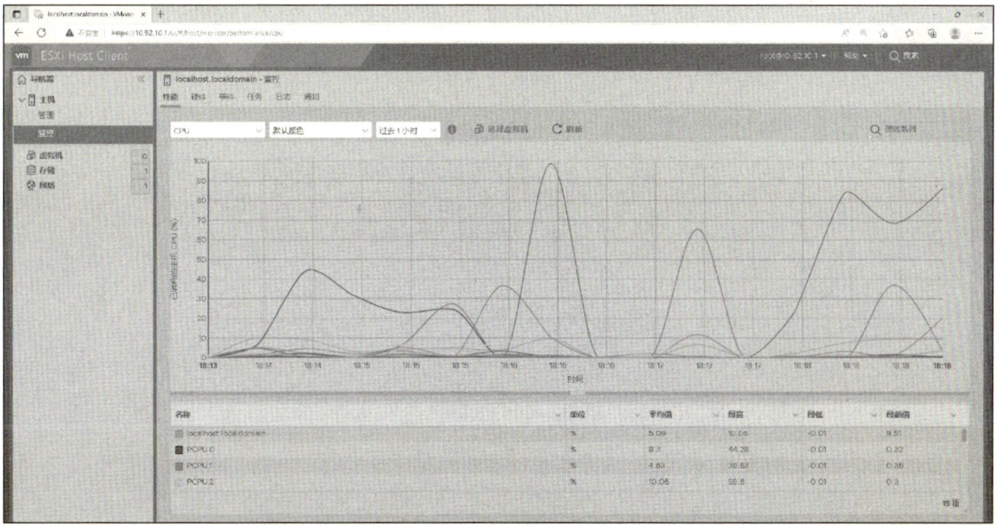

图 1-30　“性能”菜单

11. “监控”选项“硬件”菜单“系统传感器”界面

用于收集 ESXi 主机硬件运行状况，如图 1-31 所示。

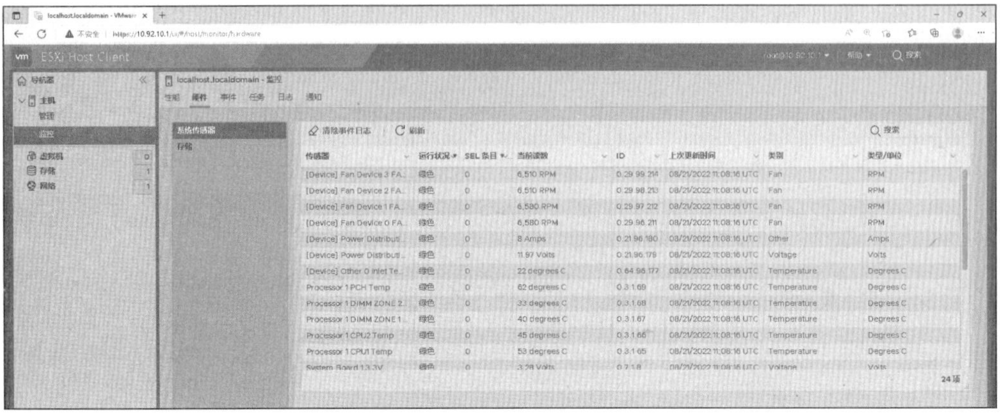

图 1-31 “系统传感器”界面

12. “监控”选项“事情”菜单

用于收集 ESXi 主机的各种事件信息，如图 1-32 所示。

图 1-32 “事件”菜单

13. “监控”选项“任务”菜单

用于查看 ESXi 主机运行的任务状况，如图 1-33 所示。

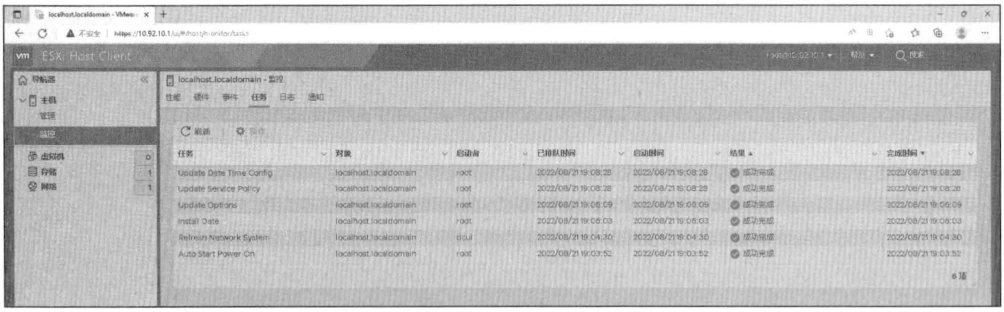

图 1-33 “任务”菜单

14. “监控”选项“日志”菜单

用于收集 ESXi 主机运行日志，可以生成支持包并提交给 VMware 处理，如图 1-34 所示。

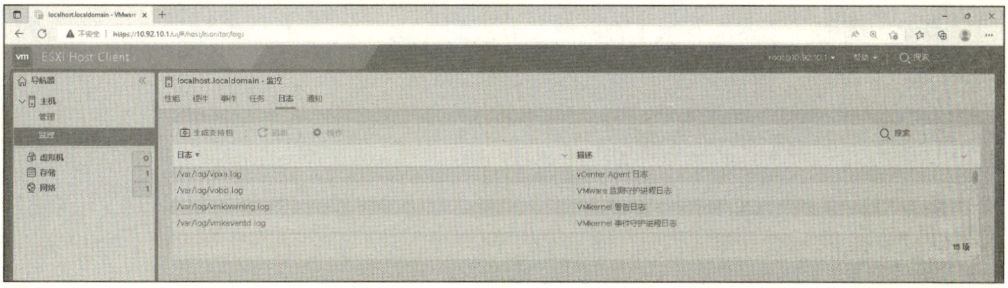

图 1-34　“日志”菜单

15.“虚拟机”选项

用于查看 ESXi 主机运行的虚拟机，如图 1-35 所示。

图 1-35　“虚拟机”选项

16.“存储”选项

用于查看 ESXi 主机存储情况，如图 1-36 所示。

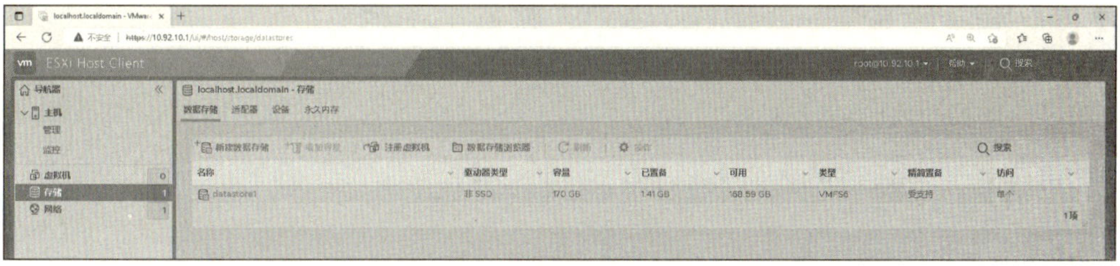

图 1-36　“存储”选项

17.“网络”选项

用于查看 ESXi 主机网络情况，如图 1-37 所示。

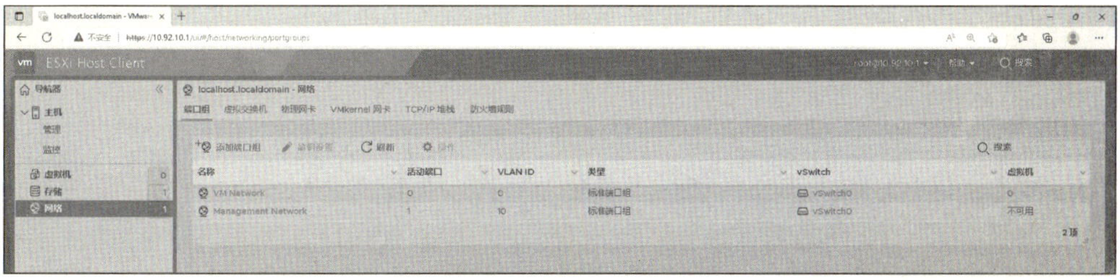

图 1-37　“网络”选项

1.2　升级其他版本至 ESXi 8.0

系统升级在生产环境中是常见的操作，但任何升级操作都存在一定的风险。升级需要注意原

ESXi 主机版本，因为并不是所有版本都能直接升级到 ESXi 8.0。下面将介绍如何从 ESXi 7.0 升级到 ESXi 8.0。

1.2.1　升级 ESXi 主机的注意事项

从其他版本升级到 ESXi 8.0 需要注意多个问题，在升级前建议做好虚拟机备份工作或将虚拟机迁移到其他 ESXi 主机。

1. 许可问题

在升级前必须确认是否有新的许可证，现有的 ESXi 7.0 许可证不能直接用于 ESXi 8.0。

2. 硬件问题

ESXi 8.0 对硬件提出了新的要求，老的服务器硬件可能不支持升级部署，具体参考本书 1.1.2 节内容。

3. 版本问题

ESXi 7.X 之前的任何版本均无法直接升级到 ESXi 8.0。此类主机建议在核实硬件是否支持后进行全新安装。

1.2.2　升级 ESXi 7.0 至 ESXi 8.0

本节演示从 ESXi 7.0.3 升级到 ESXi 8.0.1，ESXi 7.0.3 使用的版本号为 19482537。

1）登录 ESXi 7.0 控制台，查看 ESXi 版本为 7.0.3，如图 1-38 所示。

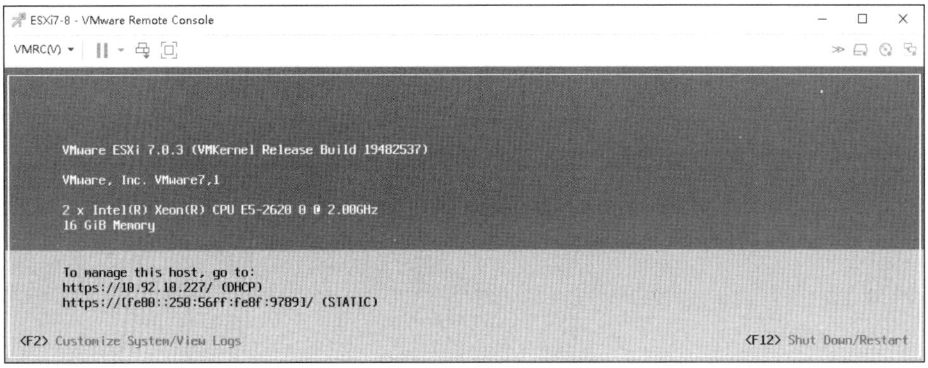

图 1-38　查看 ESXi 版本

2）挂载好 ESXi 8.0.1，安装 ISO 镜像，重新启动 ESXi 主机进行引导模式，如图 1-39 所示。

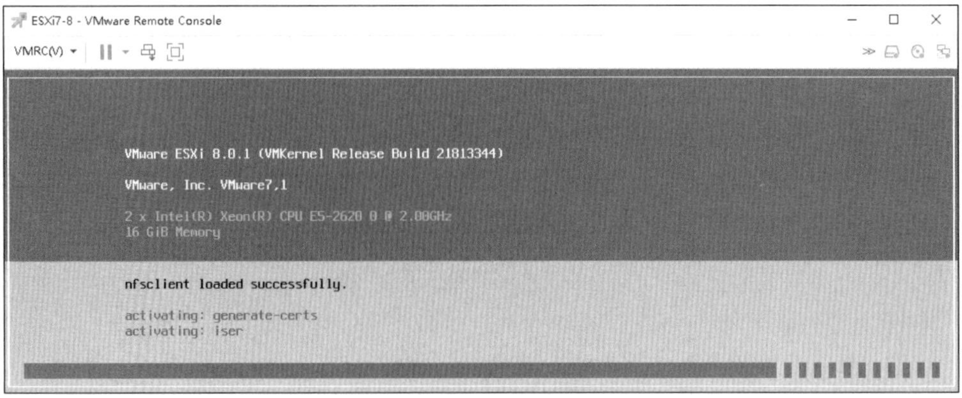

图 1-39　重新启动 ESXi

3）进入 ESXi 8.0.1 部署向导界面，如图 1-40 所示，按【Enter】键开始部署 VMware ESXi 8.0.1。

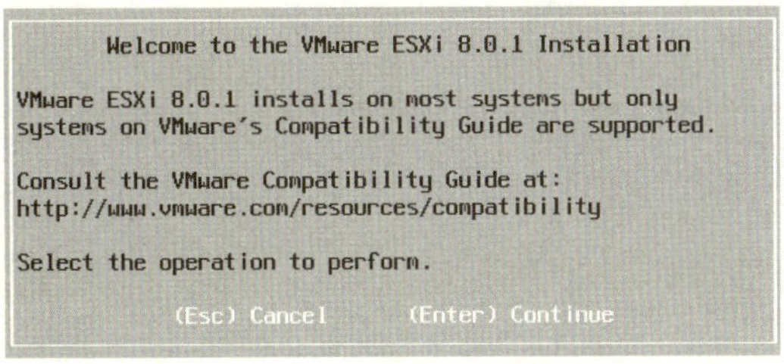

图 1-40　ESXi 8.0.1 部署向导界面

4）选择安装介质（部署使用的硬盘），如图 1-41 所示。

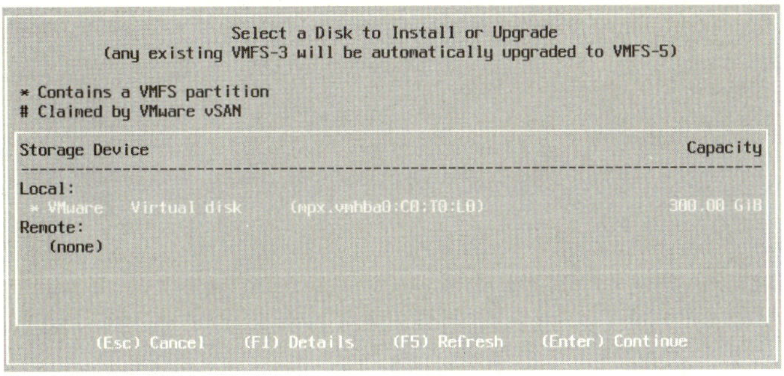

图 1-41　选择安装介质

5）系统进行自检，因为服务器已部署 ESXi 7.0，所以系统提示选择升级还是全新安装，如图 1-42 所示，选择 Upgrade ESXi 进行升级安装，同时保留 VMFS 存储以及配置。

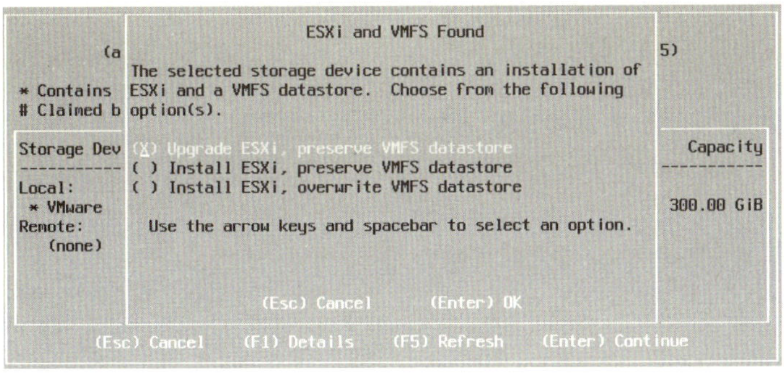

图 1-42　升级 ESXi

6）系统提示升级完成，如图 1-43 所示，完成升级操作后按【Enter】键重启服务器。

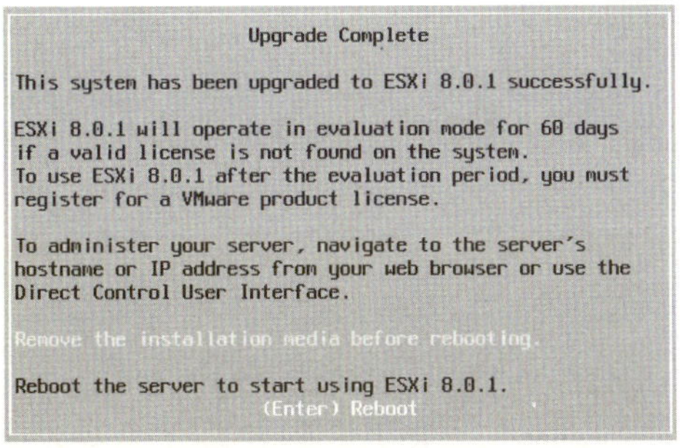

图 1-43　升级完成

7）进入升级后的服务器控制台，可以看到版本已经升级至 ESXi 8.0.1，如图 1-44 所示。

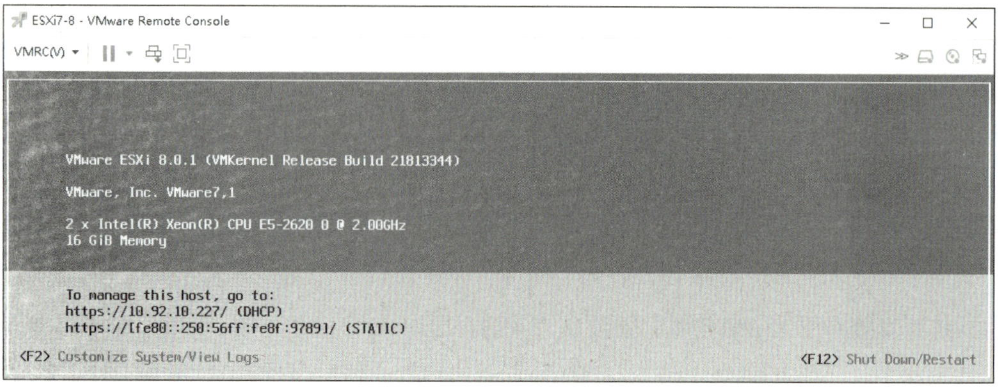

图 1-44　查看升级后的服务器控制台

至此，升级 ESXi 7.0.3 至 ESXi 8.0.1 完成，整体操作类似于全新部署。

1.3　本章小结

在本章中，我们介绍了 VMware vSphere 8.0 新版本的特性，并详细讨论了全新部署 ESXi 8.0 以及进行其他版本的升级操作的步骤。对于具有一定虚拟化基础知识的用户来说，整体部署过程相对简单。然而，在生产环境中进行部署和升级时，需要注意一些老的服务器是否支持新版本，并且在升级过程中必须密切关注虚拟机的备份，或将其迁移到其他 ESXi 主机上，以便在出现问题时可以快速回滚。因此，在实际操作中需要特别谨慎，以确保整个过程顺利进行。

第2章　部署和配置 vCenter Server 8.0

VMware vSphere 虚拟化架构中的核心管理工具是 vCenter Server，它是整个 VMware 产品体系的核心，后续的云计算、监控、自动化运维等产品都需要 vCenter Server 的支持。vCenter Server 8.0 引入了 VMware vSphere +以及其他新的功能和特性。本章介绍如何部署、升级 vCenter Server 8.0。

2.1　vCenter Server 介绍

利用 vCenter Server，可以集中管理多台 ESXi 主机及其虚拟机。安装、配置和管理 vCenter Server 不当可能会导致管理效率降低，或者致使 ESXi 主机和虚拟机停机。

2.1.1　vCenter Server 概述

在 VMware vSphere 架构中，可以在 ESXi 主机上部署 vCenter Server Appliance 虚拟机（简称 VCSA）。vCenter Server Appliance 是预配置的基于 Linux 的虚拟机，已针对运行的服务及组件进行了优化，可以实现多个高级功能，如 DRS、HA、Fault Tolerance、vMotion 和 Storage vMotion。

vCenter Server 体系架构依赖于以下组件。

1．vSphere Client

使用客户端连接到 vCenter Server，可以集中管理 ESXi 主机。从 VMware vSphere 7.0 开始，VMware 只提供基于 H5 方式的 Web 浏览器访问 vSphere Client。

2．vCenter Server 数据库

vCenter Server 数据库是最重要的组件之一。数据库用于存储 vCenter Server 清单项、安全角色、资源池、性能数据以及其他重要信息。

3．托管主机

可以使用 vCenter Server 管理 ESXi 主机和在这些主机上运行的虚拟机。

2.1.2　关于 SSO

SSO（vCenter Single Sign On，vCenter 单点登录）本质上是在 vSphere 应用和认证源之间的一个安全交互组件。在过去的版本里，当用户在尝试登录基于活动目录授信的 vCenter Server 时，输入的用户名和密码，将会直接提交到活动目录进行校验。这样做的好处是优化了访问速率，但缺点是 vCenter Server 之类的应用直接可以读取到活动目录信息，可能导致潜在的活动目录安全性问题；另外，由于 vSphere 构建下的周边组件越来越多，每个设备都需要和活动目录通信，因此，带来的管理工作也较以往更复杂。在这个背景下，SSO 的出现，要求所有基于或与 vCenter Server 有关联的组件在访问域前，先访问 SSO，这样一来，除了解决逻辑安全性问题，还降低了用户的访问零散性，加强了访问的集中转发和变相保障了活动目录的安全性。

2.1.3 关于 VMware vSphere +

传统的本地部署数据中心在经济性、网络带宽、延迟敏感性、数据隐私或主权、法规遵从性以及重构和迁移的技术复杂性等各个方面更胜一筹，企业更偏爱使用它们来运行许多工作负载，这些工作负载可以通过云服务提高效率。企业需要帮助 IT 管理员、开发团队和业务决策者，将本地部署的全部优势发挥到极致。通过部署 VMware vSphere +可以实现从本地部署基础架构到云服务的转型。

2.1.4 关于增强型链接模式

使用增强型链接模式可以登录单个 vCenter Server，管理组中所有的 vCenter Server。但是无法在部署 vCenter Server 后创建增强型链接模式组。需要注意的是，vCenter Server 8.0 已弃用外部 Platform Services Controller。增强型链接模式提供以下功能特性。

- 可以通过单个用户名和密码同时登录所有链接的 vCenter Server。
- 可以在 vSphere Client 中查看和搜索所有链接的 vCenter Server 清单。
- 角色、权限、许可证、标记和策略在链接的 vCenter Server 之间复制。

要在增强型链接模式下加入 vCenter Server，请将 vCenter Server 连接到同一 SSO 域。另外，增强型链接模式需要 vCenter Server Standard 许可级别，vCenter Server Foundation 或 Essentials 不支持此模式。

2.1.5 关于 vCenter Server 的可扩展性

vCenter Server 8.0 具有很高的可扩展性，具体如表 2-1 所示。

表 2-1 vCenter Server 8.0 可扩展性

指 标	支 持 数 量
每个 vCenter Server 支持的主机数	2500
每个 vCenter Server 支持的启动虚拟机数	40000
每个 vCenter Server 支持的注册虚拟机数	45000
每个集群支持的主机数	96
每个集群支持的虚拟机数	8000

2.2 部署 vCenter Server 8.0

2.2.1 部署 vCenter Server 8.0 的准备工作

自 vCenter Server 7.0 开始不再发布基于 Windows 的版本，仅发布基于 Linux 的版本。整体来说，其部署难度非常小，但也有不少用户在部署过程中出现各种问题，在部署前认真检查一下准备工作是否做好，笔者整理了以下几点。

1. 检查是否从正规渠道下载安装文件

推荐从官方下载安装文件，这样可以保证文件不被修改以及不存在隐藏病毒等，不推荐使用不明来源的文件部署。

2. 关于 DNS 服务器问题

生产环境推荐使用 DNS 服务器，但如果环境中没有 DNS 服务器，可以在部署过程中使用 IP

地址，但可能会有报错提示。

2.2.2　在生产环境中部署 vCenter Server 8.0

部署 vCenter Server 不需要单独安装 Linux 操作系统，在部署过程中会创建深度定制的 Linux 系统虚拟机。

1）运行 vCenter Server 安装程序，其安装界面如图 2-1 所示，选择“安装”。

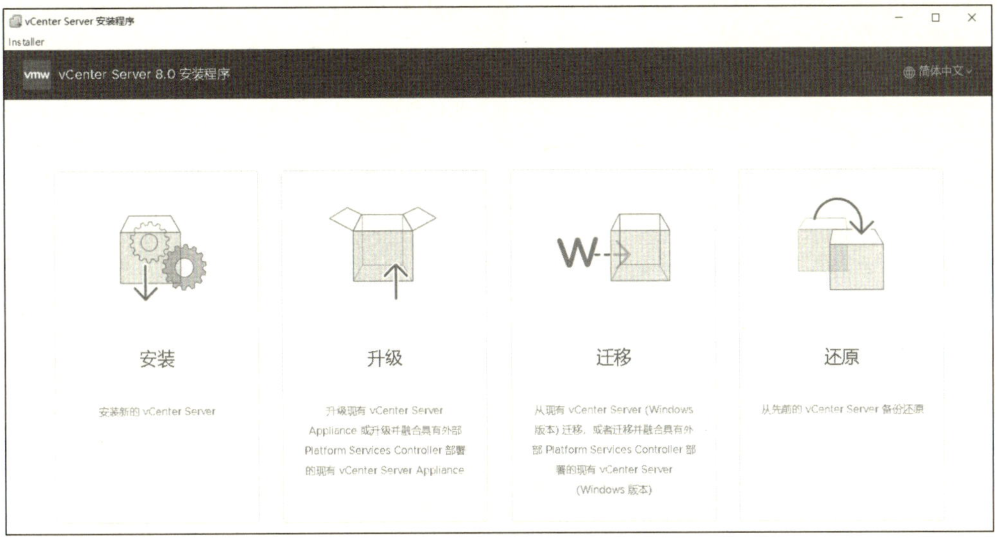

图 2-1　vCenter Server 安装界面

2）安装分为 2 个阶段，第 1 阶段安装向导如图 2-2 所示。每个阶段都不出现问题才能保证最后正确安装，单击“下一步”按钮。

图 2-2　vCenter Server 第 1 阶段安装向导

3）勾选“我接受许可协议条款。”，如图 2-3 所示，单击“下一步”按钮。

图 2-3　接受许可协议

4）指定 vCenter Server 虚拟机运行的 ESXi 主机或 vCenter Server，输入 HTTPS 端口、用户名、密码，如图 2-4 所示，单击“下一步”按钮。

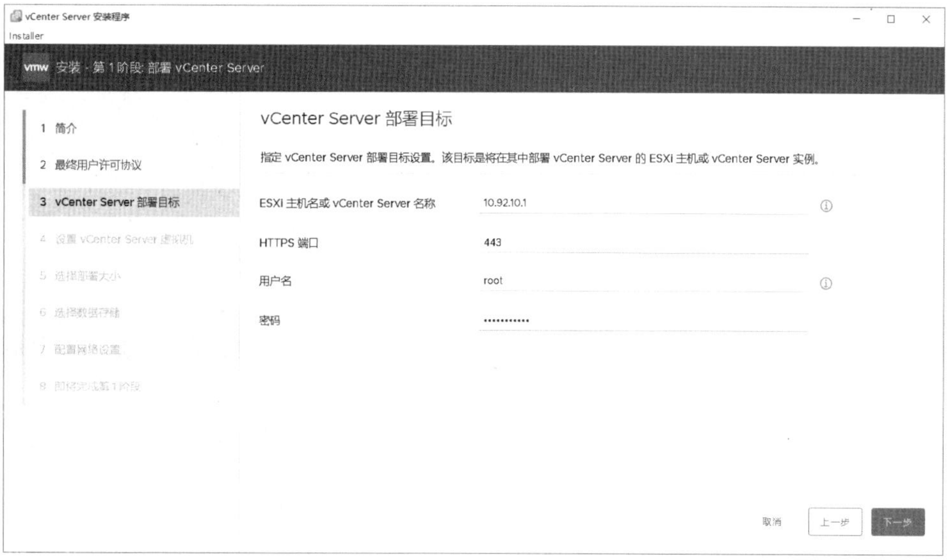

图 2-4　配置运行 vCenter Server 的 ESXi 主机

5）出现 SSL 证书警告，如图 2-5 所示，单击“是”按钮接受并继续。

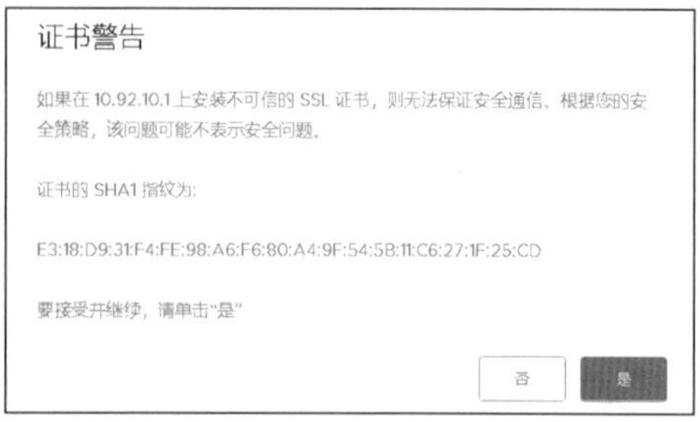

图 2-5　SSL 证书警告

6）设置虚拟机名称及 root 密码，如图 2-6 所示，单击“下一步”按钮。

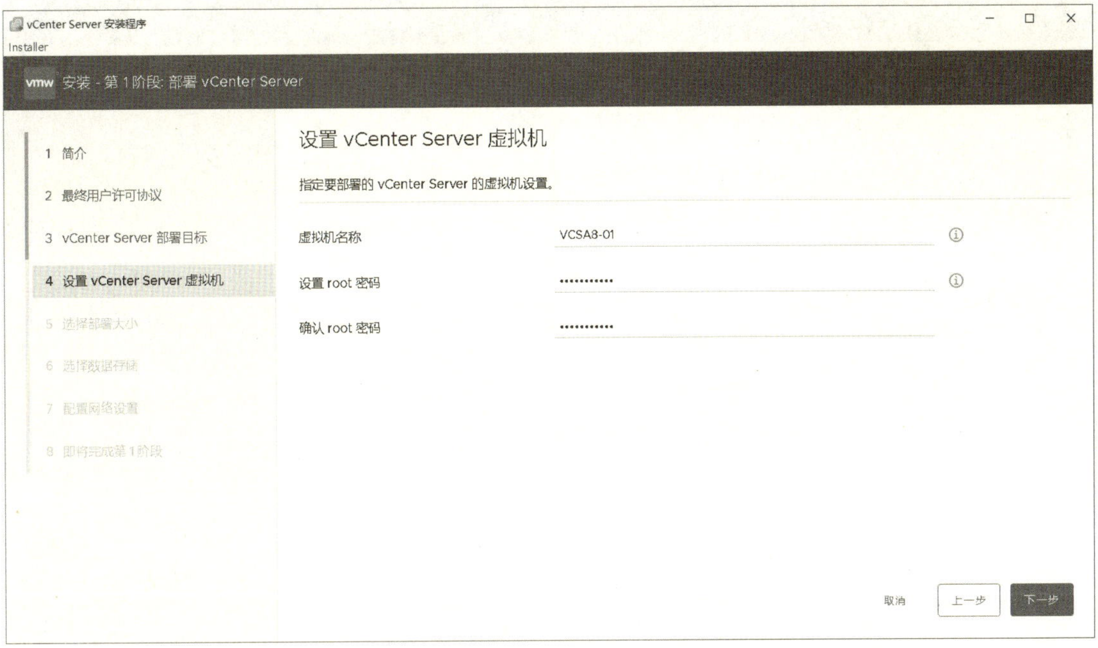

图 2-6　设置虚拟机名称及 root 密码

7）选择部署大小，系统会根据选择参数配置虚拟机 vCPU、内存、存储等信息，如图 2-7 所示，单击“下一步”按钮。

图 2-7　选择部署大小

8）选择数据存储，如图 2-8 所示，单击“下一步”按钮。

图 2-8　选择数据存储

9）配置网络设置，如图 2-9 所示，单击“下一步”按钮。

图 2-9　配置网络设置

10）完成第 1 阶段参数配置，如图 2-10 所示，单击“完成”按钮。

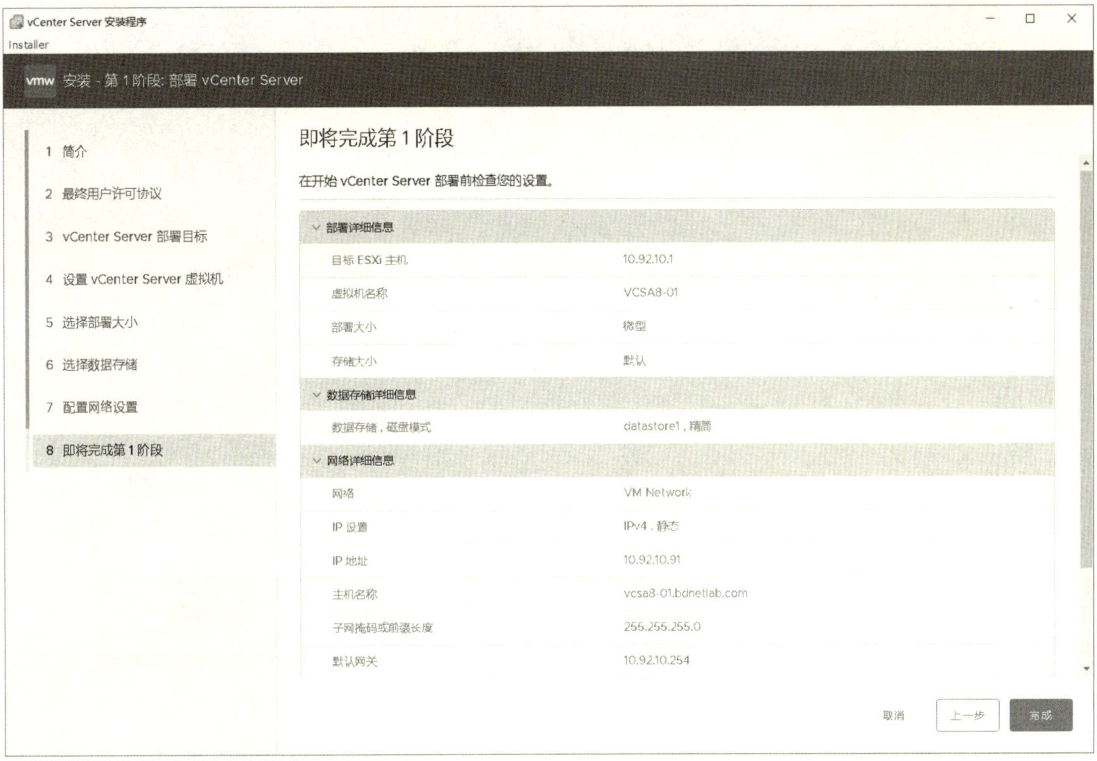

图 2-10　完成第 1 阶段参数配置

11）开始第 1 阶段部署，如图 2-11 所示。

图 2-11　开始第 1 阶段部署

12）完成第 1 阶段部署，如图 2-12 所示，单击“继续”按钮。需要注意的是，如果第 1 阶段出现报错提示请根据提示处理，否则无法进行第 2 阶段配置。

图 2-12　完成第 1 阶段部署

13）进入第 2 阶段参数配置，如图 2-13 所示，单击“下一步”按钮。

14）配置 vCenter Server 网络参数信息，时间同步模式以及 SSH 访问，如图 2-14 所示，单击“下一步”按钮。

15）创建 SSO 域名、用户名和密码，如图 2-15 所示，单击“下一步”按钮。

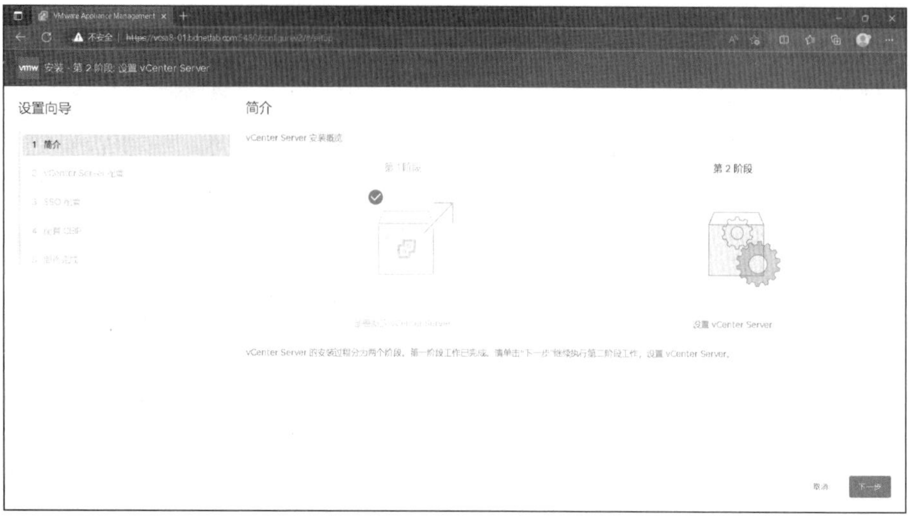

图 2-13　进入第 2 阶段参数配置

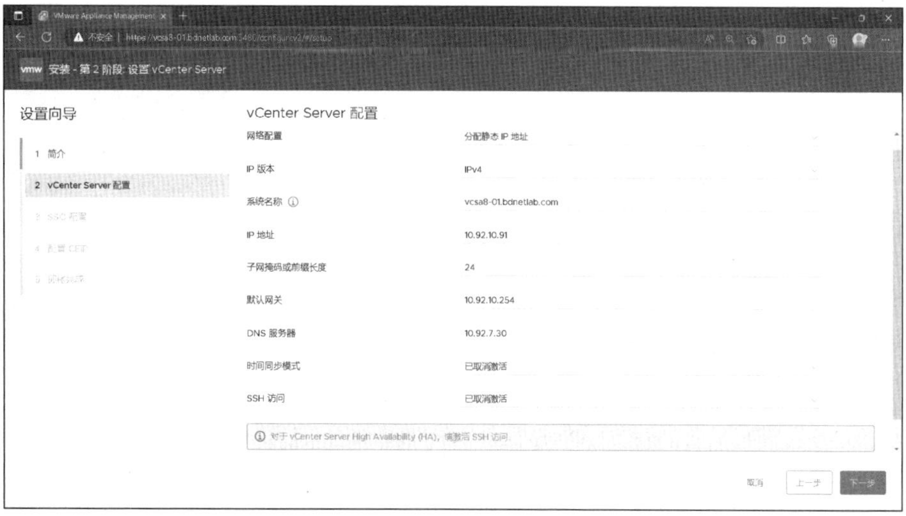

图 2-14　配置 vCenter Server 网络参数信息

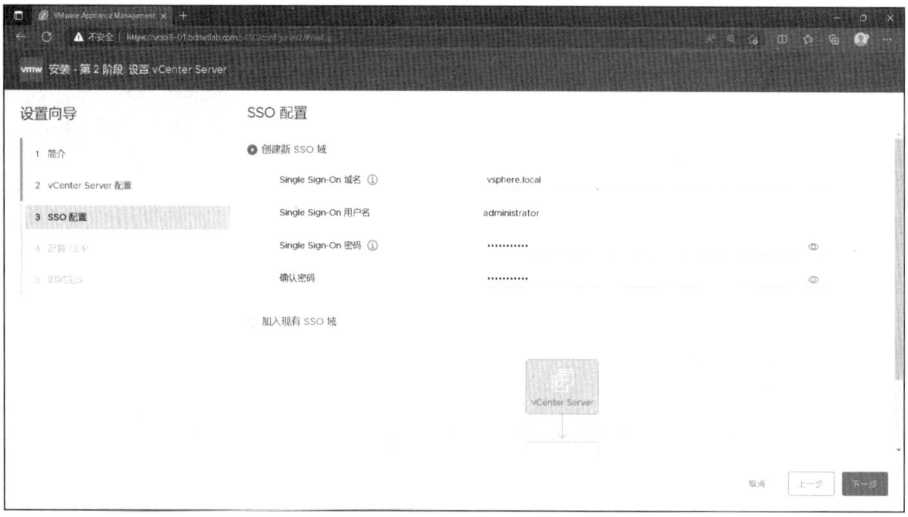

图 2-15　配置 SSO 信息

16）配置 CEIP，勾选“加入 VMware 客户体验提升计划（CEIP）”，如图 2-16 所示，单击“下一步”按钮。

图 2-16　配置 CEIP

17）完成第 2 阶段参数配置，如图 2-17 所示，单击“完成”按钮。

图 2-17　完成第 2 阶段参数配置

18）提示第 2 阶段开始后将无法停止，如图 2-18 所示，单击“确定”按钮。

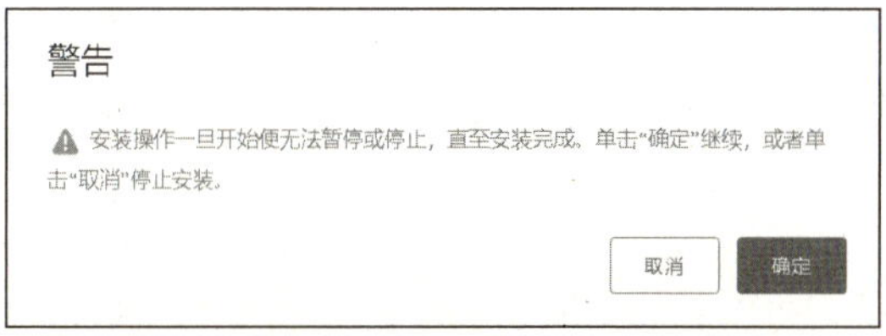

图 2-18　部署第 2 阶段前的警告提示

19）开始第 2 阶段设置，如图 2-19 所示。

图 2-19　开始第 2 阶段设置

20）完成第 2 阶段部署，如图 2-20 所示，单击“关闭”按钮。

图 2-20　完成第 2 阶段部署

21）使用 vCenter Server 5480 管理端口登录，查看 vCenter Server 管理后台的摘要信息，如图 2-21 所示，vCenter Server 运行状况为良好。

图 2-21　查看 vCenter Server 管理后台的摘要信息

22）查看 vCenter Server 服务运行状况，如图 2-22 所示，服务运行正常。

图 2-22　查看 vCenter Server 管理后台的服务信息

23）使用浏览器登录 vCenter Server，如图 2-23 所示，单击“启动 VSPHERE CLIENT”。

图 2-23　vCenter Server 登录界面

24）输入用户名和密码，单击“登录”按钮，如图 2-24 所示。

25）成功登录 vCenter Server 管理界面，如图 2-25 所示。

26）在 vcsa8-01.bdnetlab.com 上单击右键，选择“新建数据中心”，如图 2-26 所示。

图 2-24　输入用户名和密码

图 2-25　vCenter Server 登录后界面

图 2-26　新建数据中心

27）根据实际情况对新建数据中心进行命名，如图 2-27 所示，单击“确定”按钮。

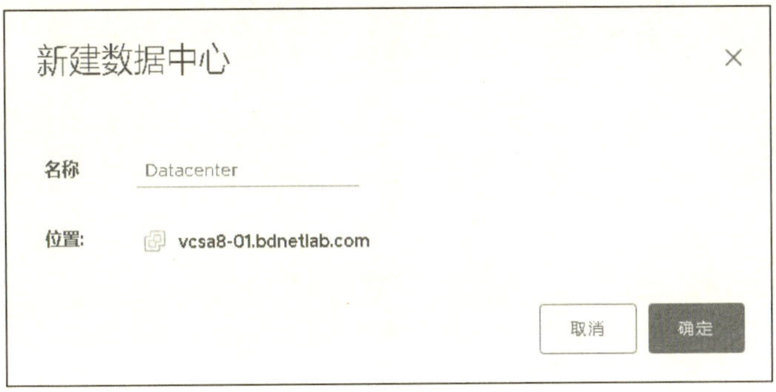

图 2-27　对新建数据中心进行命名

28）在 Datacenter 上单击右键，选择“添加主机”，如图 2-28 所示。

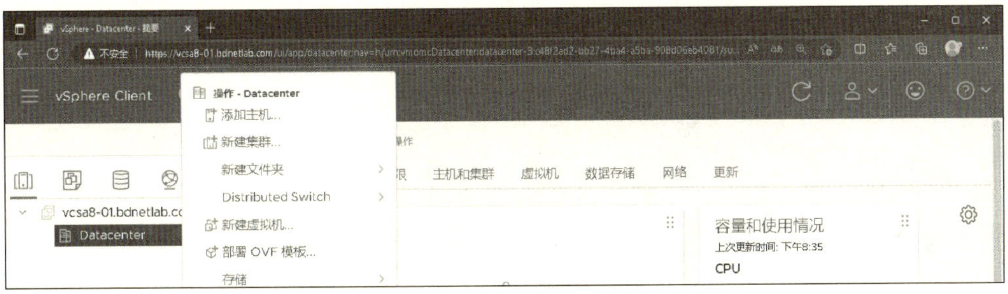

图 2-28　添加主机

29）输入添加主机的 IP 地址，如图 2-29 所示，单击“下一页”按钮。

图 2-29　输入添加主机的 IP 地址

30）输入 ESXi 主机的用户名和密码，如图 2-30 所示，单击“下一页”按钮。

图 2-30　输入主机参数

31）出现安全警示，需要接受证书，如图 2-31 所示，单击“是”按钮。

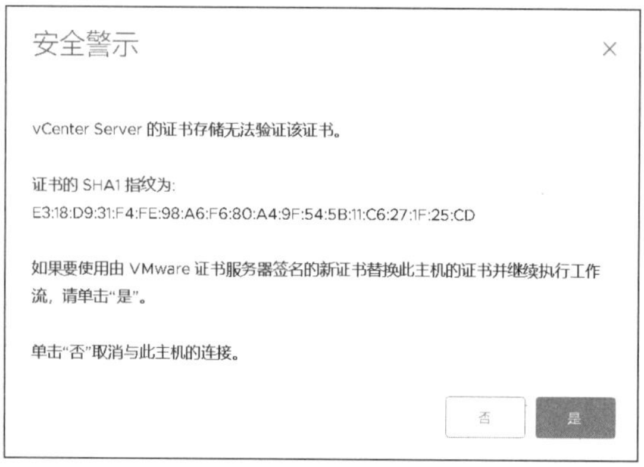

图 2-31　安全警示

32）确认添加的 ESXi 主机摘要信息，如图 2-32 所示，单击“下一页”按钮。

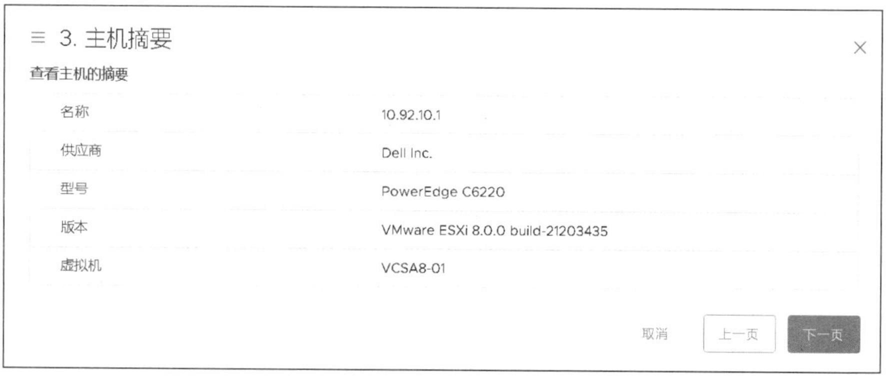

图 2-32　主机摘要信息

33）如果有正式许可证，则可以将其分配给 ESXi 主机，如果没有，则可以使用评估许可证，如图 2-33 所示，单击“下一页”按钮。

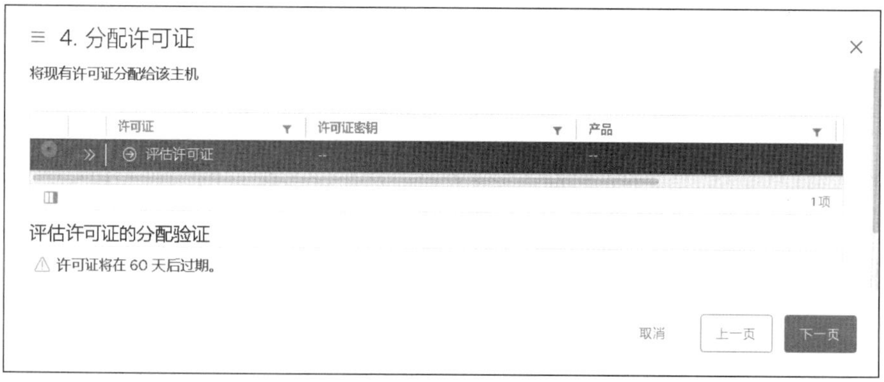

图 2-33　分配许可证

34）选择是否在主机上启用锁定模式，如图 2-34 所示，单击“下一页”按钮。生产环境可以根据实际情况进行选择。

35）选择虚拟机位置，如图 2-35 所示，单击“下一页”按钮。

36）确认添加的主机参数是否正确，如图 2-36 所示，单击“完成”按钮。

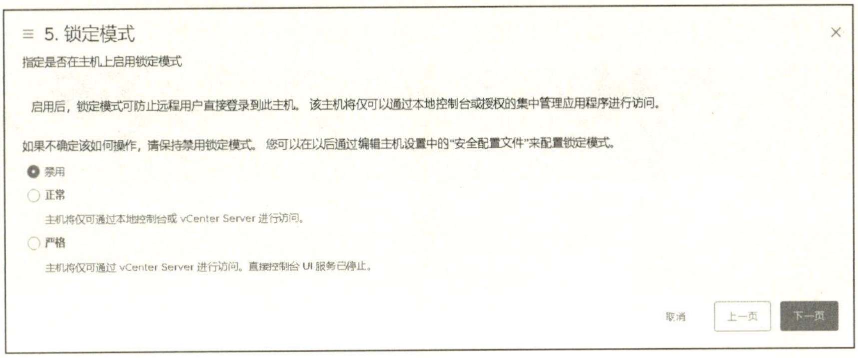

图 2-34　锁定模式

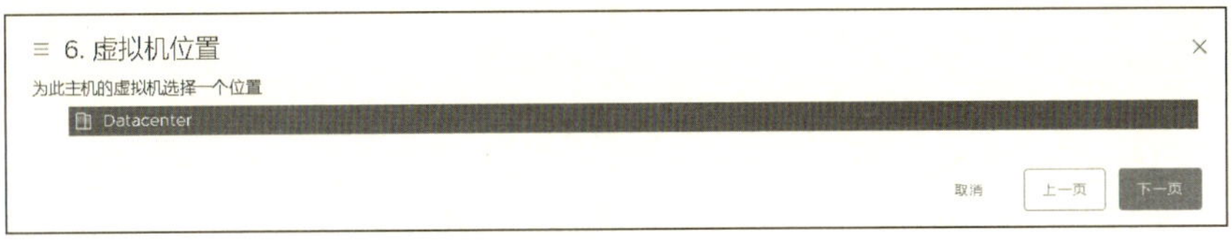

图 2-35　选择虚拟机位置

图 2-36　确认添加的主机参数

37）将主机加入数据中心，如图 2-37 所示。

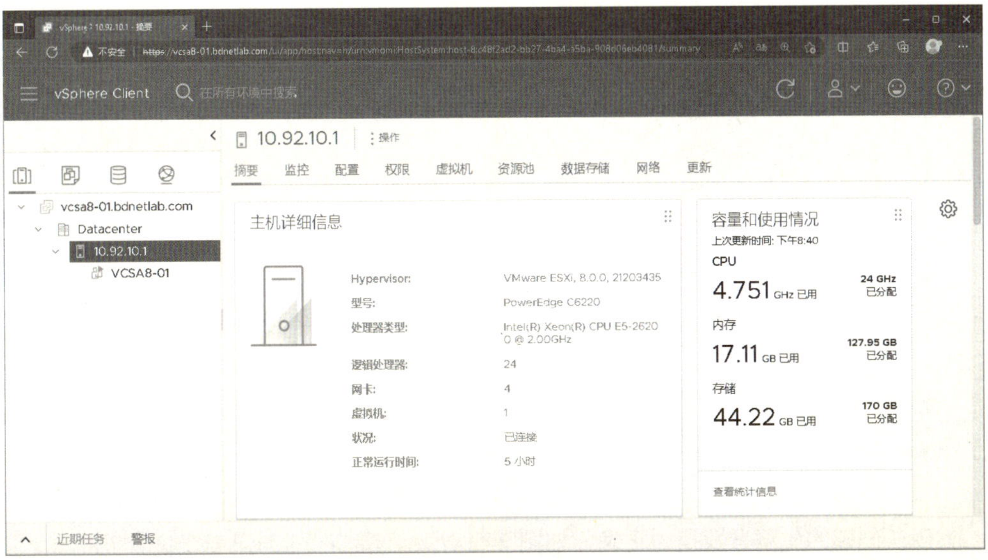

图 2-37　将主机加入数据中心

38）按照相同方式将其他 ESXi 主机添加到数据中心，如图 2-38 所示。

图 2-38 将其他 ESXi 主机加入数据中心

39）在 vcsa8-01.bdnetlab.com 上单击右键，选择“新建集群”，如图 2-39 所示。

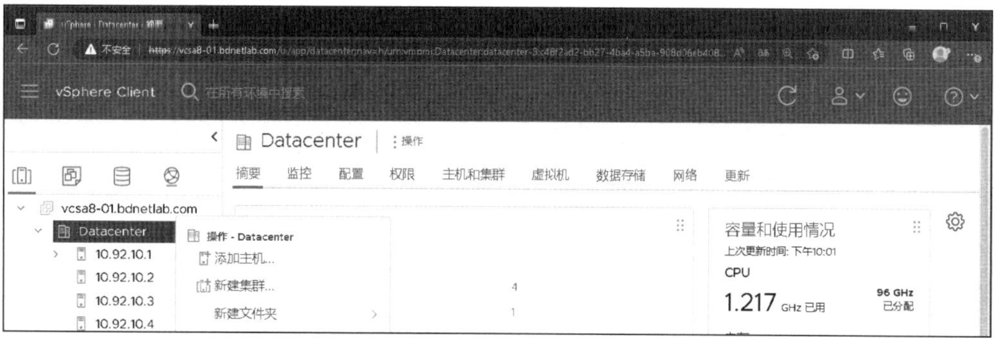

图 2-39 新建集群

40）配置集群基础参数，输入集群名称，vSphere DRS、vSphere HA 等特性暂时不启用，如图 2-40 所示，单击“下一页”按钮。

图 2-40 配置集群基础参数

41）确认创建的集群参数是否正确，如图 2-41 所示，单击“完成”按钮。

图 2-41　确认集群参数

42）完成集群的创建，如图 2-42 所示。

图 2-42　完成集群的创建

43）使用鼠标将 ESXi 主机拖入集群中，如图 2-43 所示。

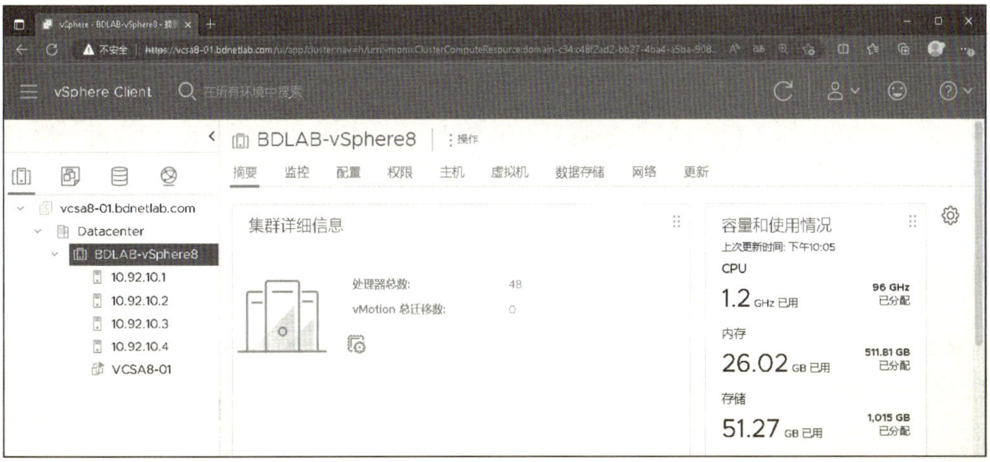

图 2-43　将 ESXi 主机加入集群

至此，vCenter Server 8.0 部署完成。整体来说，只要做好准备工作，部署过程可以顺利完成，如果在部署过程中出现报错，则可以通过查看日志处理后重新部署。

2.3 部署 VMware vSphere +

VMware vSphere 8.0 引入了 VMware vSphere +这个概念。VMware vSphere +是一种提供高价值云服务的多云工作负载平台，有助于 IT 管理员和开发人员集中管理传统应用和新一代应用，提高生产效率并加速创新。

2.3.1 VMware vSphere +介绍

对于中小企业的 IT 部门而言，虽然他们对云计算和软件即服务（SaaS）非常向往，但许多企业仍然选择在本地运行大部分工作负载，这种做法可能会带来一系列问题：

- 本地部署工作负载意味着无法充分享受云计算的优势，这些优势看似触手可及却难以实现。
- 企业可能会面临基础架构孤立小环境和多种运维模式的问题，这种碎片化使得持续的可见性、管理和维护变得耗时费力。
- 开发人员和 IT 人员可能会花费大量时间在基础设施运维上，而非应用开发上，从而延长了产品上市时间。

VMware vSphere +解决了多种需求，为客户打造一体化解决方案，使其工作负载无论在哪里运行，都可以实现统一的 VMware Cloud 体验。VMware vSphere +结合了行业领先的虚拟化技术、企业级 Kubernetes 环境和高价值云服务，可将现有的本地部署转型为支持 SaaS 的基础架构，方便通过灵活的订阅计划购买。借助 VMware vSphere +，IT 管理员和开发人员可以轻松构建、运行、管理、保护传统应用和新一代应用。借助 VMware vSphere +，企业可以达到以下目的。

- 利用管理服务提高生产效率。管理员可以通过 Cloud 控制台集中管理和监控全局清单、警示状态和安全状况，并将虚拟机置备到任意 vSphere 集群，从而快速满足需求。整个 vCenter 生命周期管理都得到简化，方便轻松检测和修复配置偏差。
- 利用云集成来实现本地部署基础架构的转型，为管理员提供所有云优势，同时增强现有的 vSphere 部署。企业可以激活附加服务，从而实现促进灾难恢复、加强勒索软件防范、应对云激增、改善容量规划以及其他功能，并可以基于运维成本灵活调整资源使用，同时提升现有投资的回报率。
- 利用开发人员服务加速创新，将现有虚拟基础架构转型为企业级 Kubernetes 平台。此平台集成了日志记录、注册表、监控、入口和其他服务，可以简化平台管理，并且支持管理多个 Kubernetes 集群，实现可观测性、故障排除和恢复能力。

2.3.2 在生产环境中部署 VMware vSphere +

VMware vSphere +的实现方式是通过在本地部署 VMware Cloud Gateway，再与 VMware Cloud 连接配置后使用。下面介绍如何部署 VMware vSphere +。

1）访问 VMware vSphere +官网，下载部署所需的 Cloud Gateway 软件，如图 2-44 所示，单击“下载 CLOUD GATEWAY”按钮。

图 2-44　下载 Cloud Gateway 软件

2）跳转到下载页面，如图 2-45 所示，单击“DOWNLOAD NOW”按钮下载。

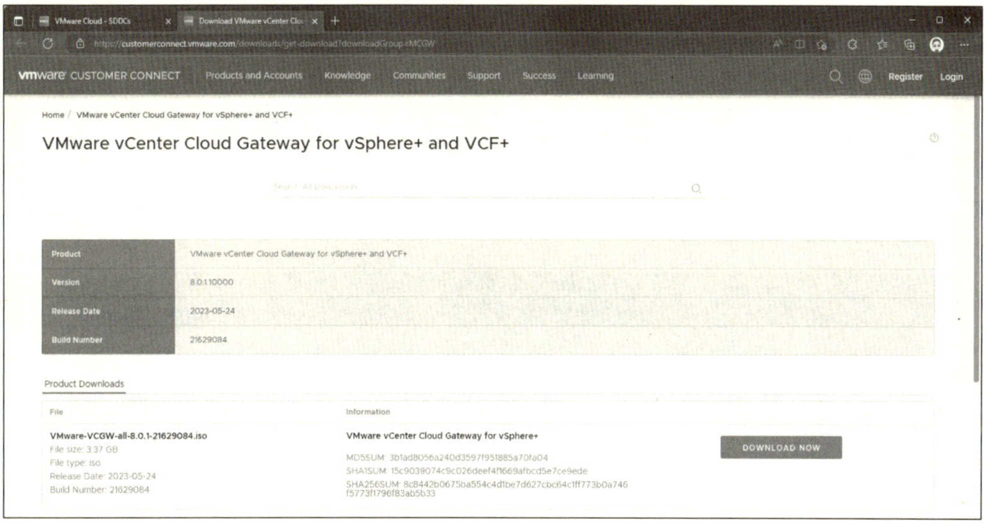

图 2-45　下载页面

3）解压下载的安装包，运行安装程序，如图 2-46 所示，双击“installer”进行安装。

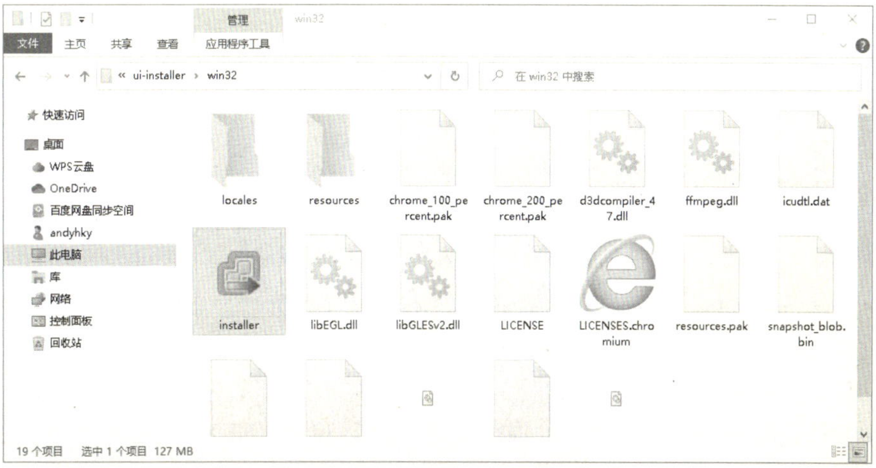

图 2-46　解压软件并运行安装程序

4）进入 vCenter Cloud Gateway 安装向导，如图 2-47 所示，单击“部署 VCENTER CLOUD GATEWAY”按钮。

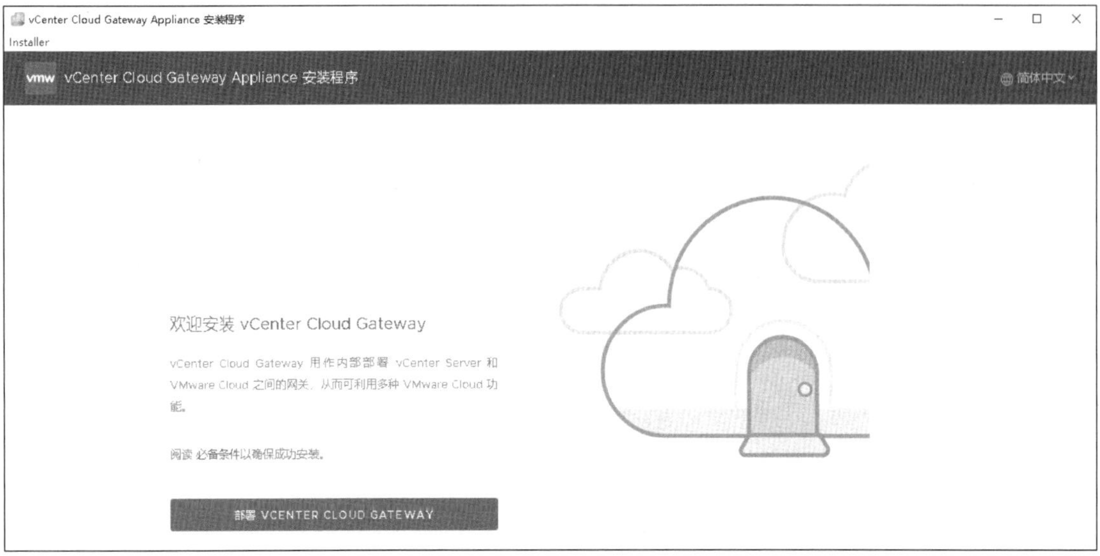

图 2-47　vCenter Cloud Gateway 安装向导

5）勾选“我接受许可协议条款。”，如图 2-48 所示，单击“NEXT”按钮。

图 2-48　接受许可协议条款

6）设置 vCenter Cloud Gateway 部署位置，输入 ESXi 主机名或 vCenter Server 名称及其他相关信息，如图 2-49 所示，单击“NEXT”按钮。

7）若出现 SSL 证书警告提示，如图 2-50 所示，单击“是”按钮。

8）选择虚拟机部署的目标文件夹，如图 2-51 所示，单击“NEXT”按钮。

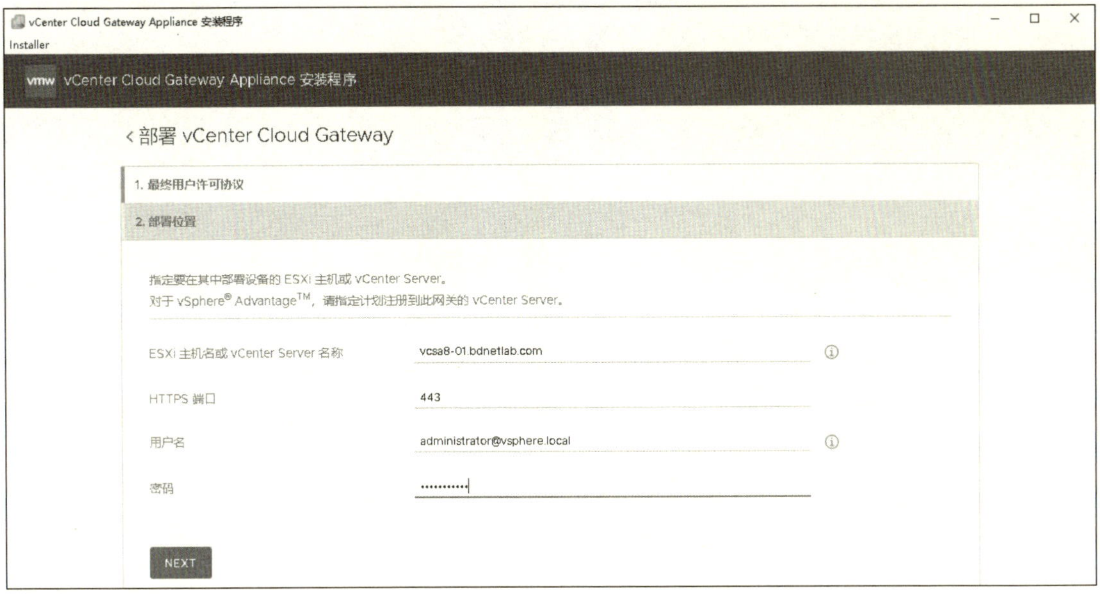

图 2-49　设置 vCenter Cloud Gateway 部署位置

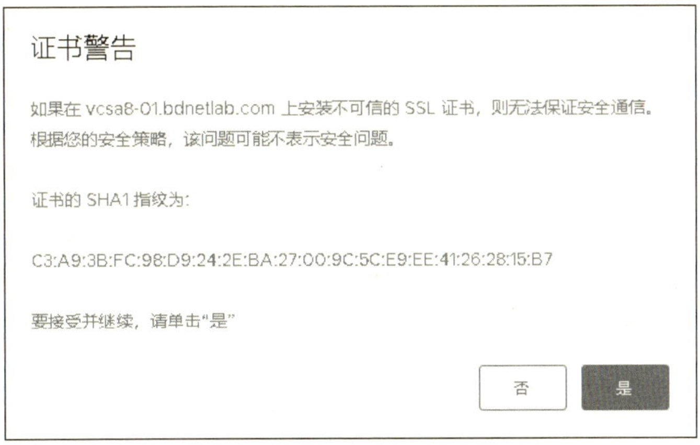

图 2-50　SSL 证书警告

图 2-51　选择虚拟机部署的目标文件夹

9）选择部署虚拟机使用的 ESXi 主机，如图 2-52 所示，单击“NEXT”按钮。

图 2-52　选择部署虚拟机使用的 ESXi 主机

10）配置虚拟机名称及 root 密码，如图 2-53 所示，单击“NEXT”按钮。

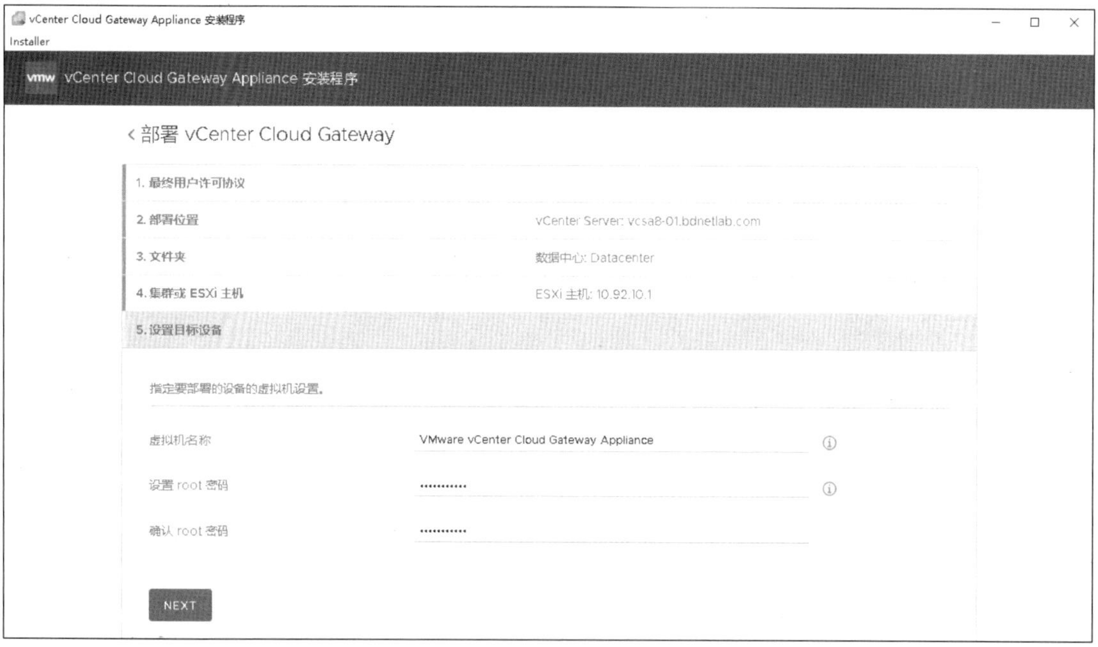

图 2-53　配置虚拟机基本参数

11）选择虚拟机的存储位置，如图 2-54 所示，单击“NEXT”按钮。

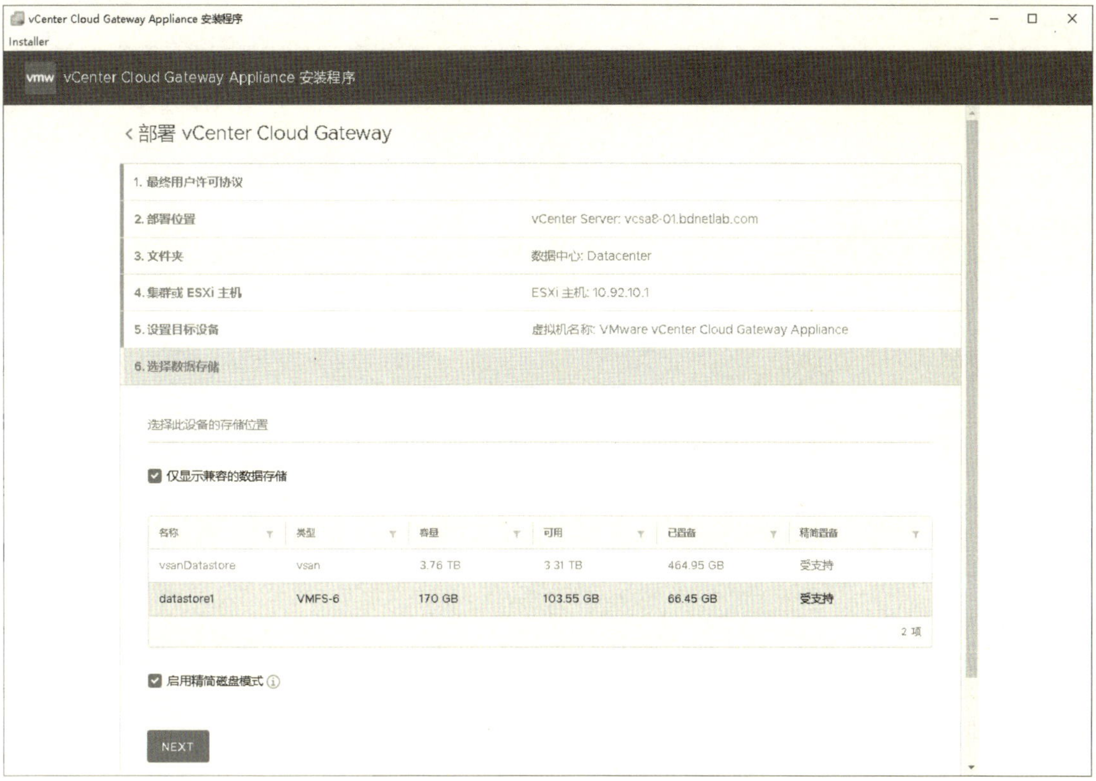

图 2-54　选择虚拟机的存储位置

12）配置虚拟机的网络设置，如图 2-55 所示，单击“NEXT”按钮。

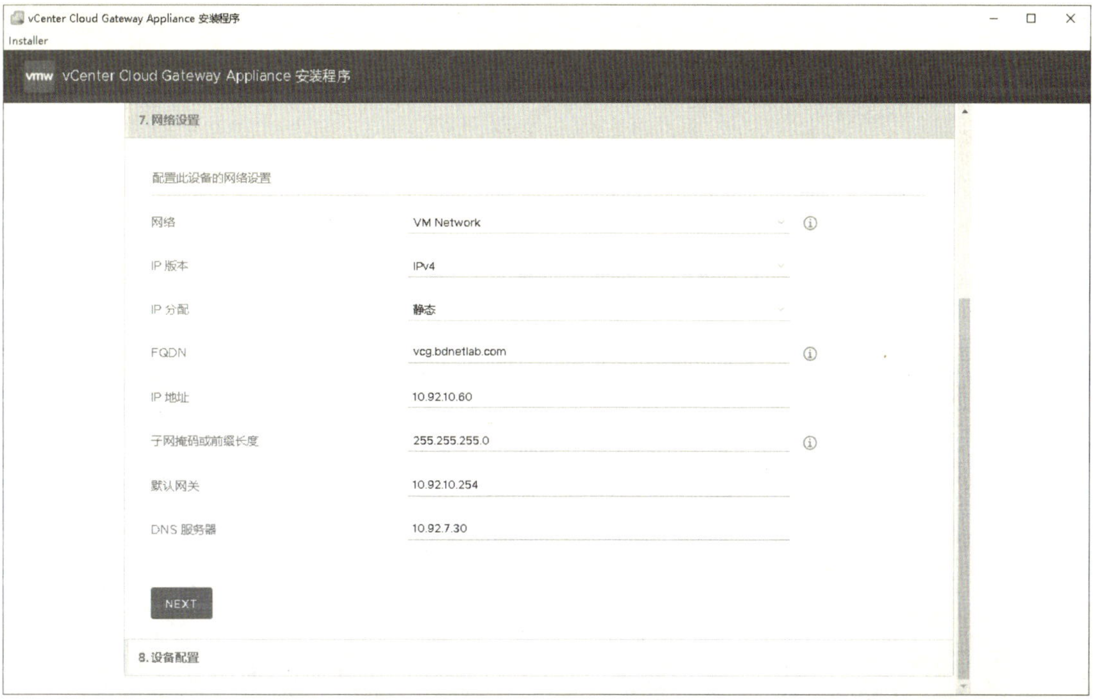

图 2-55　配置虚拟机的网络设置

13）配置 NTP 服务器并同步时间设置，如图 2-56 所示，单击“完成”按钮。

图 2-56　配置 NTP 服务器并同步时间设置

14）开始部署 vCenter Cloud Gateway，如图 2-57 所示。

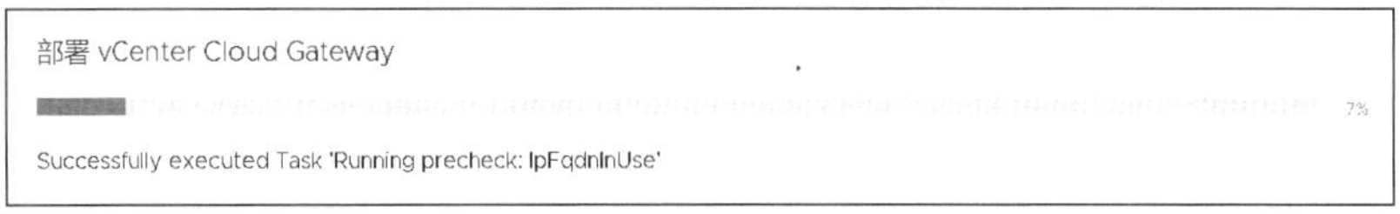

图 2-57　开始部署 vCenter Cloud Gateway

15）完成 vCenter Cloud Gateway 部署，如图 2-58 所示，单击“启动”按钮。

图 2-58　完成 vCenter Cloud Gateway 部署

16）在浏览器中登录 VMware Cloud Gateway，如图 2-59 所示。

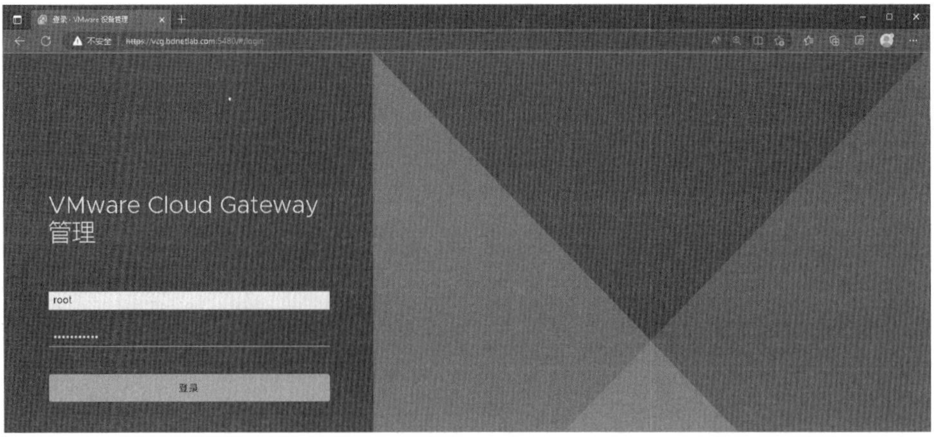

图 2-59　登录 VMware Cloud Gateway

17）vCenter Cloud Gateway 部署完成后还需要完成其他配置才能使用，如图 2-60 所示，单击“启用 vSphere +”。

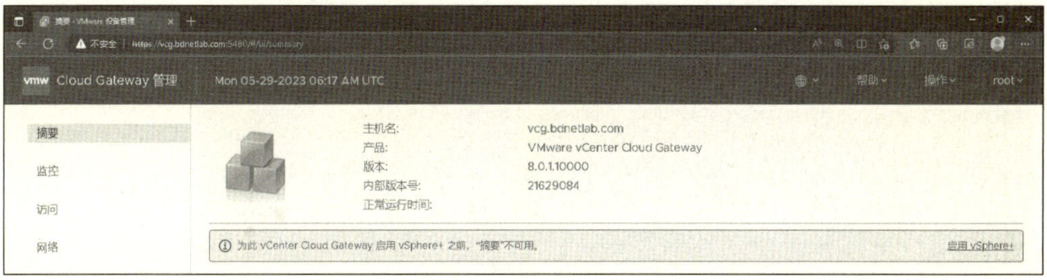

图 2-60　启用 vSphere +

18）进入 VMware Cloud Gateway 连接向导，如图 2-61 所示，单击“GET STARTED”。

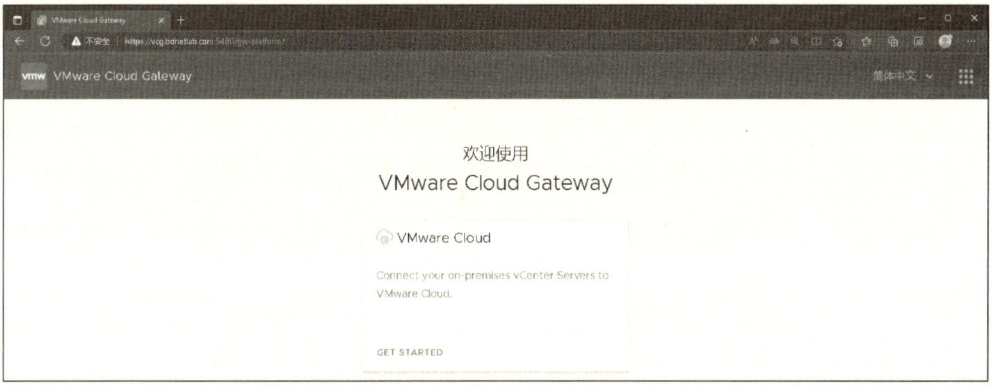

图 2-61　进入连接向导

19）连接配置分为 2 个步骤，如图 2-62 所示，单击步骤 1 中的“连接”按钮。

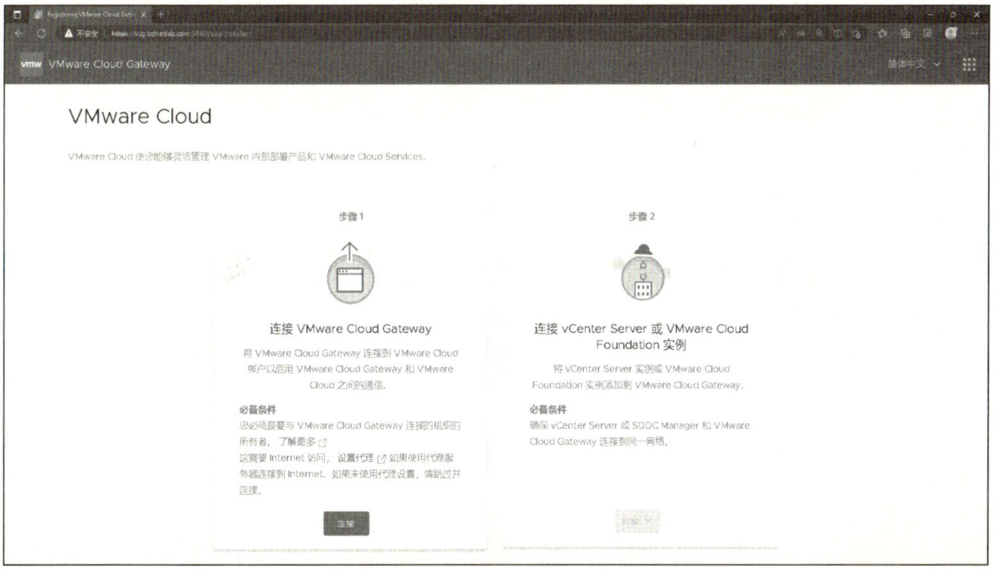

图 2-62　进入步骤 1 连接测试

20）系统进行连接测试，如图 2-63 所示。

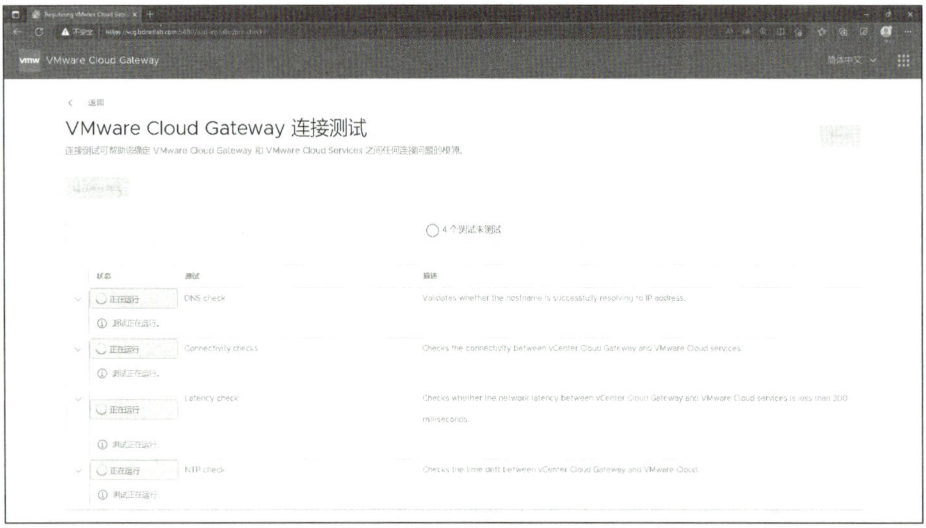

图 2-63　系统连接测试中

21）4 个测试都成功后才能进行后续操作，如图 2-64 所示，单击“下一步”按钮。

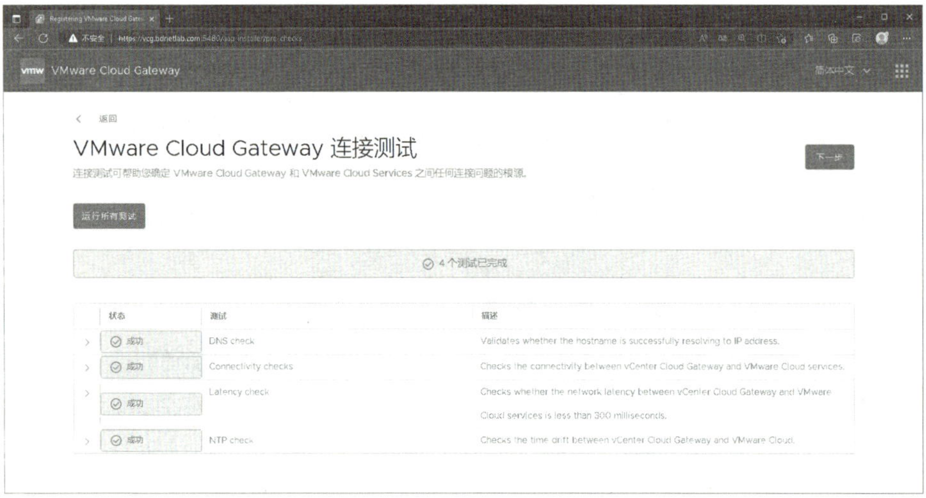

图 2-64　连接测试全部成功

22）启用 vCenter Server 与 VMware Cloud 之间的通信，记录生成的一次性注册代码，如图 2-65 所示，单击“启动 VMWARE CLOUD”按钮。

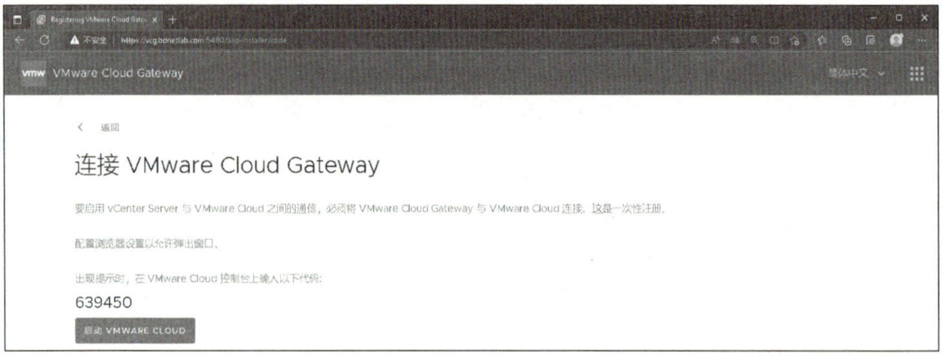

图 2-65　生成一次性注册代码

23）自动跳转至 VMware 网站，如图 2-66 所示，输入 VMware 账户，单击“下一步”按钮。

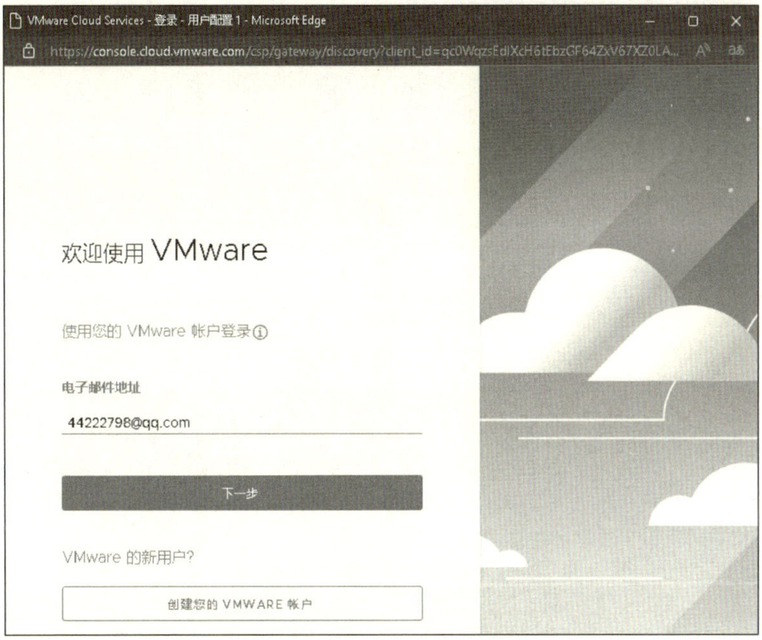

图 2-66　跳转至 VMware 网站

24）输入账户的登录密码，如图 2-67 所示，单击“登录”按钮。

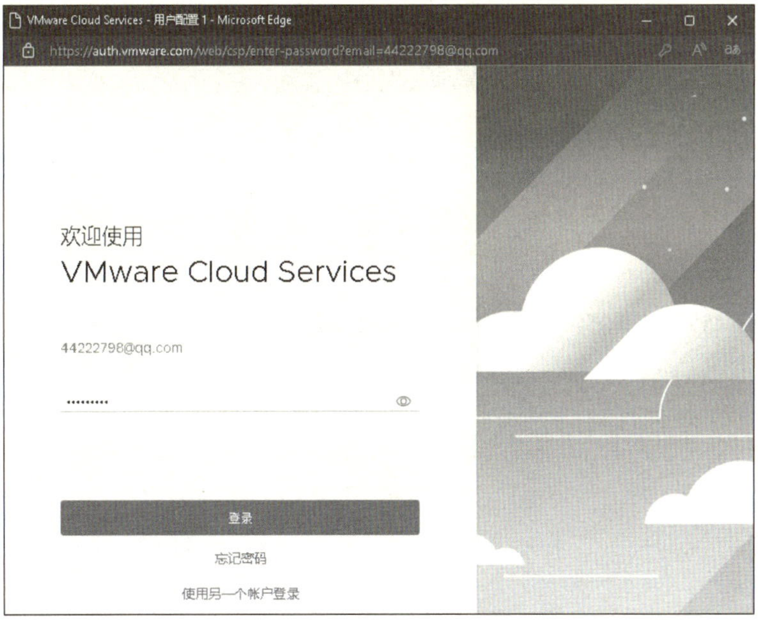

图 2-67　登录 VMware 网站

25）配置“连接到组织”信息，如图 2-68 所示，单击“确认连接”按钮。

26）输入之前生成的一次性注册代码，如图 2-69 所示，单击“提交”按钮。

27）开始连接本地 vCenter Server 与 VMware Cloud Gateway，如图 2-70 所示。

28）完成基本的连接。进入步骤 2 配置本地 vCenter Server，如图 2-71 所示，单击“连接”下拉菜单中的“vCenter Server”。

图 2-68　连接到组织

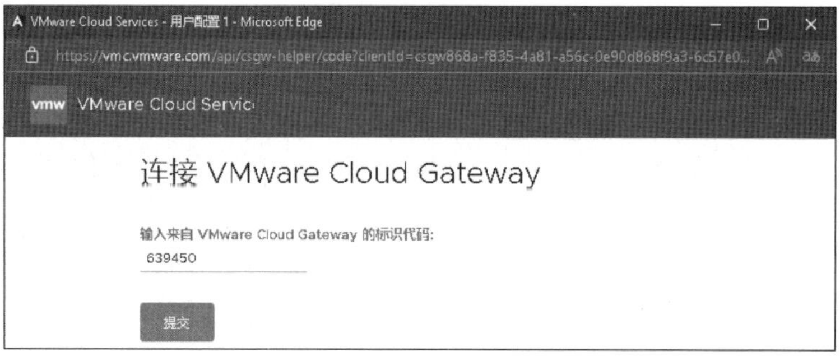

图 2-69　输入一次性注册代码

图 2-70　连接本地 vCenter Server 与 VMware Cloud Gateway

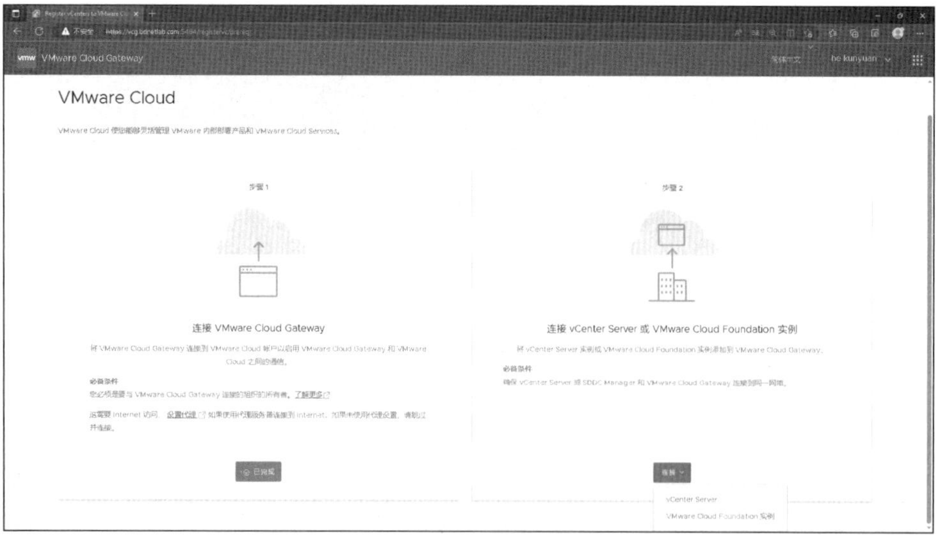

图 2-71　进入步骤 2 配置本地 vCenter Server

29）将 vCenter Server 连接到 VMware Cloud，如图 2-72 所示，单击“添加 VCENTER SERVER”按钮。

图 2-72　将 vCenter Server 连接到 VMware Cloud

30）输入本地 vCenter Server 相关信息，如图 2-73 所示，单击“添加 VCENTER SERVER”按钮。

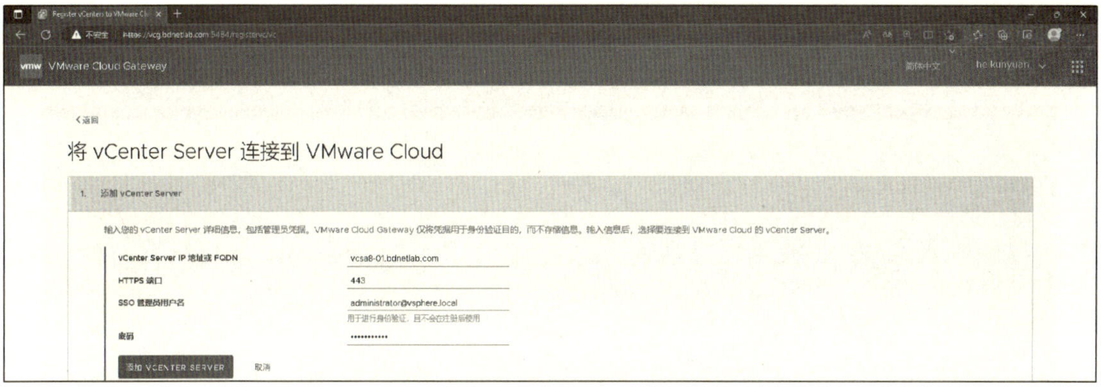

图 2-73　输入本地 vCenter Server 相关信息

31）进行连接测试，出现安全警示，如图 2-74 所示，单击“连接”按钮。

图 2-74　安全警示

32）本地 vCenter Server 验证通过后，如图 2-75 所示，单击“下一步”按钮。

图 2-75　本地 vCenter Server 验证通过

33）勾选“我确认，所选 vCenter Server 将开始向 VMware Cloud 发送所需的数据。”，如图 2-76 所示，单击“连接 1 个 VCENTER SERVER”按钮。

图 2-76　确认发送数据

34）系统开始连接，如图 2-77 所示。

图 2-77　系统开始连接

35）连接完成后，通信状态显示“已连接”，如图 2-78 所示。

图 2-78　连接完成

36）查看 Cloud Gateway 清单，可以看到部署的 VMware Cloud Gateway 实例处于“已连接”状态，如图 2-79 所示。

图 2-79　查看 Cloud Gateway 清单

37）通过 VMware Cloud Gateway 查看本地 vCenter Server 的摘要信息，如图 2-80 所示，说明 VMware Cloud Gateway 已经成功收集到本地 vCenter Server 数据。

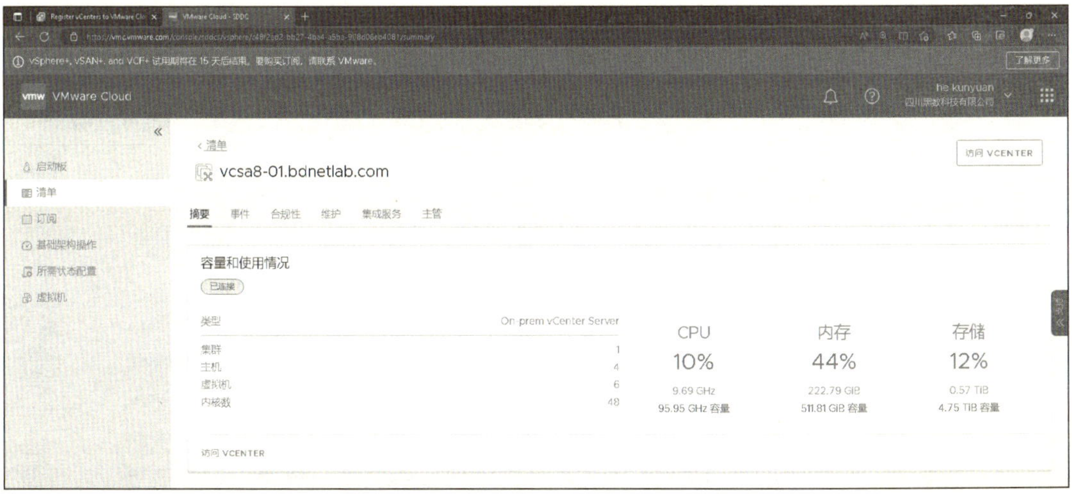

图 2-80　查看本地 vCenter Server 的摘要信息

38）查看本地 vCenter Server 的事件信息，如图 2-81 所示。

39）查看订阅信息，如图 2-82 所示，目前尚未订购任何订阅。

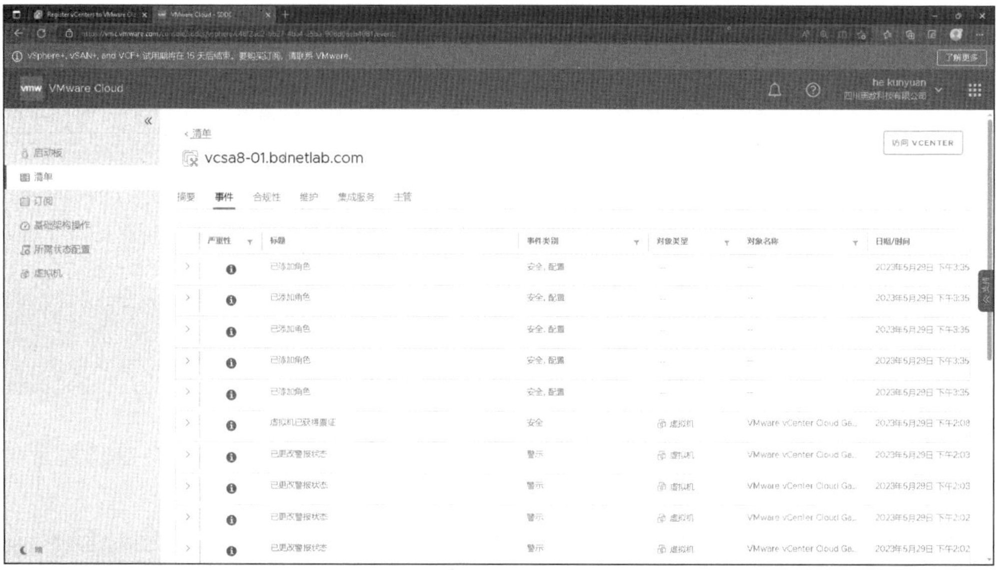

图 2-81　查看本地 vCenter Server 的事件信息

图 2-82　查看订阅信息

40）查看基础架构操作概览，如图 2-83 所示。

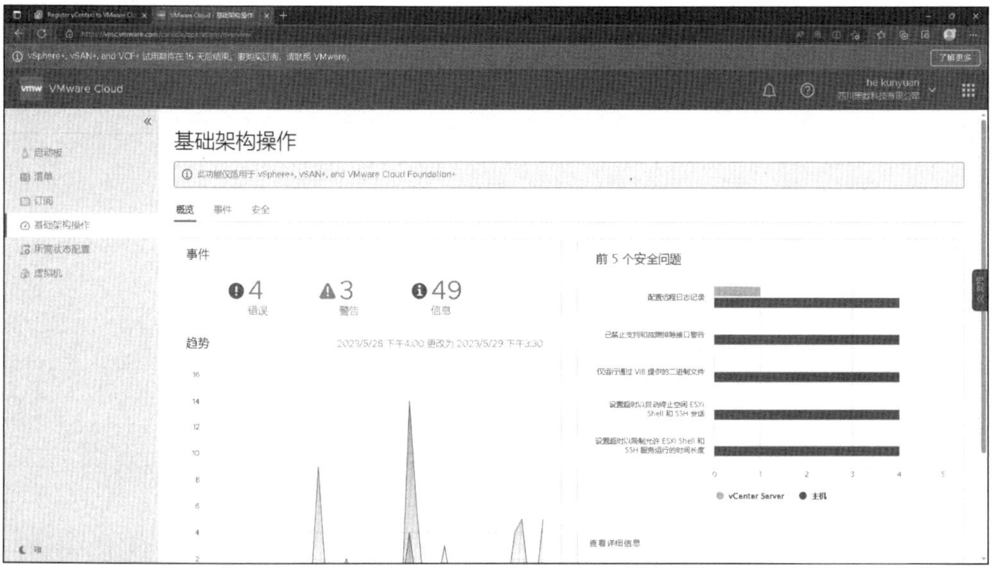

图 2-83　查看基础架构操作概览

41）查看基础架构操作事件，如图 2-84 所示。

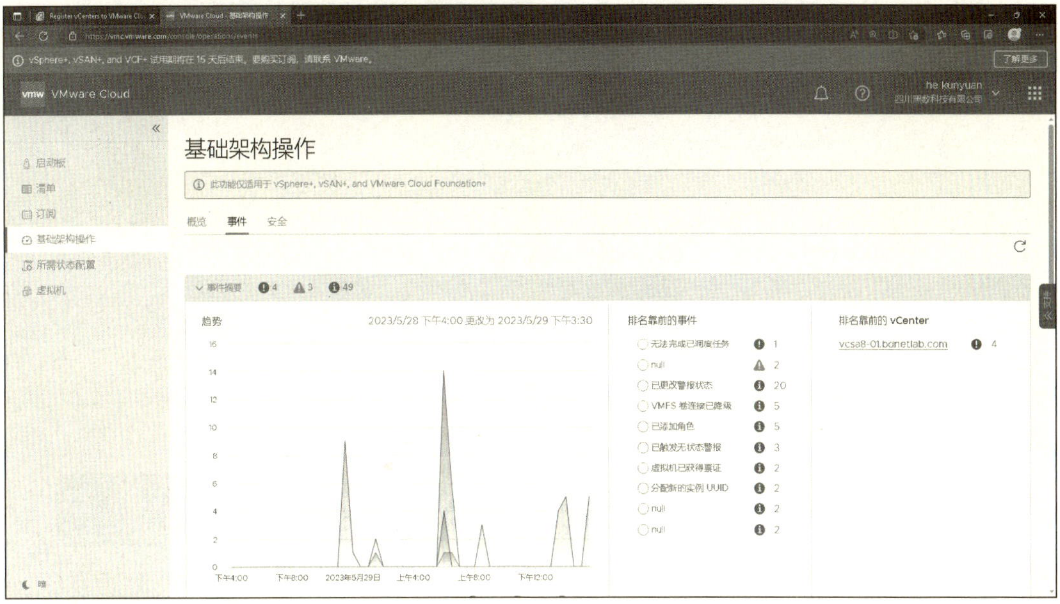

图 2-84　查看基础架构操作事件

42）查看基础架构操作安全，如图 2-85 所示。

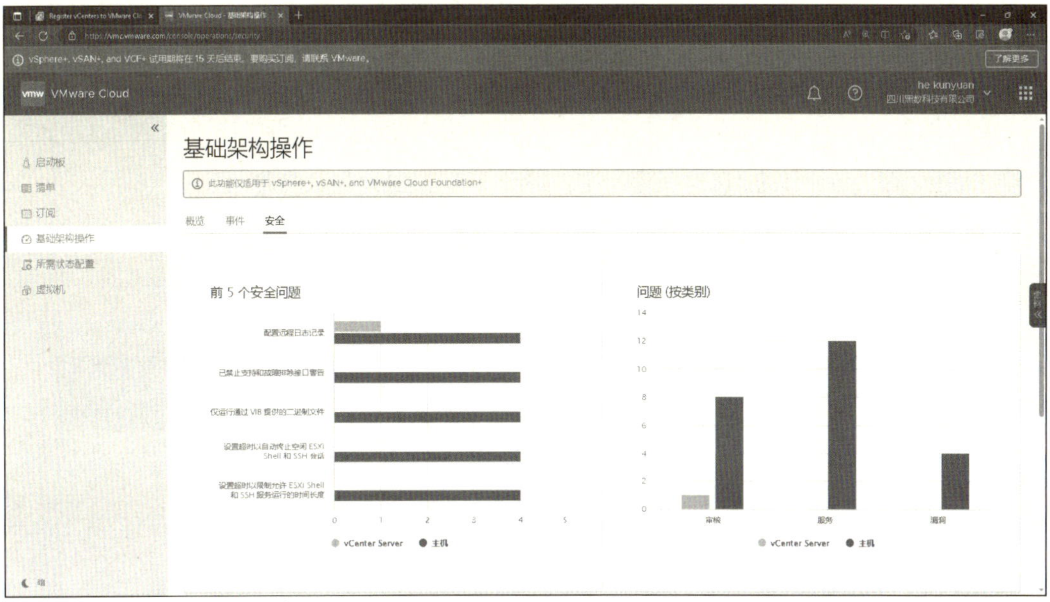

图 2-85　查看基础架构操作安全

43）查看虚拟机信息，如图 2-86 所示，该视图显示了本地 vCenter Server 中的所有虚拟机。

44）按照相同的方式再添加一台本地 vCenter Server 到 VMware Cloud Gateway，如图 2-87 所示。

45）VMware Cloud 还支持添加其他类型的服务，如图 2-88 所示。

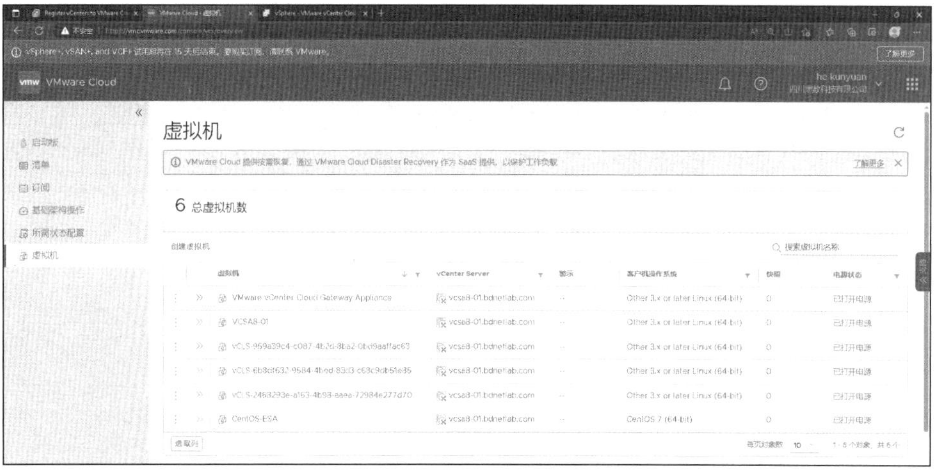

图 2-86　查看虚拟机信息

图 2-87　添加其他 vCenter Server 到 VMware Cloud Gateway

图 2-88　VMware Cloud Gateway 支持添加其他类型服务

至此，VMware vSphere +部署完成。VMware vSphere +让本地 vCenter Server 具备了云计算功能。除基础管理本地功能外，还可以通过购买其他服务完成云计算架构的构建。

2.4　更新 vCenter Server 8.0

VMware 从 vCenter Server 7.0 版本起正式取消了 Windows 版本。基于 Windows 版本的 vCenter Server 可以使用跨平台迁移工具进行迁移。本节介绍如何更新 vCenter Server 8.0。

2.4.1　更新 vCenter Server 注意事项

vCenter Server 8.0 提供多种升级方式。常见的包括在线升级，以及通过下载新安装文件升级等。进行升级操作前需要备份源 vCenter Server 数据。升级 vCenter Server 需要注意以下事项。

1．许可问题

升级前必须确认是否有新的许可证，现有的 vCenter Server 7.0 许可证不能直接用于 vCenter Server 8.0。

2．版本问题

vCenter Server 7.X 之前版本无法直接升级到 vCenter Server 8.0。

3．在线升级

vCenter Server 8.0 支持在线升级，可以直接从 VMware 官网下载升级包并完成升级。需要注意的是，由于升级包较大，在线升级可能会因为网络波动、下载中断等问题而失败。

4．离线升级

vCenter Server 8.0 支持离线升级，其本质就是安装一台新的 vCenter Server 8.0，再导入原 vCenter Server 数据信息。

2.4.2　在线更新 vCenter Server 8.0

如果进行离线升级，可以参考全新部署 vCenter Server 8.0 的方法。本节将使用在线升级的方式。需要注意的是，任何升级操作都存在风险，请先备份好 vCenter Server。

1）登录 vCenter Server 8.0 管理后台，查看版本信息，目前版本为 8.0.1.00000。有两个更新版本可以下载安装，如图 2-89 所示，选择 8.0.1.00100，单击“运行更新前检查”。

图 2-89　查看 vCenter Server 版本信息

2）一定要确保更新前检查处于通过状态才能进行升级，如图 2-90 所示，单击“转储并安装”。

图 2-90　更新前的预检查

3）勾选“我接受许可协议条款。”，如图 2-91 所示，单击“下一页”按钮。

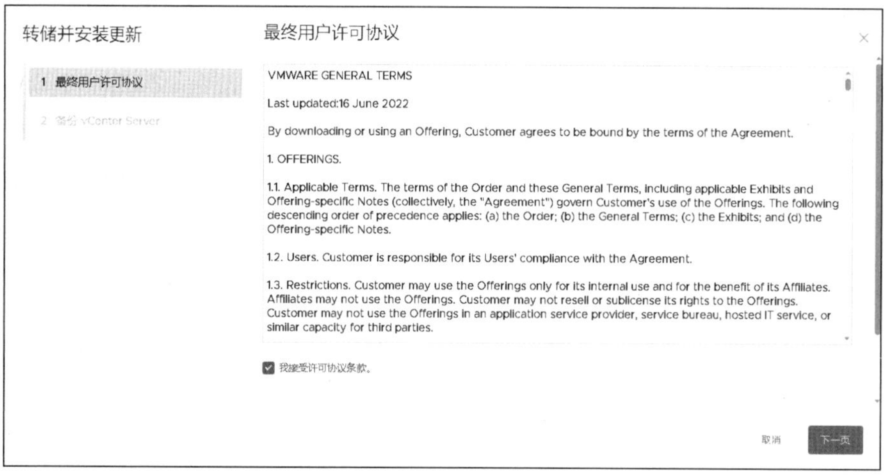

图 2-91　最终用户许可协议

4）提示备份 vCenter Server，如已备份，勾选“我已备份 vCenter Server 及其关联数据库。”，如图 2-92 所示，单击“完成”按钮。

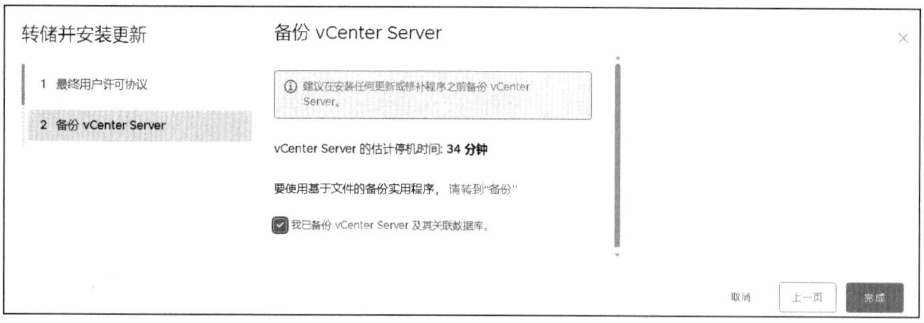

图 2-92　备份 vCenter Server 相关数据

5）开始安装，如图 2-93 所示。

6）安装成功，如图 2-94 所示，单击“关闭”按钮。

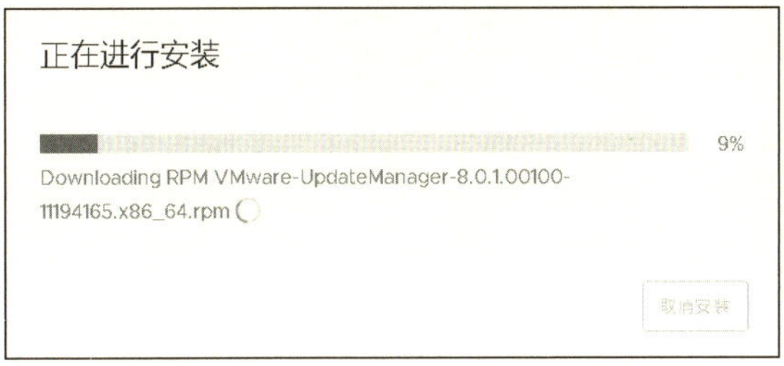

图 2-93　安装 vCenter Server 升级包

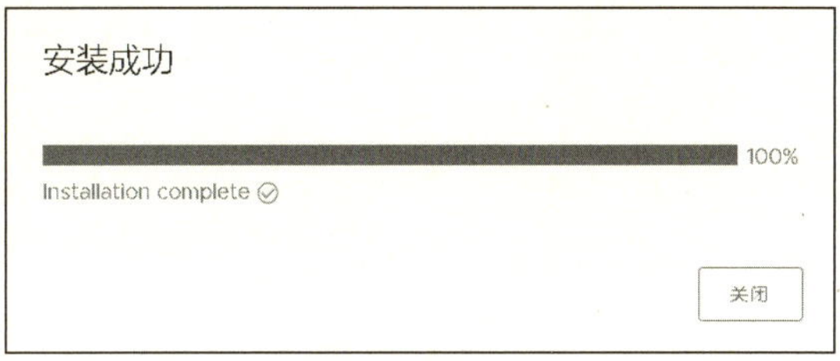

图 2-94　安装成功

7）登录 vCenter Server 8.0 管理后台，查看版本信息，目前版本为 8.0.1.00100，如图 2-95 所示，说明在线升级成功。

图 2-95　查看版本信息

8）按照相同的方式继续更新。完成版本为 8.0.1.00200 的更新，如图 2-96 所示，系统已无可用更新。

图 2-96　查看升级后的版本信息

至此，vCenter Server 在线更新完成。本节操作演示更新的是小版本，在线更新也支持大版本升级。需要注意的是，vCenter Server 的在线更新建议从小版本逐步更新，跨大版本直接进行更新操作可能导致更新失败。在更新过程中，vCenter Server 会有一段时间无法提供服务，请选择业务低谷期进行更新操作。最后，在更新之前请备份好 vCenter Server 相关数据，以便在发生更新故障时可以进行恢复操作。

2.5 vCenter Server 8.0 常用操作

完成 vCenter Server 部署后，日常维护过程中需要添加授权以及通过管理后台进行修改等操作。下面介绍一些 vCenter Server 8.0 的常用操作。

2.5.1 添加 vCenter Server 许可

在生产环境中，需要对 vCenter Server 及其相关产品进行授权。vCenter Server 7.0 的授权不能直接用于 vCenter Server 8.0。有关详细信息，请参考购买合同。

1）登录 vCenter Server，许可证位于“系统管理”菜单，目前使用评估许可证，如图 2-97 所示，在许可证选项中单击“添加”。

图 2-97　查看 vCenter Server 许可证

2）输入许可证密钥，可以批量添加多个授权密钥，如图 2-98 所示，添加完成后单击“下一页”按钮。

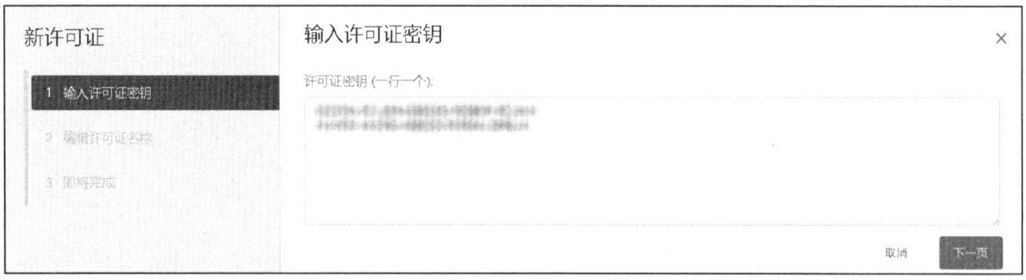

图 2-98　输入许可证密钥

3）编辑许可证名称后，系统会校验添加的许可证的有效性以及对应的许可版本，如图 2-99 所示，单击“下一页”按钮。

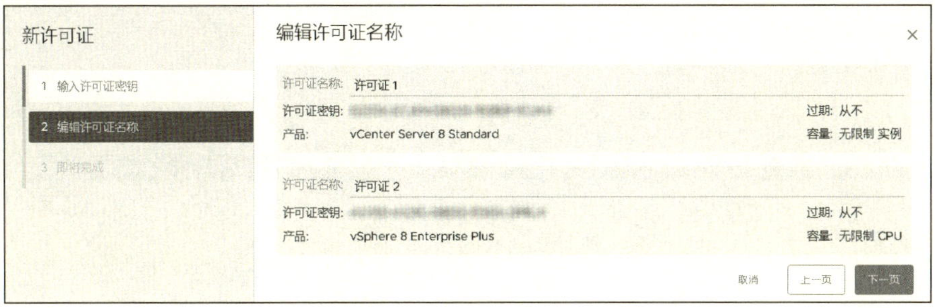

图 2-99 编辑许可证名称

4）确定许可信息是否正确，如图 2-100 所示，单击“完成”按钮。

图 2-100 确认许可证信息

5）完成许可证的添加，许可证处于未分配状态，还需要将许可证分配到具体的产品，如图 2-101 所示，单击“资产”进行分配。

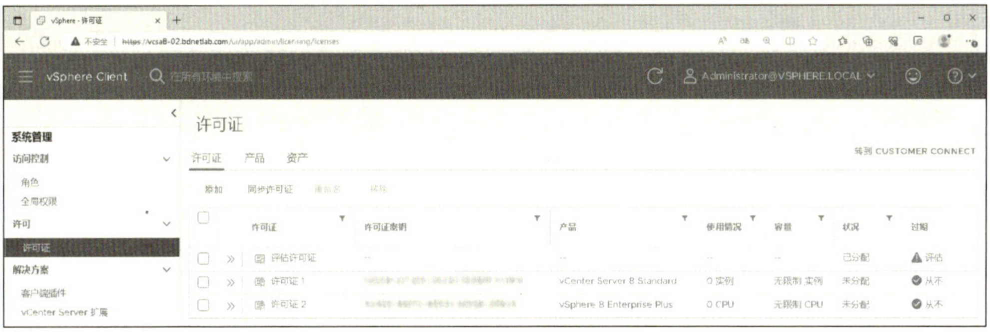

图 2-101 许可证处于未分配状态

6）资产中的 vCenter Server 处于评估模式，如图 2-102 所示，单击“分配许可证”。

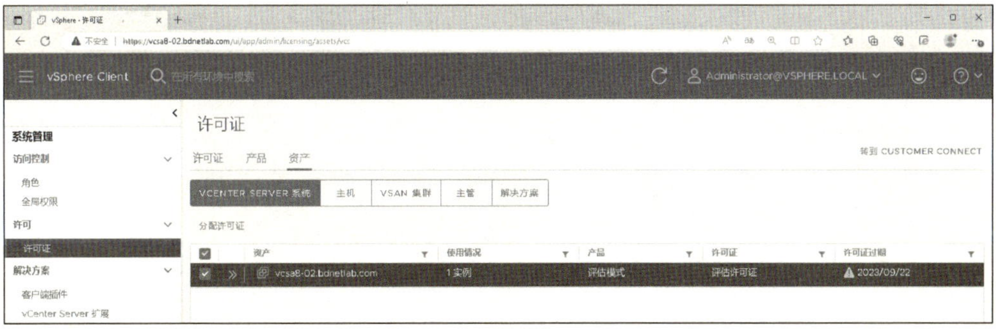

图 2-102 为 vCenter Server 分配许可证

7）为 vCenter Server 分配许可证，如图 2-103 所示，单击“确定”按钮。

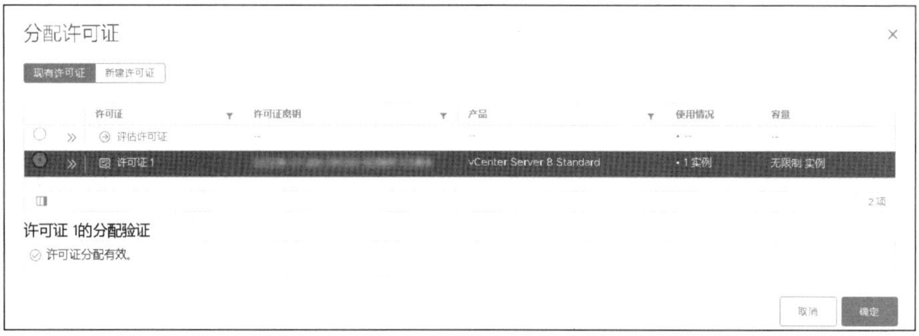

图 2-103　分配许可证

8）完成 vCenter Server 许可证的分配，如图 2-104 所示。

图 2-104　完成 vCenter Server 许可证的分配

至此，添加 vCenter Server 授权完成。VMware vSphere 其他产品也需要进行授权。若未购买授权可以使用评估许可证，评估许可证具有全部功能，但有 60 天的时间限制，请在评估结束前分配正式许可证。

2.5.2　vCenter Server 后台操作

vCenter Server 除了可通过浏览器进行日常的管理，还可以通过添加端口号 5480 进入后台管理界面，通过后台管理界面可以进行一些其他操作。

1）登录 vCenter Server 8.0 管理后台，如图 2-105 所示，vCenter Server 运行状况正常。

图 2-105　查看 vCenter Server 摘要

2）查看“监控”菜单，可以查看 CPU 和内存、磁盘、网络、数据库的使用情况，如图 2-106 所示。

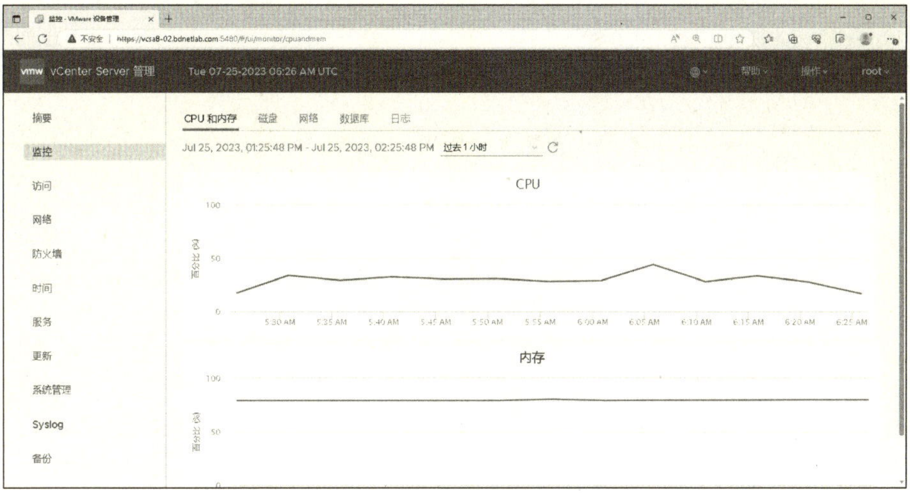

图 2-106　监控菜单

3）查看“访问”菜单，可以对 SSH 登录、DCLI、控制台 CLI 以及 Bash Shell 进行配置，如图 2-107 所示。

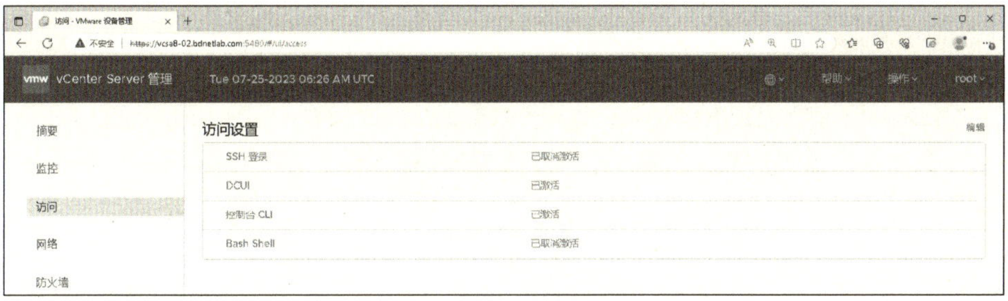

图 2-107　访问菜单

4）查看“网络”菜单，可以对 vCenter Server 网络进行修改，如图 2-108 所示。需要说明的是，早期的 vCenter Server 部署完成后不支持对网络进行修改。单击“编辑”。

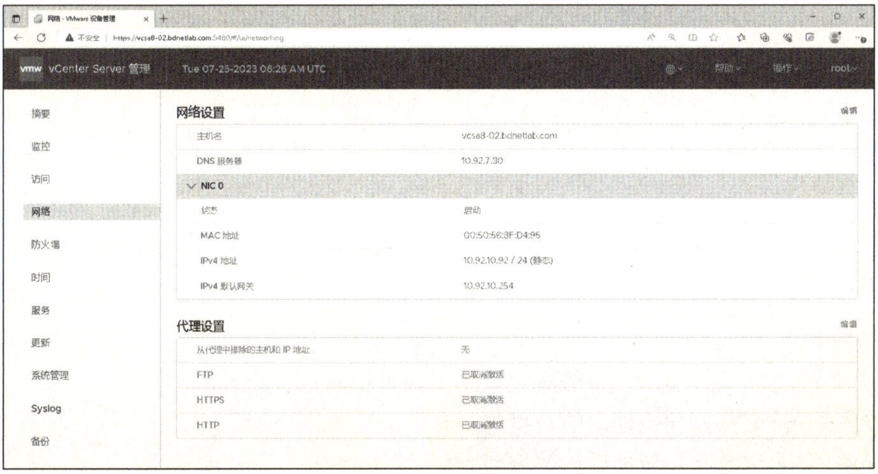

图 2-108　网络菜单

5）进入“编辑网络设置”，在“选择网络适配器”菜单中可以对网络相关参数进行调整，如图 2-109 所示，单击“下一页”按钮。

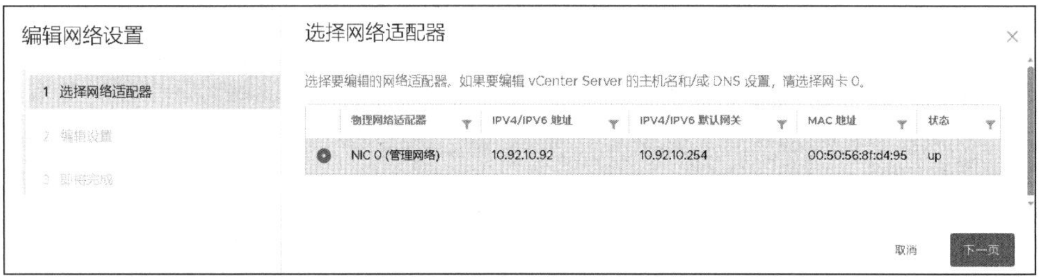

图 2-109　选择网络适配器

6）“编辑设置”菜单支持对 vCenter Server 的 IP 地址进行修改，如图 2-110 所示。

图 2-110　编辑设置

7）查看“防火墙”菜单，可以对 vCenter Server 进行防火墙配置以提升其安全性。默认防火墙规则为空，如图 2-111 所示，单击“添加”按钮。

图 2-111　防火墙菜单

8）新建一条接受 10.92.0.0/16 网络访问的防火墙规则，如图 2-112 所示，单击“保存”按钮。

参数解释：

- 返回——将默认或端口特定的规则应用于具有相应地址的数据包。
- 忽略——丢弃具有相应地址的数据包。
- 接受——允许具有相应地址的数据包。

- 拒绝——无法访问发送目标时丢弃具有相应地址的数据包。

图 2-112　新建 vCenter Server 防火墙规则

9）完成防火墙规则创建，如图 2-113 所示。

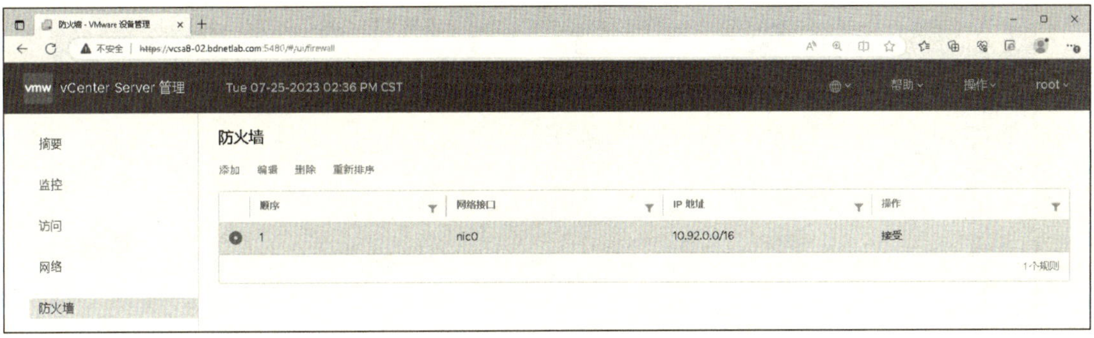

图 2-113　完成防火墙规则创建

10）查看“时间”菜单，可以对 vCenter Server 的时区以及时间进行配置，如图 2-114 所示。建议配置 NTP 模式用于时间同步。

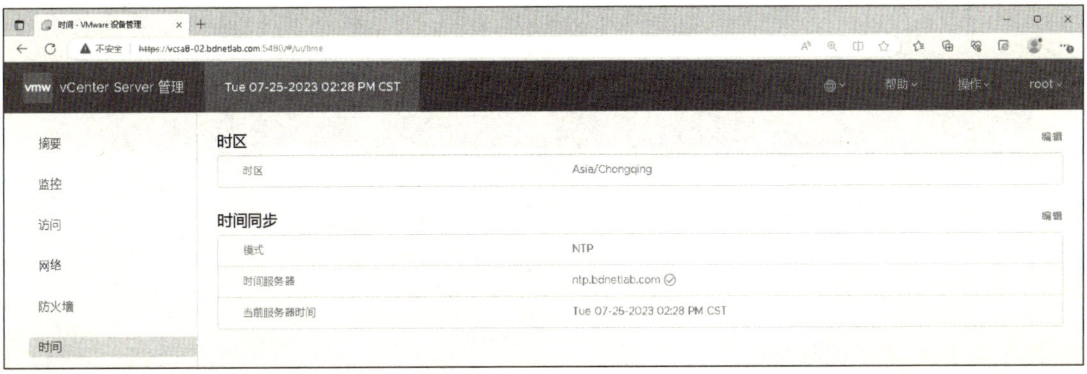

图 2-114　时间菜单

11）查看“服务”菜单，可以对 vCenter Server 进行重新启动等操作，如图 2-115 所示。

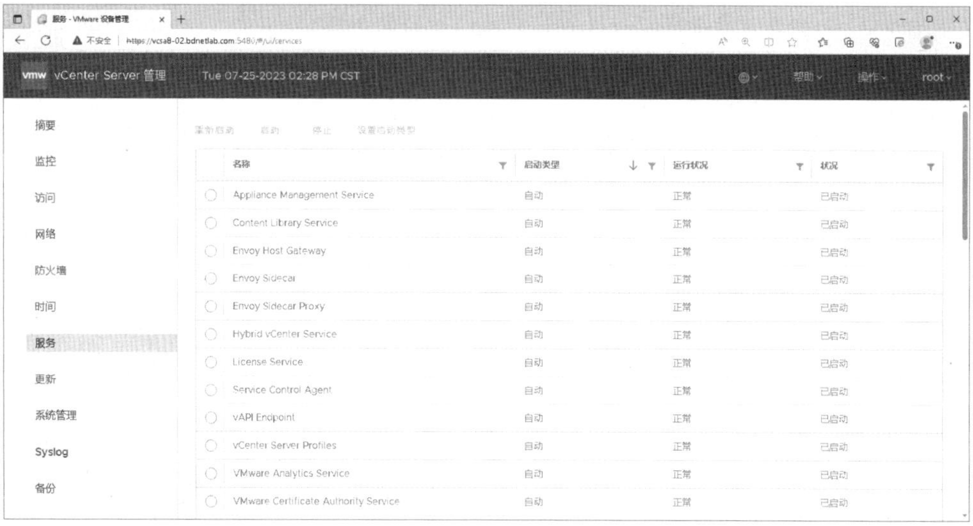

图 2-115　服务菜单

12）查看“更新”菜单，可以在线对 vCenter Server 进行升级操作，如图 2-116 所示。

图 2-116　更新菜单

13）查看“系统管理”菜单，可以对 vCenter Server 密码相关参数进行设置，如图 2-117 所示。

图 2-117　系统管理菜单

14）查看“Syslog”菜单，可以配置将日志转发给专用的日志服务器，如图 2-118 所示。

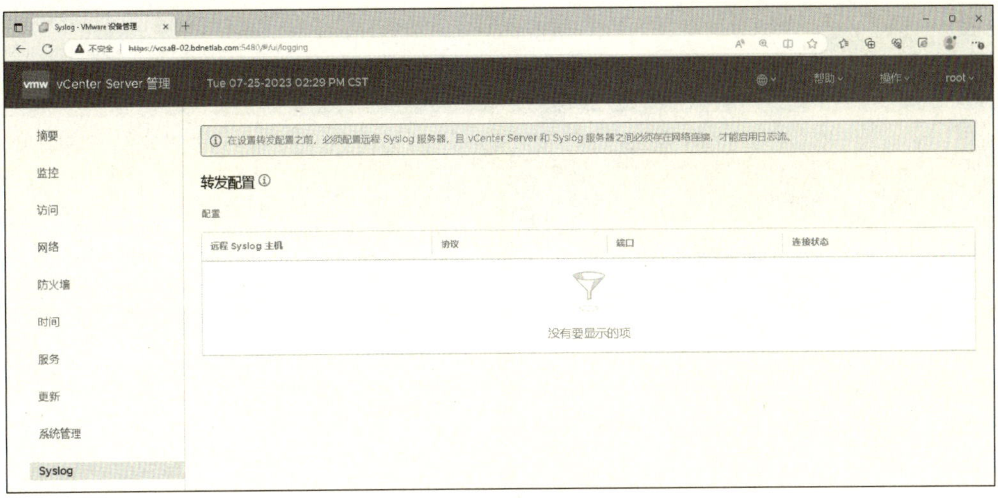

图 2-118　Syslog 菜单

15）查看“备份”菜单，可以进行 vCenter Server 备份操作，如图 2-119 所示。

图 2-119　备份菜单

至此，vCenter Server 管理后台基本操作介绍完成。在日常使用过程中，如果无法访问 vCenter Server 主界面，可以通过管理后台检查 vCenter Server 是否正常工作，或通过重新启动服务来解决问题。

2.5.3　配置使用 vCenter Server 备份

vCenter Server 管理后台内置备份功能，通过日常的备份，可以快速重新部署 vCenter Server。需要说明的是，vCenter Server 内置的备份并不是完整的虚拟机备份，而是仅备份 vCenter Server 的数据库、配置等信息，然后通过这些信息重新部署 vCenter Server。下面介绍如何配置使用 vCenter Server 备份。

1）进入“备份”菜单，可以看到备份操作需配置备份服务器，vCenter Server 支持 FTPS、

HTTPS 等多种备份传输协议，如图 2-120 所示，单击“配置”。

图 2-120　vCenter Server 备份菜单

2）创建备份调度，输入备份调度相关信息，如图 2-121 所示，单击“创建”按钮。

图 2-121　创建备份调度

3）完成备份调度的创建，如图 2-122 所示。默认按调度时间进行备份，也可以进行手动备份，单击“立即备份”。

4）勾选“使用来自备份调度的备份地址和用户名”，输入备份服务器凭据，如图 2-123 所示，单击“启动”按钮。

5）开始对 vCenter Server 数据进行备份，如图 2-124 所示。

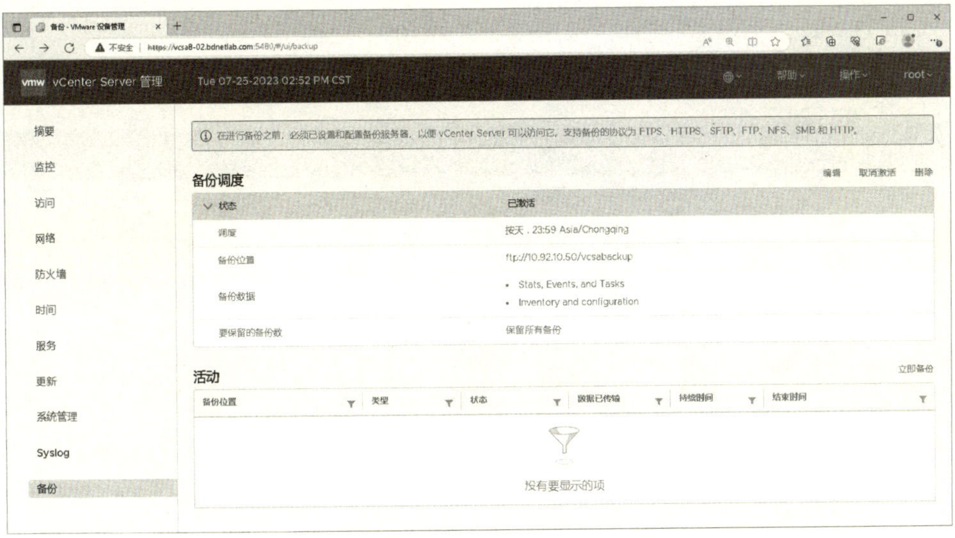

图 2-122　完成备份调度的创建

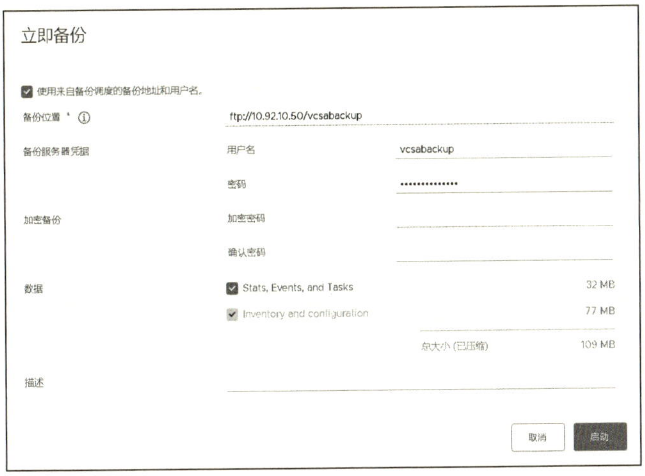

图 2-123　使用 vCenter Server 备份调度

图 2-124　开始 vCenter Server 数据备份

6）完成 vCenter Server 数据备份，如图 2-125 所示。

图 2-125　完成 vCenter Server 数据备份

7）如果需要对 vCenter Server 进行还原操作，首先运行 vCenter Server 8.0 安装程序，接着单击“还原”。如图 2-126 所示。

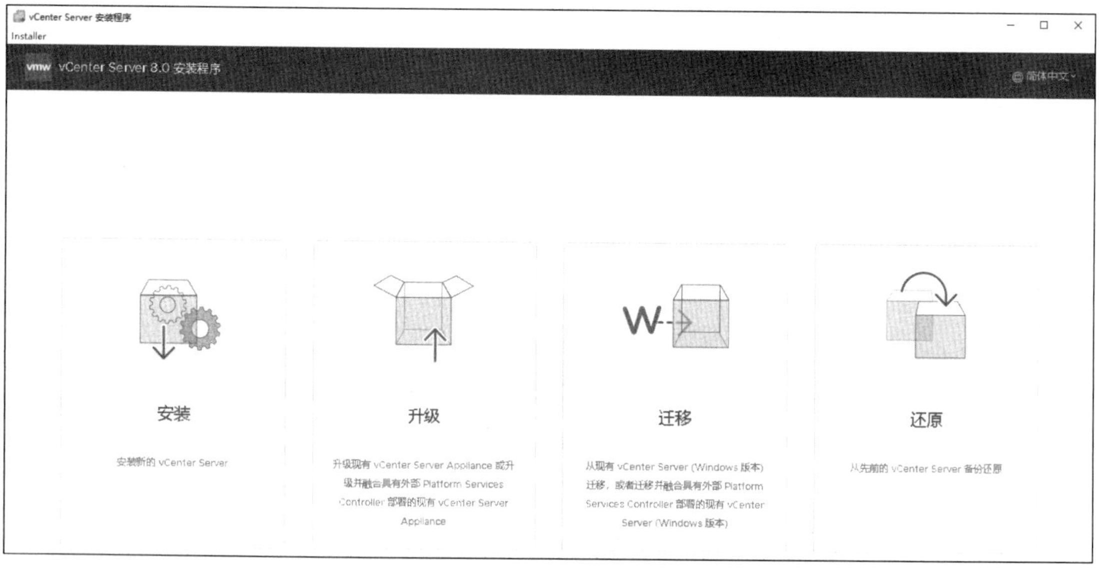

图 2-126　对 vCenter Server 进行还原

8）输入备份详细信息，如图 2-127 所示，单击“下一步”按钮。

9）选择需要还原的文件，如图 2-128 所示，单击“选择”按钮。

图 2-127　输入备份详细信息

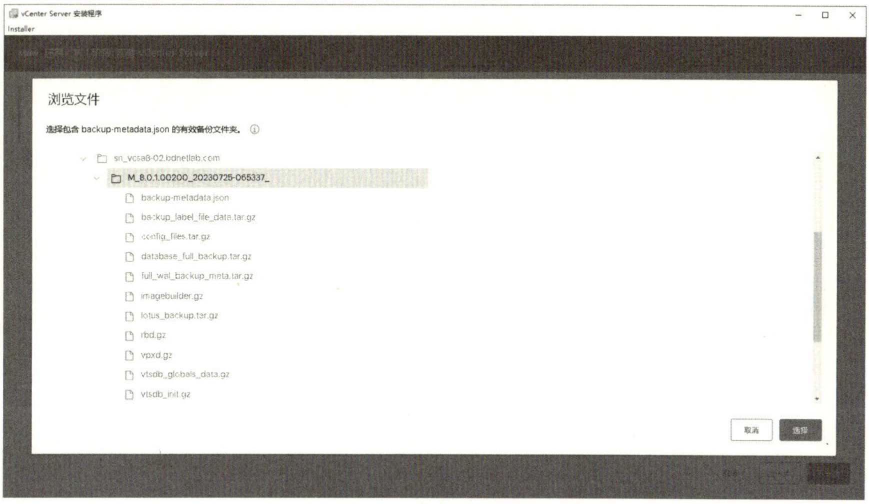

图 2-128　选择需要还原的文件

接下来的操作与全新部署 vCenter Server 8.0 基本相同，此处不做演示，可以参考本书前面章节内容。vCenter Server 内置的备份工具实际上是先部署一台全新的 vCenter Server，再导入备份的数据。对于生产环境来说，这种方式相当简单实用。如果 vCenter Server 出现问题，可以通过这种方式进行还原。

2.6　本章小结

本章详细介绍了 vCenter Server 8.0 的部署和升级过程，还介绍了常用操作。此处针对 vCenter Server 8.0 版本再作一些说明。

1．vCenter Server 8.0 部署

vCenter Server 8.0 取消了基于 Windows 的版本，全面采用基于 Linux 的版本，对于运维人员来说，推荐学习一些 Linux 的基础知识。

2．vCenter Server 8.0 升级

并不是所有 vCenter Server 6.X 或 7.0 版本都可以升级到 vCenter Server 8.0，同时也要注意源 vCenter Server 操作系统版本，在升级前请参考 VMware 官方文档。

3．跨平台迁移至 vCenter Server 8.0

跨平台迁移操作存在风险，建议在操作前对源 vCenter Server 进行备份，如果迁移出现问题可以快速恢复。

第 3 章　部署和管理虚拟机

在构建 VMware vSphere 基础架构之后，就可以开始创建和使用虚拟机了。作为企业虚拟化架构实施人员或管理人员，应该掌握在企业生产环境中使用各种工具创建虚拟机。本章将介绍如何创建和使用虚拟机，以及如何使用虚拟机模板和快照。

3.1　虚拟机介绍

3.1.1　什么是虚拟机

虚拟机和物理机一样，都是用于运行操作系统和应用程序的计算机。它们的主要区别在于物理机是真实存在的设备，而虚拟机是通过一组规范和配置文件创建的，它利用主机的物理资源来运行。每个虚拟机都有一些虚拟设备，这些设备提供与物理硬件相似的功能，但具有更强的可移植性、安全性和易管理性。虚拟机的数据存储在存储设备上的文件中，包括配置文件、虚拟磁盘文件、NVRAM 设置文件和日志文件等。

3.1.2　组成虚拟机的文件

从存储上看，虚拟机由一组离散的文件组成，下面来看看虚拟机究竟由哪些主要文件组成。

1. 配置文件

命名规则，<虚拟机名称>.vmx。这个文件记录操作系统的版本、内存大小、硬盘类型及大小、虚拟网卡 MAC 地址等信息。

2. 交换文件

命名规则，<虚拟机名称>.vswp。类似于 Windows 系统的页面文件，主要用于虚拟机在开关机时进行内存交换。

3. BIOS 文件

命名规则，<虚拟机名称>.nvram。为了与物理服务器相同，产生虚拟机的 BIOS。

4. 日志文件

命名规则，vmware.log。虚拟机的日志文件。

5. 硬盘描述文件

命名规则，<虚拟机名称>.vmdk。虚拟硬盘的描述文件，与虚拟硬盘有差别。

6. 硬盘数据文件

命名规则，<虚拟机名称>.flat.vmdk。虚拟机使用的虚拟硬盘，实际所使用的虚拟硬盘的容量就是此文件的大小。

7. 挂起状态文件

命名规则，<虚拟机名称>.vmss。虚拟机进入挂起状态产生的文件。

8．快照数据文件

命名规则，<虚拟机名称>.vmsd。在创建虚拟机快照时产生的文件。

9．快照状态文件

命名规则，<虚拟机名称>.vmsn。如果虚拟机快照包括内存状态，就会产生此文件。

10．快照硬盘文件

命名规则，<虚拟机名称>.delta.vmdk。在使用快照时，原 vmdk 会保持原状态同时产生 delta.vmdk 文件，所有的操作都是在 delta.vmdk 上进行。

11．模板文件

命名规则，<虚拟机名称>.vmtx。虚拟机创建模板后产生此文件。

3.1.3 虚拟机硬件介绍

创建虚拟机的时候必须配置相对应的虚拟硬件资源。VMware vSphere 8.0 虚拟机使用发布的虚拟机硬件 20 版本，下面来看看虚拟机对虚拟硬件资源的需求。

1．虚拟机硬件资源支持

VMware vSphere 8.0 对虚拟机硬件资源支持非常好，单台虚拟机最大可以使用 768 个 vCPU 以及 24TB 内存，不同 VMware vSphere 版本所支持的虚拟机硬件资源对比如表 3-1 所示。

表 3-1 不同 VMware vSphere 版本所支持的虚拟机硬件资源对比

最大支持	VMware vSphere 版本			
	8.0	7.0	6.7	6.5
vCPUs per VM	768	256	128	128
vRAM per VM	24TB	6TB	6TB	6TB

2．ESXi 主机与各个版本的虚拟机硬件兼容性

ESXi 8.0 主机上使用的是第 20 版本的虚拟机硬件，表 3-2 是不同版本 ESXi 主机对应的虚拟机硬件版本。

表 3-2 不同版本 ESXi 主机对应的虚拟机硬件版本

ESXi 主机版本	虚拟机硬件版本
VMware ESXi 8.0	20
VMware ESXi 7.0 U2	19
VMware ESXi 7.0 U1	18
VMware ESXi 7.0	17
VMware ESXi 6.7 U2	16
VMware ESXi 6.7	14
VMware ESXi 6.5	12-13
VMware ESXi 6.0	11
VMware ESXi 5.5	10
VMware ESXi 5.1	9
VMware ESXi 5.0	8
VMware ESXi 4.X	7

3. ESXi 主机以及虚拟机支持的存储适配器

ESXi 主机支持不同类型的适配器，包括 SCSI、iSCSI、RAID、光纤通道、以太网光纤通道 (FCoE) 和以太网。ESXi 主机通过 VMkernel 中的设备驱动程序直接访问适配器。虚拟机能够支持的存储适配器如下。

（1）BusLogic Parallel。

与 Mylex (BusLogic) BT/KT-958 兼容的最新主机总线适配器。

（2）LSI Logic Parallel。

支持 LSI Logic LSI53C10xx Ultra320 SCSI I/O 控制器。

（3）LSI Logic SAS。

LSI Logic SAS 适配器具有串行接口。

（4）VMware 半虚拟化 SCSI。

高性能存储适配器，可以实现更高的吞吐量并降低 CPU 占用量。

（5）AHCI SATA 控制器。

可访问虚拟磁盘和 CD/DVD 设备。SATA 虚拟控制器以 AHCI SATA 控制器的形式呈现给虚拟机。AHCI SATA 仅适用于与 ESXi 5.5 及更高版本兼容的虚拟机。

（6）虚拟 NVMe。

NVMe 是将闪存存储设备连接至 PCI Express 总线并对其进行访问的 Intel 规范。NVMe 可替代现有的基于数据块的服务器存储 I/O 访问协议。

4. 虚拟机硬盘类型的说明

在创建虚拟机的时候，会对虚拟机使用的硬盘类型进行选择。

（1）Thick Provision Lazy Zeroed。

厚盘延迟置零。这是创建虚拟机时的默认类型，所有磁盘空间都被分配，但是原来在磁盘上写入的数据不会被删除。存储空间中的现有数据不被删除而是留在物理磁盘上，擦除数据和格式化只在第一次写入磁盘时进行，这会降低性能。VAAI 的块置零特性极大减轻了这种性能降低的现象。

（2）Thick Provision Eager Zeroed。

厚盘置零。所有磁盘空间被保留，数据完全从磁盘上删除，磁盘在创建时就进行格式化，与延迟置零相比，创建这样的磁盘会花费更长的时间，但安全性更强，同时，其写入磁盘的性能更好。

（3）Thin Provision。

精简盘。使用此类型硬盘，VMDK 文件不会一开始就占用全部空间，而是随着数据量的增加而增大占用空间。例如虚拟机设置了 40GB 虚拟硬盘空间，安装操作系统使用了 10GB 空间，那么 VMDK 文件大小应该是 10GB，而不是 40GB，这样做的好处是节省了空间。可以通过 unmap 命令对未使用空间进行回收操作。

对于需要高性能的应用建议使用厚盘，因为厚盘能够更好地支持 HA、FT 等特性，如果已经使用了精简盘，可以将磁盘类型修改为厚盘。

5. 虚拟机硬盘模式

在创建虚拟机的时候，除了虚拟机硬盘类型外，还需要对虚拟机的硬盘模式进行选择。

（1）Independent Persistent。

独立持久。虚拟机的所有硬盘读写都写入 VMDK 文件中，这种模式可提供最佳性能。

（2）Independent Nopersistent。

独立非持久。虚拟机启动后进行的所有修改被写入一个文件，此模式提供的性能不是很好。

6. 虚拟网络适配器

对于虚拟机使用的网络适配器，ESXi 7.0 之后的版本推荐使用 VMXNET3。虚拟机支持的网络适配器如下。

（1）E1000E。

Intel 82574L 以太网网卡的仿真版本。E1000E 是 Windows 8 和 Windows Server 2012 操作系统的默认适配器。

（2）E1000。

Intel 82545EM 以太网网卡的仿真版本，在大多数较新版本的客户机操作系统中均配备该网卡的驱动程序，其中包括 Windows XP 及更高版本、Linux 2.4.19 及更高版本。

（3）Vlance。

AMD 79C970 PCnet32 LANCE 网卡的仿真版本。它是一种早期版本的 10Mbit/s 网卡，32 位的旧客户机操作系统可提供它的驱动程序。

（4）VMXNET2。

VMware 专为提高性能设计的半虚拟化网卡。它基于 VMXNET2 适配器，提供了一些高性能功能支持，如巨型帧和硬件卸载等。VMXNET2 只适用于 ESX/ESXi 3.5 以及更高版本上的一些客户机操作系统，不支持 ESXi 6.7 及更高版本。

（5）VMXNET3。

VMXNET2 的升级版本，VMXNET3 可提供 VMXNET2 中的所有可用功能并新增了几种功能，例如多队列支持、IPv6 卸载和 MSI/MSI-X 中断传递等。

（6）SR-IOV 直通。

在支持 SR-IOV 的物理网卡上提供虚拟功能。此适配器类型适用于需要更多 CPU 资源或延迟可能导致故障的虚拟机。如果虚拟机对网络延迟敏感，SR-IOV 可提供对受支持物理网卡的虚拟功能的直接访问权限，从而绕过虚拟交换机并减少了开销。有些操作系统版本可能包含某些网卡的默认虚拟功能驱动程序。对于其他操作系统，必须从网卡或主机供应商提供的位置下载驱动程序并安装。

（7）vSphere DirectPath I/O。

允许虚拟机上的客户机操作系统直接访问连接到主机的物理 PCI 设备。直通设备能够高效利用资源并提高性能。可以使用 vSphere Client 在虚拟机上配置直通 PCI 设备。

（8）PVRDMA。

允许多台客户机通过使用行业标准接口 Verbs API 来访问 RDMA 设备。现已实施一组此类 Verbs 来为应用提供支持 RDMA 的客户机设备。应用程序可使用 PVRDMA 客户机驱动程序与底层物理设备进行通信。

3.2 部署虚拟机

安装了 ESXi 和 vCenter Server 之后，就可以开始创建和使用虚拟机了。VMware vSphere 8.0 支持 Windows 操作系统，从早期的 MS-DOS 到最新的 Windows Server 2022，几乎涵盖了所有版本的 Windows 操作系统。当然，VMware vSphere 8.0 也支持 Linux 系统，可以运行 RedHat、CentOS 等各种主流 Linux 发行版。需要注意的是，VMware vSphere 8.0 对于已停止支持的操作系统可能会出现支持不完善的情况。在本节中，我们将介绍如何创建虚拟机并安装 VMware Tools。

3.2.1　创建 Windows 和 Linux 虚拟机

VMware vSphere 8.0 支持主流操作系统，作为 CentOS 操作系统的替代系统，Rocky Linux 也可以在 VMware vSphere 8.0 上安装运行。下面介绍创建 Windows Server 2022 以及 Rocky Linux 9.2 虚拟机的方法。

1）在集群或主机上单击右键，选择“新建虚拟机”，如图 3-1 所示。

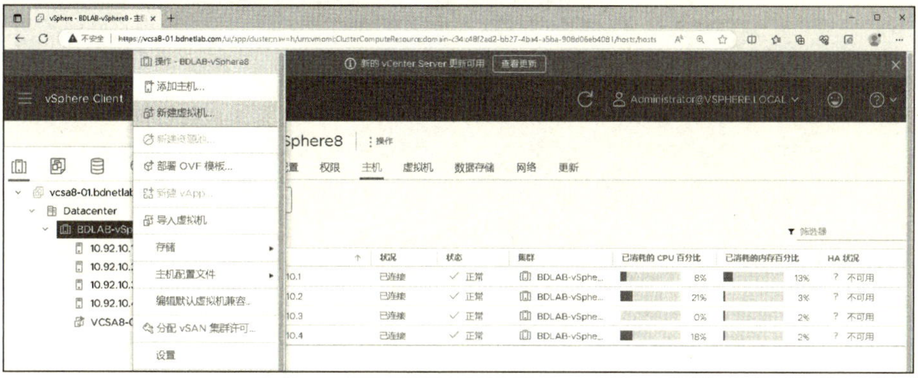

图 3-1　新建虚拟机

2）选择“创建新虚拟机”，如图 3-2 所示，单击“下一页”按钮。

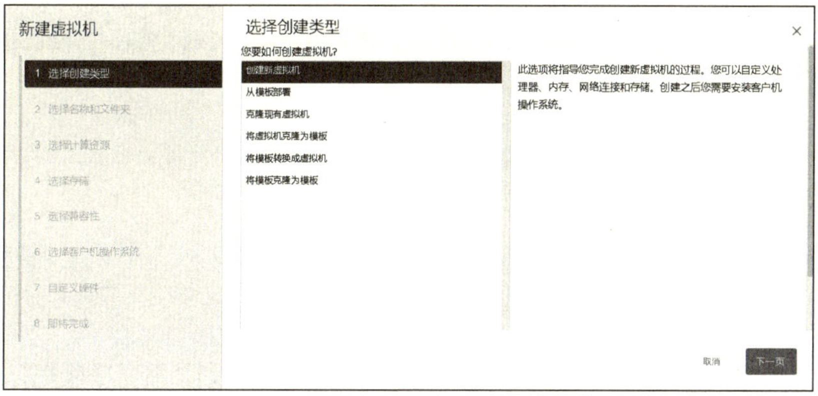

图 3-2　选择创建类型

3）设置虚拟机名称及位置，如图 3-3 所示，单击“下一页”　按钮。

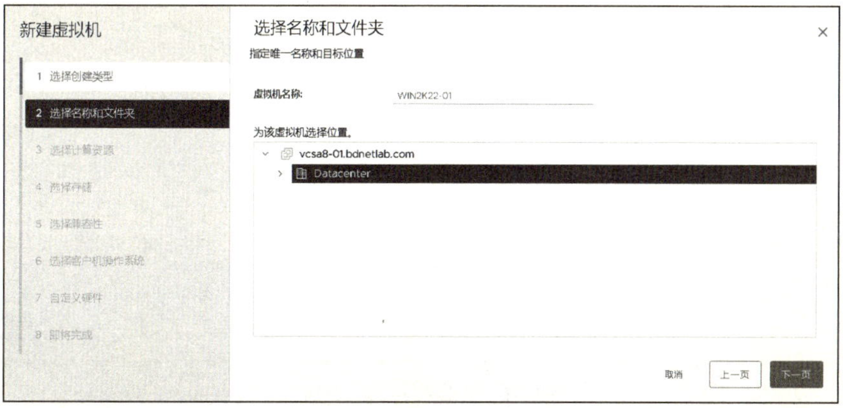

图 3-3　设置虚拟机名称及位置

4）选择虚拟机运行的 ESXi 主机，如图 3-4 所示，单击“下一页”按钮。

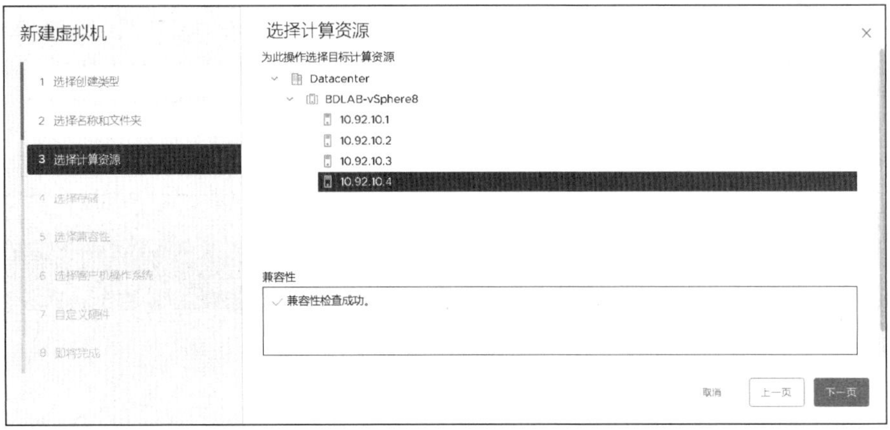

图 3-4　选择虚拟机运行的 ESXi 主机

5）为虚拟机选择存储，如图 3-5 所示，单击“下一页”按钮。

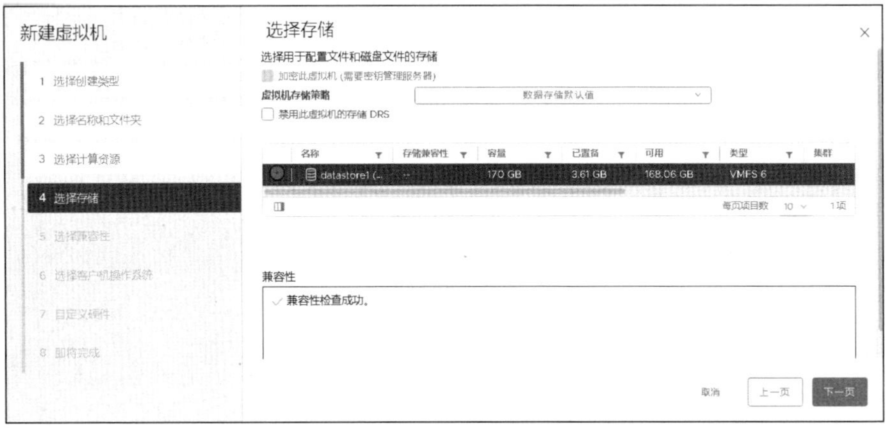

图 3-5　为虚拟机选择存储

6）为虚拟机选择兼容性，如图 3-6 所示，单击“下一页”按钮。需要注意的是，如果集群中有非 ESXi 8.0 版本的主机，请选择低硬件版本，否则可能出现虚拟机无法启动的情况。

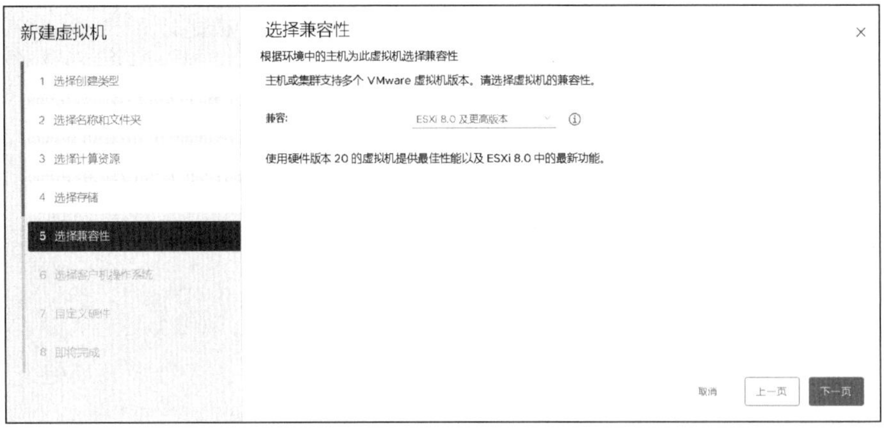

图 3-6　为虚拟机选择兼容性

7）选择客户机操作系统，如图 3-7 所示，单击“下一页”按钮。

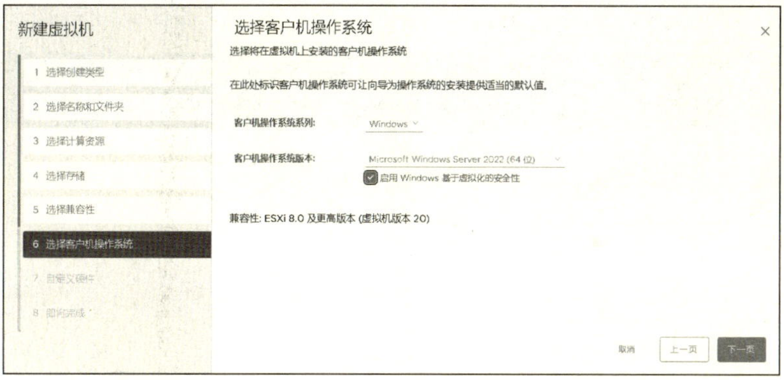

图 3-7　选择客户机操作系统

8）配置虚拟机硬件，如图 3-8 所示，系统会给出虚拟机推荐使用的硬件配置，可以根据实际需求进行调整，单击“下一页”按钮。

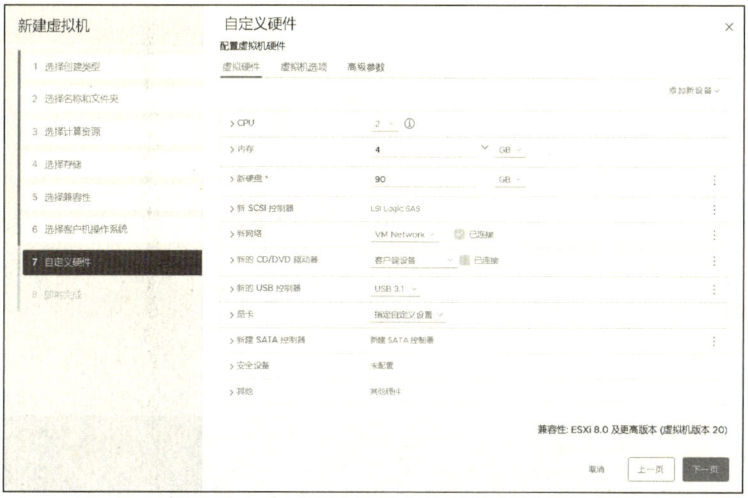

图 3-8　配置虚拟机硬件

9）确认虚拟机参数是否正确，如图 3-9 所示，单击“完成”按钮。

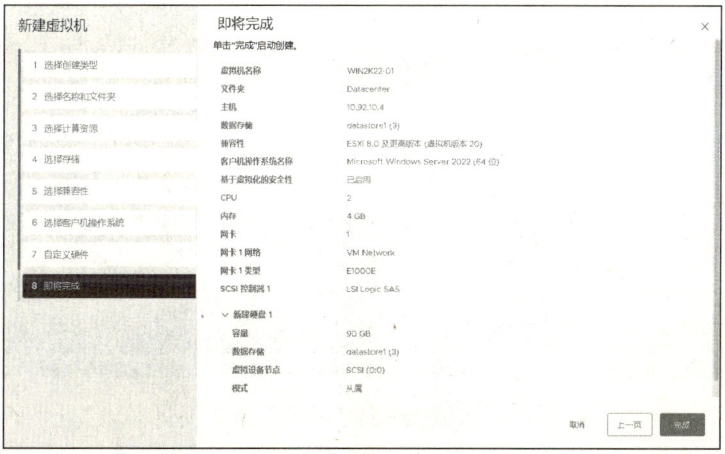

图 3-9　确认虚拟机参数是否正确

10）完成 Windows 虚拟机创建，如图 3-10 所示。

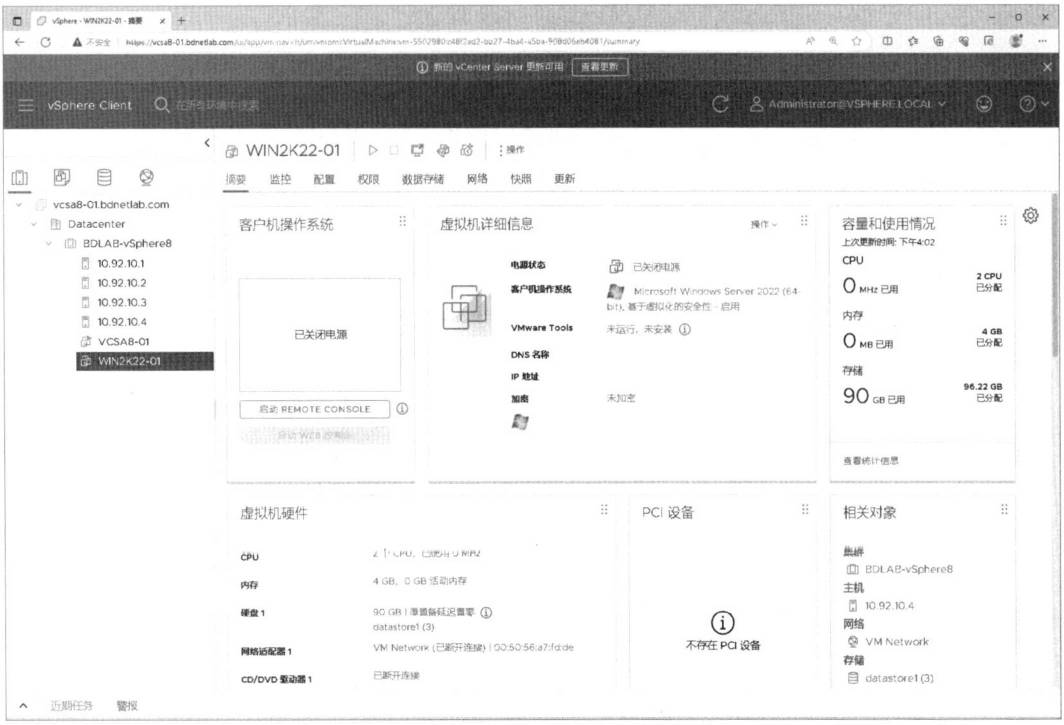

图 3-10　完成 Windows 虚拟机创建

11）使用 VMware Remote Console 控制台连接到虚拟机，打开电源并开始安装 Windows Server 操作系统 ，如图 3-11 所示，单击“下一页”按钮。

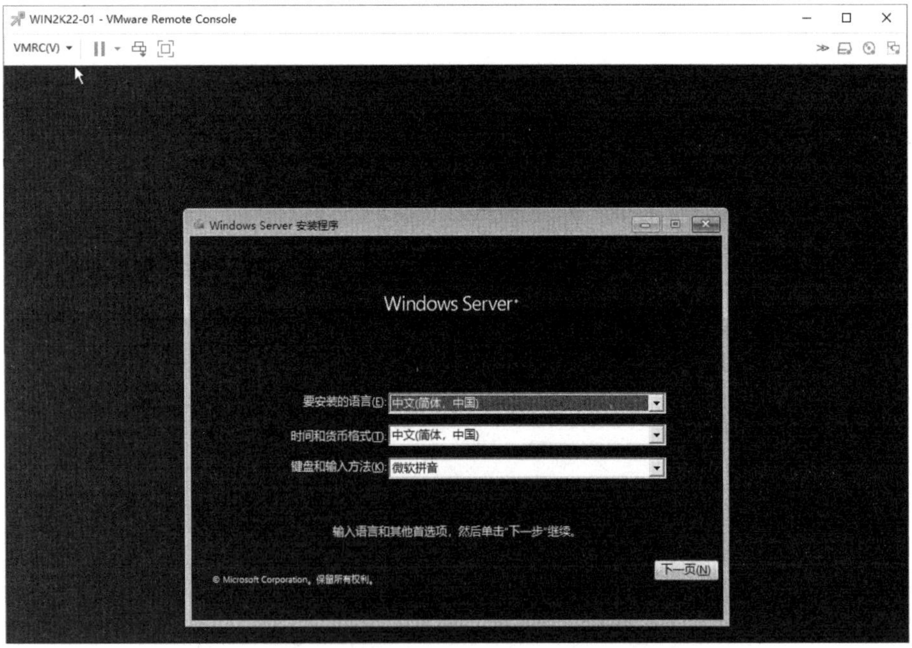

图 3-11　安装 Windows Server 操作系统

12）具体安装过程与在物理服务器上的安装过程相同，安装完成后如图 3-12 所示。

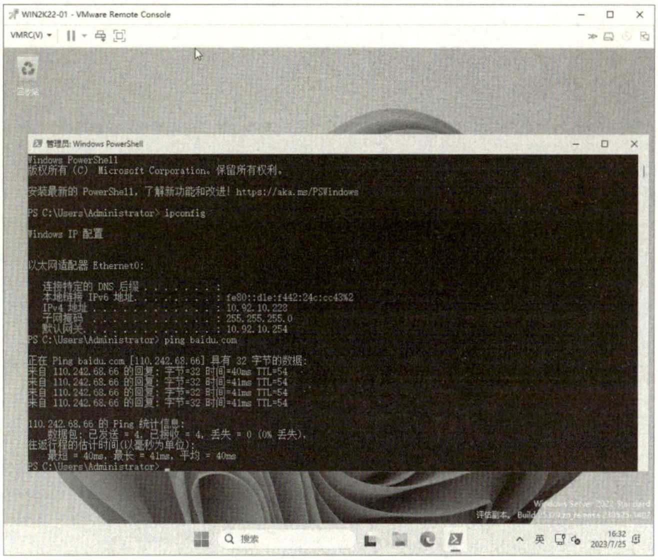

图 3-12　完成 Windows Server 虚拟机操作系统安装

13）按照相同的方式创建一台 Rocky Linux 虚拟机，如图 3-13 所示。

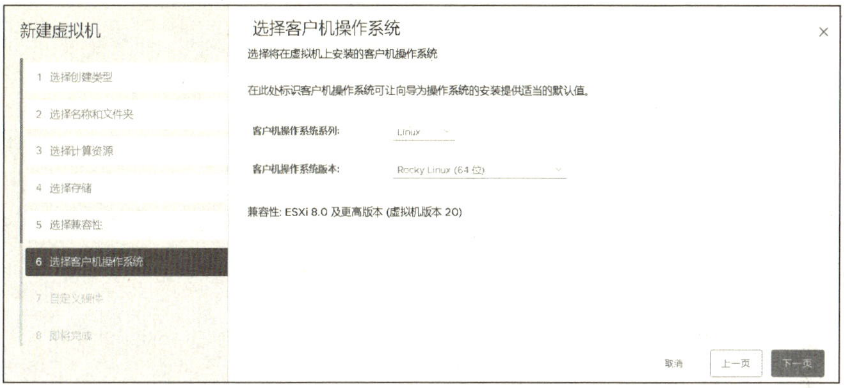

图 3-13　创建另一台虚拟机

14）使用 VMware Remote Console 控制台连接到虚拟机，开始安装 Rocky Linux 9.2 操作系统，如图 3-14 所示。

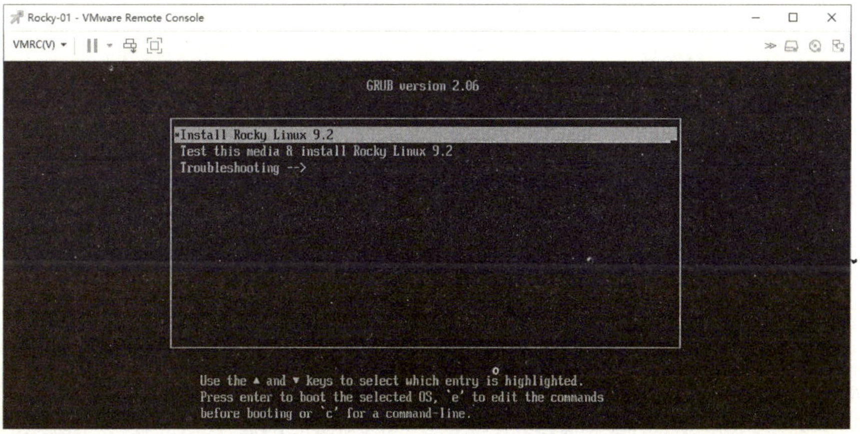

图 3-14　安装 Rocky Linux 9.2 操作系统

15）具体安装过程与在物理服务器上的安装过程相同，安装完成后如图 3-15 所示。

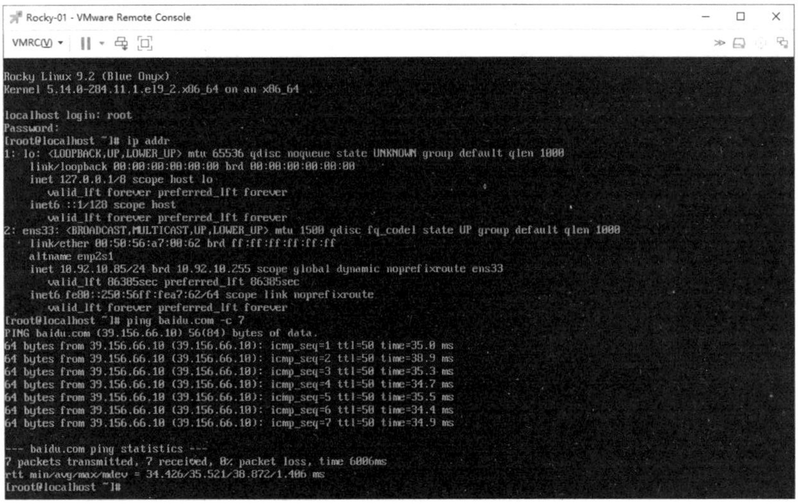

图 3-15　完成 Rocky Linux 9.2 虚拟机操作系统安装

至此，Windows Server 2022 和 Rocky Linux 9.2 虚拟机都已经创建完成。总的来说，虚拟机的创建比较简单，基本上不存在硬件兼容性问题。

3.2.2　安装 VMware Tools

由于虚拟机的特殊性，只有在安装 VMware Tools 后才能够使用许多 VMware 功能。例如，若虚拟机没有安装 VMware Tools，则无法使用工具栏中的关机或重启选项，只能使用电源选项。同时，VMware Tools 会为虚拟硬件使用专用驱动程序，替换通用驱动程序，从而提高虚拟机的性能和管理能力。对于 Windows 和 Linux 虚拟机，安装 VMware Tools 的方法有所不同。下面介绍如何为虚拟机安装 VMware Tools。

1．Windows 虚拟机 VMware Tools 安装

1）查看虚拟机相关信息，虚拟机 VMware Tools 处于未运行、未安装状态，如图 3-16 所示。

图 3-16　虚拟机未安装 VMware Tools

2）安装 VMware Tools，如图 3-17 所示，单击“挂载”按钮。

3）Windows 虚拟机 VMware Tools 是标准应用程序，通过安装向导安装即可，此处不做详细演示，根据提示安装即可。

4）安装完成后查看虚拟机相关信息，如图 3-18 所示，虚拟机 VMware Tools 处于“正在运行，版本 12325（当前版本）”状态。

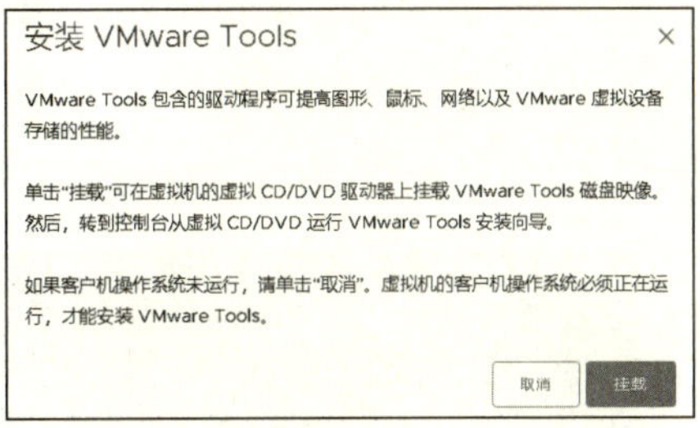

图 3-17　安装 VMware Tools 安装镜像

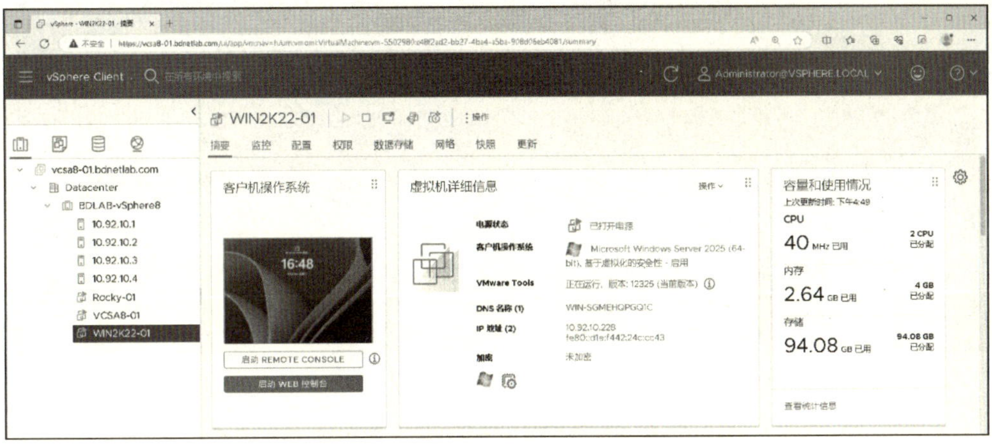

图 3-18　安装完成后查看虚拟机相关信息

2. Linux 虚拟机 VMware Tools 安装

多数 Linux 系统在安装过程中会检测系统是否是虚拟化平台，如果是虚拟化平台，会自动安装开源 open-vm-tools。需要注意的是，如果 Linux 系统没有自动安装 open-vm-tools，则需要手动进行安装。

1）Rocky Linux 虚拟机采用精简安装模式，系统没有自动安装 open-vm-tools（VMware Tools），如图 3-19 所示。

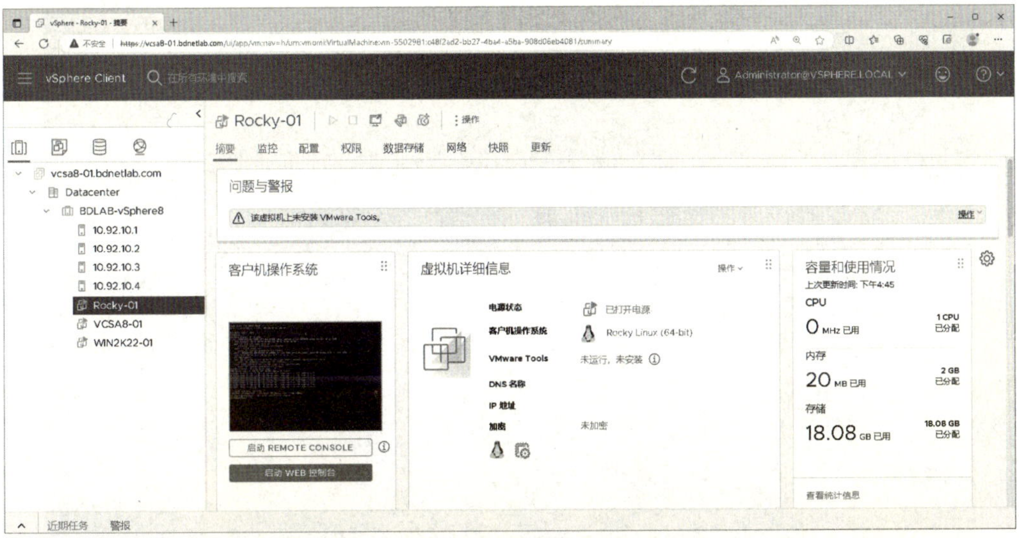

图 3-19　Linux 虚拟机未安装 VMware Tools

2）使用 VMware Remote Console 控制台连接到虚拟机，输入命令“yum install open-vm-tools”安装开源工具软件，安装大小约为 9.1M，如图 3-20 所示，输入“y”后按回车键。

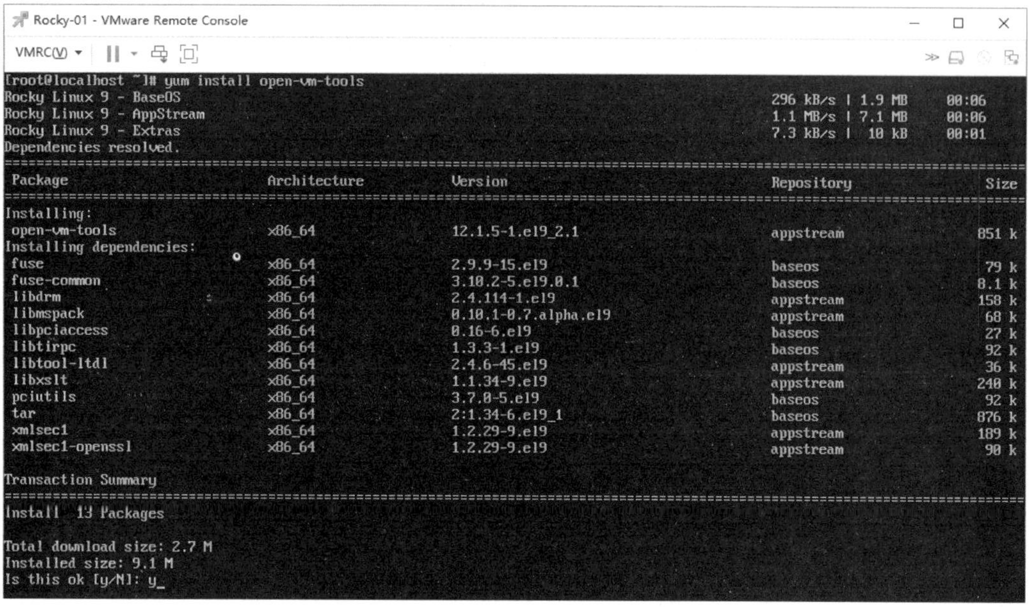

图 3-20　安装开源工具软件

3）完成开源 open-vm-tools 安装，如图 3-21 所示。需要重新启动操作系统后，开源的 open-vm-tools 才能生效。

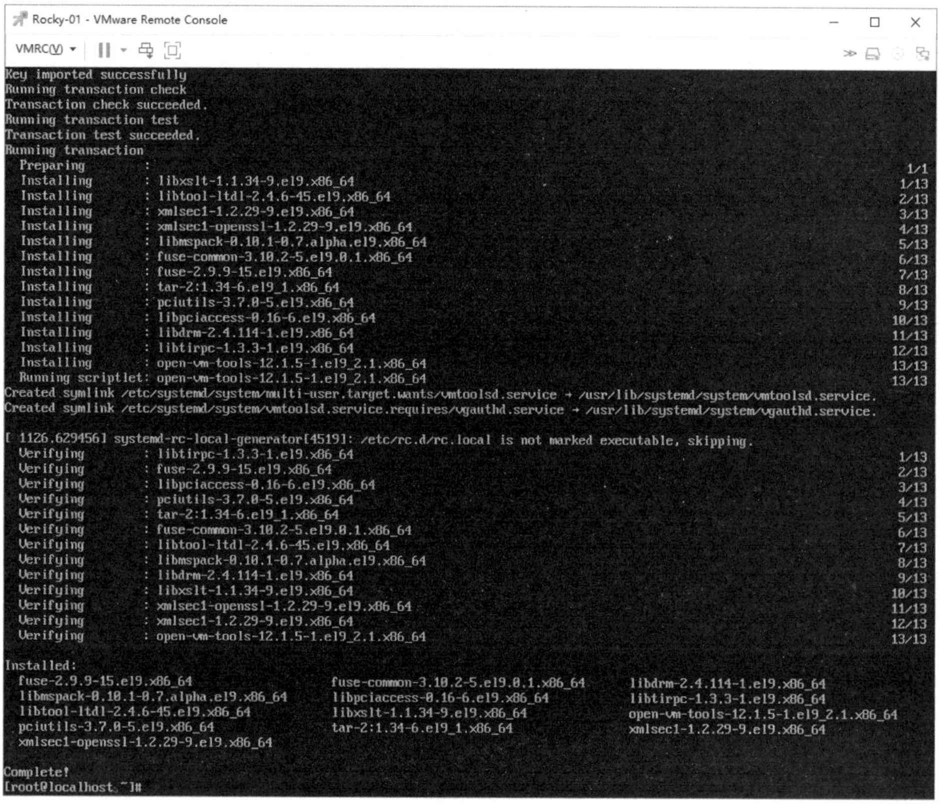

图 3-21　完成开源 open-vm-tools 安装

4）重启虚拟机后，查看开源 open-vm-tools 是否安装成功，VMware Tools 处于“正在运行，版本 12325（客户机托管）”状态，如图 3-22 所示。

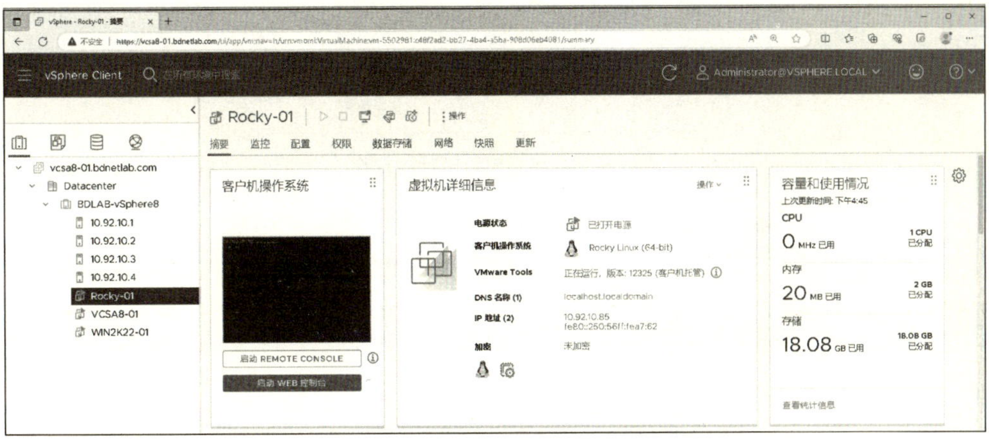

图 3-22　Linux 安装开源 VMware Tools

至此，完成虚拟机的创建以及安装 VMware Tools，安装过程与物理设备基本相同。需要注意的是，虚拟机后续运维不能采用传统物理设备的思路，比如修改注册表等操作。在虚拟化环境中，这样的操作可能导致虚拟机崩溃。

3.3　管理虚拟机

虚拟机是虚拟化架构的基础，有效地对虚拟机进行管理是运维人员需要掌握的重要技能。在本节中，我们将介绍如何通过创建和使用模板，以及进行虚拟机克隆等操作来有效地管理虚拟机。

3.3.1　创建和使用虚拟机的模板

虚拟机模板是为了在企业环境中快速部署大量虚拟机并避免错误而创建的。模板是虚拟机的主副本，可用于创建和调配新的虚拟机，通常包含一个客户操作系统、一组应用和特定的虚拟机配置的映像。制作虚拟机模板有多种方式，其中，克隆和转换是常用的方法。克隆是对现有虚拟机进行克隆，保留源虚拟机，克隆出来的虚拟机模板与源虚拟机完全相同。而使用模板选择可以将虚拟机转换为模板，根据需要可以选择是否保留源虚拟机。下面介绍如何创建虚拟机模板。

1）选择需要制作模板的虚拟机，选择“模板”中的“转换成模板”，如图 3-23 所示。

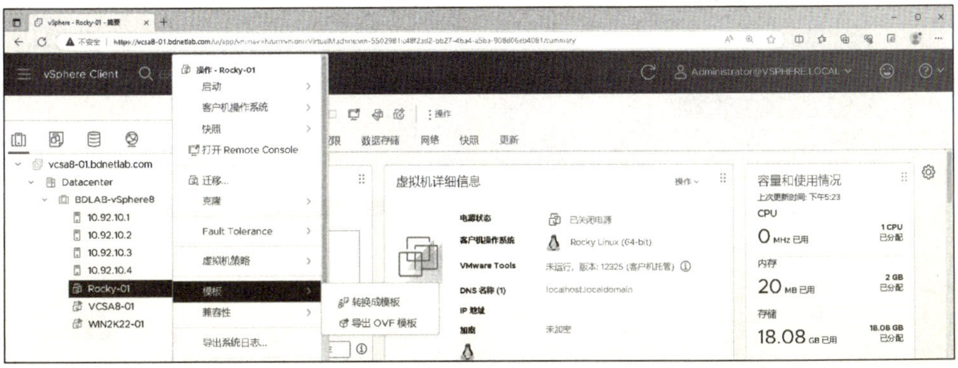

图 3-23　选择需要制作模板的虚拟机

2）确认将虚拟机转换为模板，使用此模式源虚拟机不保留，如图 3-24 所示，单击“是”按钮。

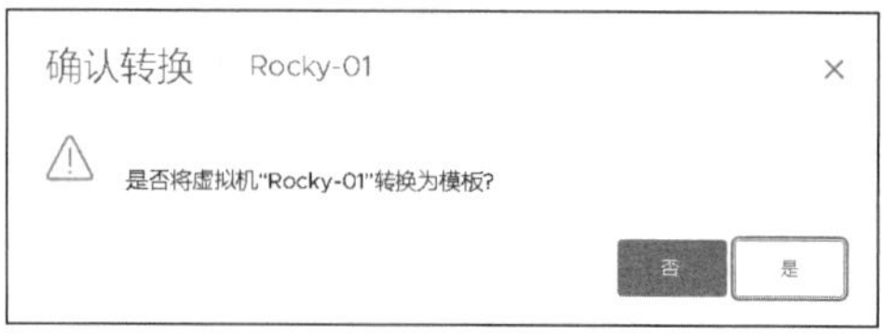

图 3-24　将虚拟机转换为模板

3）将虚拟机转换成模板完成，如图 3-25 所示，注意虚拟机和模板图标的变化。

图 3-25　完成虚拟机模板转换

4）在创建的模板上单击右键，选择“从此模板新建虚拟机”，如图 3-26 所示。

图 3-26　从模板中新建虚拟机

5）输入新建虚拟机的名称，如图 3-27 所示，单击“下一页”按钮。

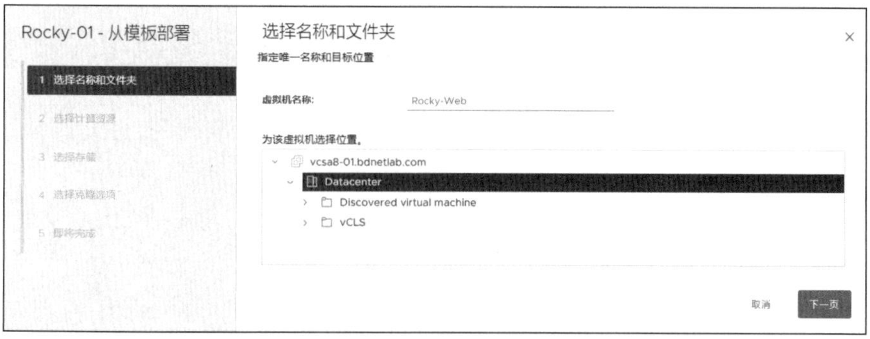

图 3-27　输入新建虚拟机的名称

6）选择虚拟机运行的主机，如图 3-28 所示，单击“下一页”按钮。

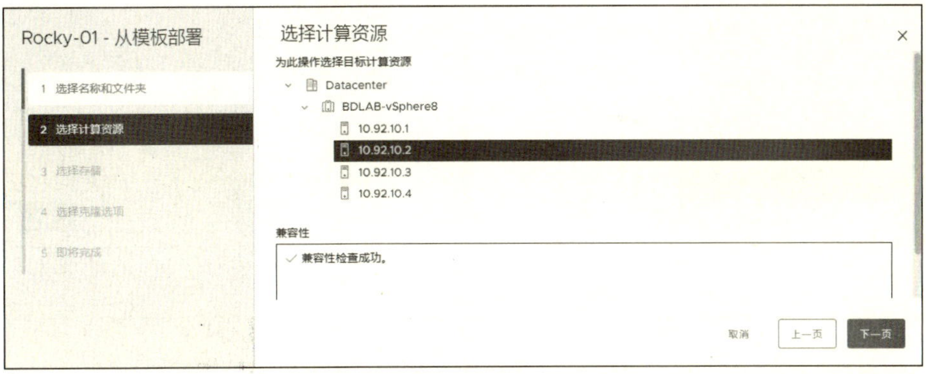

图 3-28　选择虚拟机运行的主机

7）选择虚拟机使用的存储，如图 3-29 所示，单击“下一页”按钮。

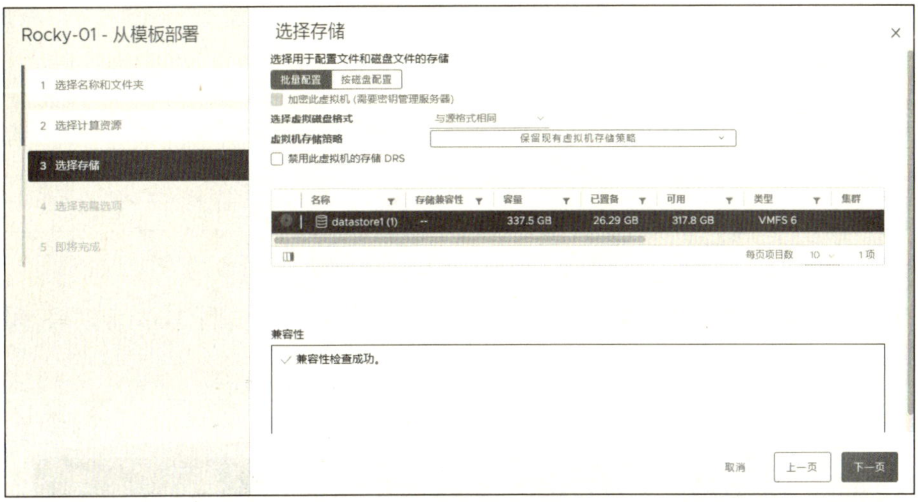

图 3-29　选择虚拟机使用的存储

8）选择克隆选项，根据实际情况确定是否勾选“自定义操作系统”“自定义此虚拟机的硬件”以及“创建后打开虚拟机电源”选项，如图 3-30 所示，单击“下一页”按钮。

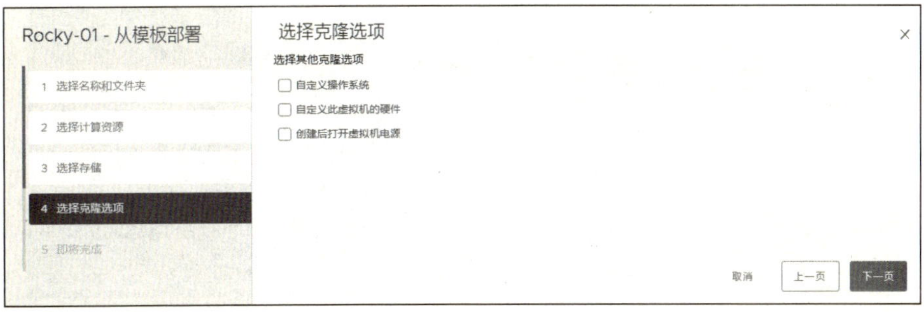

图 3-30　选择克隆选项

9）确认虚拟机相关参数，如图 3-31 所示，单击“完成”按钮开始部署虚拟机。

10）完成通过模板部署虚拟机，如图 3-32 所示。

图 3-31　确认虚拟机相关参数

图 3-32　通过模板部署虚拟机

11）打开虚拟机电源，通过控制台查看虚拟机运行情况，通过图 3-33 可以看到虚拟机运行正常。

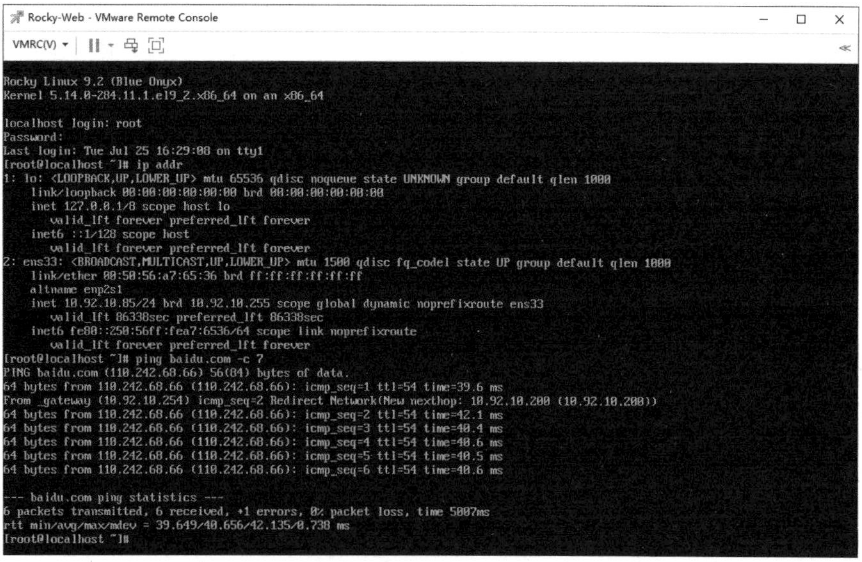

图 3-33　查看虚拟机运行情况

至此，使用模板部署虚拟机已完成。在生产环境中，为保证操作系统的稳定性，推荐创建自定义规范，再调用自定义规范创建虚拟机，确保每台虚拟机 SID 或 UUID 的唯一性，以避免虚拟机在后续使用过程出现问题。

3.3.2　使用克隆虚拟机

克隆虚拟机是通过复制源虚拟机的方式创建一台新的虚拟机，新的虚拟机是原有虚拟机的精确副本，在克隆过程中，虚拟机可以是开启或关闭状态。如果要克隆的虚拟机处于开启状态，则在克隆虚拟机时，服务和应用不会自动进入静默状态。在决定是克隆虚拟机还是使用模板部署虚拟机时，需要注意以下几点。

- 虚拟机模板会占用存储空间，因此必须相应地规划存储空间。
- 使用模板部署虚拟机比克隆正在运行的虚拟机更快，特别是在一次部署多台虚拟机的情况下。
- 当使用模板部署多台虚拟机时，所有虚拟机都以相同的基础镜像作为起点。如果从正在运行的虚拟机克隆虚拟机，可能不会创建完全相同的虚拟机，这具体取决于在克隆虚拟机时，源虚拟机中进行的活动。
- 若同时部署具有相同客户机操作系统设置的虚拟机或克隆虚拟机，可能会发生冲突，需通过客户机操作系统进行自定义以避免这种情况。

即时克隆是一种高效的快速克隆技术，其核心优势是克隆过程不丢失源虚拟机的运行状态，且操作速度极快，适合即时调配场景。在即时克隆操作期间，源虚拟机将昏迷片刻（少于 1 秒）。当源虚拟机昏迷时，系统将为每个虚拟磁盘生成一个新的可写增量磁盘，同时选取一个检查点并将其传输到目标虚拟机，目标虚拟机将使用源虚拟机的检查点启动，目标虚拟机完全启动后，源虚拟机也将恢复运行。即时克隆的虚拟机是完全独立的 vCenter Server 清单对象，可以像管理常规虚拟机那样管理即时克隆虚拟机，没有任何限制。

对于大规模应用部署来说，即时克隆非常方便，因为它能够确保内存效率，并且可以在单个主机上创建大量虚拟机。为避免网络冲突，可以在执行即时克隆操作期间自定义目标虚拟机的虚拟硬件。例如，可以自定义目标虚拟机的虚拟网卡的 MAC 地址或串行和并行端口配置。

1）即时克隆虚拟机操作与通过模板部署虚拟机基本相同，选择需要克隆的虚拟机，单击右键，选择“克隆到虚拟机”，如图 3-34 所示。

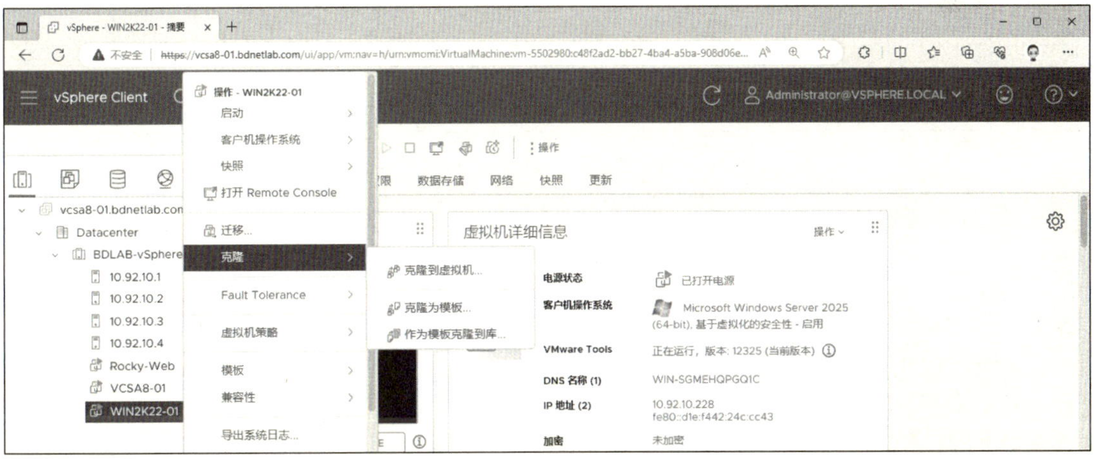

图 3-34　选择克隆的虚拟机

2）输入克隆虚拟机名称，如图 3-35 所示，单击“下一页”按钮。

3）选择克隆虚拟机的目标计算资源，如图 3-36 所示，单击“下一页”按钮。

4）选择克隆虚拟机使用的存储，如图 3-37 所示，单击“下一页”按钮。

图 3-35　输入克隆虚拟机名称

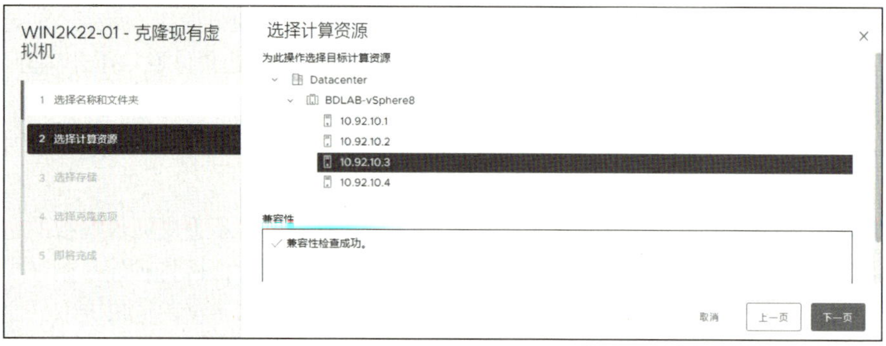

图 3-36　选择克隆虚拟机的目标计算资源

图 3-37　选择克隆虚拟机使用的存储

5）选择克隆选项，勾选“自定义操作系统”以及“创建后打开虚拟机电源”，如图 3-38 所示，单击“下一页”按钮。

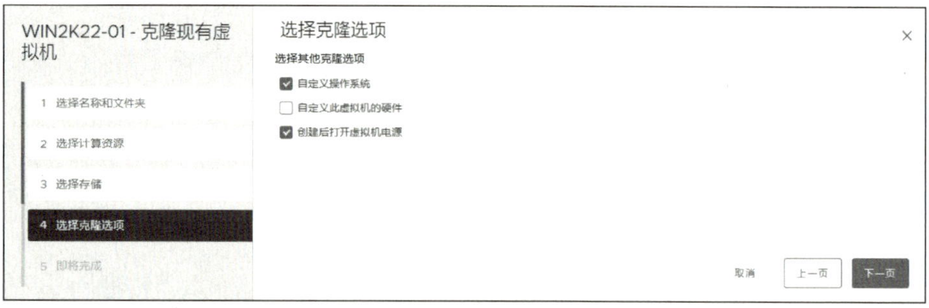

图 3-38　选择克隆选项

6）确认克隆虚拟机参数，如图 3-39 所示，单击“完成”按钮开始克隆虚拟机。

图 3-39　确认克隆虚拟机参数

7）完成虚拟机克隆，通过图 3-40 可以看到虚拟机详细信息。

至此，克隆虚拟机的操作已经顺利完成。克隆操作能够复制出一份与源虚拟机完全相同的虚拟机副本，这在一些情况下被运维人员视为一种特殊的备份方式。在生产环境中创建好虚拟机后，根据需求会对虚拟机进行一些调整，比较常见的操作包括硬件配置修改、快照策略设置等。

图 3-40　完成虚拟机克隆

3.3.3　创建和使用虚拟机快照

快照在生产环境中的应用非常广泛，例如，在进行某项操作前不确定该操作是否对虚拟机有影响，可以制作快照，如果出现问题可以回退到操作前的状态。另外，在对虚拟机的客户机操作系统进行修补或升级时也使用快照。

快照能捕获创建快照时的虚拟机完整状态，包括以下状态。

（1）内存状态：虚拟机内存的内容。当虚拟机已经启动并且勾选生成虚拟机内存快照时才会捕获内存状态。

（2）设置状态：虚拟机设置。

（3）磁盘状态：虚拟机的所有虚拟磁盘的状态。在创建快照时，还可以将客户机操作系统置于静默状态。此操作会将客户机操作系统的文件系统置于静默状态，仅当不将内存状态捕获为快照的一部分时，此选项才可用。

一台虚拟机可以有一个或多个快照。对于每个快照，将创建以下文件。

- 快照增量文件：文件名格式为-######.delta.vmdk 或-######-sesparse.vmdk，用于存储自快照创建以来虚拟磁盘的新增数据。快照生成后，虚拟机不再写入原始的-flat.vmdk 文件，而是将写操作重定向至此增量文件。
- 磁盘描述符文件：文件名格式为-00000#.vmdk。这是一个包含快照相关信息的小型文本文件。
- 配置状态文件：以.vmsn 为扩展名，用于存储快照创建时的虚拟机状态，包括虚拟硬件配置、电源状态、硬件版本等。若勾选捕获内存状态，此文件还会包含活动内存数据。
- 内存状态文件：以.vmem 为扩展名。如果在创建快照期间选择了将内存状态包含在内的选项，则将创建此文件。它包含拍摄虚拟机快照时虚拟机的全部内容。
- 快照列表文件：以.vmsd 为扩展名。此文件是在创建虚拟机时生成的，用于保存虚拟机的快照信息（如.vmsn 文件和虚拟磁盘文件的名称），以便在 vSphere Client 中创建快照列表。
- 快照状态文件的扩展名为.vmsn。用于存储拍摄快照时的虚拟机状态。在虚拟机上创建每个快照时都会生成一个新的.vmsn 文件，该文件会在删除快照时删除。该文件的大小会根据快照创建时选择的选项而有所不同。例如，在快照中包含虚拟机的内存状态会增大.vmsn 文件。

可从快照中排除一个或多个 VMDK，方法是将虚拟机中的虚拟磁盘指定为独立磁盘。独立磁盘的配置通常在创建虚拟磁盘时完成，若需修改，需在虚拟机关闭状态下操作。快照中也可能存在其他文件，具体取决于虚拟机硬件版本。例如，处于开启状态的虚拟机的每个快照都具有关联的.vmem 文件，该文件包含客户机操作系统主内存，被保存为快照的一部分。

创建虚拟机快照时会创建增量磁盘或子磁盘，增量磁盘使用不同的稀疏格式，具体取决于数据存储的类型。

- VMFSsparse：在 VMFS5 数据存储中，小于 2TB 的虚拟磁盘默认采用此格式。VMFSsparse 层会处理发送到快照虚拟机的 I/O 操作。严格来说，VMFSsparse 是一种创建时为“空”的“重做日志”，它紧接在创建虚拟机快照之后启动。当在虚拟机快照后使用新数据重写整个 VMDK 时，重做日志将扩展为其基础 VMDK 的大小。此重做日志是 VMFS 数据存储中的文件。创建快照时，与虚拟机相连的基础 VMDK 将更改为新创建的稀疏 VMDK。
- SEsparse：VMFS6 数据存储中所有增量磁盘默认采用此格式；在 VMFS5 中，SEsparse 用于大小为 2TB 及以上的虚拟磁盘。SEsparse 是一种与 VMFSsparse 类似但具有一些增强功能的格式。此格式空间效率更高，并支持空间回收技术。通过空间回收，可以对客户机操作系统删除的数据块进行标记。系统会向 Hypervisor 中的 SEsparse 层发送命令，取消映射这些数据块。当客户机操作系统删除这些数据后，取消映射有助于回收 SEsparse 分配的空间。

下面介绍如何创建和使用虚拟机快照。

1）打开生成快照界面，可以根据实际情况决定是否勾选“包括虚拟机的内存”或“静默客户机文件系统（需要虚拟机工具）”，如图 3-41 所示，单击“确定”后开始生成快照。

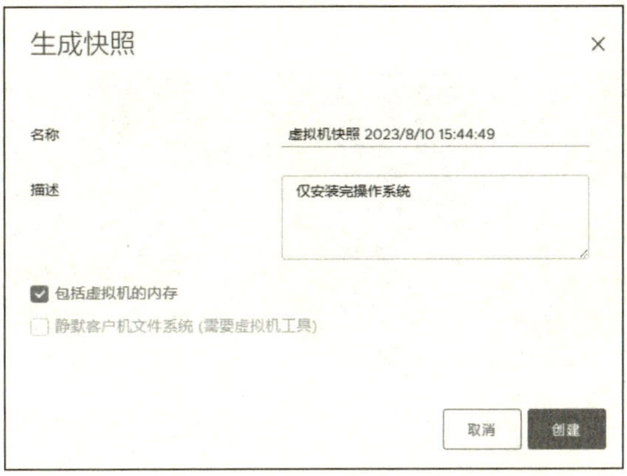

图 3-41　生成虚拟机快照

2）完成虚拟机快照创建后，在“管理快照”可以看到生成的快照点，如果有多个快照，会呈阶梯状显示，如图 3-42 所示。

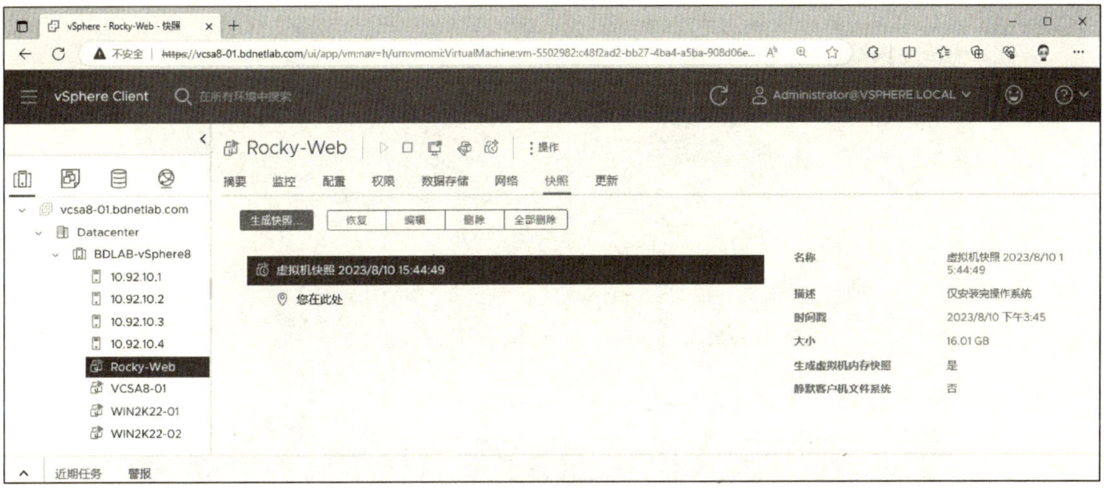

图 3-42　虚拟机快照管理

参数解释。

（1）恢复：还原或恢复到特定快照。还原的快照会变为当前快照。当恢复到某个快照时，系统会将所有项目恢复到拍摄该快照时所处的状态。如果希望在启动挂起、开启或关闭任务后，虚拟机处于相应状态，请确保在创建快照时虚拟机处于正确的状态。

（2）编辑：编辑快照名称和描述。

（3）删除：从快照管理器中删除快照，并将快照文件整合到父快照磁盘中，与虚拟机基础磁盘合并在一起。删除快照时将会整合快照与之前的磁盘状态间的变更。此外，删除快照时还会将所删快照的增量磁盘中的全部数据写入父磁盘中。在删除基础父快照时，所有更改都将与基础 VMDK 合并。

（4）全部删除：将当前状态图标“您在此处”之前的所有中间快照提交到虚拟机，然后移除该虚拟机的所有快照。

3）在虚拟机上安装应用程序，如图 3-43 所示。

4）安装完成后启动相应服务，如图 3-44 所示。

通过浏览器访问该服务的测试地址，验证服务可正常响应，如图 3-45 所示，确认应用部署成功。

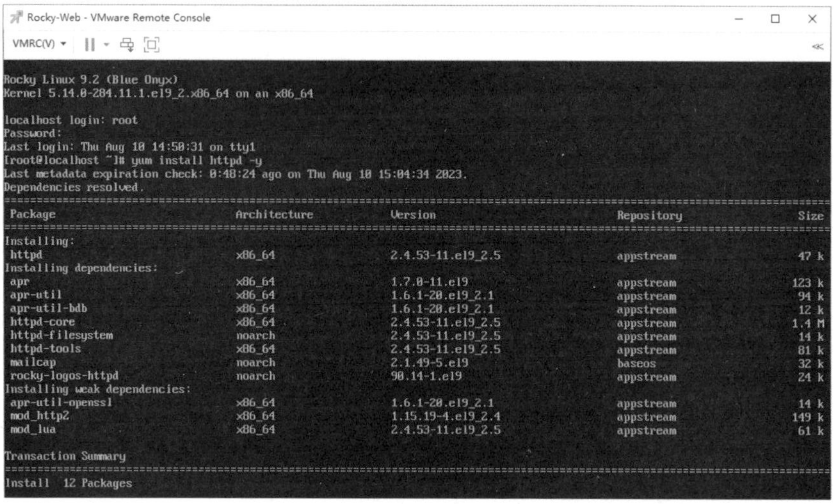

图 3-43　在虚拟机上安装应用程序

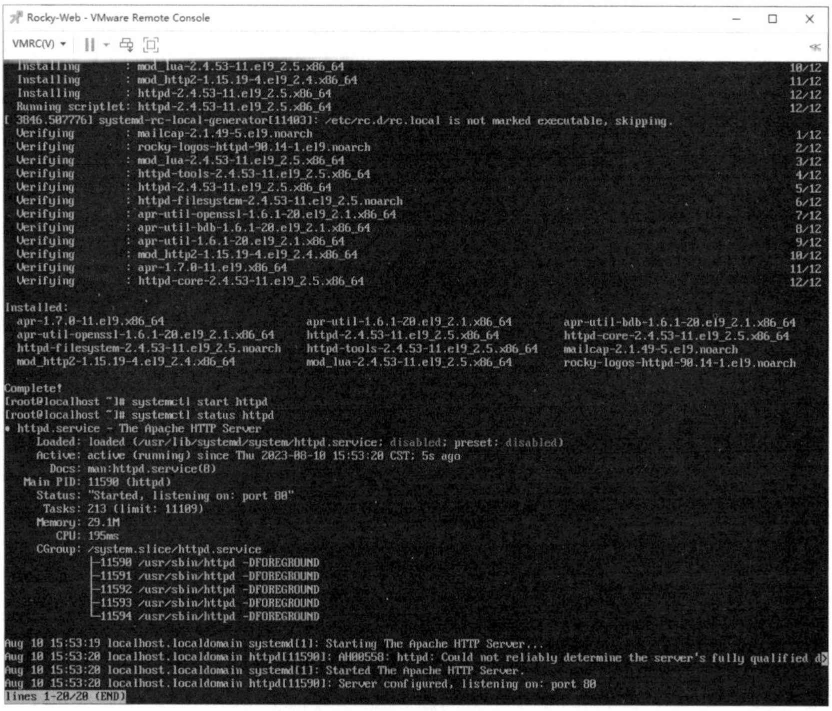

图 3-44　启动服务

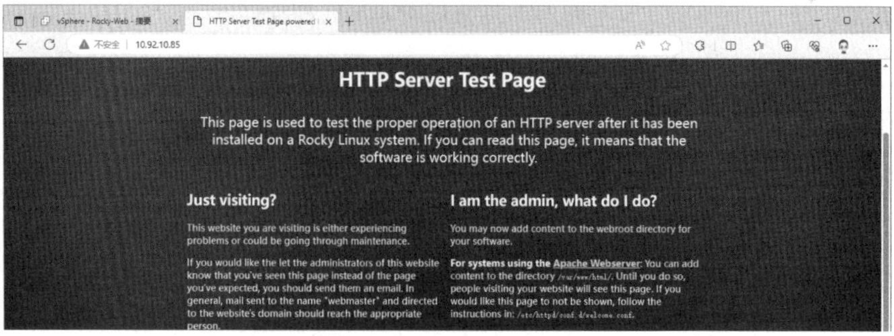

图 3-45　测试访问服务

5）恢复安装程序前的快照，如图 3-46 所示，单击“恢复”按钮。

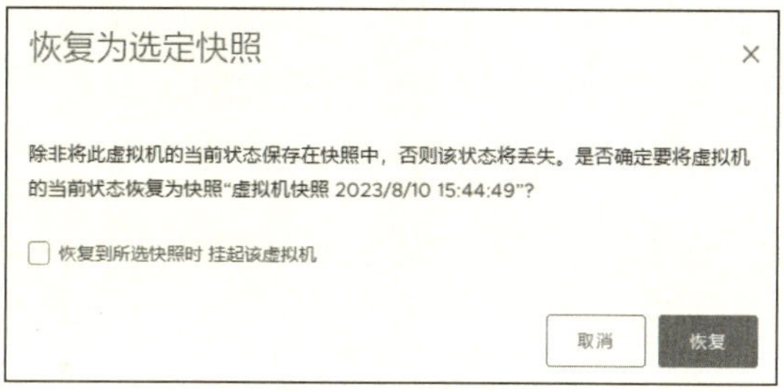

图 3-46　恢复快照

6）使用命令查看虚拟机服务，处于未找到状态，如图 3-47 所示，说明虚拟机已通过快照恢复到仅安装完操作系统状态。

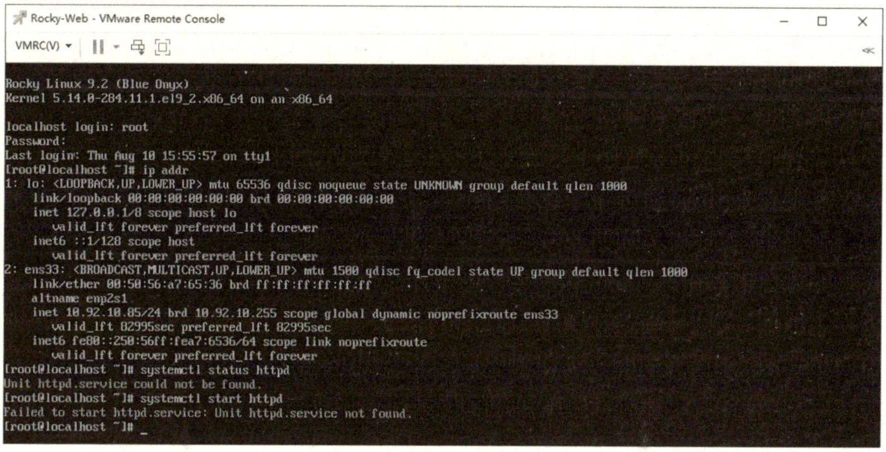

图 3-47　查看虚拟机服务

7）通过浏览器访问虚拟机安装的服务，无法访问此页面，如图 3-48 所示，说明虚拟机通过快照恢复到仅安装完操作系统的状态。

图 3-48　通过浏览器访问虚拟机安装的服务

需要说明的是，在 VMware vSphere 虚拟化环境中，由于快照机制与其他平台不同，创建快照后在虚拟机所在的文件夹中会生成快照文件，虚拟机过多的快照可能导致虚拟机运行速度变慢或者虚拟机无法启动等问题，所以在 VMware vSphere 环境中，快照不能作为虚拟机日常备份工作。

3.4 本章小结

本章介绍如何创建使用虚拟机及虚拟机的日常操作，对于日常生产环境来说，还有以下需要注意的地方。

1. 无论是 Windows 还是 Linux 虚拟机模板，在制作模板前，建议先安装好 VMware Tools。

2. 对于 Windows 虚拟机模板，建议安装好相应的补丁。

3. 对于 Linux 虚拟机模板，建议使用最小化安装，根据生产环境的实际情况安装其他组件包。

4. 针对不同的操作系统创建不同的自定义规范，并在部署过程进行调用，避免 SID 以及 UUID 相同，以确保其在生产环境中具有唯一性。

5. 对于硬件的调整，热插拔是支持的，无论 Windows 还是 Linux 虚拟机，使用前需要勾选。

6. 在生产环境中不建议在虚拟机访问量高的时候进行热插拔硬件调整，因为调整过程多少会存在一些卡顿，特别是 Windows 虚拟机，可能出现蓝屏的情况，因此建议在业务访问低谷期进行调整。

7. 在生产环境中快照的应用很多，但是注意不能将快照作为备份工具，以及虚拟机不能有过多的快照，笔者在项目中遇到不少由于快照过多导致的虚拟机运行缓慢或者虚拟机崩溃的情况，使用整合功能也无法操作。

8. 在生产环境中对于虚拟机的调整要转变思路，不能用物理服务器思维来调整虚拟机，特别是某些喜欢修改注册表的运维人员更需注意，在虚拟机下直接修改注册表并调整某些参数可能导致虚拟机无法启动或者启动后出现蓝屏等情况。

第 4 章　配置和使用虚拟网络

网络在 VMware vSphere 环境中扮演着非常重要的角色。无论是管理 ESXi 主机还是为 ESXi 主机上运行的虚拟机提供服务，都离不开网络的支持。VMware vSphere 提供了强大的网络功能，包括标准交换机、分布式交换机以及软件定义网络。本章介绍标准交换机、分布式交换机以及软件定义网络配置。

4.1　VMware vSphere 网络介绍

VMware vSphere 网络是 ESXi 主机管理以及虚拟机外部通信的关键，如果配置不当可能会出现问题，将严重影响网络的性能，情况严重的将导致服务全部停止。

4.1.1　虚拟网络通信原理

ESXi 主机通过模拟一个虚拟交换机，让主机以及主机内的虚拟机对外进行通信，其功能相当于一台传统的二层交换机，图 4-1 显示了 ESXi 主机的通信拓扑。

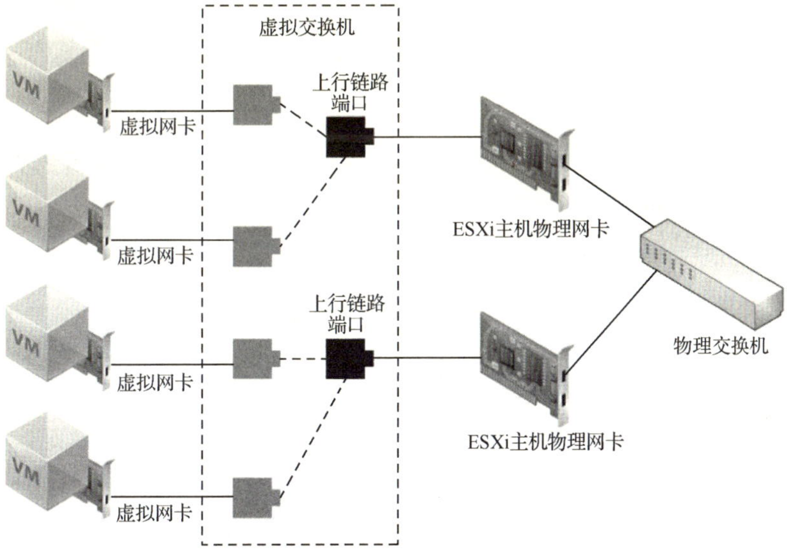

图 4-1　ESXi 主机的通信拓扑

安装完 ESXi 主机后，默认创建一个虚拟交换机，物理网卡作为虚拟标准交换机的上行链路端口与物理交换机连接并对外提供服务。在图 4-1 中，左边有 4 台虚拟机，每台虚拟机配置 1 个虚拟网卡，这些虚拟网卡连接到虚拟交换机的端口，然后通过上行链路端口连接到物理交换机，虚拟机就可以对外提供服务。如果上行链路端口没有对应的物理网卡，那么这些虚拟机就会形成一个网络孤岛，无法对外提供服务。

4.1.2 虚拟网络组件

虚拟交换机主要分为标准交换机和分布式交换机。接下来对虚拟交换机所涉及的组件进行简要的介绍。

1. 标准交换机

标准交换机是由 ESXi 主机虚拟出来的交换机。在安装完 ESXi 主机后，系统会自动创建一个标准交换机 vSwitch0，其核心功能包括承载主机管理流量、实现虚拟机与外部网络的通信等。在生产环境中，一般会根据应用需要，创建多台标准交换机对各种流量进行分离，提供冗余保障以及实现负载均衡。

2. 分布式交换机

分布式交换机由 vCenter Server 创建，是横跨多台 ESXi 主机的虚拟交换机。如果使用标准交换机，需要对每台 ESXi 主机进行网络配置，当 ESXi 主机数量较少时，标准交换机是比较适用的。如果 ESXi 主机数量较多，标准交换机就不适用了，会极大增加管理人员的工作量。

3. 虚拟交换机端口

ESXi 主机上创建的标准交换机相当于一个传统的二层交换机，一个虚拟交换机在默认情况下端口数为 120。

4. 端口组

在虚拟交换机中可以创建一个或多个端口组，并针对不同的端口组进行 VLAN 及流量控制等方面的配置，然后将虚拟机划入不同的端口组，这样可以提供不同优先级的网络使用率。

5. 虚拟机端口组

ESXi 系统安装完成后，在系统自动创建的 vSwitch0 上会默认创建一个虚拟机端口组，用于虚拟机外部通信。在生产环境中，建议将管理网络与虚拟机端口组进行分离。

6. VMkernel 端口

VMkernel 端口在 ESXi 主机网络中是一个特殊的端口，VMware 对其的定义为运行特殊的流量端口，比如管理流量、iSCSI 流量、NFS 流量、vMotion 流量等，与虚拟机端口组不同的是，VMkernel 端口必须配置 IP 地址。

4.1.3 虚拟网络 VLAN

在生产环境中，VLAN 的使用相当普遍，ESXi 主机的标准交换机和分布式交换机都支持 802.1Q 标准，但与传统的支持方式存在一定差异，比较常用的实现方式有以下两种。

1. External Switch Tagging

External Switch Tagging，简称 EST 模式。这种模式将 ESXi 主机物理网卡对应的物理交换机端口划入 VLAN 即可，ESXi 主机不需额外配置。图 4-2 展示了 EST 模式下的 VLAN 实现方式，这种模式下只需将端口划入 VLAN，该端口就会传递相应的 VLAN 信息。

2. Virtual Switch Tagging

Virtual Switch Tagging，简称 VST 模式。这种模式要求 ESXi 主机物理网卡对应的物理交换机端口配置为 Trunk 模式，同时 ESXi 主机需要启用 Trunk 模式，以便端口组接受相应的 VLAN TAG 信息。图 4-3 显示了 VST 模式下的 VLAN 实现方式，在这种模式下首先需要配置物理交换机端口模式为 Trunk，然后在 ESXi 主机网络对应的端口组下配置对应的 VLAN 信息。

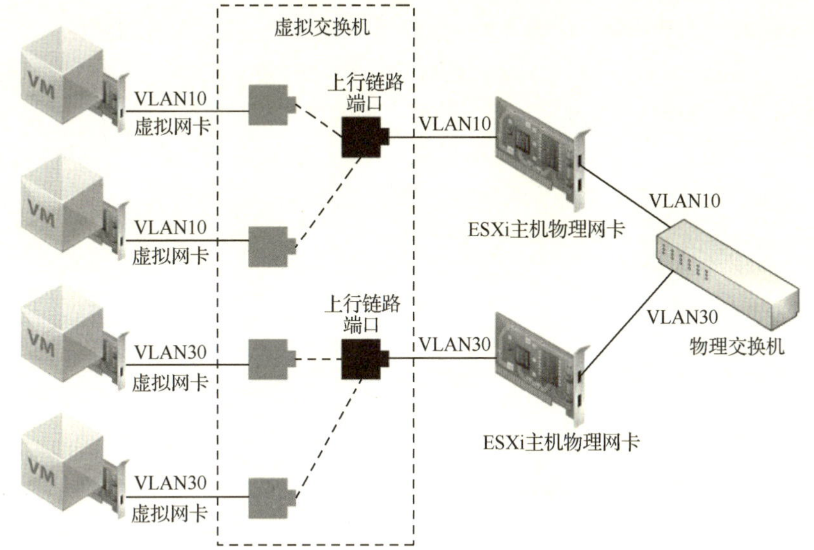

图 4-2　EST 模式下的 VLAN 实现方式

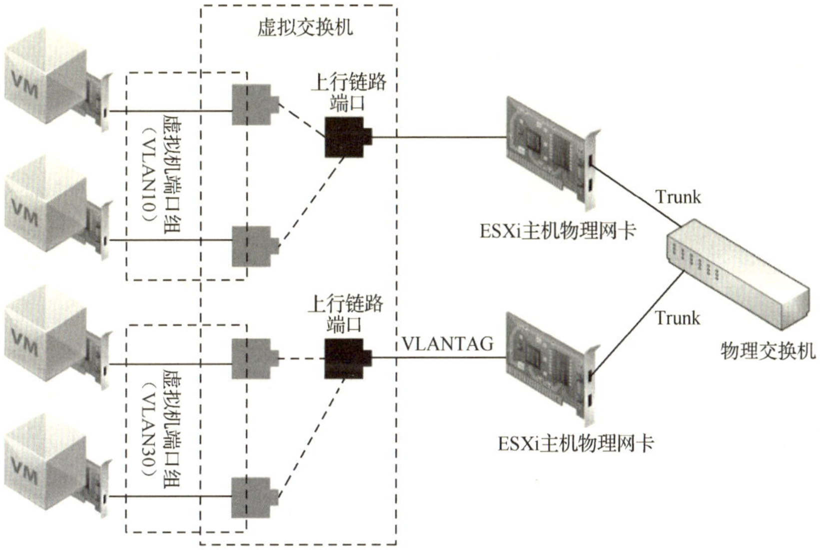

图 4-3　VST 模式下的 VLAN 实现方式

4.1.4　虚拟网络 NIC Teaming

如果 ESXi 主机的虚拟交换机只使用一个物理网卡，那么会存在单点故障，当这个物理网卡出现故障时，整个网络将中断，ESXi 主机服务也会全部停止。所以，对于虚拟交换机来说，负载均衡是必须考虑的事情，当一个虚拟交换机有多个物理网卡时，可以形成负载均衡，在多物理网卡的情况下实现负载均衡，主要有以下几种方式。

1．Originating Virtual Port ID

Originating Virtual Port ID，基于源虚拟端口的负载均衡，是 ESXi 主机网络默认的负载均衡方式，在这种方式下系统会将虚拟机网卡与虚拟交换机所属的物理网卡进行对应和绑定，绑定后虚拟机流量始终走虚拟交换机分配的物理网卡，不管这个物理网卡流量是否过载，除非当分配的物理网卡发生故障后才会尝试走另外活动的物理网卡，也就是说基于源虚拟端口的负载均衡不属于动态的负载均衡方式，但可以实现冗余功能。

图 4-4 显示了基于源虚拟端口的负载均衡。在这种模式下，虚拟机通过算法与 ESXi 主机物理网卡进行绑定，虚拟机 01 和虚拟机 02 与 ESXi 主机物理网卡 vmnic0 进行绑定，虚拟机 03 和虚拟机 04 与 ESXi 主机物理网卡 vmnic1 进行绑定，那么无论网络流量是否过载，虚拟机只会通过绑定的网卡对外进行通信。当虚拟机 03 和虚拟机 04 绑定 ESXi 主机物理网卡 vmnic1 出现故障时，虚拟机才会使用 ESXi 主机物理网卡 vmnic0 对外进行通信，如图 4-5 所示。

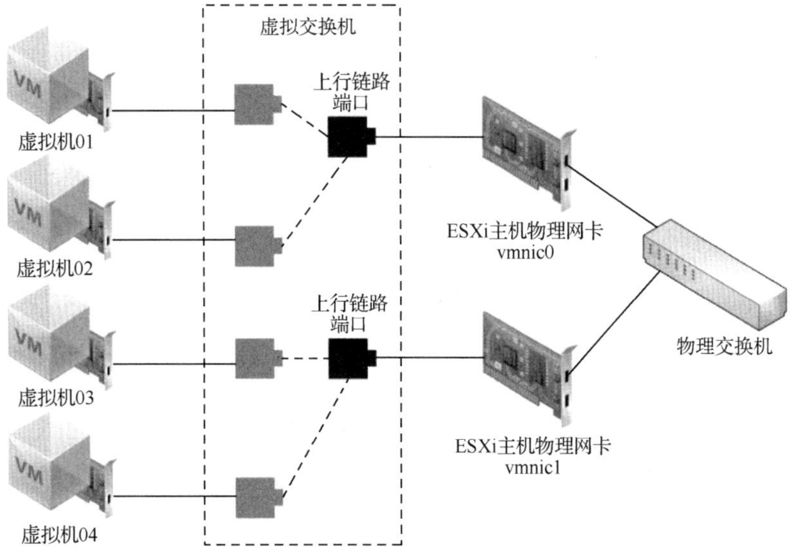

图 4-4　基于源虚拟端口的负载均衡

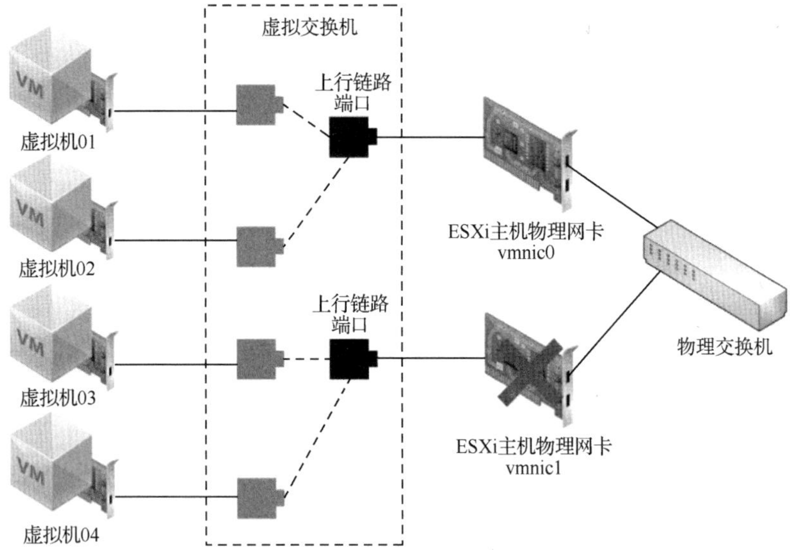

图 4-5　基于源虚拟端口的负载均衡故障切换

2．Source MAC Hash

Source MAC Hash，基于源 MAC 地址哈希算法的负载均衡，这种方式与基于源虚拟端口的负载均衡方式相似。如果虚拟机只使用一个物理网卡，那么它的源 MAC 地址是不会发生任何变化的，系统分配物理网卡并绑定后，虚拟机流量始终走虚拟交换机分配的物理网卡，不管这个物理网卡流量是否过载，除非当分配的物理网卡发生故障后才会尝试走另外活动的物理网卡。基于源 MAC 地址哈希算法的负载均衡还有另外的一种实现方式是虚拟机使用多个虚拟网卡，以便生成多个 MAC 地址，这样虚拟机就可能绑定多个物理网卡以实现负载均衡。

图 4-6 显示了基于源 MAC 地址的负载均衡，在虚拟机只有一个 MAC 地址的情况下，与基于源虚拟端口负载均衡相同，虚拟机 01 和虚拟机 02 与 ESXi 主机物理网卡 vmnic0 进行绑定，虚拟机 03 和虚拟机 04 与 ESXi 主机物理网卡 vmnic1 进行绑定，那么无论网络流量是否过载，虚拟机都只会通过绑定的网卡对外进行通信。当虚拟机 03 和虚拟机 04 绑定的 ESXi 主机物理网卡 vmnic1 出现故障时，虚拟机才会使用 ESXi 主机物理网卡 vmnic0 对外进行通信，如图 4-7 所示。

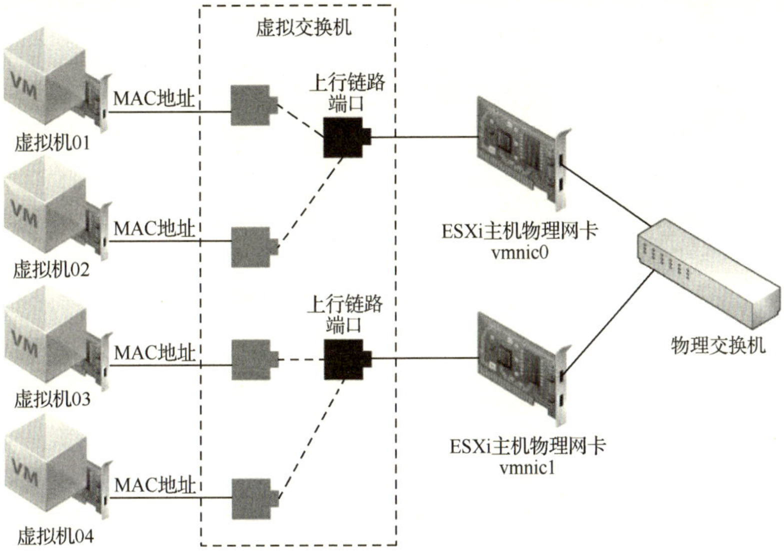

图 4-6　基于源 MAC 地址的负载均衡

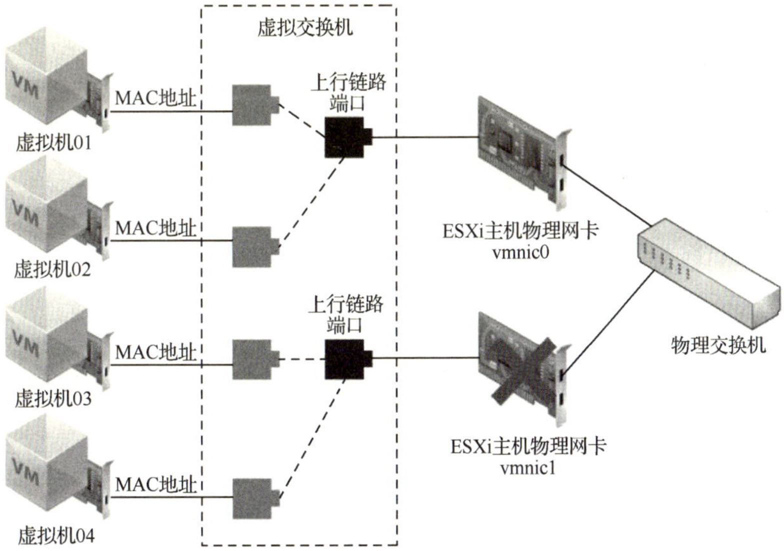

图 4-7　基于源 MAC 地址的负载均衡故障切换

基于源 MAC 地址的负载均衡存在另外一种方式，虚拟机多 MAC 地址模式，也就是说虚拟机有多个虚拟网卡。图 4-8 中的虚拟机 02 和虚拟机 03 有 2 个网卡，意味着虚拟机有 2 个 MAC 地址，在这样的模式下，通过基于源 MAC 地址哈希算法的负载均衡，虚拟机可能使用不同的 ESXi 主机物理网卡对外通信。

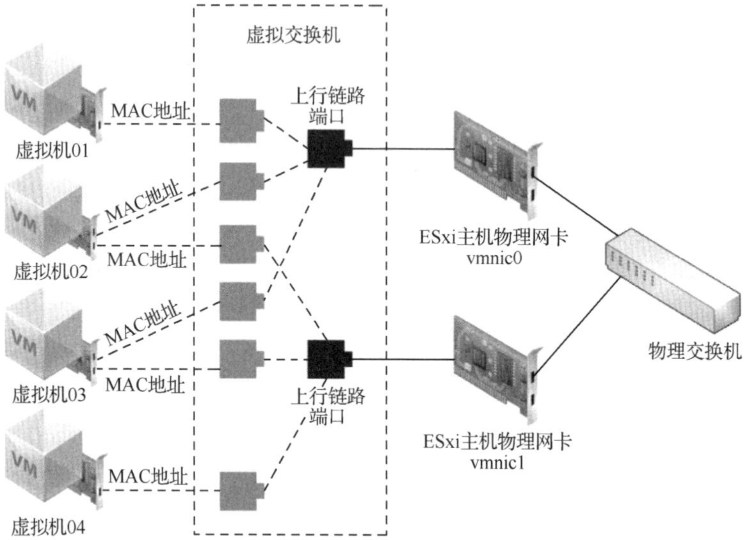

图 4-8　双网卡模式下基于源 MAC 地址哈希算法的负载均衡

3. IP Base Hash

IP Base Hash，基于 IP 散列算法的负载均衡，这种方式与前两种负载均衡方式是完全不一样的，IP 散列算法基于源 IP 地址和目标 IP 地址计算出一个散列值，源 IP 地址和不同目标 IP 地址计算的散列值不一样，当虚拟机与不同目标 IP 地址通信时使用不同的散列值，这个散列值就会走不同的物理网卡，这样就可以实现动态的负载均衡。在 ESXi 主机网络上使用基于 IP 散列算法的负载均衡，还必须满足一个前提，就是物理交换机必须支持链路聚合协议（Link Aggregation Control Protocol）以及思科私有的端口聚合协议（Port Aggregation Protocol），同时要求端口必须处于同一物理交换机（如果使用思科 Nexus 交换机 Virtual Port Channel 功能，则不需要端口处于同一物理交换机）。

图 4-9 显示了基于 IP 散列算法的负载均衡。由于虚拟机源 IP 地址和不同目标 IP 地址计算的散列值不一样，所以虚拟机不存在绑定某个 ESXi 主机物理网卡的情况，虚拟机 01-虚拟机 04 可能根据不同的散列值，选择不同的 ESXi 主机物理网卡对外进行通信。需要特别注意的是，如果交换机不配置使用链路聚合协议，那么基于 IP 散列算法的负载均衡模式无效。

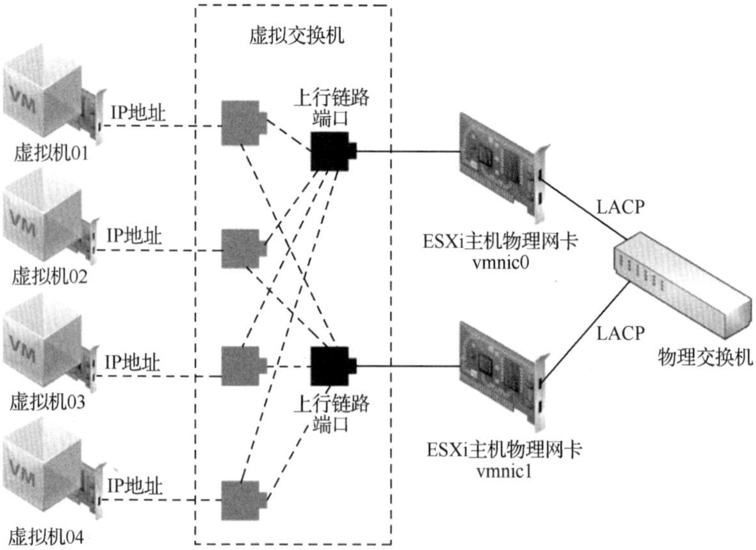

图 4-9　基于 IP 散列算法的负载均衡

4.1.5 VMware NSX

2022 年 10 月，VMware 发布了新一代网络虚拟化解决方案，产品名称从原来的“VMware NSX-T Data Center”更改为“VMware NSX”。这个新名称更好地反映了 NSX 为客户带来的多方面价值。此更新在产品图形用户界面和文档中很明显，同时此更新不会影响产品的功能或影响与先前版本兼容性的 API 更改。

借助网络虚拟化，用户可在软件中重现第 2 层至第 7 层的全套网络连接服务（如交换、路由、访问控制、防火墙、服务质量等）。VMware NSX 作为支持虚拟云网络的网络虚拟化与安全性平台，能够以软件定义的方式实现网络跨数据中心、云环境及应用框架的无缝延展。它将网络和安全能力与应用深度绑定——无论应用运行在虚拟机、容器还是裸机环境中，均可获得一致的网络服务支撑。与虚拟机的运维模式类似，VMware NSX 允许用户完全独立于底层硬件对网络进行快速调配和集中管理。

VMware NSX 通过软件方式重现整个网络模型，从而实现在几秒钟内创建和调配从简单网络到复杂多层网络的任何网络拓扑。用户可以创建多个具有不同要求的虚拟网络，利用由 NSX 或第三方集成（从新一代防火墙到高性能管理解决方案）生态系统提供的服务组合构建本质上更敏捷、更安全的环境。可以将这些服务延展至同一云环境或跨多个云环境的端点，图 4-10 展示了 VMware NSX 网络虚拟化和安全性平台。

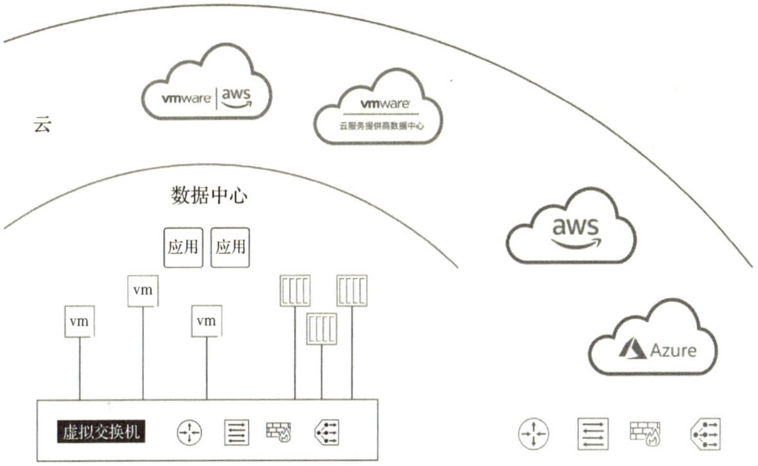

图 4-10　VMware NSX 网络虚拟化和安全性平台

软件形式的网络 VMware NSX 提供了一种通过软件定义的全新网络运维模式，构成了软件定义数据中心的基础并延展到了虚拟云网络。数据中心操作员现在可获得的敏捷性、安全性和经济性，在以前数据中心网络仅与物理硬件组件紧密关联时，是无法实现的。VMware NSX 提供了一组完整的逻辑网络和安全性功能及服务，其中包括逻辑交换、路由、防火墙保护、负载均衡、虚拟专用网络、服务质量和监控。可以通过利用 VMware NSX API 的任何云计算管理平台在虚拟网络中对这些服务进行调配。虚拟网络可以无中断地部署到任何现有网络硬件上，并且可以跨数据中心、公有云和私有云、容器平台和裸机服务器进行延展。

VMware NSX 早期发布了多个版本，分别用于 VMware vSphere 环境和非 VMware vSphere 环境。从 VMware vSphere 7.0 开始，仅发布 NSX-T 版本，同时提供向 NSX-T 迁移的方式，VMware vSphere 8.0 仅发布 NSX 一个版本，笔者写作本书时 NSX 最新版本为 4.1.2.0。NSX 主要的功能特性如表 4-1 所示。

表 4-1　NSX 主要的功能特性

功　能	特　性
交换	支持逻辑第 2 层叠加网络在数据中心内部及跨数据中心边界的路由（第 3 层）结构中进行延展。支持基于 VXLAN 和 GENEVE 的网络叠加
路由	在 Hypervisor 内核中，采用分布式方式在虚拟网络之间执行动态路由，借助物理路由器的双活故障转移功能横向扩展路由。支持静态路由和动态路由协议（包括 IPv6）
网关防火墙	最高可运用到第 7 层的有状态防火墙保护（包括应用识别和 URL 白名单），嵌入 NSX 网关中，跨整个环境分布并且采用集中式策略和管理
分布式防火墙	最高可运用到第 7 层的有状态防火墙保护（包括应用识别和 URL 白名单），嵌入 Hypervisor 内核中，跨整个环境分布并且采用集中式策略和管理。此外，可直接集成到云原生平台（如 Kubernetes 和 Pivotal Cloud Foundry）、原生公有云（如 AWS 和 Azure）及裸机服务器中
负载均衡	L4–L7 负载均衡器，具备 SSL 负载分流和直通、服务器运行状况检查功能（含被动运行状况检查），以及关于可编程性、通过 GUI 或 API 控制流量的应用规则
VPN	支持站点间和远程访问 VPN 功能，可通过非代管 VPN 提供云计算网关服务
NSX 网关	支持将物理网络与 NSX 叠加网络上配置的 VLAN 桥接，实现虚拟工作负载和物理工作负载的无缝连接
NSX Intelligence	提供自动化安全策略建议，以及针对各网络流量的持续监控和可视化功能，以便提高可见性，实现极易审核的安全状况。作为与 VMware NSX 相同的 UI 的一部分，NSX Intelligence 为网络团队和安全性团队均提供了单一操作窗口
NSX API	基于 JSON 的 RESTful API，用于实现与云计算管理平台、DevOps 自动化工具和自定义自动化功能的集成
运维	具备中央 CLI、跟踪流、叠加逻辑 SPAN 和 IPFIX 等原生运维功能，可以主动监控虚拟网络基础架构并进行故障排除。与 VMware vRealize Network Insight 等工具集成，可执行高级分析和故障排除
环境感知微分段	可以基于属性（不只是 IP 地址、端口和协议）动态创建并自动更新安全组和策略，将虚拟机名称和标记、操作系统类型以及第 7 层应用信息等元素包括在内，以启用自适应微分段策略。基于 Active Directory 及其他来源的身份信息制定的策略，可在远程桌面服务和虚拟桌面基础架构环境中实现下至单个用户会话级别的用户级安全性
自动化和云计算管理	与 vRealize Automation/VMware Cloud Automation Services、OpenStack 等原生集成。支持完全兼容的 Ansible 模块、Terraform 提供商和 PowerShell 集成
第三方合作伙伴集成	支持在多个不同领域（例如，新一代防火墙、入侵检测系统、入侵防御系统、无代理防病毒、交换、运维和可见性、高级安全性等）与第三方合作伙伴进行管理平面、控制平面和数据平面的集成
多云网络和安全性	无论底层物理拓扑或云计算平台是怎样的，均可跨数据中心站点以及私有云和公有云边界实现一致的网络和安全性
容器网络和安全性	支持在以 Kubernetes 和 Cloud Foundry 为基础构建并在虚拟机或裸机主机上运行的平台上，对容器执行负载均衡、微分段（分布式防火墙保护）、路由和交换。提供对容器网络流量（逻辑端口、SPAN/Mirror、IPFIX 和跟踪流）的可见性

NSX 通过管理平面、控制平面、数据平面三个平面来实现软件定义网络，如图 4-11 所示，这三个平面作为一组进程、模块和代理来实施，分别位于三类节点上：管理器、控制器和传输节点。

- 每个节点托管一个管理平面代理。
- NSX Manager 集群托管 API 服务。每个 NSX 安装实例均支持一个由三个同样具有 NSX Controller 功能的 NSX Manager 节点组成的集群组。
- 自 NSX 2.4 开始，NSX Controller 节点作为单独的进程包含在 NSX Manager 集群中，用于托管中央控制平面集群守护程序。

● 传输节点托管本地控制平面守护程序和转发引擎。

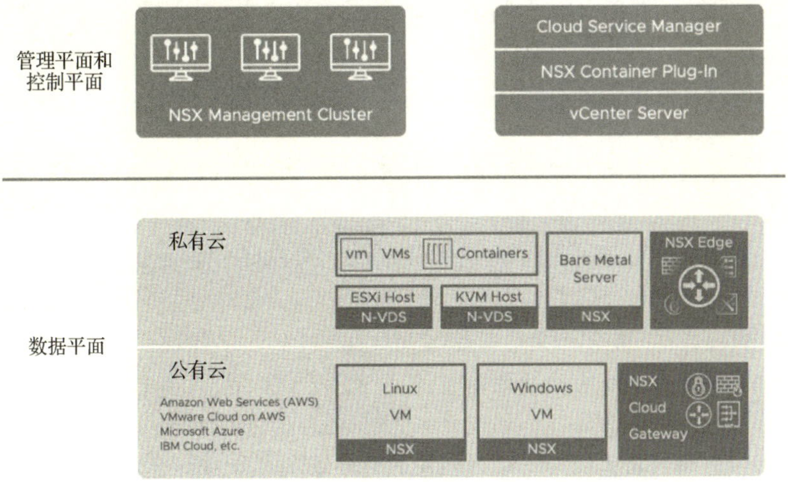

图 4-11　NSX 的管理平面、控制平面、数据平面

1. 管理平面

管理平面提供一个系统 API 入口点，维护用户配置，处理用户查询，并在系统中的所有管理平面节点、控制平面节点和数据平面节点上执行运维任务。

管理平面负责执行与查询、修改或保留与用户配置有关的功能，而控制平面则负责将该配置向下传播到数据平面元素的正确子集。因此，数据可能会属于多个平面，具体取决于数据所在的阶段。管理平面还负责从控制平面中查询最近的状态和统计信息，有时也直接从数据平面中进行查询。

管理平面是已配置系统的唯一可信来源，由用户通过配置进行管理。可以使用 NSX 用户界面进行更改。

NSX 还包含管理平面代理，该代理可在所有集群和传输节点上运行。引导配置是一个示例，它涉及中央管理节点的地址和凭证、软件包、统计信息及状态等内容。管理平面代理通常独立于控制平面和数据平面运行，并且，如有必要，可单独重新启动；但在某些场景中，它们在同一主机上运行，因此具有相同的状态。管理平面代理支持本地访问和远程访问。管理平面代理可在传输节点、控制节点以及管理节点上运行，用于执行节点管理。管理平面代理也能在传输节点上执行与数据平面有关的任务。

在管理平面上执行的任务包括：

● 配置持久性；
● 输入验证；
● 用户管理——角色分配；
● 策略管理；
● 后台任务跟踪。

2. 数据平面

数据平面根据控制平面填充的表执行无状态数据包转发/转换，向控制平面报告拓扑信息，并维护数据包级别的统计信息。

数据平面是物理拓扑和组件状态的可信来源，例如 VIF 位置、安全加密链路状态等。如果要将数据包从一个位置移动到另一个位置，则需要在数据平面执行此操作。数据平面还负责维护多个链路/安全加密链路的状态并处理它们之间的故障转移。每个数据包的性能是至关重要的，并具有非常严格的延迟或抖动要求。数据平面并不一定完全包含在内核、驱动程序、用户空间甚至特定用户空间流程中。

数据平面基于控制平面填充的表或规则进行完全无状态转发。此外，数据平面还可能包含部分支持状态功能的组件，如可维护 TCP 终止等功能。这与控制平面管理状态不同，因为控制平面管理的状态与如何转发数据包有关，而数据平面管理的状态仅限于如何处理负载数据。

3. NSX Manager

NSX Manager 提供图形用户界面和 API，用于创建、配置和监控 NSX 组件，如控制器、分段和边缘节点等。

NSX Manager 是 NSX 系统管理平面的实现方式。NSX Manager 提供聚合的系统视图，是 NSX 的集中式网络管理组件。它提供了一种方法来监控连接到 NSX 创建的虚拟网络的工作负载，并对其进行故障排除。它还提供以下方面的配置和编排：

- 逻辑网络连接组件——逻辑交换和路由
- 网络连接和边缘网关服务
- 安全服务和分布式防火墙——边缘网关服务和安全服务可由 NSX Manager 的内置组件或集成的第三方供应商提供。

NSX Manager 支持对内置服务和外部服务进行无缝编排。所有安全服务，无论是内置的还是由第三方提供的，均通过 NSX 管理平面进行部署和配置。管理平面提供单个窗口来查看服务的可用性。它还有助于实现基于策略的服务链、上下文共享和服务间事件处理。这将简化安全状况审核，精简基于身份的控制的应用，如活动目录和移动配置文件。

NSX Manager 还提供 API 入口点以供自动使用。借助这种灵活的体系架构，可通过任何云计算管理平台、安全供应商平台或自动化框架自动执行所有配置和监控工作。

在 NSX 较早版本中，NSX Manager 功能由独立设备提供。自 NSX 2.4 版本开始，NSX Manager 功能集成到 NSX Controller 中，采用完全激活的集群配置。这样不仅减少了需要维护的基础架构虚拟机，也为各个 NSX Manager 节点提供了可扩展性和恢复能力。

4. NSX Controller

NSX Controller 是 NSX 系统控制平面的实现方式。可控制虚拟网络和叠加传输安全加密链路。

NSX Controller 作为高度可用的虚拟设备的集群进行部署，这些设备负责整个 NSX 体系结构中虚拟网络的编程部署。NSX 中央控制平面在逻辑上与所有数据平面流量分离，这意味着控制平面中的任何故障都不会影响现有的数据平面运维。流量不会通过控制器传输；而控制器负责为其他 NSX Controller 组件提供配置，如逻辑交换机、逻辑路由器和边缘网关配置等。数据传输的稳定性和可靠性是网络连接的重点。NSX Controller 功能作为单独进程在 NSX Manager 集群中运行。

5. N-VDS 交换机

N-VDS 交换机在 NSX 平台中发挥作用，能够像创建虚拟机一样灵活、敏捷地创建隔离式 L2 逻辑网络。

虚拟数据中心的云部署场景下，存在多租户及各类应用。这些应用和租户需相互隔离，以确保安全性、达成故障隔离，同时避免 IP 寻址重叠问题。虚拟端点和物理端点都可以接入这些逻辑分段并建立连接，无需依赖其在数据中心网络中的物理位置。这一点是通过将网络基础架构与 NSX 网络虚拟化提供的逻辑网络分离而实现的。

逻辑交换机可实现跨多台主机的第 2 层交换连接，这些主机之间还具有第 3 层 IP 可连接性。如果计划将逻辑网络限定于特定主机组，或者存在自定义连接要求，则可能需要创建其他逻辑交换机。

6. 网关路由器

NSX 网关路由器具备南北向连接和东西向连接能力，使租户可以访问公共网络，并且还能实现在同一租户内的不同网络之间建立连接。

网关路由器基于虚拟路由和转发（VRF）技术，是传统网络硬件路由器中经过配置的分区。它可模拟物理路由器的功能，从而在单个硬件路由器内创建多个独立的路由域。网关路由器能执行物理路由器的部分任务，每个网关路由器可包含多个路由实例和路由表。使用网关路由器是提升路由器利用率的有效方式——单个物理路由器中的一组网关路由器，可承担原本需多台设备执行的操作。

NSX 支持两层逻辑路由器拓扑，分别是被称为第 0 层（Tier-0）的顶层网关路由器和被称为第 1 层（Tier-1）的次顶层网关路由器。这种结构为提供商管理员和租户管理员分别赋予了对自身服务和策略的完全控制权。提供商管理员可以控制和配置 Tier-0 路由与服务，租户管理员可以控制和配置 Tier-1 路由与服务。Tier-0 北向边缘网关与物理网络相连接，可以在其中配置动态路由协议以便与物理路由器交换路由信息；Tier-0 南向边缘网关连接到一个或多个 Tier-1 路由层，并接收来自这些层的路由信息。为了优化资源使用，Tier-0 不会将来自物理网络的所有路由推送到 Tier-1，但会提供默认路由信息。

Tier-1 路由器托管由租户管理员定义的南向逻辑交换机分段接口，还在接口之间提供单跃点路由功能。为了能够从物理网络连接到与第 1 层挂接的子网，必须启用到 Tier-0 的路由重新分发。但是，此次分发不会由在 Tier-1 和 Tier-0 之间运行的传统路由协议（如 OSPF 或 BGP）执行，而是由 NSX 控制平面直接将层间路由传输至对应的路由器。

请注意，两层路由拓扑不是必需的。如果不需要两层路由拓扑来实现提供商与租户的隔离，则可以采用单个 Tier-0 拓扑。在此场景中，第 2 层分段直接连接到 Tier-0，无须配置 Tier-1 路由器。

网关路由器最多由两个组件组成，分别是一个分布式路由器，以及一个或多个服务路由器。

分布式路由器基于内核，跨 Hypervisor 部署，为连接到它的虚拟机提供本地路由功能，并且还存在于与逻辑路由器绑定的任一边缘节点中。在功能方面，分布式路由器负责在逻辑交换机或连接到该逻辑路由器的网关路由器之间实现分布式路由，其功能与 NSX 早期版本中的分布式逻辑路由器类似。

服务路由器负责处理当前未以分布式方式实施的服务，包括有状态 NAT（网络地址转换）、负载均衡、DHCP（动态主机配置协议）或 VPN（虚拟专用网络）服务。服务路由器部署在初始配置 T0/T1 路由器时选定的边缘节点集群上。

需要说明的是，在 NSX 中，网关路由器无论部署为 Tier-0 还是 Tier-1，始终会关联一个分布式路由器；若满足以下条件，还会额外创建一个关联的服务路由器：

- 当网关路由器为 Tier-0 路由器时，即使未配置有状态服务，也会自动创建服务路由器。
- 当网关路由器为连接至 Tier-0 路由器的 Tier-1 路由器，且已配置未通过分布式方式实施的服务（如 NAT、负载均衡、DHCP 或 VPN）时，会创建服务路由器。

NSX 管理平面可自动创建将服务路由器连接到分布式路由器的结构。管理平台在分配 VNI 和创建传输分段后，会在服务路由器和分布式路由器上配置端口，以便将它们连接到传输分段。然后，管理平台会自动为它们分配唯一的 IP 地址。

7. NSX Edge 节点

NSX Edge 节点主要提供路由服务，并实现 NSX 部署环境与外部网络的连接。

当位于不同 NSX 分段的虚拟机工作负载通过 Tier-1 与其他虚拟机工作负载通信时，将使用分布式路由器功能以优化的分布式方式路由流量。但是，当虚拟机工作负载需要与 NSX 环境外的设备通信时，流量将通过托管在 NSX Edge 节点上的服务路由器处理。此外，若需使用有状态服务（如网络地址转换），无论该服务关联于 Tier-0 还是 Tier-1 路由器，均由服务路由器执行相关功能，且流量必须先经过服务路由器。

NSX Edge 节点的典型部署包括 DMZ 和多租户云计算环境；在多租户云计算环境中，NSX Edge 节点可通过服务路由器为每个租户构建独立的虚拟网络边界。

8. 传输区域

传输区域用于控制逻辑交换机可连接的主机范围，其覆盖范围可跨越一个或多个主机集群。通过传输区域，可指定哪些主机及虚拟机有权访问特定网络资源。

传输区域的核心功能是定义一组能够跨物理网络基础设施进行通信的主机，这些主机间的通信通过一个或多个被定义为安全加密链路端点的接口实现。

如果两个传输节点位于同一传输区域中，则托管在这些传输节点上的虚拟机可以挂接到同样位于该传输区域中的 NSX 逻辑交换机分段。借助此挂接，虚拟机可以相互通信，但前提是虚拟机可连接第 2 层/第 3 层。反之，如果虚拟机连接到位于不同传输区域内的逻辑交换机，则虚拟机之间无法相互通信。传输区域并不会替代第 2 层/第 3 层的可连接性要求，但会给可连接性设定限制。

如果节点至少包含一个 Hostswitch（主机开关），则可用作传输节点。当创建主机传输节点并将其添加到传输区域时，NSX 会在主机上安装一个 Hostswitch。Hostswitch 的作用包括：将虚拟机挂接到 NSX 逻辑交换机分段，以及创建 NSX 网关路由器上行链路和下行链路。在 NSX 早期版本中，一个 Hostswitch 仅能托管单个传输区域，，若需配置多个传输区域，需在节点上部署多个 Hostswitch；而从 NSX 2.4 版本起，支持通过同一个 Hostswitch 配置多个传输区域。

4.2 配置和使用标准交换机

标准交换机是 ESXi 主机最基本的交换机，ESXi 主机安装完成后，其管理 IP 地址默认通过标准交换机进行配置。因此，熟练掌握标准交换机的配置与使用，在 VMware vSphere 虚拟化环境中至关重要。本节将详细介绍标准交换机的配置方法。

4.2.1 创建运行虚拟机流量的标准交换机

ESXi 主机完成安装后，系统会在默认标准交换机 vSwitch0 上自动创建名为“VM Network”的端口组，用于运行虚拟机流量。在生产环境中，可能会单独创建标准交换机来运行虚拟机流量，下面介绍如何创建独立的标准交换机来运行虚拟机流量。

1）选择需要配置网络的 ESXi 主机，在其网络配置界面中可以看到默认创建的标准交换机 vSwitch0，如图 4-12 所示，单击“添加网络”按钮。

图 4-12　查看默认标准交换机

2）选择“标准交换机的虚拟机端口组”，如图 4-13 所示，单击“下一页”按钮。

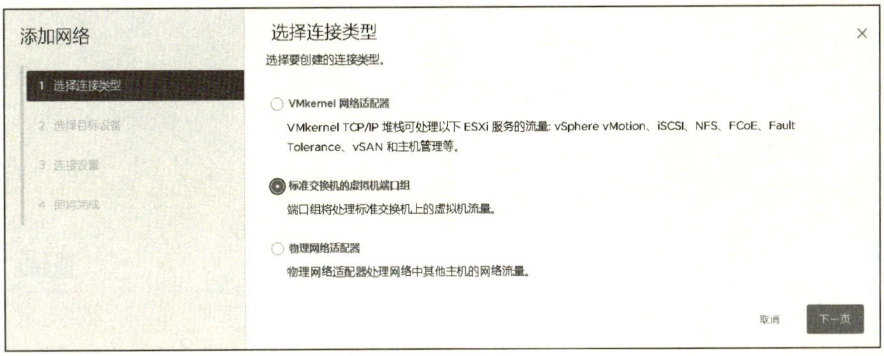

图 4-13　选择连接类型

3）选择目标设备，可以使用已有的标准交换机，也可以新建标准交换机。在生产环境中一般推荐新建交换机来满足不同的需求。选择现有标准交换机，如图 4-14 所示，单击“下一页”按钮。

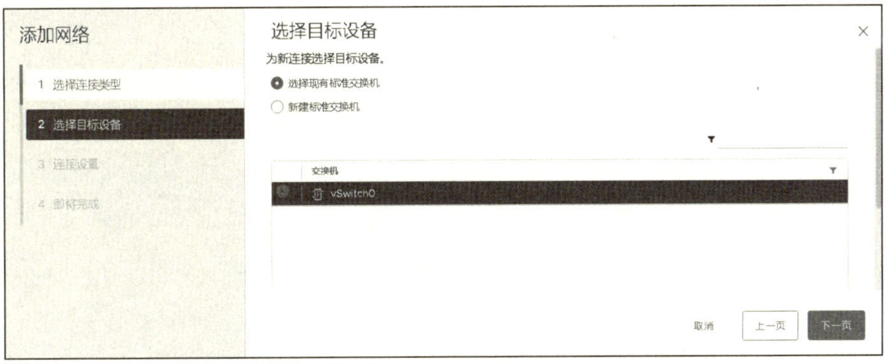

图 4-14　选择目标设备

4）输入网络标签的参数，可以理解为虚拟机端口组的名称，根据实际情况输入，注意如果物理交换机接口配置为 TRUNK 模式，则 VLAN ID 需要添加对应的 ID 号，如图 4-15 所示，单击“下一页”按钮。

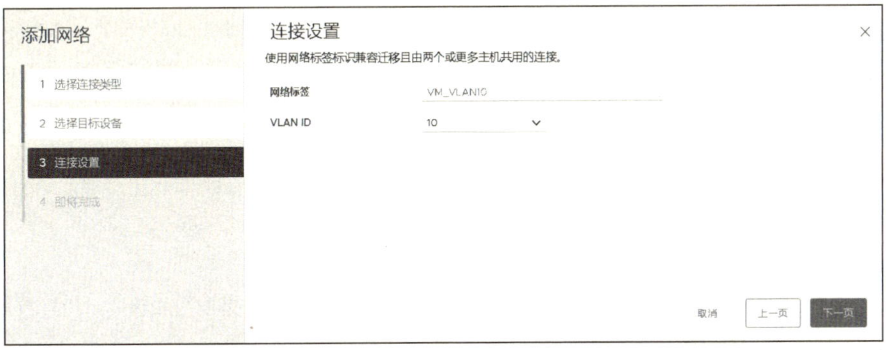

图 4-15　配置连接参数

5）确认端口组参数设置正确，如图 4-16 所示，单击“完成”按钮。

6）完成端口组创建，如图 4-17 所示。

至此，基于虚拟机的流量端口组创建完成。需要注意的是，是否使用 VLAN ID 取决于 ESXi 主机是否连接物理交换机接口配置。如果接口配置为 TRUNK 模式，则需要添加 VLAN ID；如果接口配置为 ACCESS 模式，则不需要添加 VLAN ID。

图 4-16　确认配置参数

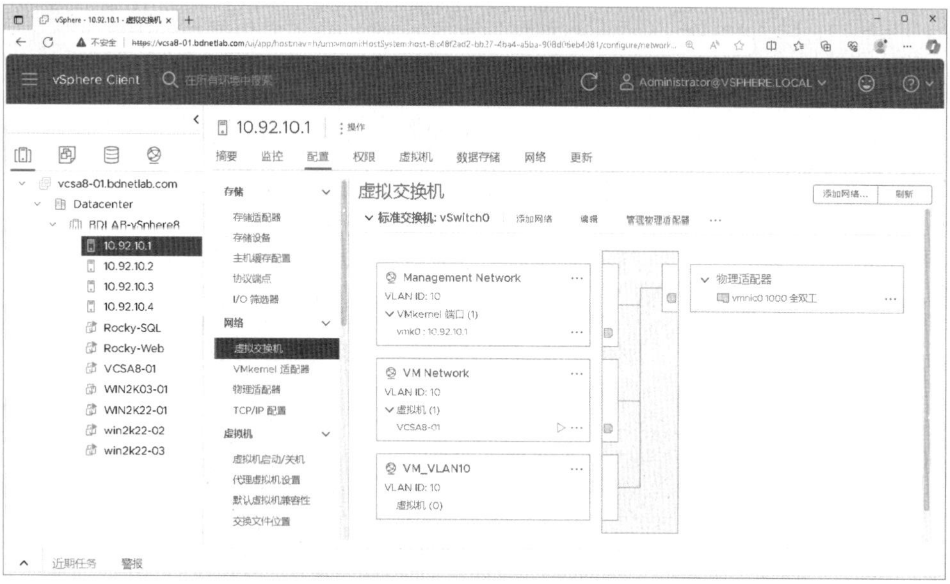

图 4-17　完成端口组创建

4.2.2　创建基于 VMkernel 的端口

VMkernel 是 VMware 自定义的特殊端口，可以承载 iSCSI、vMotion、vSAN 等特定类型的流量，可以在标准交换机和分布式交换机上创建 VMkernel 端口。下面介绍如何创建独立的标准交换机来运行 VMkernel 流量。

1）在选择连接类型界面，选择 VMkernel 网络适配器，如图 4-18 所示，单击“下一页”按钮。

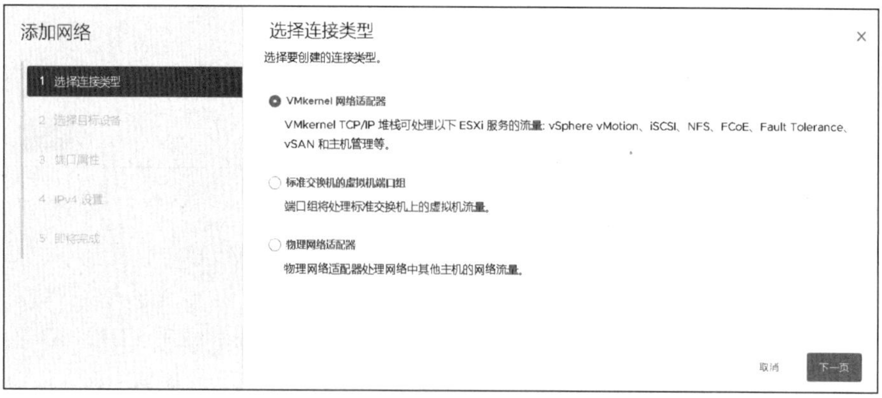

图 4-18　选择连接类型

2）在选择目标设备界面，选择现有的标准交换机，如图 4-19 所示，单击“下一页”按钮。

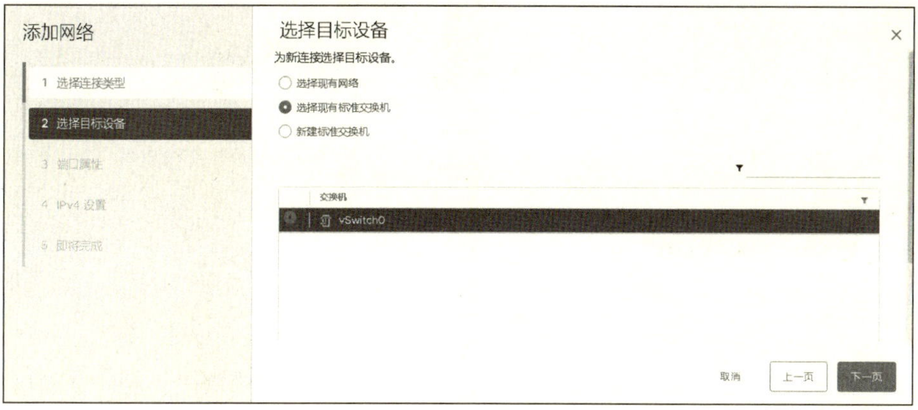

图 4-19　选择目标设备

3）进行 VMkernel 端口属性配置，注意根据使用情况勾选启用的服务，如图 4-20 所示，单击“下一页”按钮。

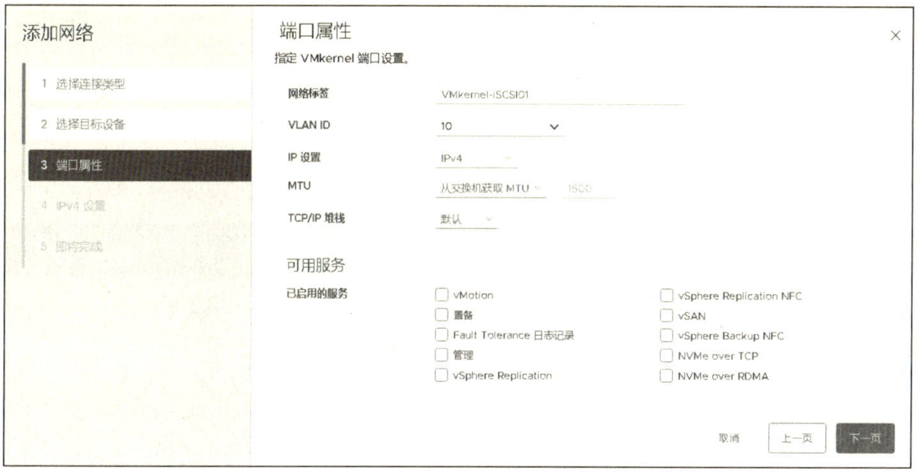

图 4-20　配置端口属性

4）配置 VMkernel 相关的 IP 地址，如图 4-21 所示，单击“下一页”按钮。

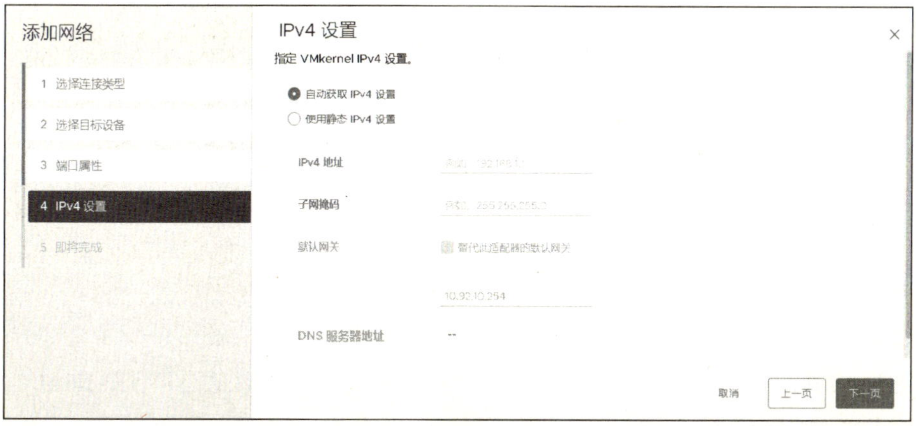

图 4-21　配置 VMkernel 相关的 IP 地址

5）确认 VMkernel 相关参数配置正确，如图 4-22 所示，单击“完成”按钮。

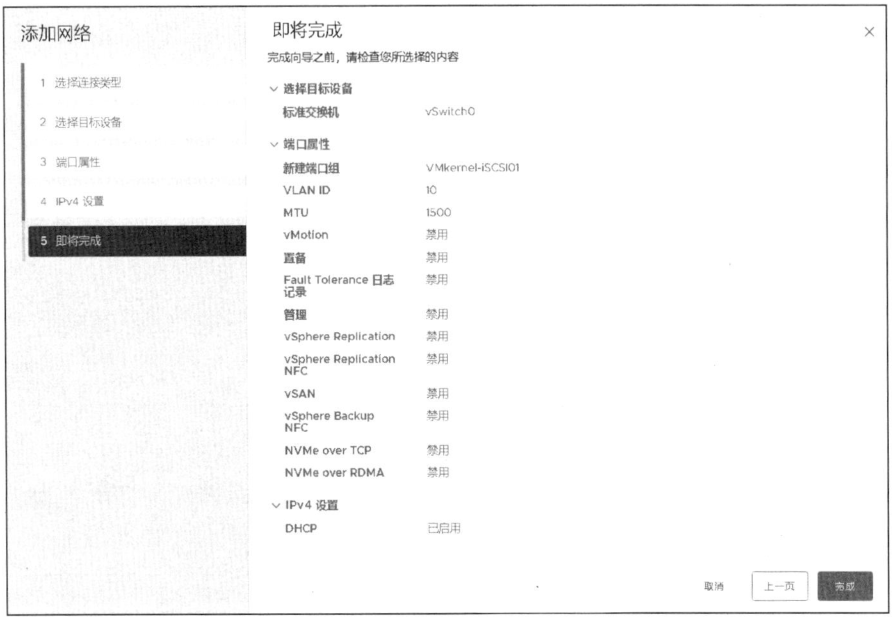

图 4-22 确认 VMkernel 参数配置

6）VMkernel 端口创建成功，如图 4-23 所示。

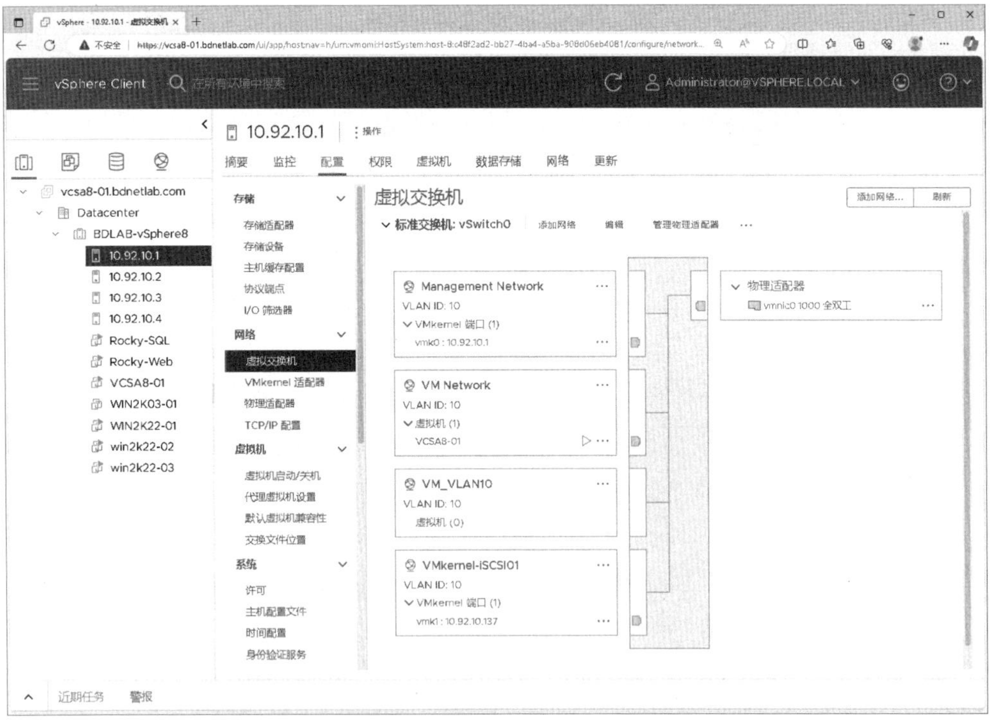

图 4-23 VMkernel 端口创建成功

7）通过 VMkernel 适配器选项可以看到主机上所有的 VMkernel 信息，包括 IP 地址、启用的服务等，如图 4-24 所示。

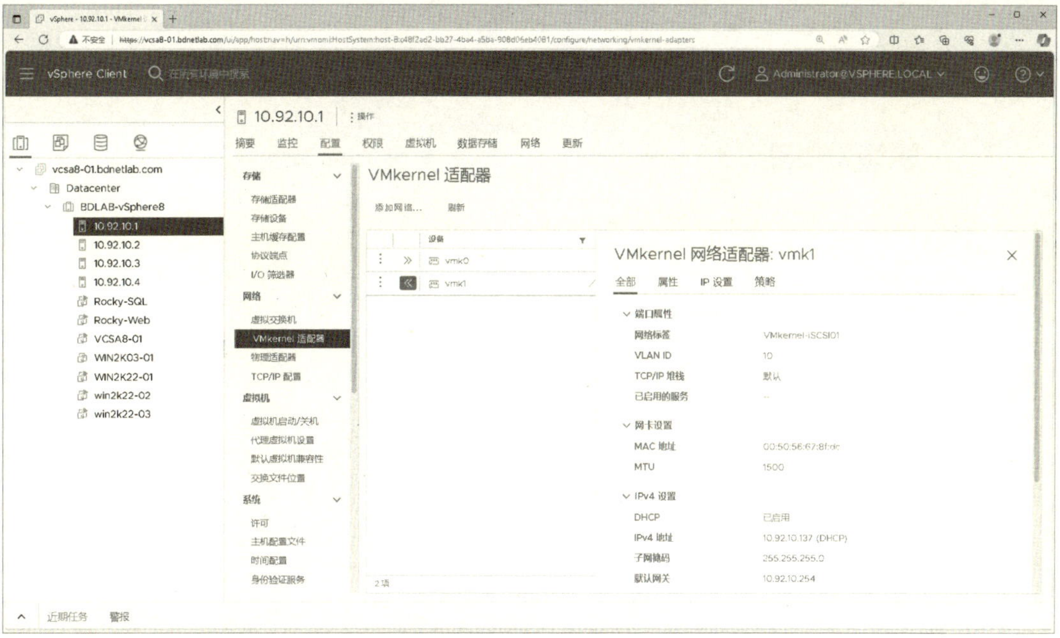

图 4-24　查看 VMkernel 端口信息

至此，基于 VMkernel 流量端口创建完成，关于端口组的使用，将在后续章节中详细介绍。

4.2.3　标准交换机 NIC Teaming 配置

在生产环境中，标准交换机若仅依赖单个物理适配器，易形成单点故障。实际部署中，通常会为标准交换机配置一个或多个物理适配器；当使用 2 个以上物理适配器时，需要进行 NIC Teaming 配置，以实现负载均衡。NIC Teaming 的三种模式已在前面章节介绍。生产环境可以根据实际情况选择合适的负载均衡模式。下面介绍基于 IP 散列算法的 NIC Teaming 配置。

1）查看 ESXi 主机标准交换机 vSwitch0 已关联 2 个物理适配器，如图 4-25 所示。

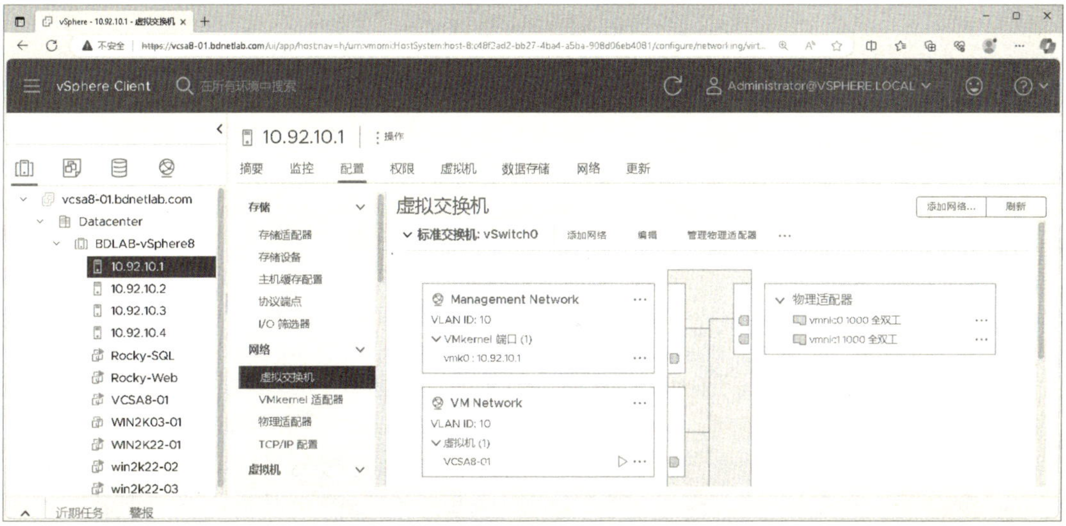

图 4-25　查看标准交换机关联的物理适配器

2）默认情况下，标准交换机的负载方式为“基于源虚拟端口的路由”，如图 4-26 所示。

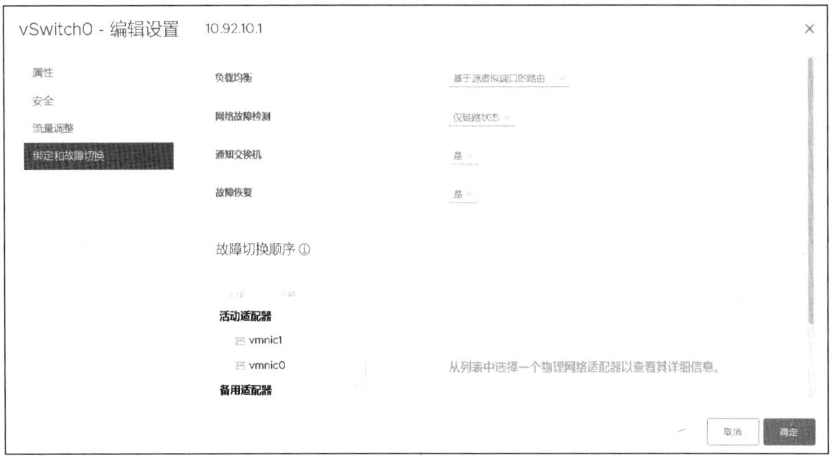

图 4-26　默认负载均衡模式

以下为关键参数说明：

（1）网络故障检测。

网络故障检测包含“仅链路状态”以及“信标探测”两种方式。“仅链路状态”通过物理交换机的事件（如物理线路断开、交换机故障）判断链路状态，但无法检测配置错误；“信标探测”在链路状态检测基础上，增加对 STP 端口阻塞、VLAN 配置错误等逻辑故障的检测能力。

（2）通知交换机。

当虚拟机启动、虚拟机进行 vMotion 操作、虚拟机 MAC 地址发生变化时，物理交换机会收到用反向地址解析协议（RARP）表示的变化通知，物理交换机是否知晓取决于通知交换机的设置：若设置为“是”，则物理交换机会立即知晓；若设置为“否”，则物理交换机将无法知晓。

（3）故障恢复。

故障恢复是指网络故障恢复后的数据流量的处理方式，以图 4-26 为例，当 vmnic0 出现故障时，数据流量全部切换至 vmnic1；当 vmnic0 故障恢复后，可以设置数据流量是否切换回 vmnic0。需要特别注意的是，运行 IP 存储的 vSwitch 建议禁用故障恢复（设置为“否”），以免 IP 存储流量来回切换。

3）将负载均衡模式调整为“基于 IP 哈希的路由”，如图 4-27 所示，单击“确定”按钮保存设置。

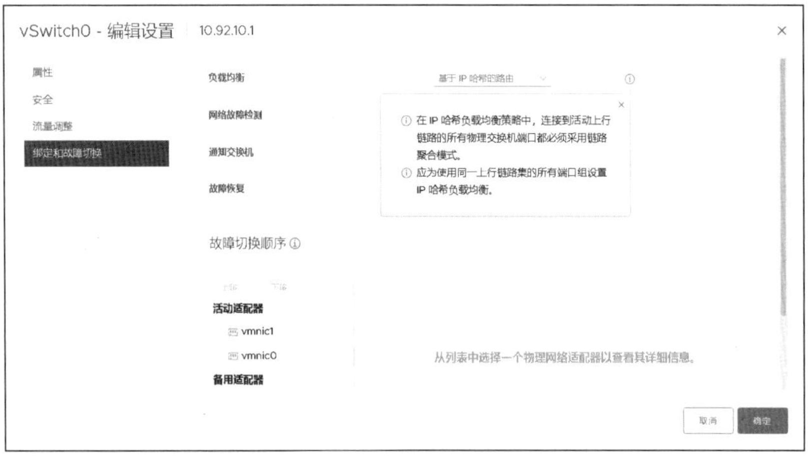

图 4-27　调整负载均衡模式

4）配置物理交换机端口汇聚。

```
BDLAB-Core_4948(config)#interface range g1/5-6          #选择对应 ESXi 主机端口
BDLAB-Core_4948(config-if-range)#channel-group 1 mode ? #选择端口汇聚模式
  active     Enable LACP unconditionally
  auto       Enable PAgP only if a PAgP device is detected
  desirable  Enable PAgP unconditionally
  on         Enable Etherchannel only
  passive    Enable LACP only if a LACP device is detected
BDLAB-Core_4948(config-if-range)#channel-group 1 mode on
Creating a port-channel interface Port-channel 1
BDLAB-Core_4948(config-if-range)#no shutdown

BDLAB-Core_4948(config)#interface port-channel 1        #配置端口汇聚
BDLAB-Core_4948(config-if)#switchport mode trunk        #配置端口汇聚为 TRUNK 模式
BDLAB-Core_4948(config-if)#no shutdown

BDLAB-Core_4948#show interfaces port-channel 1          #查看端口汇聚
Port-channel1 is up, line protocol is up (connected)    #端口汇聚状态为 up
  Hardware is EtherChannel, address is 0025.451c.3f84 (bia 0025.451c.3f84)
  MTU 1500 bytes, BW 2000000 Kbit, DLY 10 usec,
     reliability 255/255, txload 1/255, rxload 1/255
  Encapsulation ARPA, loopback not set
  ……（省略）
```

5）查看端口汇聚状态，需要注意的是，如果交换机不支持端口汇聚，会导致 ESXi 主机及虚拟机网络中断。

```
BDLAB-Core_4948#show etherchannel summary
Flags:  D - down        P - bundled in port-channel
        I - stand-alone s - suspended
        R - Layer3      S - Layer2
        U - in use      f - failed to allocate aggregator
……（省略）
Number of channel-groups in use: 5
Number of aggregators:           5
Group  Port-channel  Protocol    Ports
------+-------------+-----------+-----------------------------------------------
1      Po1(SU)          -        Gi1/5(P)     Gi1/6(P)     #SU 代表 Layer2 正在使用
```

至此，基本的标准交换机 NIC Teaming 配置完成，也可根据生产的需求将负载的方式调整为“基于 IP 哈希的路由”。但需注意：标准交换机的“基于 IP 哈希的路由”模式目前仅支持思科交换机的 MODE ON 模式。

4.2.4　标准交换机的其他策略配置

标准交换机的策略配置相对简单，可以分为基于标准交换机的全局配置和基于端口组的配置。可以根据生产环境的实际情况进行配置，通常情况下基于端口组进行配置。

1. 基于标准交换机的 MTU 配置

VMware 标准交换机支持修改端口的 MTU（最大传输单元）值，默认 MTU 值为 1500，如图 4-28 所示。MTU 值可以修改，但需要物理交换机的支持，建议标准交换机与物理交换机两端配置的 MTU 值保持一致，否则可能导致网络传输问题。

图 4-28　默认 MTU 值

1）调整标准交换机 vSwithc0 的 MTU 值为 9000，如图 4-29 所示。需要注意的是，对应物理交换机也需要进行相应配置。

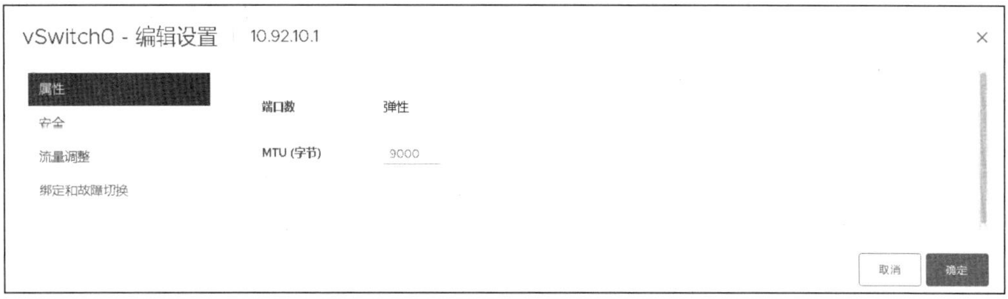

图 4-29　调整 MTU 值

2）配置物理交换机端口的 MTU 参数。

```
BDLAB-Core_4948(config)#interface port-channel 1      #配置端口汇聚
BDLAB-Core_4948(config-if)#mtu 9000                   #修改 MTU 值为 9000
BDLAB-Core_4948#show interfaces port-channel 1
Port-channel1 is up, line protocol is up (connected)
  Hardware is EtherChannel, address is 0025.451c.3f85 (bia 0025.451c.3f85)
  MTU 9000 bytes, BW 2000000 Kbit, DLY 10 usec,       #端口汇聚的 MTU 值为 9000
     reliability 255/255, txload 1/255, rxload 1/255
  Encapsulation ARPA, loopback not set
 ……（省略）

BDLAB-Core_4948#show interfaces gigabitEthernet 1/5
GigabitEthernet1/5 is up, line protocol is up (connected)
  Hardware is Gigabit Ethernet Port, address is 0025.451c.3f84 (bia 0025.451c.3f84)
  Description: dell-c6220-e1-2
  MTU 9000 bytes, BW 1000000 Kbit, DLY 10 usec,       #端口汇聚的 MTU 值为 9000
     reliability 255/255, txload 1/255, rxload 1/255
  Encapsulation ARPA, loopback not set
  ……（省略）

BDLAB-Core_4948#show interfaces gigabitEthernet 1/6
GigabitEthernet1/6 is up, line protocol is up (connected)
  Hardware is Gigabit Ethernet Port, address is 0025.451c.3f85 (bia 0025.451c.3f85)
  Description: dell-c6220-e1-2
  MTU 9000 bytes, BW 1000000 Kbit, DLY 10 usec,  #端口汇聚的 MTU 值为 9000
```

```
    reliability 255/255, txload 1/255, rxload 1/255
  Encapsulation ARPA, loopback not set
……（省略）
```

2．基于标准交换机的安全配置

VMware 标准交换机提供基本的安全配置，主要包括混杂模式、MAC 地址更改和伪传输三项，如图 4-30 所示。

图 4-30　标准交换机安全配置

各参数介绍如下：

（1）混杂模式。

默认为“拒绝”状态，其功能类似传统物理交换机。标准交换机会依据其 ARP 表，仅在源端口和目的端口之间进行接收和转发，其他接口不会参与。

如果需要对标准交换机上的虚拟机流量进行抓包分析或端口镜像，可以将混杂模式修改为“接受”。修改后，其功能类似于集线器，标准交换机所有端口都可以接收到数据。

（2）MAC 地址更改和伪传输。

默认均为“接受”状态，虚拟机在刚创建时会生成一个 MAC 地址，可以理解为初始 MAC 地址。当安装操作系统后可以使用初始 MAC 地址进行数据转发，这时候初始 MAC 地址变为有效 MAC 地址且两者相同。如果通过操作系统修改 MAC 地址，则初始 MAC 地址和有效 MAC 地址将不同。此时，数据能否转发取决于这两个参数的状态：当状态为“接受”时，数据会被转发；当状态为“拒绝”时，数据会被丢弃。

3．基于标准交换机的流量调整

VMware 标准交换机提供基本的流量调整功能，且该功能仅作用于出站方向，默认处于“禁用”状态，如图 4-31 所示。

图 4-31　标准交换机流量调整

各参数介绍如下：

（1）平均带宽。

平均带宽表示每秒通过标准交换机的数据传输量。如果 vSwitch0 上行链路采用 1Gbit/s 的适配器，则每个连接到这个 vSwitch0 的虚拟机都可以使用 1Gbit/s 带宽。

（2）峰值带宽。峰值带宽表示标准交换机在不丢包前提下支持的最大带宽。如果 vSwitch0 上行链路为 1Gbit/s 适配器，则 vSwitch0 的峰值带宽即为 1Gbit/s。

（3）突发大小。突发大小规定了突发流量中包含的最大数据量，计算方式是“带宽×时间”。在网络高使用率期间，若突发流量的数据量超过配置的突发大小，超出部分的数据包会被暂时丢弃；而当网络流量队列未满时，这些被丢弃的数据包后续会被重新传输。

4.3 配置和使用分布式交换机

分布式交换机与标准交换机并没有太大的区别，可以理解为跨多台 ESXi 主机的“超级交换机”，它能将分散在多台 ESXi 主机上的标准虚拟交换机从逻辑上整合为一台“大型”交换机。分布式交换机可以简化虚拟机网络连接的部署、管理和监控，为集群级别的网络连接提供一个集中控制点，使虚拟环境中的网络配置不再以主机为单位。

从适用场景来看，标准交换机可满足中小规模环境的需求；但对于 ESXi 主机数量较多，且涉及多 VLAN 划分、复杂网络策略等需求的中大型企业，仅依赖标准交换机会增加管理复杂度并可能制约网络性能，因此分布式交换机成为更优选择。在生产环境中，建议采用标准交换机与分布式交换机并用的方案：管理网络部署在标准交换机上，虚拟机网络及基于 VMKernel 的网络则部署在分布式交换机上。

4.3.1 创建分布式交换机

分布式交换机（Distributed Switch）的创建与维护基于 vCenter Server，并且需要将 ESXi 主机加入 vCenter Server，独立的 ESXi 主机不能创建分布式交换机。创建分布式交换机之前需要至少保证 ESXi 主机有 1 个未被使用的以太网口。

1）依次选择“Datacenter”→“Distributed Switch”→“新建 Distributed Switch”，新建分布式交换机。如图 4-32 所示。

图 4-32　创建分布式交换机

2）指定分布式交换机名称和位置，如图 4-33 所示，单击“下一页”按钮。

3）选择分布式交换机的版本，不同的版本具有不同的功能特性，根据实际情况选择即可。此处选择 8.0.0-ESXi 8.0 及更高版本，如图 4-34 所示，单击“下一页”按钮。

4）配置分布式交换机上行链路接口数量。该参数用于指定每台 ESXi 主机中，用于分布式交换机连接物理交换机的以太网口数量，一定要根据实际情况配置。例如，若当前环境中每台 ESXi 主机有 1 个以太网口用于分布式交换机，那么此处上行链路数为 1，其他参数可以保持默认，创建好分布式交换机后可以修改，如图 4-35 所示，单击“下一页”按钮。

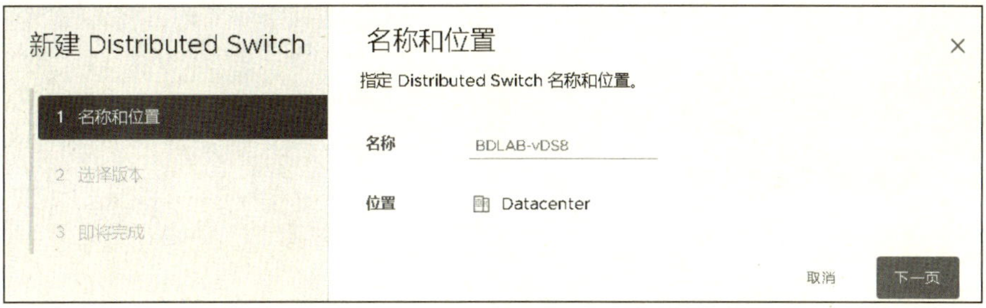

图 4-33　指定分布式交换机名称和位置

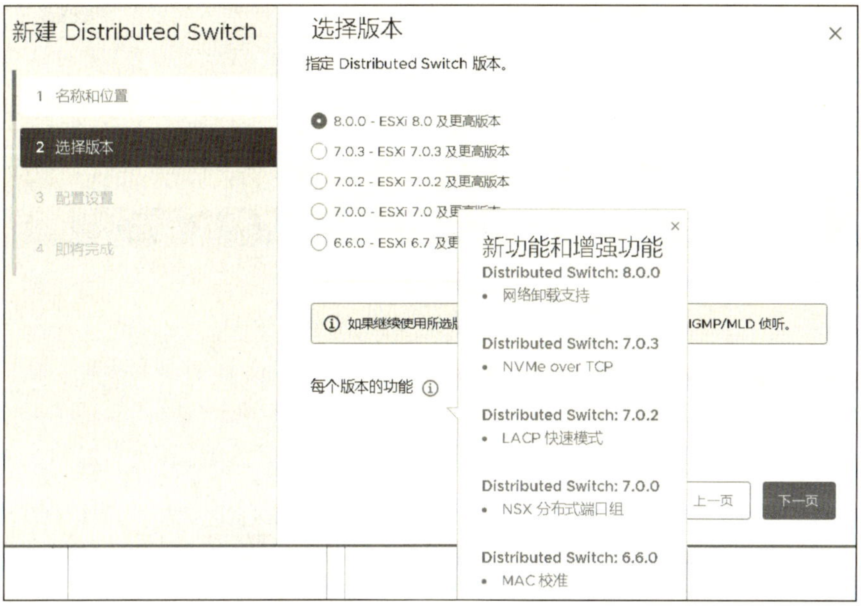

图 4-34　选择分布式交换机版本

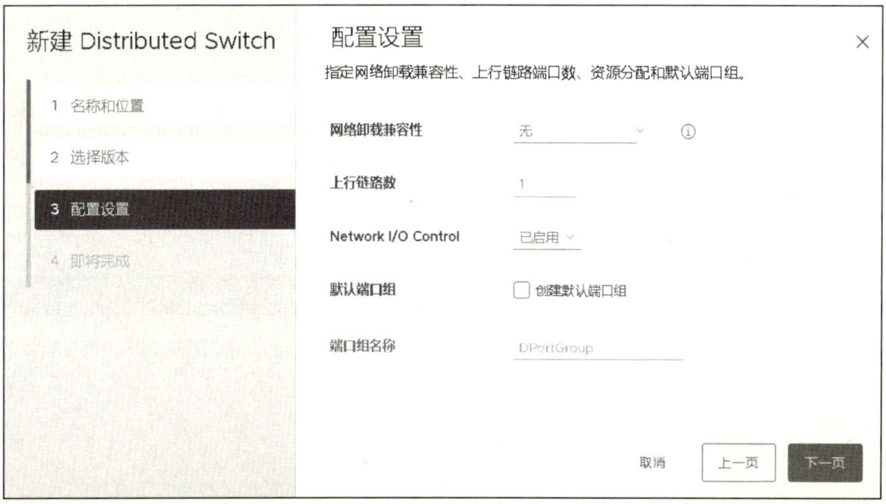

图 4-35　配置分布式交换机参数

5）确认分布式交换机的参数设置正确，如图 4-36 所示，单击“完成”按钮。

图 4-36　确认分布式交换机参数

6）分布式交换机创建完成，如图 4-37 所示。

图 4-37　分布式交换机创建完成

至此，分布式交换机基本创建完成，还需进一步添加 ESXi 主机及配置相应端口，才能使分布式交换机投入实际使用。

4.3.2　将 ESXi 主机添加到分布式交换机中

1）选择新创建的分布式交换机，可以看到该分布式交换机尚未添加任何 ESXi 主机，如图 4-38 所示，选择“添加和管理主机”选项。

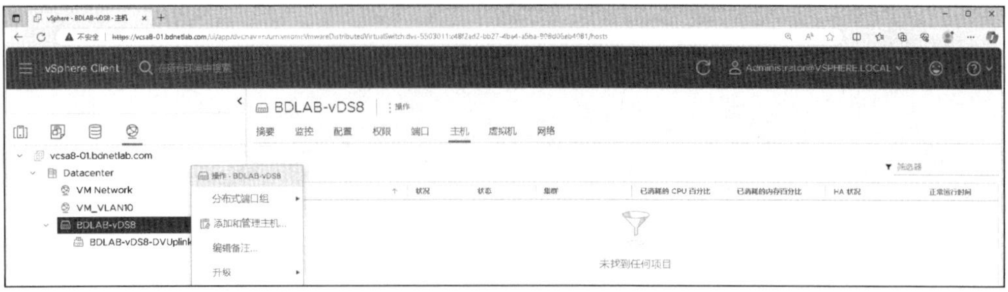

图 4-38　添加 ESXi 主机到分布式交换机

2）在选择任务界面，选择“添加主机”，如图 4-39 所示，单击“下一页”按钮。

图 4-39　选择添加主机

3）在选择主机界面，勾选需要添加到分布式交换机中的 ESXi 主机，如图 4-40 所示，单击“下一页”按钮。

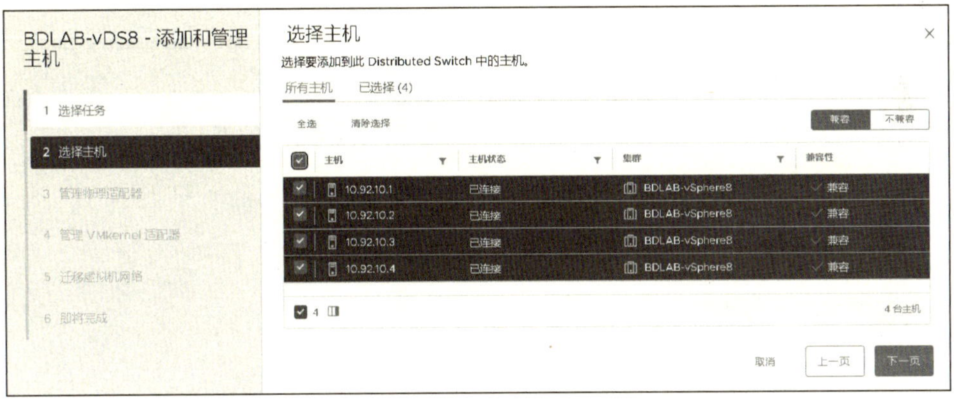

图 4-40　勾选添加到分布式交换机中的 ESXi 主机

4）在管理物理适配器界面，选择 ESXi 主机中需要加入分布式交换机的网络适配器，本操作中，4 个主机均使用 vmnic2 作为上行链路，如图 4-41 所示，单击“下一页”按钮。

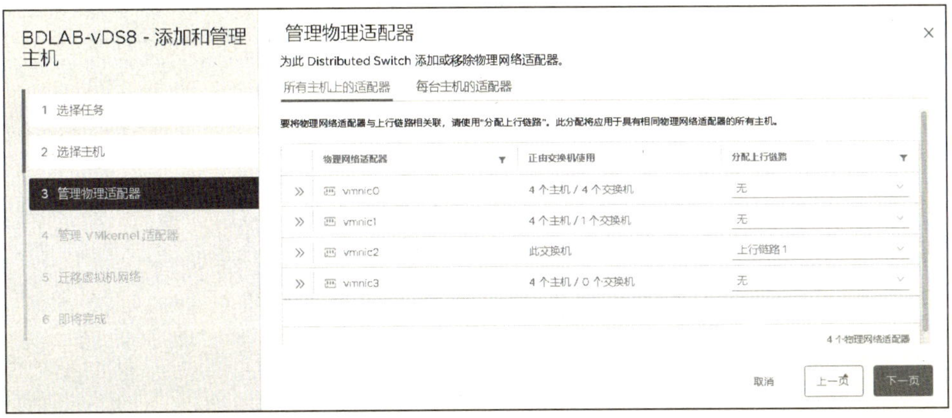

图 4-41　选择上行链路

5）在管理 VMkernel 适配器界面，可以选择向分布式交换机分配 VMkernel 网络适配器，如

图 4-42 所示，操作中保持默认配置不做调整，单击“下一页”按钮。

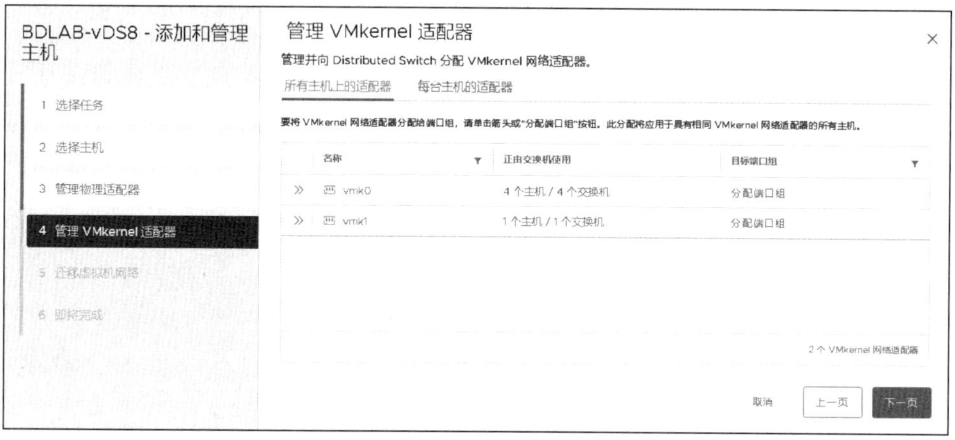

图 4-42 管理 VMkernel 适配器

6）在迁移虚拟机网络界面，可以选择要迁移到分布式交换机的虚拟机或网络适配器，如图 4-43 所示，本操作中选择不迁移，单击“下一页”按钮。

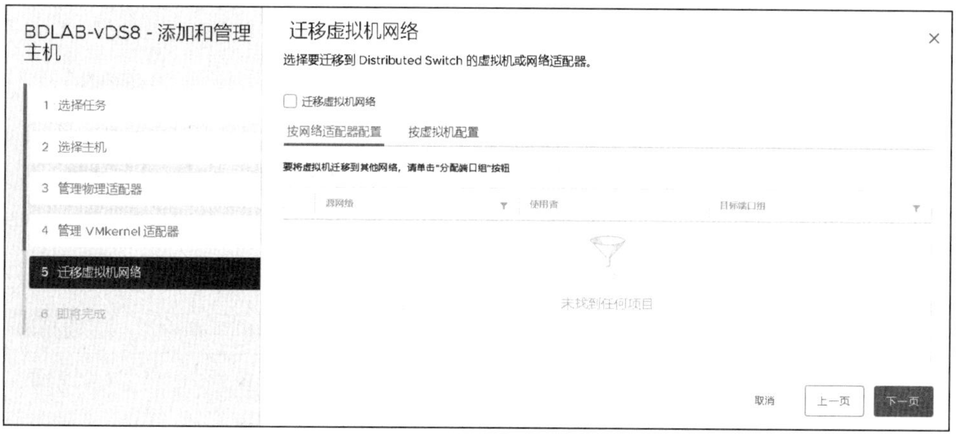

图 4-43 迁移虚拟机网络

7）确认添加主机的各项参数配置无误，如图 4-44 所示，单击“完成”按钮。

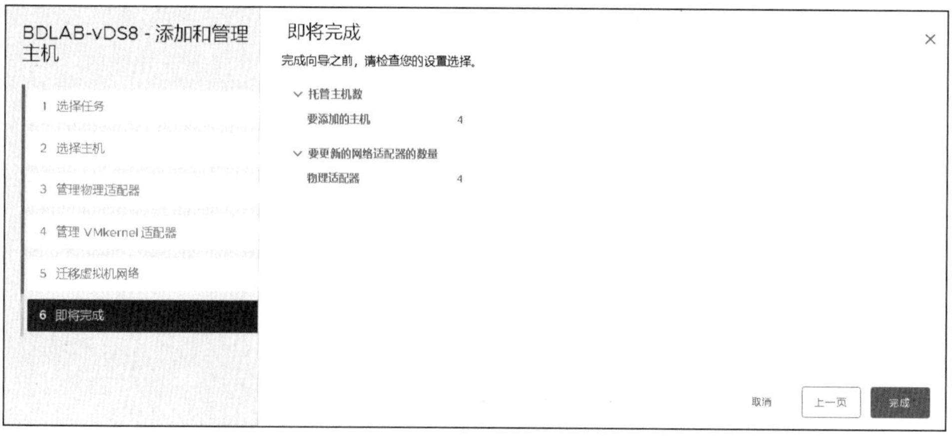

图 4-44 确认参数配置

8）查看分布式交换机，可以看到 ESXi 主机已成功添加到分布式交换机中，如图 4-45 所示。

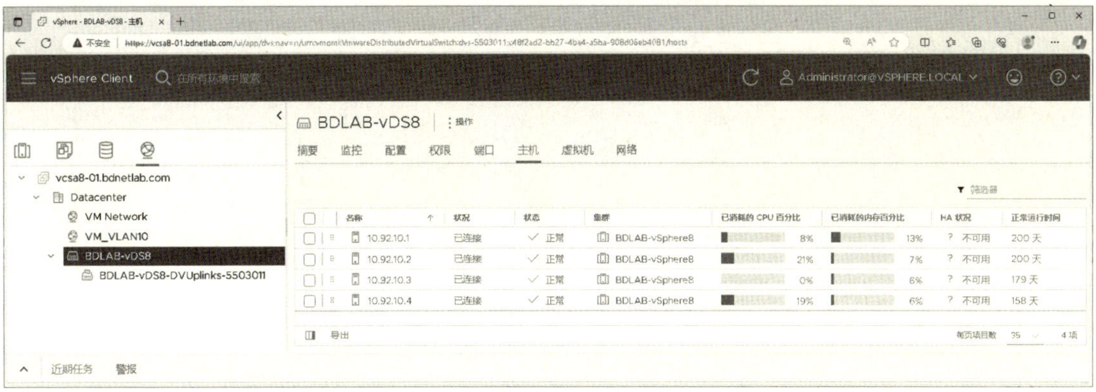

图 4-45　完成 ESXi 主机添加到分布式交换机

至此，ESXi 主机添加到分布式交换机的操作已完成。分布式交换机与标准交换机的区别在于：标准交换机需要在每台 ESXi 主机上创建端口组，ESXi 主机数量越多，工作量就越大；如果将 ESXi 主机添加到分布式交换机中，分布式交换机创建的分布式端口组可以在多台 ESXi 主机上调用，无须逐台主机配置，从而极大地提高工作效率，降低管理难度。

4.3.3　创建和使用分布式端口组

将 ESXi 主机添加到分布式交换机后，需根据实际业务需求创建分布式端口组。本节介绍基于 VMKernel 的分布式端口组及用于承载虚拟机流量的分布式端口组的创建方法。

1）选择“分布式端口组”选项，启动新建分布式端口组流程，如图 4-46 所示。

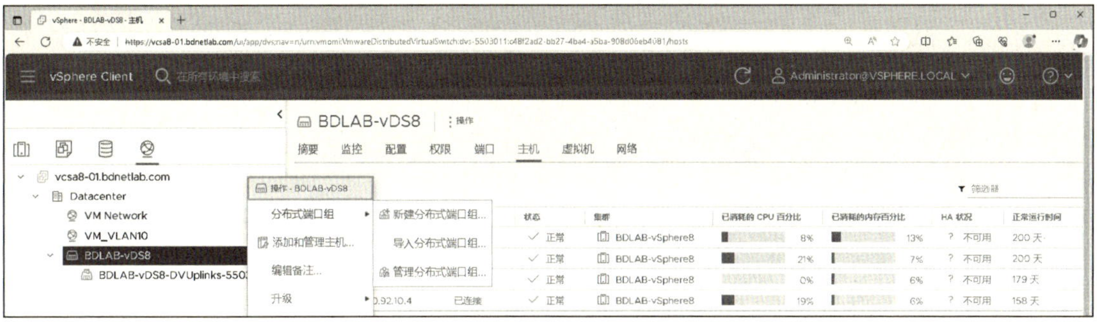

图 4-46　新建分布式端口组

2）指定新建分布式端口组的名称和位置，如图 4-47 所示，单击“下一页”按钮。

图 4-47　指定新建分布式端口组的名称和位置

3）配置分布式端口组的相关参数，如图 4-48 所示，单击“下一页”按钮。

图 4-48　配置分布式端口组的相关参数

4）确认分布式端口组各项参数配置无误，如图 4-49 所示，单击“完成”按钮。

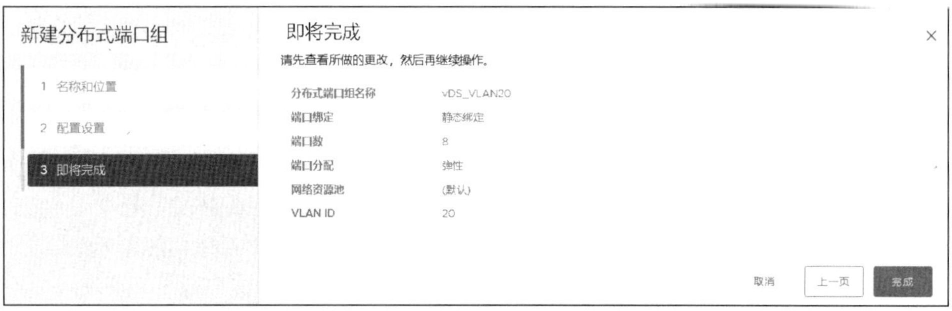

图 4-49　确认分布式端口组参数

5）完成分布式端口组的创建，如图 4-50 所示。

图 4-50　完成分布式端口组的创建

6）标准交换机 VM Network 下运行大量虚拟机，可将其迁移到分布式交换机，选择“将虚拟机迁移到其他网络”选项，如图 4-51 所示。

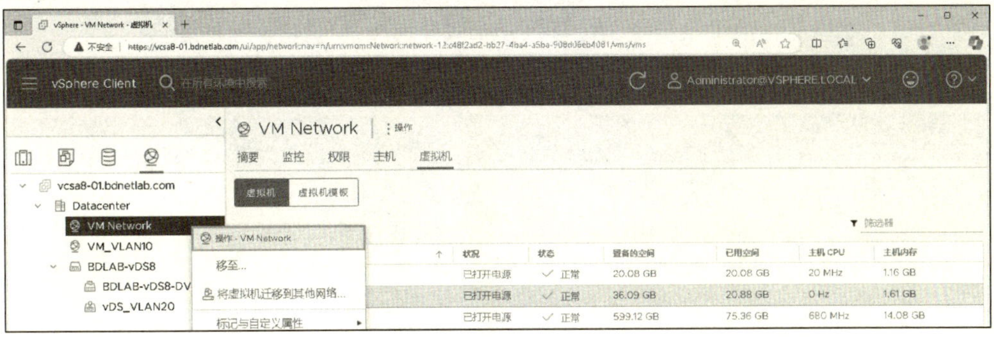

图 4-51　迁移虚拟机网络

7）选择目标网络为新创建的分布式交换机端口组 vDS_VLAN20，如图 4-52 所示，单击“下一页”按钮。

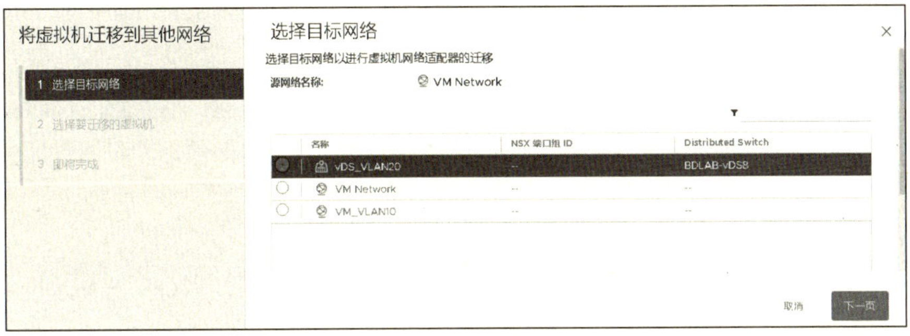

图 4-52　选择目标网络

8）从列表中勾选需要迁移到目标网络的虚拟机，如图 4-53 所示，单击“下一页”按钮。

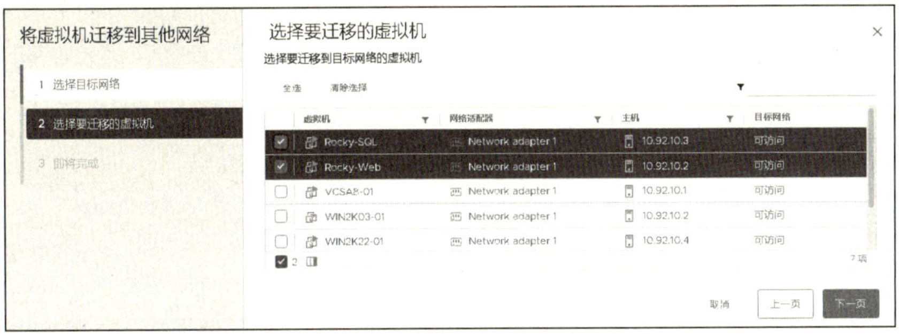

图 4-53　选择要迁移的虚拟机

9）确认待迁移虚拟机的相关参数配置正确，如图 4-54 所示，单击“完成”按钮。

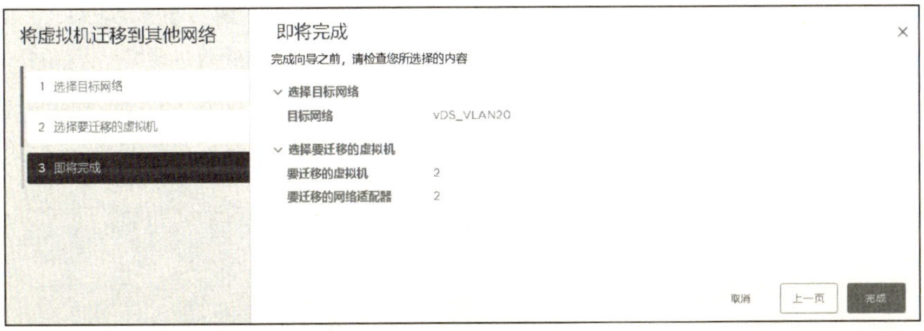

图 4-54　确认参数配置

10）虚拟机网络从标准交换机成功迁移至分布式交换机，如图 4-55 所示。

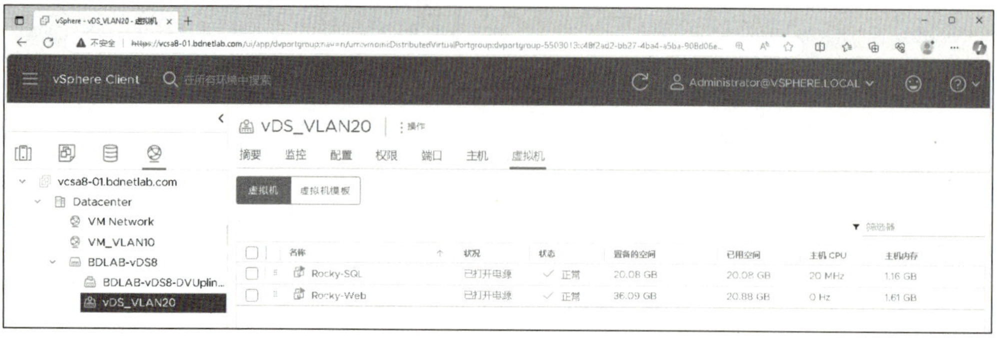

图 4-55　完成虚拟机网络迁移

4.4　配置和使用 VMware NSX

VMware NSX 作为 VMware 软件定义网络（SDN）的解决方案，其架构设计直接关联到配置的复杂程度。本书旨在帮助读者快速了解 VMware NSX，因此仅针对其基础部署与使用流程进行介绍。

4.4.1　部署 NSX 准备工作

VMware NSX 架构与 VMware vSphere 紧密结合，部署前必须规划好生产环境网络，并创建好必需的标准交换机、分布式交换机。前期准备工作主要涉及以下几个方面。

1. 生产环境网络拓扑设计

VMware NSX 支持在不改动现有网络架构的情况下部署，但也需要对生产环境进行合理的规划设计。建议为ESXi 主机新增至少 2 个网络适配器以承载相应的流量：其中一个用于承载 VMware NSX 专用的封装流量，另一个用于承载 NSX Overlay 以及 Vlan 流量。本节实验拓扑如图 4-56 所示。

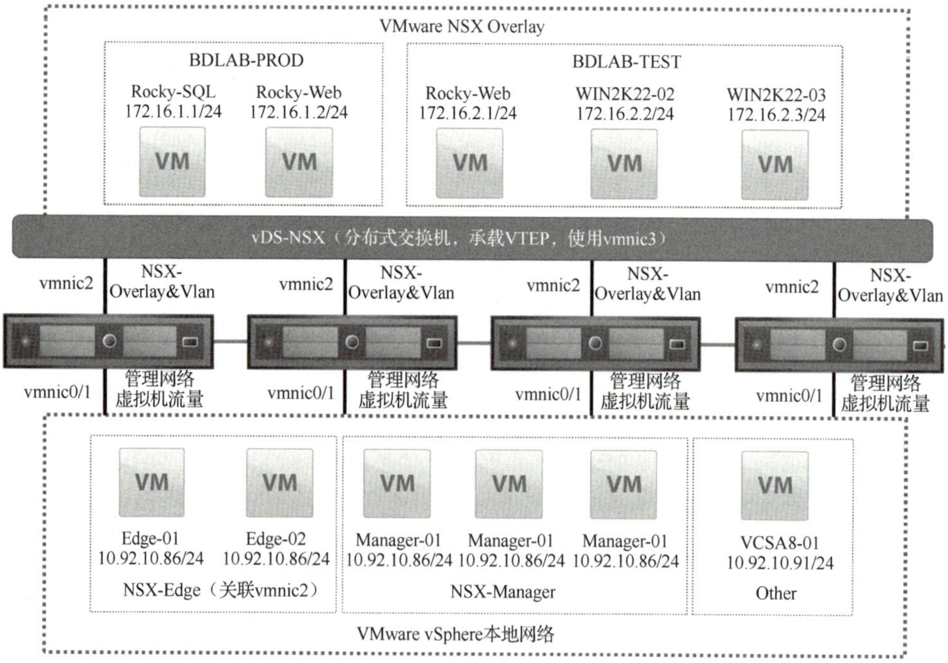

图 4-56　NSX4.1 实验拓扑

2. 创建用于 NSX 的分布式交换机

在部署 NSX Manager 之前，需要创建一个分布式交换机，用于承载 VMware NSX 封装所使用的 Geneve 流量，如图 4-57 所示。

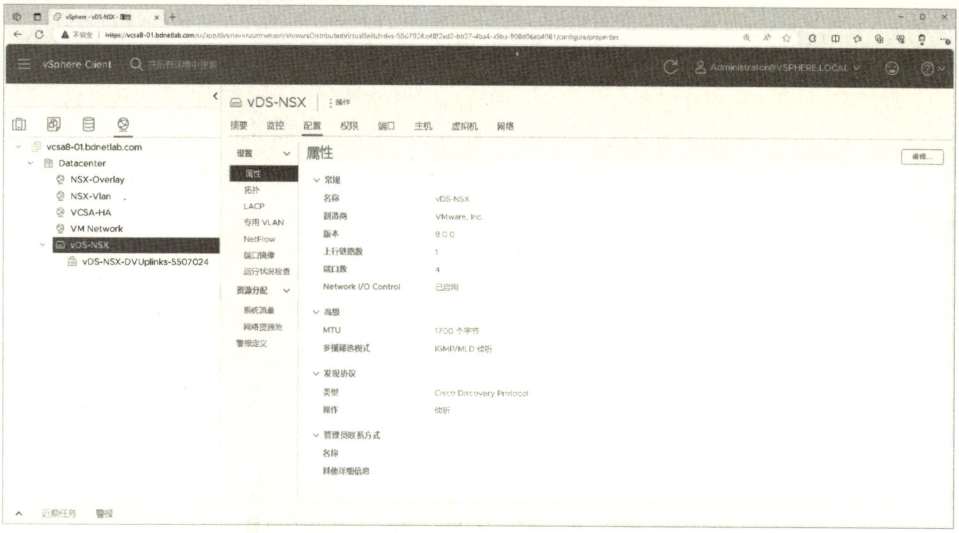

图 4-57　用于封装 Geneve 流量的分布式交换机

3. 创建用于 NSX 的标准交换机

除了分布式交换机，还需要创建一个标准交换机，用于承载 NSX Overlay 和 VLAN 流量，如图 4-58 所示。

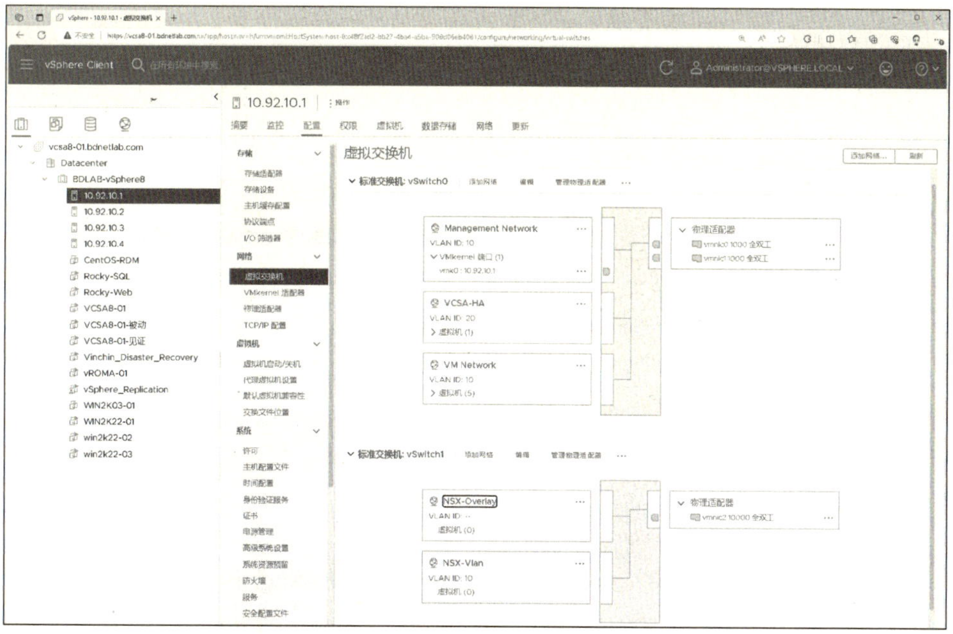

图 4-58　用于承载 Overlay 和 VLAN 流量的标准交换机

4.4.2　部署 NSX Manager

NSX Manager 是整个 NSX 网络架构的核心，以虚拟机形式运行。在生产环境中，推荐部署 3 台 NSX Manager 并组成集群，以实现冗余备份与负载均衡。本节将介绍 NSX Manager 的部署流程。

1）选择“部署 OVF 模板”选项，导入 NSX 虚拟机，如图 4-59 所示。

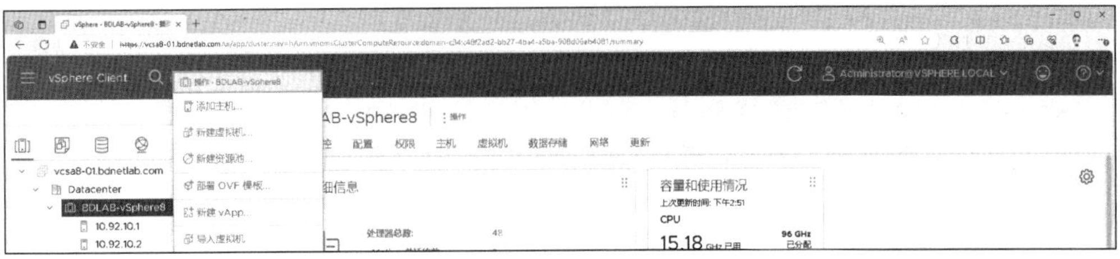

图 4-59　导入 NSX 虚拟机

2）在选择 OVF 模板时，选择上传本地文件，如图 4-60 所示，单击“下一页”按钮。

图 4-60　选择 NSX 文件

3）输入虚拟机名称，如图 4-61 所示，单击“下一页”按钮。

图 4-61　输入虚拟机名称

4）选择虚拟机使用的计算资源，如图 4-62 所示，单击“下一页”按钮。

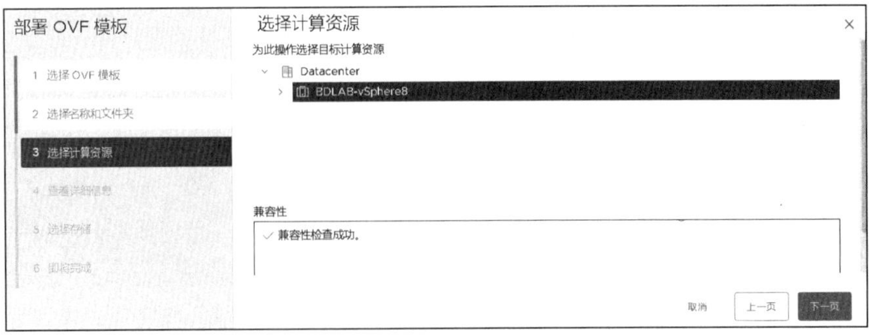

图 4-62　选择计算资源

5）系统对导入的 OVF 模板进行验证，如图 4-63 所示，单击“下一页”按钮。

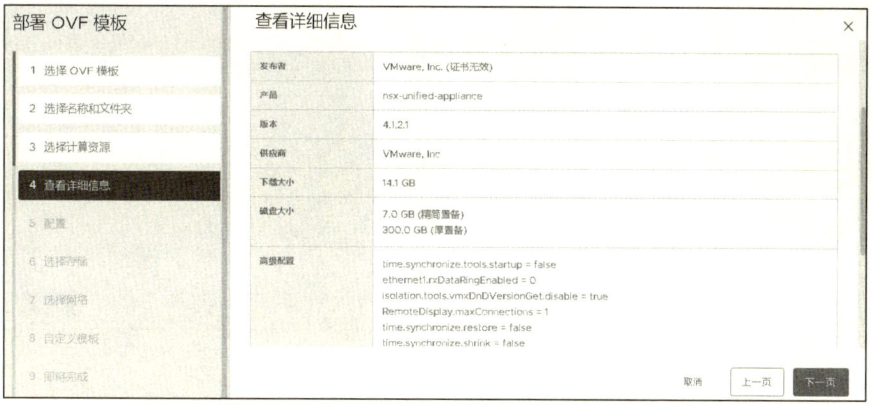

图 4-63　验证 OVF 模板

6）选择虚拟机的部署配置，部署规模越大，需要的硬件资源就越多，根据实际情况进行选择，如图 4-64 所示，单击“下一页”按钮。

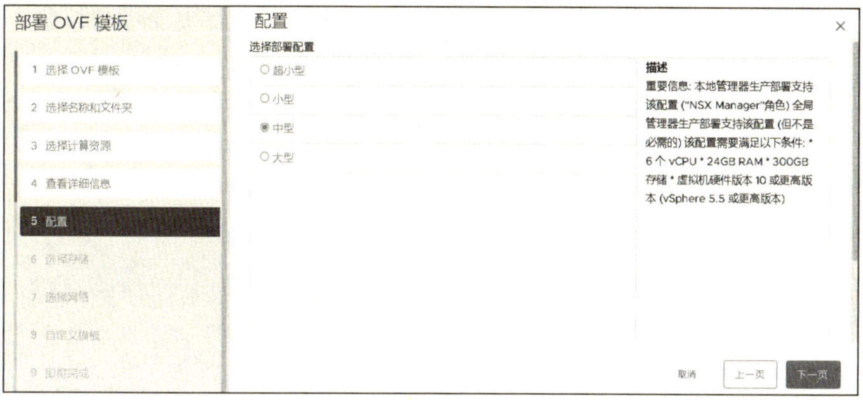

图 4-64　选择部署配置

7）选择虚拟机使用的存储资源，如图 4-65 所示，单击“下一页”按钮。

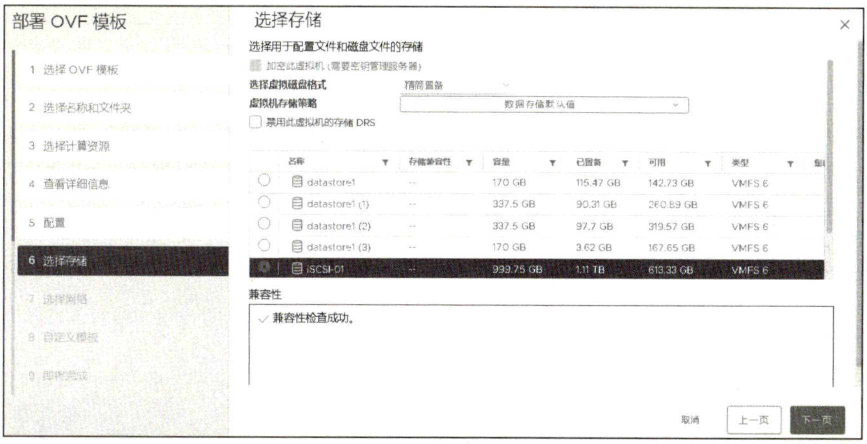

图 4-65　选择存储

8）选择虚拟机使用的网络，如图 4-66 所示，单击“下一页”按钮。

图 4-66　选择网络

9）配置虚拟机相关网络属性，如图 4-67 所示，单击“下一页”按钮。

图 4-67　配置网络属性

10）确认各项参数配置正确，如图 4-68 所示，单击“完成”按钮。

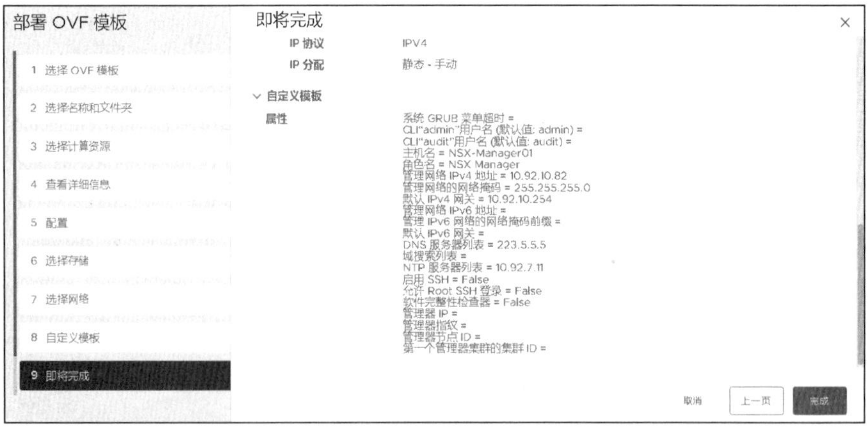

图 4-68　确认参数

11）开始部署 NSX 虚拟机，如图 4-69 所示。

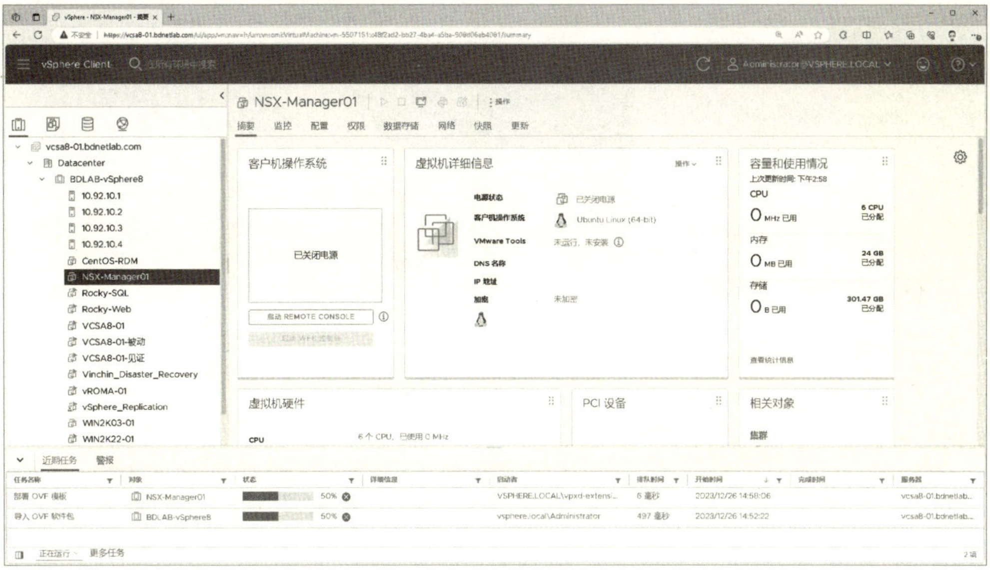

图 4-69　开始部署 NSX 虚拟机

12）虚拟机部署完成后，启动电源并登录系统，通过命令行查看 NSX 虚拟机的基本配置信息，如图 4-70 所示。

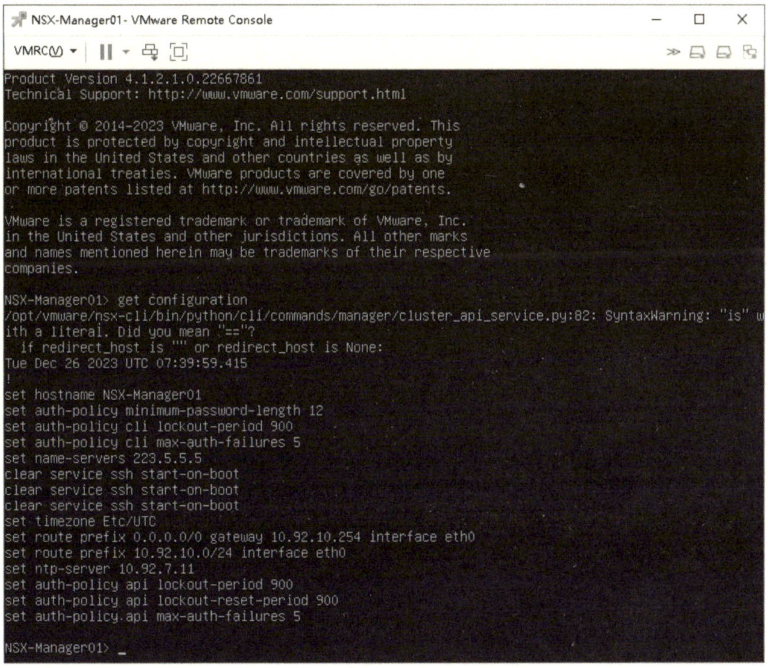

图 4-70　查看 NSX 虚拟机配置

13）NSX Manager 服务启动需要一定时间，启动后通过浏览器登录 NSX Manager，输入用户名和密码，如图 4-71 所示，单击“登录”按钮。

14）成功登录 NSX Manager 界面后，系统在右下角会提示“建议使用 3 节点集群”，如图 4-72 所示。

15）在“系统”菜单查看设备信息，当前环境中仅部署 1 台 NSX Manager，“添加 NSX 设备”按钮为灰色不可用状态，如图 4-73 所示，这是由于 NSX Manager 尚未添加计算管理器。

图 4-71　登录 NSX Manager

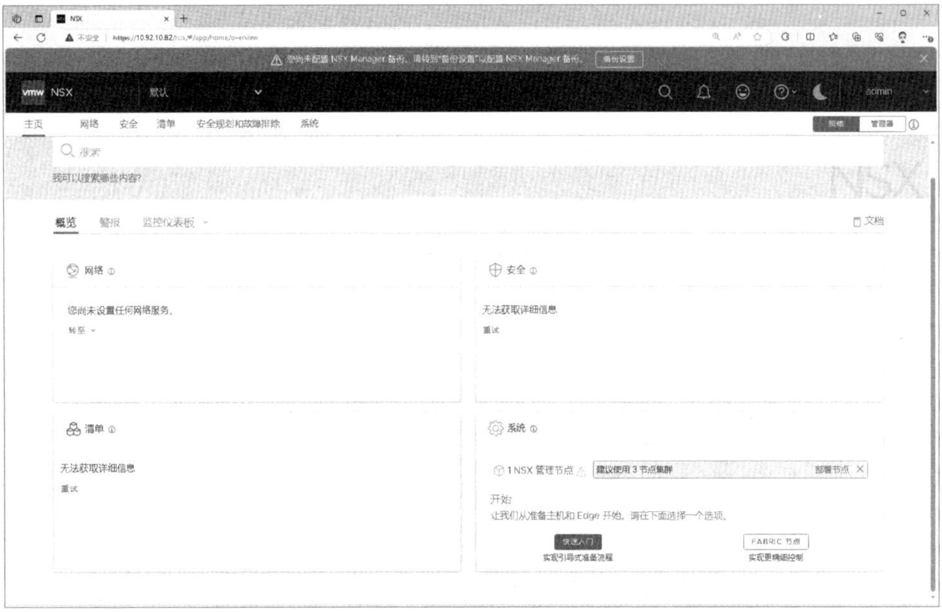

图 4-72　NSX Manager 主页

图 4-73　查看设备信息

16）查看计算管理器列表，提示“未找到任何计算管理器”，如图 4-74 所示，单击“+添加计算管理器”。

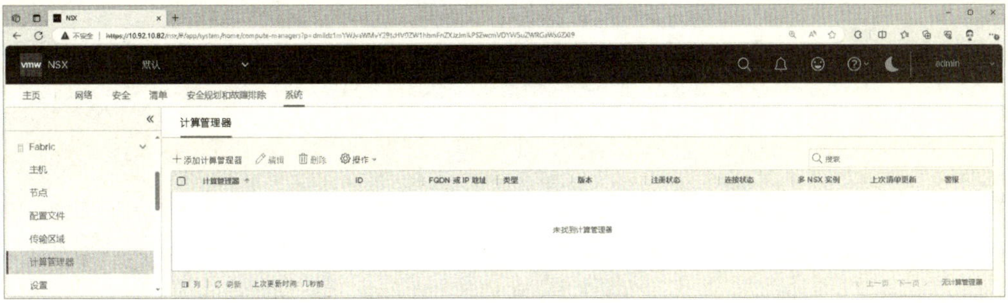

图 4-74　查看计算管理器

17）新建计算管理器，输入 vCenter Server（VCSA）相关信息，如图 4-75 所示，单击“添加”按钮。

图 4-75　新建计算管理器

18）计算管理器添加完成后，其注册状态为“已注册”，如图 4-76 所示。

图 4-76　完成计算管理器添加

19）返回设备界面，此时“添加 NSX 设备”按钮已变为可用状态（如图 4-77 所示），单击该按钮。

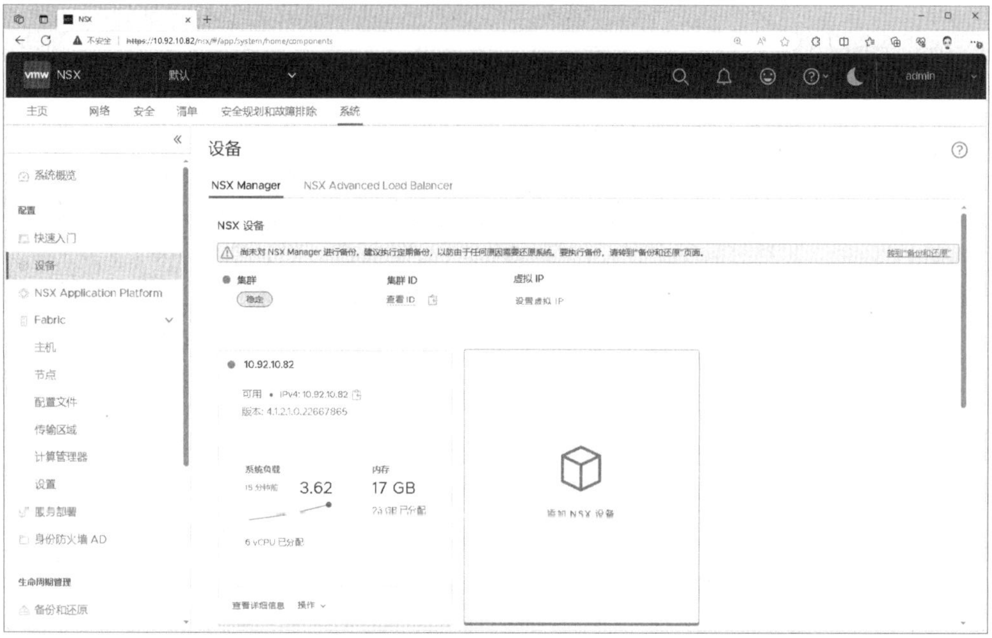

图 4-77　添加 NSX 设备

20）按照相同的方式再部署 2 台 NSX Manager，如图 4-78 所示。为实现 NSX Manager 的高可用性，需设置虚拟 IP，单击“设置虚拟 IP”。

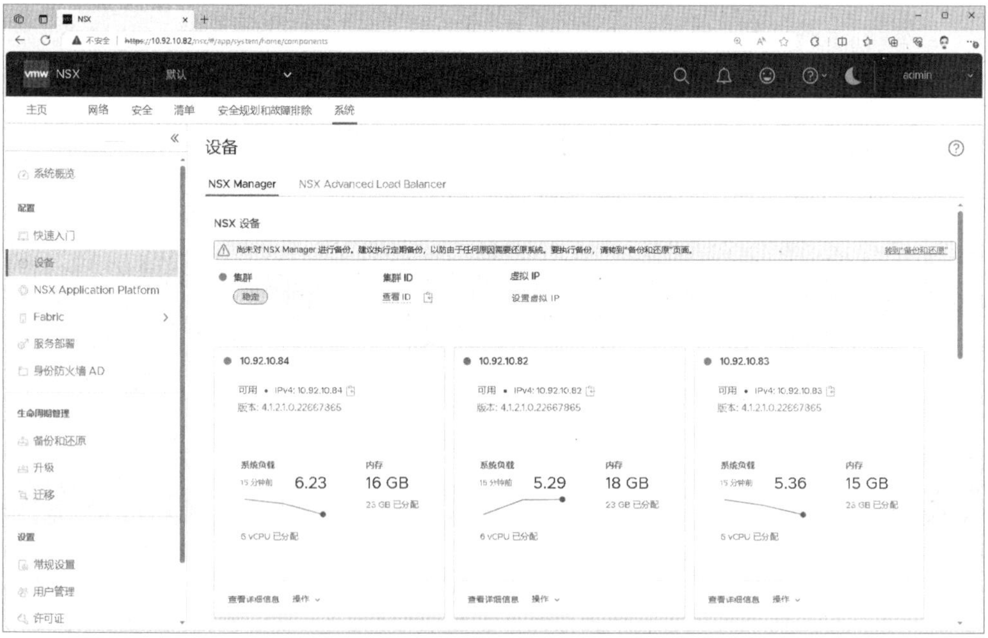

图 4-78　生产环境中有 3 台 NSX 设备

21）输入虚拟 IP 地址，如图 4-79 所示，单击“保存”按钮。

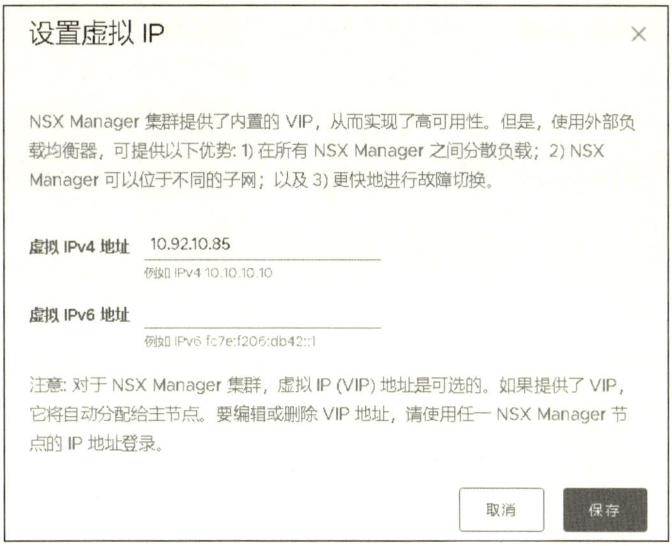

图 4-79　配置虚拟 IP

22）配置完成后，NSX Manager 集群处于稳定状态，虚拟 IP 已分配至 NSX Manager01 虚拟机，如图 4-80 所示。

图 4-80　NSX 设备集群

至此，NSX Manager 部署及集群部署已完成。作为 NSX 网络虚拟化的核心组件，生产环境中推荐以集群方式部署。

4.4.3　配置传输节点

NSX Manager 部署完成后，需配置传输节点的主机区域及节点信息，实质是定义 ESXi 主机或 KVM 主机、虚拟机使用 NSX 网络进行数据传输。本节将介绍如何将 ESXi 主机配置为传输节点。

1）ESXi 主机作为 NSX 网络的传输节点，会对基于 NSX 网络传输的数据进行封装和解封装，同时需要配置 IP 地址，推荐使用独立 IP 地址池，如图 4-81 所示，单击“添加 IP 地址池”。

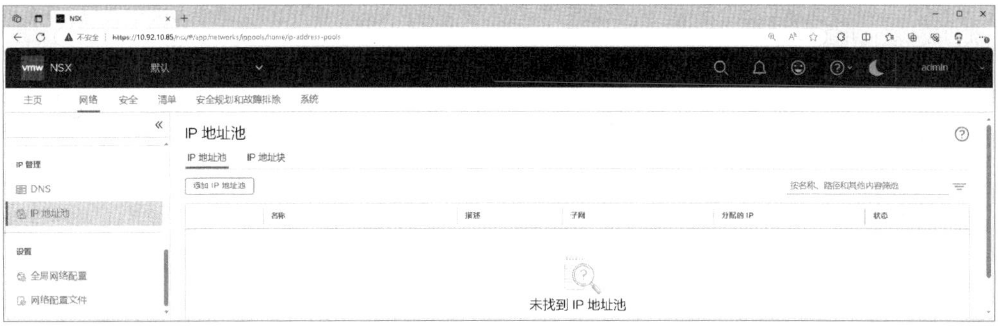

图 4-81　添加 IP 地址池

2）在设置子网页面，配置 IP 地址池的详细信息，需要说明的是，这个 IP 地址池用于封装 Geneve 协议，无须与管理网络处于同一网段，如图 4-82 所示，配置完成后单击“添加”按钮。

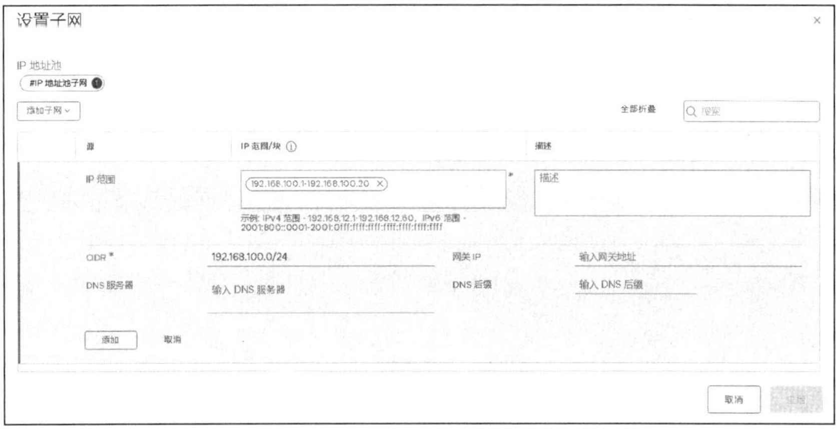

图 4-82　设置子网

3）确认 IP 地址池的地址范围配置无误，如图 4-83 所示，单击“应用”按钮。

图 4-83　IP 地址池的地址范围

4）IP 地址池创建完成，确认其状态为“成功”，如图 4-84 所示。

5）查看上行链路配置文件。系统默认有 5 个配置文件，如图 4-85 所示，其作用是定义 NSX 网络与物理网络的 uplink（上行链路）关联规则。

6）查看传输区域信息。系统默认包含 2 个传输区域，如图 4-86 所示。传输区域用于定义 NSX 虚拟机可访问的网络范围。

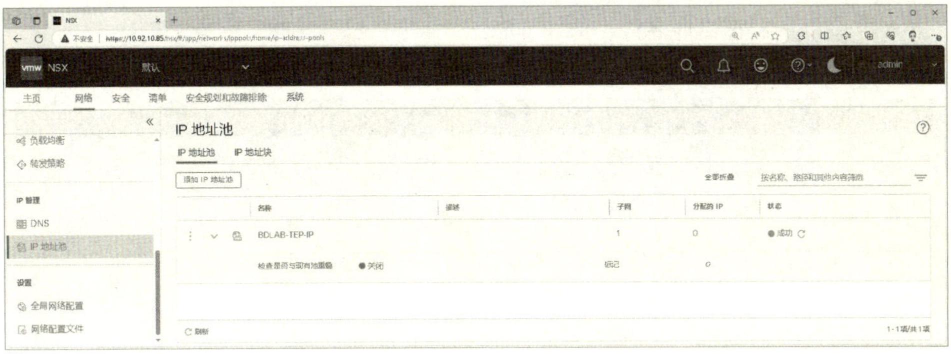

图 4-84　完成 IP 地址池的创建

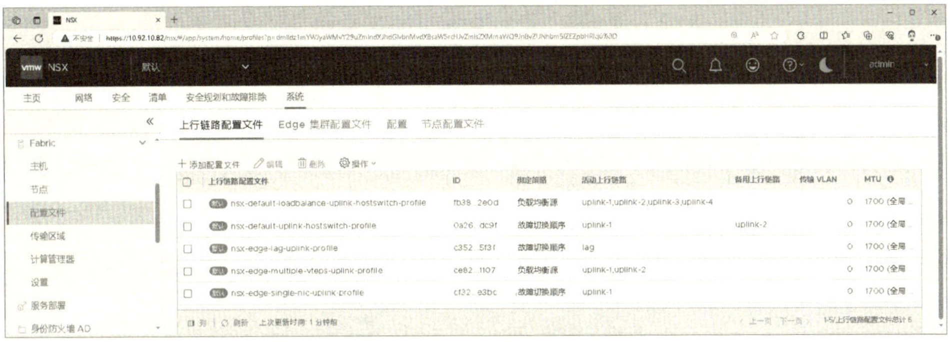

图 4-85　查看上行链路配置文件

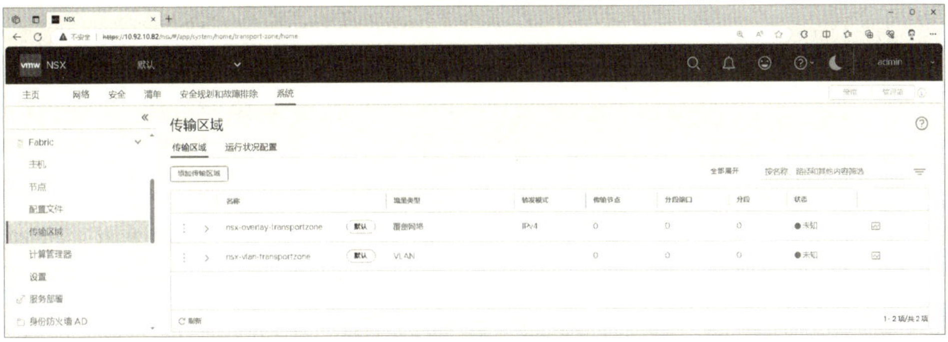

图 4-86　查看传输区域信息

7）查看传输节点配置文件，当前无传输节点配置文件，如图 4-87 所示，单击“添加传输节点配置文件”。

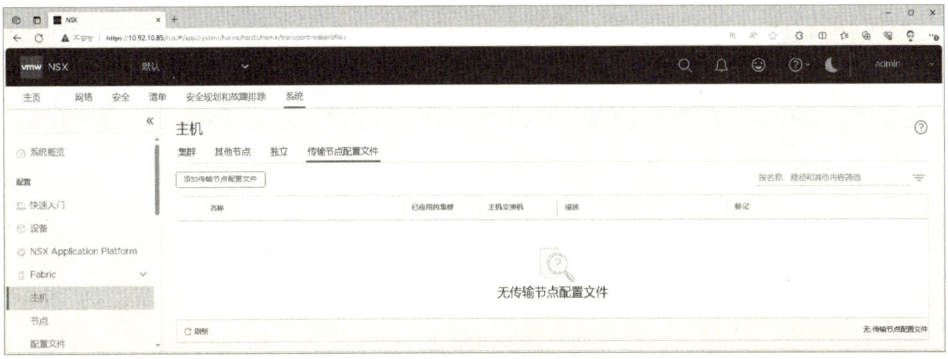

图 4-87　查看传输节点配置文件

8）输入传输节点配置文件名称，如图 4-88 所示，单击“设置”配置主交换机。

图 4-88 设置传输节点配置文件

9）配置主交换机参数：选择 vCenter 调用关联的计算管理器，“传输区域”选择默认的“nsx-overlay-transportzone”和“nsx-vlan-transportzone”，“上行链路配置文件”选择“nsx-edge-single-nic-uplink-profile”，“选择 VDS”处选择创建好的“vDS-NSX”，“IP 地址类型”选择“IPv4”“IPv4 池”选择“BDLAB TEP IP”，“VDS 上行链路”选择“uplink1”，如图 4-89 所示。

图 4-89 配置主交换机

10）传输节点配置文件创建完成，如图 4-90 所示。

图 4-90 传输节点配置文件创建完成

11）查看集群中的 ESXi 主机，可看到关联的 4 台 ESXi 主机当前均处于“未配置”NSX 状态，如图 4-91 所示，单击“配置 NSX”。

图 4-91　ESXi 主机未配置 NSX

12）调用前文创建的传输节点配置文件，如图 4-92 所示，单击“保存”按钮。

图 4-92　调用传输节点配置文件

13）系统开始为 ESXi 主机安装 NSX 组件，如图 4-93 所示。

图 4-93　为 ESXi 主机安装 NSX 组件

14）ESXi 主机的 NSX 组件安装完成后，主机将自动获取 TEP（传输节点端点）IP 地址，NSX 配置和状态显示为“成功”“已开启”，如图 4-94 所示。

至此，传输节点主机配置完成，对于 ESXi 主机来说配置相对简单，需要注意 ESXi 版本之间的匹配问题，同时确保主机 NSX 配置处于成功状态。

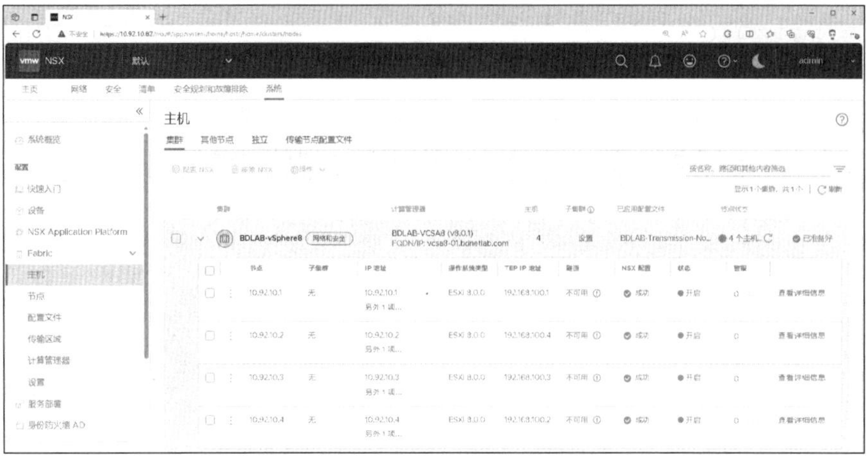

图 4-94 完成 ESXi 主机安装 NSX

4.4.4 配置 NSX 分段

NSX 中的分段实际上指的是逻辑交换机，传输节点主机配置完成后，即可创建逻辑交换机，然后将虚拟机关联到逻辑交换机，就可以实现网络通信。本节介绍 NSX 分段（逻辑交换）的配置流程。

1）查看 NSX 网络分段配置，初始状态下无任何分段，如图 4-95 所示，单击“添加分段”。

图 4-95 查看 NSX 网络分段配置

2）配置分段的基本信息：输入分段名称、选择所属传输区域，并设置子网参数，如图 4-96 所示，单击“保存”按钮。

图 4-96 配置分段的基本信息

3）完成名为 BDLAB-PROD 分段的创建，如图 4-97 所示。可以理解为完成 NSX 逻辑交换机的创建。

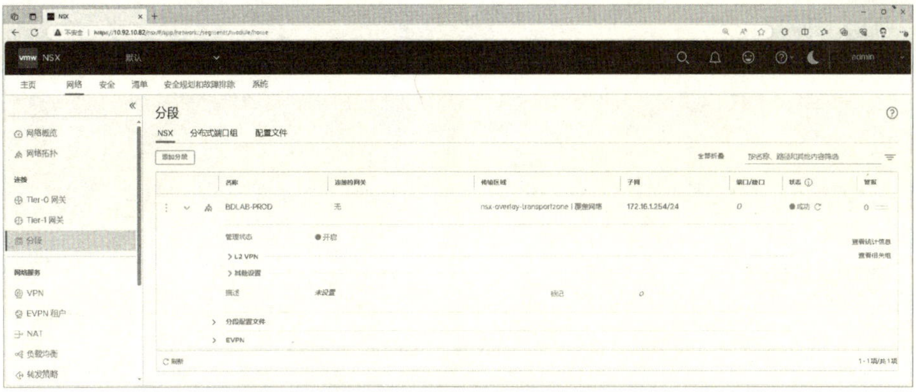

图 4-97　完成名为 BDLAB-PROD 分段的创建

4）按照相同的方式创建 BDLAB-TEST 分段，如图 4-98 所示。

图 4-98　完成 BDLAB-TEST 分段创建

5）登录 vcsa8 控制台查看分段信息，如图 4-99 所示，可发现新增两个由 NSX 创建的分段（即逻辑交换机）："BDLAB-PROD" 和 "BDLAB-TEST"。

图 4-99　登录 vcsa8 控制台查看分段信息

6）将 Rocky-Web 和 Rocky-SQL 虚拟机网络迁移到 BDLAB-PROD 分段，如图 4-100 所示。

图 4-100　迁移虚拟机到 BDLAB-PROD 分段

7）将 WIN2K22-01、WIN2K22-02、WIN2K22-03 虚拟机网络迁移到 BDLAB-TEST 分段，如图 4-101 所示。

图 4-101　迁移虚拟机到 BDLAB-TEST 分段

8）查看 NSX 网络拓扑，如图 4-102 所示，可直观看到各虚拟机与所属分段的关联关系。

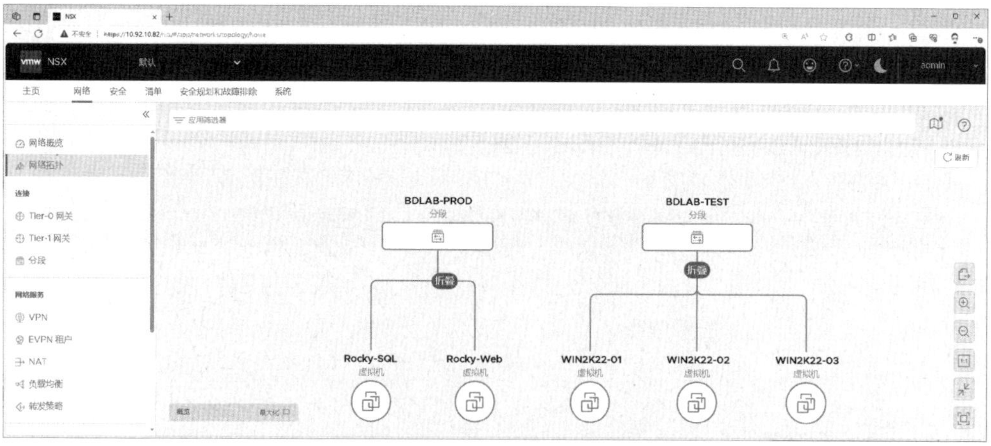

图 4-102　查看 NSX 网络拓扑

9）在 Rocky-SQL 虚拟机上测试网络的连通性，虚拟机能够 ping 通 BDLAB-PROD 中的虚拟机，但无法 ping 通 BDLAB-TEST 中的虚拟机，如图 4-103 所示。

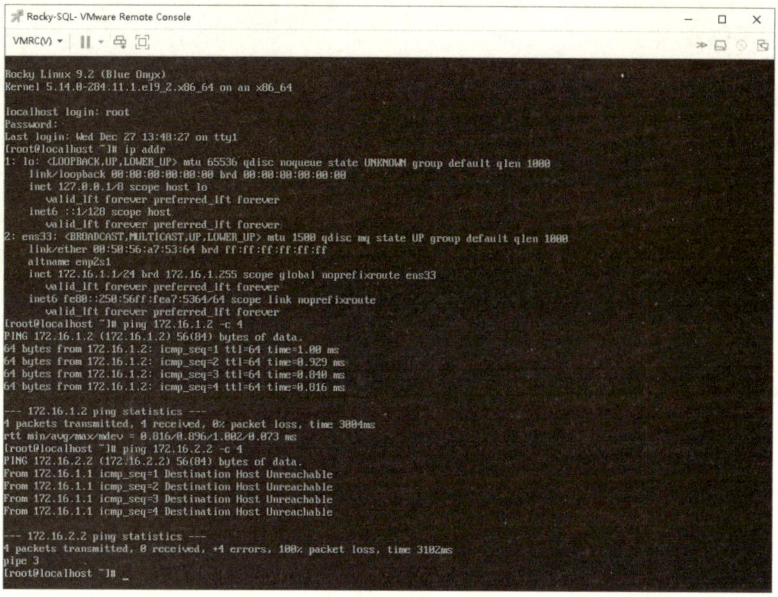

图 4-103 在 BDLAB-PROD 分段的 Rocky-SQL 虚拟机上进行测试

10）在 WIN2K22-01 虚拟机上的测试结果与步骤（9）一致，同一分段（逻辑交换机）内的虚拟机可互通，不同分段的虚拟机无法互通，如图 4-104 所示。出现此现象是因为没有配置逻辑路由。

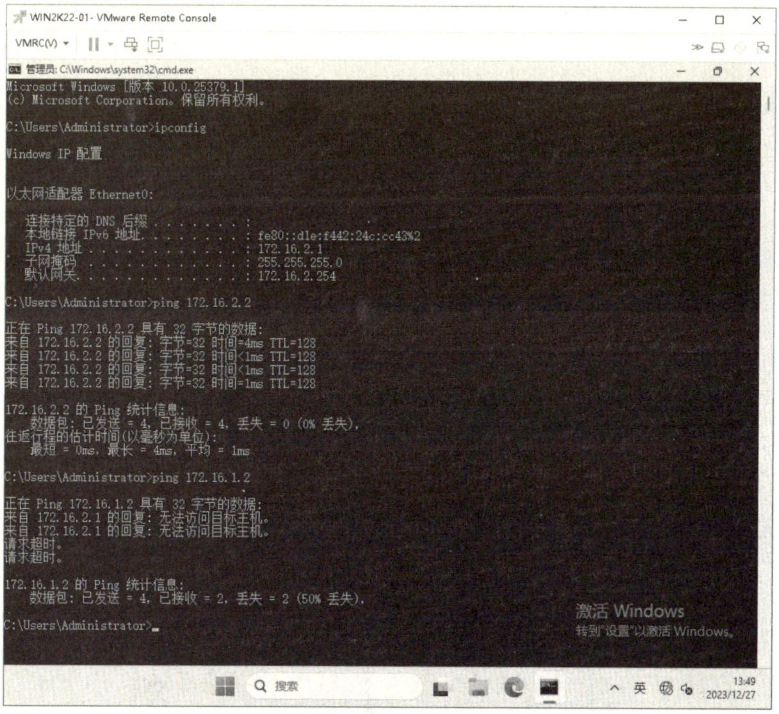

图 4-104 在分段 WIN2K22-01 虚拟机上进行测试

至此，NSX 分段配置完成，也就是逻辑交换配置完成。整体的配置并不复杂，如果不配置逻辑路由，同一分段内的虚拟机可以相互访问，但其无法访问外部网络，外部网络也无法访问分段中的虚拟机。

4.4.5 配置 Tier 网关

网关是 NSX 网络分段之间相互访问以及外部访问的核心，NSX 网络包含两类网关：Tier-1 网关，可以理解为东西向路由，用于实现 NSX 分段之间的相互访问；Tier-0 网关，可以理解为南北向路由，用于实现 NSX 虚拟网络与外部网络的交互。本节介绍 Tier-1 网关和 Tier-0 网关配置。

1. Tier-1 网关配置（东西向路由）

1）进入 Tier-1 网关配置界面，当前未找到 Tier-1 网关，如图 4-105 所示，单击“添加 Tier-1 网关”。

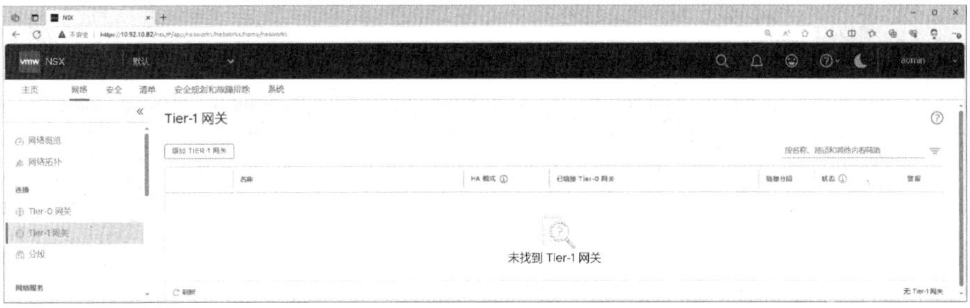

图 4-105 查看 Tier-1 网关

2）新建 Tier-1 网关，输入网关名称，HA 模式选择“仅分布式”，由于尚未创建 Tier-0 网关，此处暂不配置与 Tier-0 网关的关联，如图 4-106 所示，单击“保存”按钮。

图 4-106 创建 Tier-1 网关

3）Tier-1 网关创建完成，状态显示为“成功”，如图 4-107 所示。

图 4-107 Tier-1 网关创建完成

4）编辑 NSX 分段参数，将分段的关联网关设置为新创建的 Tier-1 网关，如图 4-108 所示，单击“保存”按钮。

图 4-108　编辑 NSX 分段参数

5）编辑另外一个 NSX 分段，确保两个分段均连接至该 Tier-1 网关，如图 4-109 所示。

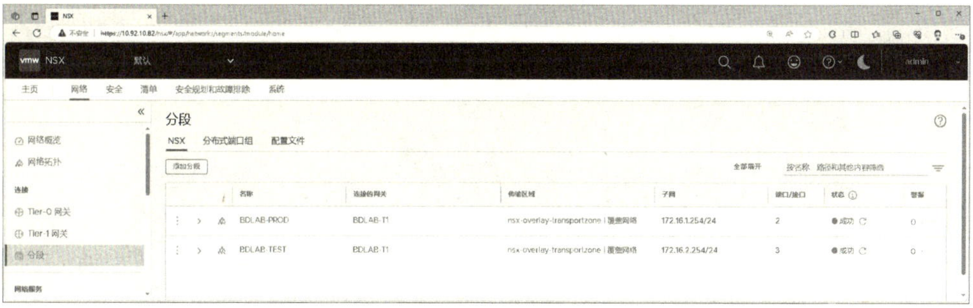

图 4-109　将两个分段连接至 Tier-1 网关

6）查看网络拓扑，可以很直观地看到 Tier-1 网关将两个分段连接在一起，如图 4-110 所示。

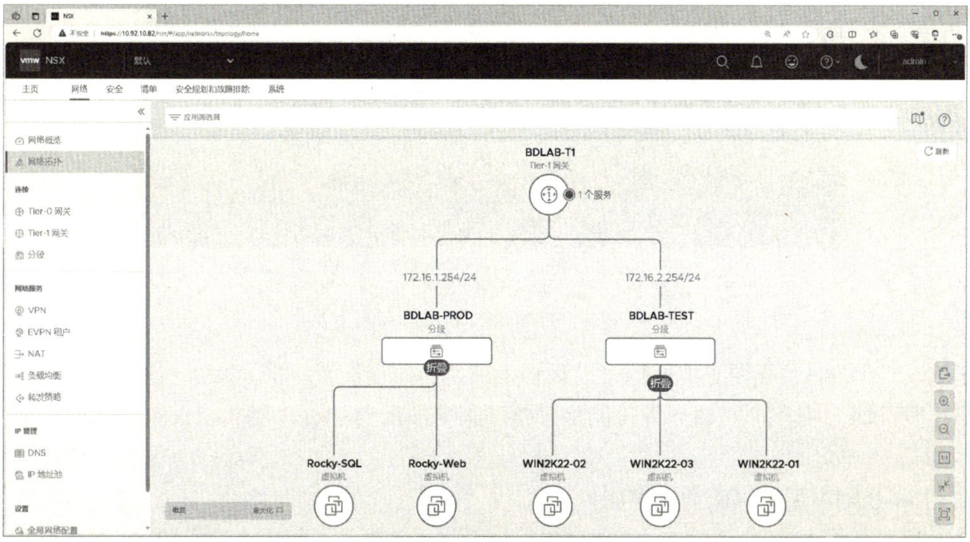

图 4-110　查看网络拓扑

7）在 Rocky-SQL 虚拟机上重新进行连通性测试，此时虚拟机能够 ping 通 Tier-1 网关以及 BDLAB-TEST 分段中的虚拟机，如图 4-111 所示，说明东西向路由配置正确。

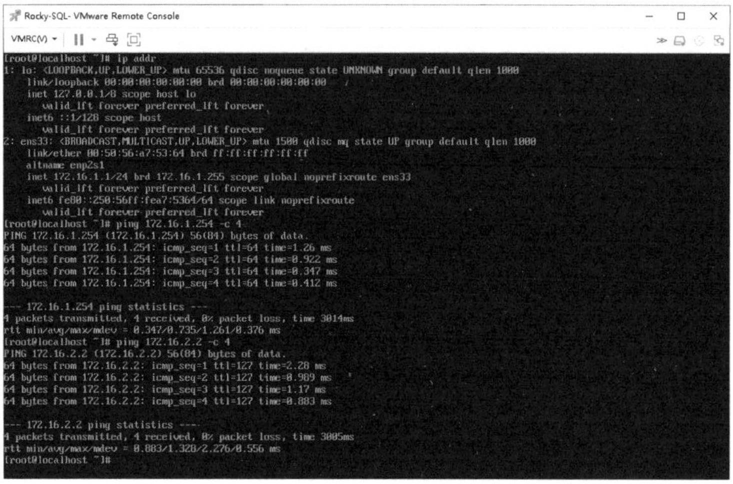

图 4-111　在 Rocky-SQL 虚拟机上测试

8）在 WIN2K22-01 虚拟机上测试外部网络访问，结果显示无法访问且请求超时，如图 4-112 所示，说明 Tier-0 网关未配置，南北向路由功能未启用。

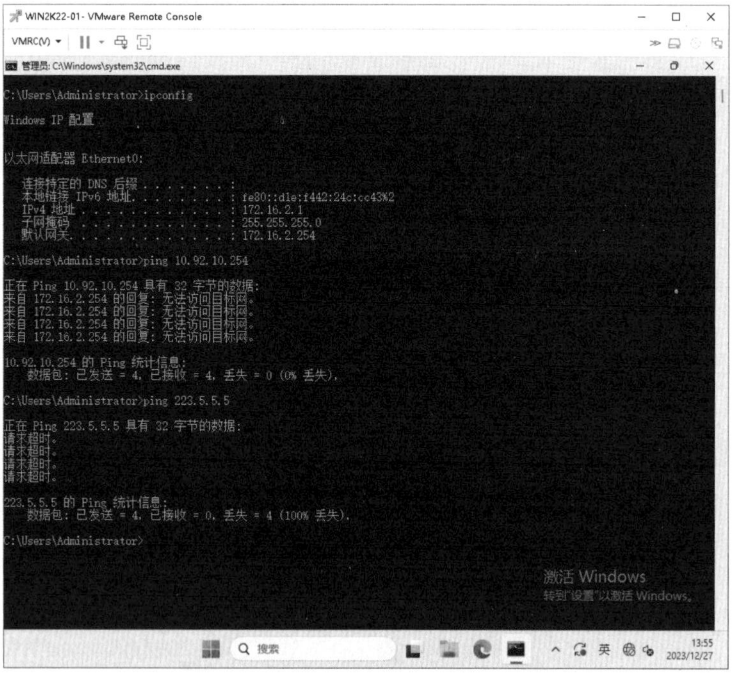

图 4-112　在 WIN2K22-01 虚拟机上测试

至此，Tier-1 网关配置完成，也可以理解为东西向路由配置完成，NSX 各分段之间已实现正常互访，但此时虚拟机无法访问外部网络。接下来需要配置 Tier-0 网关，来实现虚拟机与外部网络的互访。

2．Tier-0 网关配置（南北向路由）

Tier-0 网关通过 Edge 传输节点实现 NSX 分段与外部网络的访问，具体实现方式是 Edge 传输节点同时连接“nsx-overlay-transportzone”和“nsx-vlan-transportzone”两个区域，所以 NSX 分段内的虚拟机访问外部网络都需要通过 Edge 传输节点（Edge 传输节点以虚拟机形式部署）。本节介绍 Edge 传输节点部署以及 Tier-0 网关配置流程。

1）查看 Edge 传输节点，当前未找到传输节点，如图 4-113 所示，单击“添加 EDGE 节点”。

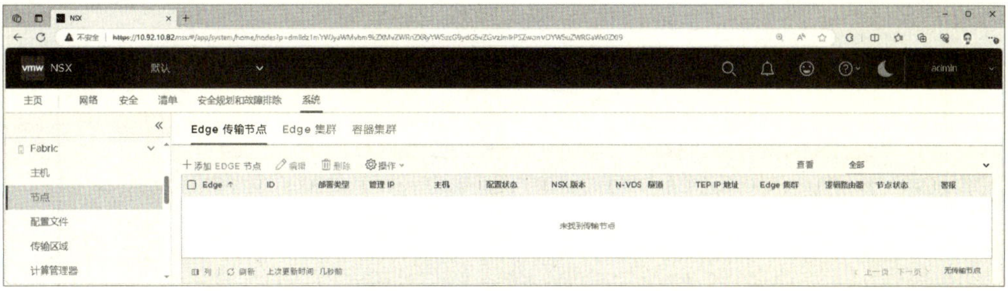

图 4-113　查看 Edge 传输节点

2）新建 Edge 节点：输入 Edge 节点名称、主机名/FQDN 参数，选择部署规格（决定虚拟机的 CPU、内存等资源配置），生产环境需根据实际情况选择，如图 4-114 所示，单击“下一步”按钮。

图 4-114　添加 Edge 节点

3）输入 Edge 节点虚拟机凭据，如图 4-115 所示，单击“下一步”按钮。

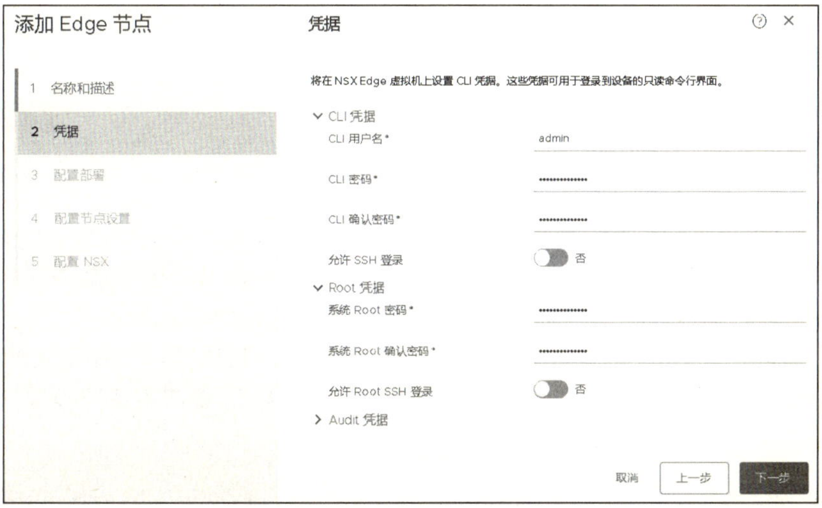

图 4-115　输入 Edge 节点虚拟机凭据

4）配置 Edge 节点的部署资源：选择需要部署的计算管理器、集群等参数，如图 4-116 所示，单击“下一步”按钮。

图 4-116　配置 Edge 节点的部署资源

5）配置 Edge 节点的管理 IP 等网络参数，如图 4-117 所示，单击“下一步”按钮。

图 4-117　配置 Edge 节点的网络参数

6）配置 Edge 节点的传输区域交换机，因为 Edge 虚拟机负责南北向通信，所以需要创建两个交换机，先创建基于“nsx-overlay-transportzone”区域的 Edge 交换机，IP 地址池选择创建的“BDLAB-TEP-IP”，上行链路选择创建的“NSX-Overlay”，如图 4-118 所示。

7）再创建基于“nsx-vlan-transportzone”区域的 Edge 交换机，上行链路配置文件选择“nsx-edge-single-nic-uplink-profile”，上行链路选择“NSX-Vlan”，如图 4-119 所示，单击“完成”按钮。

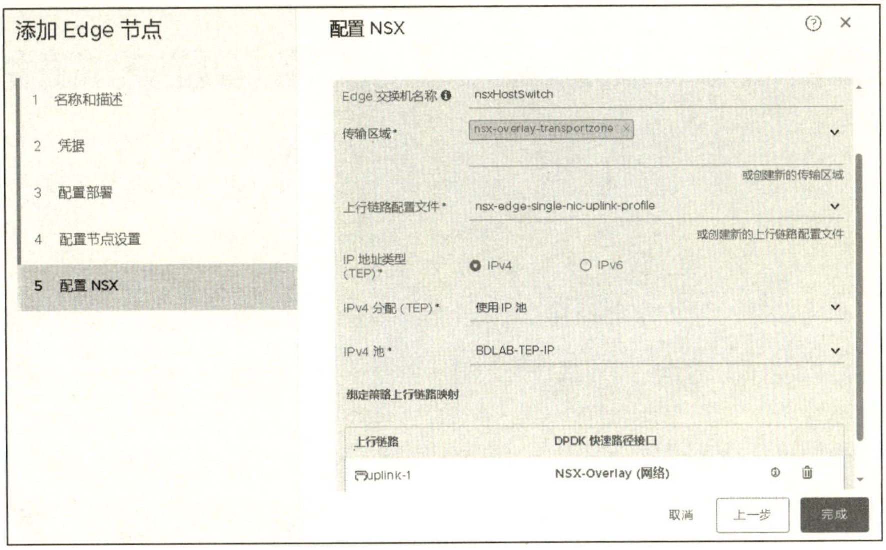

图 4-118 配置 Edge 节点交换机参数

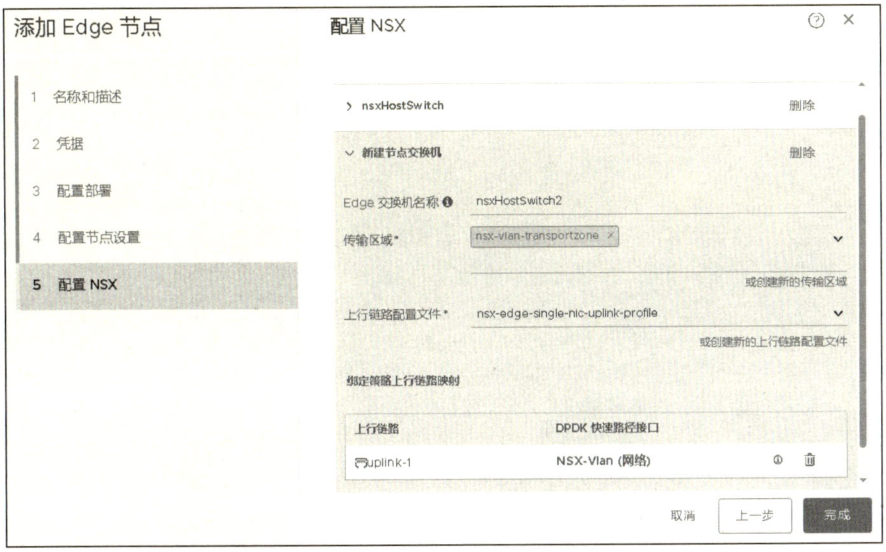

图 4-119 配置 Edge 节点交换机参数 2

8）开始部署 BDLAB-Edge01 虚拟机，如图 4-120 所示。

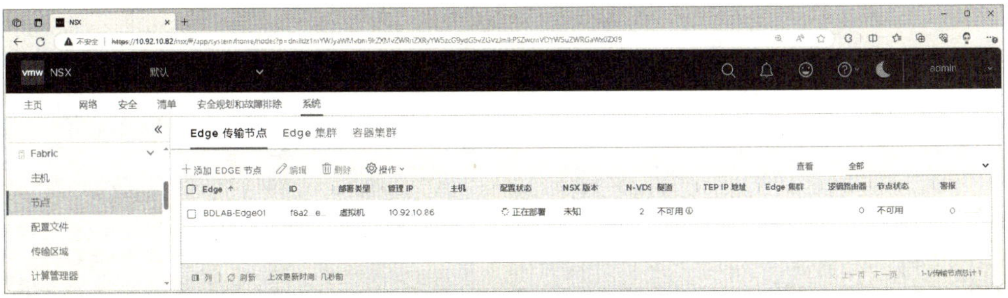

图 4-120 部署 BDLAB-Edge01 虚拟机

9）再按照相同的方式部署 BDLAB-Edge02 虚拟机，确保配置状态为“成功”且已获取 TEP IP 地址，如图 4-121 所示。

图 4-121　部署 BDLAB-Edge02 虚拟机

10）NSX Edge 节点需要配合集群使用，当前未找到 Edge 集群，如图 4-122 所示，单击“添加 EDGE 集群”。

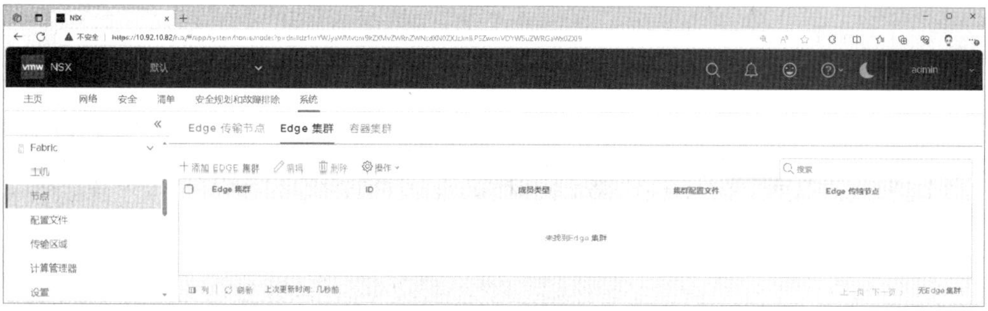

图 4-122　添加 Edge 集群

11）输入 Edge 集群名称，将创建好的两台虚拟机（“BDLAB-Edge01”和“BDLAB-Edge02”）添加至集群，如图 4-123 所示，单击“添加”按钮。

图 4-123　输入 Edge 集群名称

12）完成 Edge 集群创建，如图 4-124 所示。

13）查看 Tier-0 网关，当前未找到 Tier-0 网关，如图 4-125 所示，单击“添加网关”按钮。

14）配置 Tier-0 网关基本参数：输入网关名称，HA 模式选择“活动-备用”，Edge 集群选择刚创建的“BDLAB-Edge”，其他参数暂为灰色（需保存基本配置后解锁），如图 4-126 所示，单击“保存”按钮。

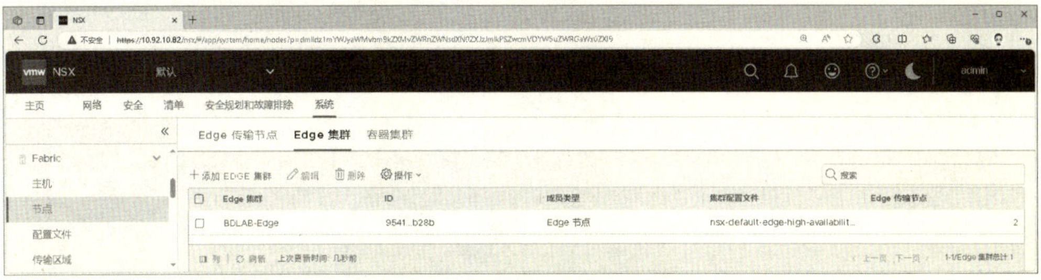

图 4-124　完成 Edge 集群创建

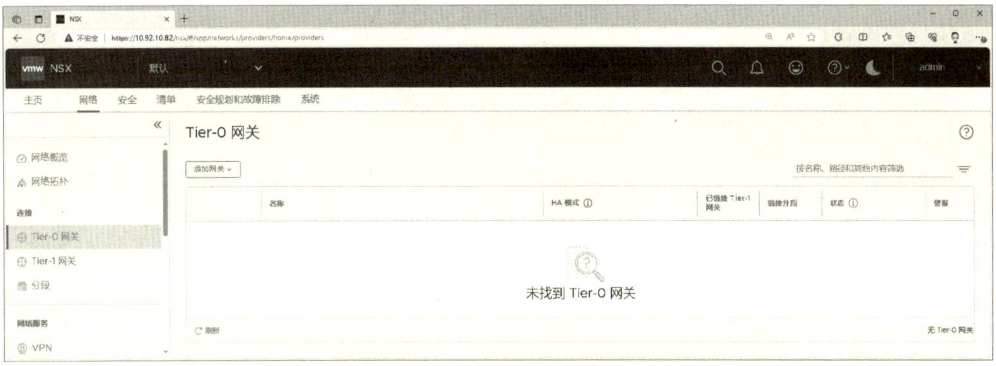

图 4-125　查看 Tier-0 网关

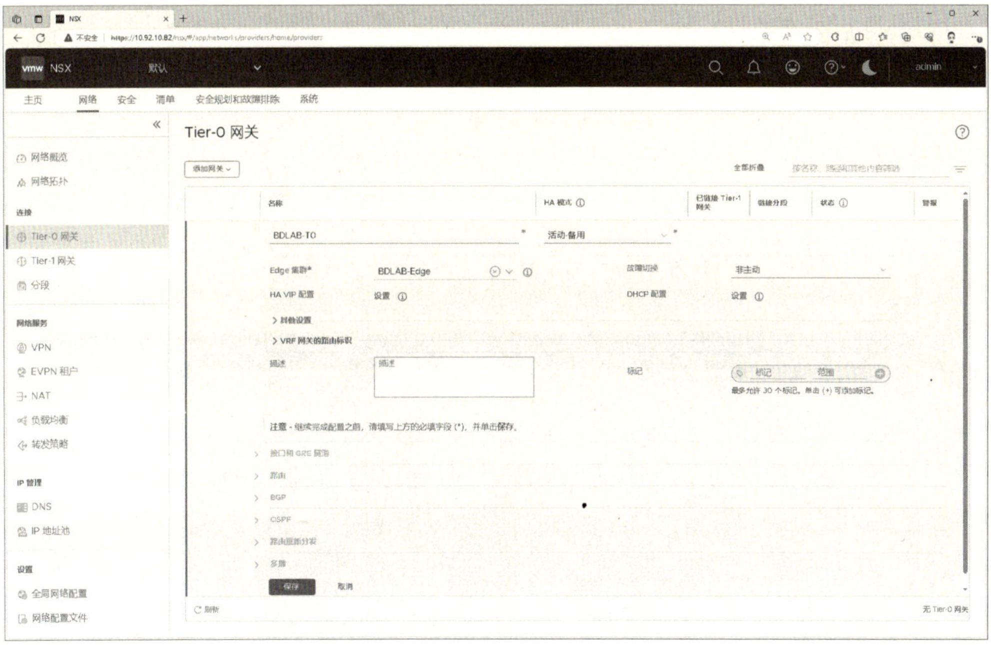

图 4-126　配置 Tier-0 网关基本参数

15）完成 Tier-0 网关基本配置后，可选择是否继续配置此 Tier-0 网关，如图 4-127 所示。

16）继续配置 Tier-0 网关前，需要创建一个专用分段用于连接外部网络，传输区域选择“nsx-vlan-transportzone”，用于实现 Overlay 区域与 VLAN 区域的通信，VLAN 配置为 0，如图 4-128 所示，单击“保存”按钮。

17）配置 Tier-0 网关的外部接口（用于连接外部网络）和服务接口，如图 4-129 所示，单击“外部接口和服务接口”右侧的“设置”。

图 4-127　完成 Tier-0 网关基本配置

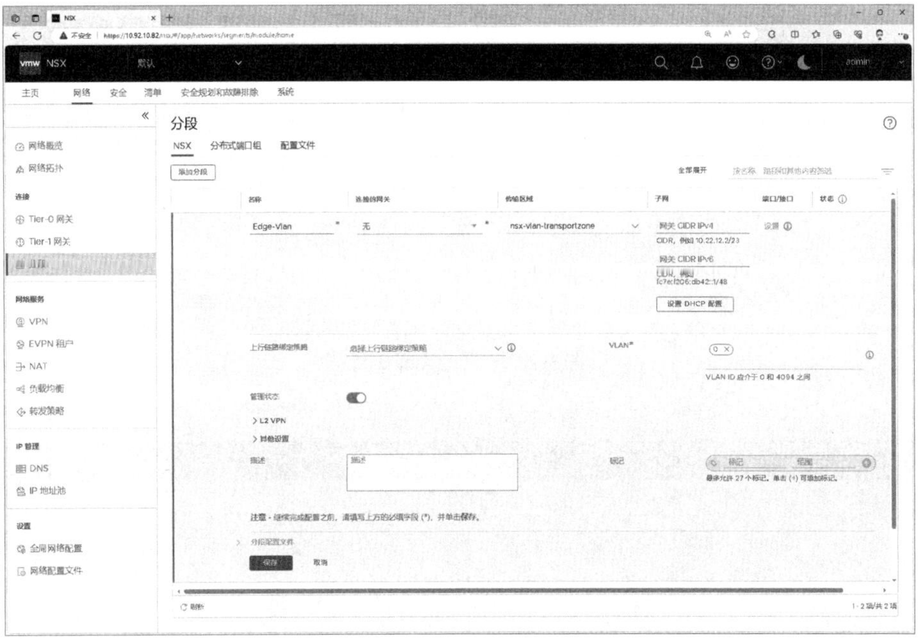

图 4-128　创建用于连接外部网络的分段

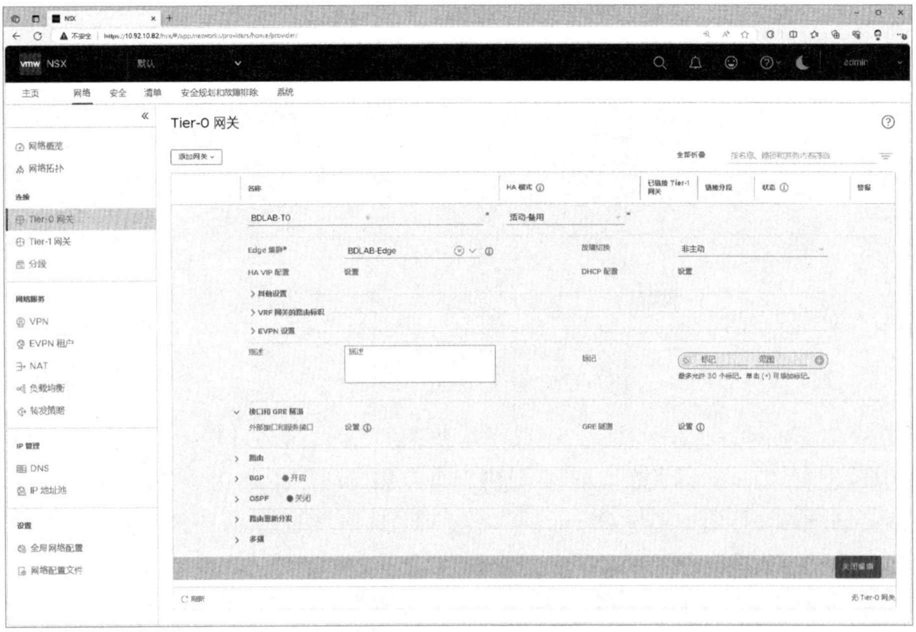

图 4-129　配置 Tier-0 网关外部接口

18）当前显示“未找到接口”，如图 4-130 所示，单击“添加接口”。

图 4-130　添加 Tier-0 外部接口

19）配置外部接口参数：类型选择“外部”，IP 地址需与外部物理网络在同一网段（配置为外部本地网络 IP），“已连接到（分段）”选择步骤（16）中创建的分段“Edge-Vlan”，Edge 节点选择“BDLAB-Edge01”，如图 4-131 所示，单击“保存”按钮。

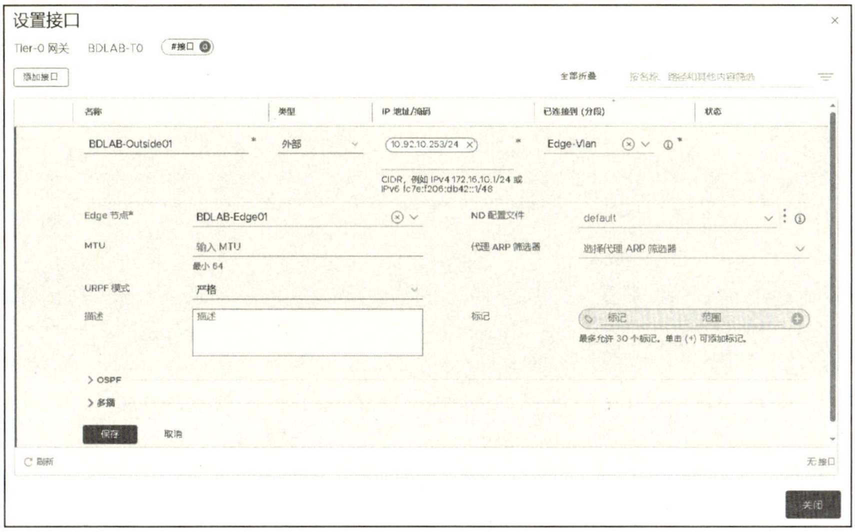

图 4-131　配置外部接口参数

20）外部接口配置完成后，需确保其状态为“成功”，如图 4-132 所示，这是 NSX 虚拟网络与外部网络通信的基础。

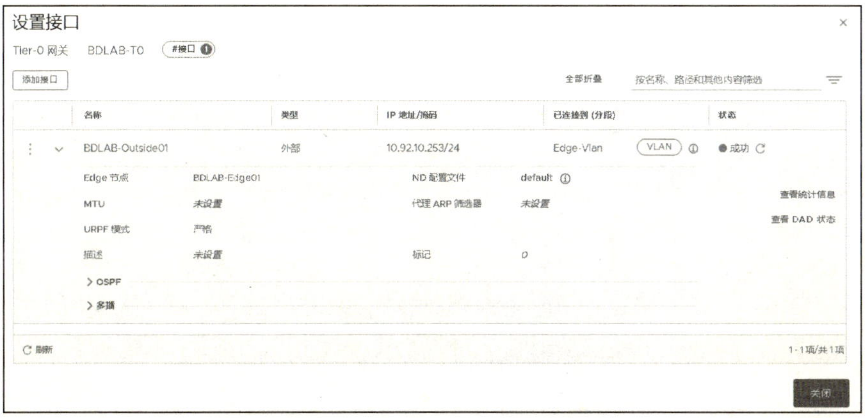

图 4-132　完成 Tier-0 网关外部接口配置

21）按照相同的方式添加另一个外部接口，如图 4-133 所示。

图 4-133 添加 Tier-0 网关的另一个外部接口

22）配置 Tier-0 网关静态路由，如图 4-134 所示，单击“静态路由”后的“设置”。

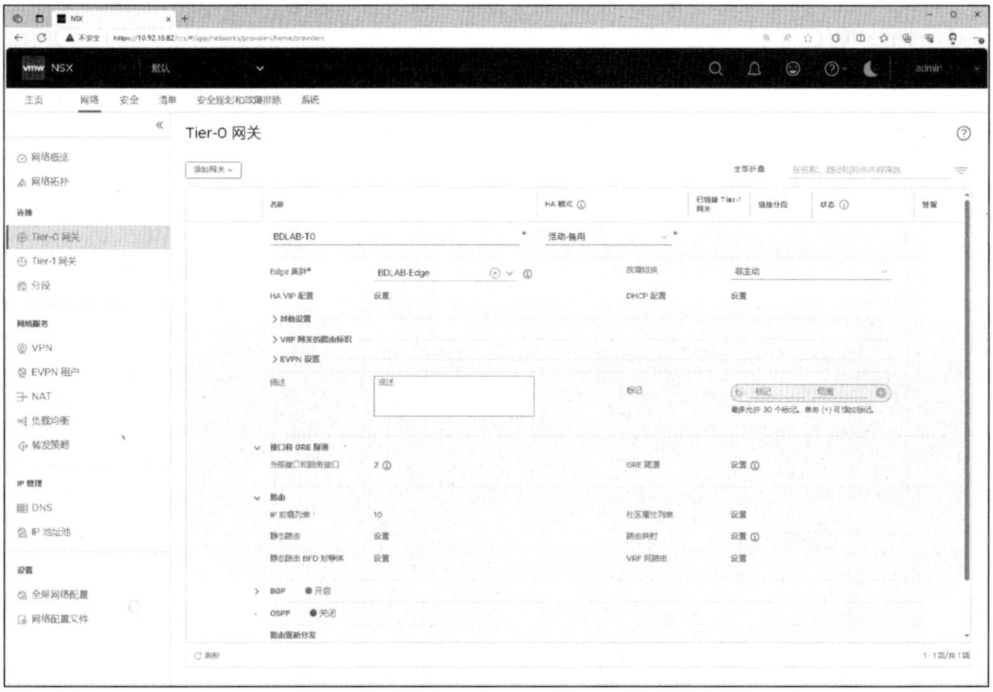

图 4-134 配置 Tier-0 网关静态路由

23）当前显示“未找到静态路由”，如图 4-135 所示，单击“添加静态路由”。

图 4-135 添加静态路由

24）配置静态路由参数：输入路由名称，设置目标网络，如图 4-136 所示，单击下一跃点下面的“设置”。

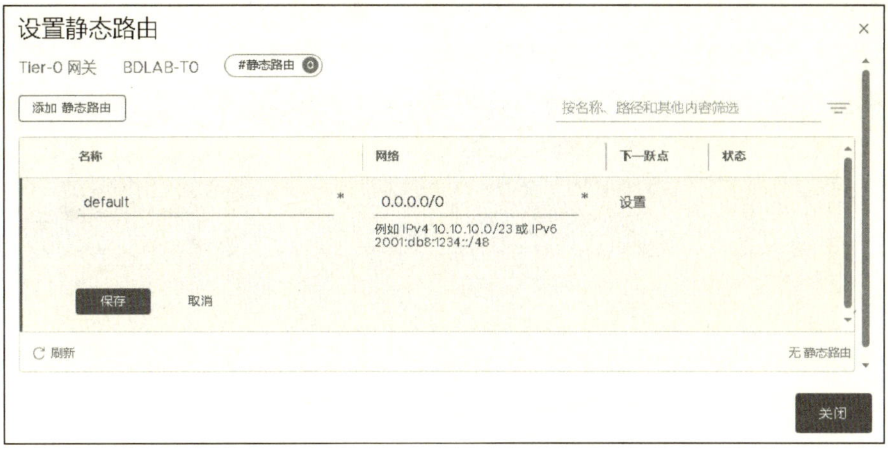

图 4-136　配置静态路由参数

25）设置下一跃点 IP 地址，也就是通往外部网络的下一跳地址，如图 4-137 所示，单击“添加”按钮。请结合生产环境网络拓扑进行配置。

图 4-137　配置下一跃点 IP 地址

26）静态路由配置完成，确保状态为“成功”，如图 4-138 所示，单击“关闭”按钮。

图 4-138　完成静态路由配置

27）NSX 4.X 版本中，仅靠静态路由难以满足复杂网络的动态路由需求，且路由重新分发仅支持 BGP 或 OSPF 协议，因此需要配置 BGP 或 OSPF 路由。这里以 BGP 为例：配置 BGP 路由本地 AS 等参数，如图 4-139 所示，单击“BGP 邻居”后的“设置”。

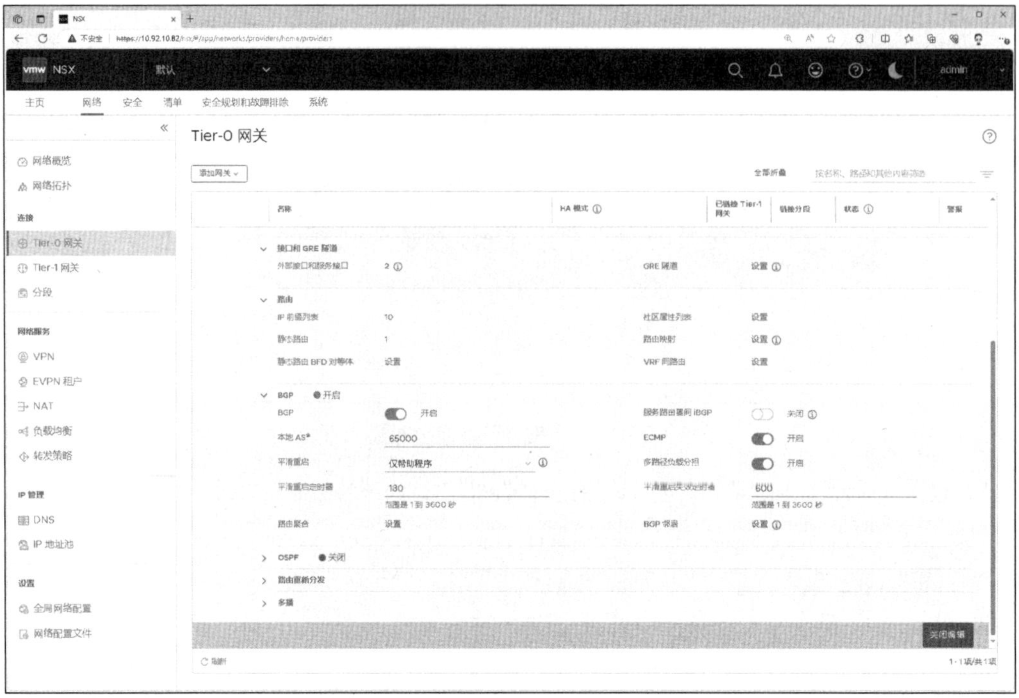

图 4-139 配置 Tier-0 网关 BGP 邻居

28）当前显示“未配置 BGP 邻居”，如图 4-140 所示，单击“添加 BGP 邻居”。

图 4-140 添加 BGP 邻居

29）配置 BGP 邻居相关参数，如图 4-141 所示，单击“保存”按钮。

30）BGP 邻居添加完成，确保状态为“成功”，如图 4-142 所示，单击“BGP 连接状态”可查看邻居关系。

31）Edge 节点 BDLAB-Edge01 与外部网络建立 BGP 邻居关系，如图 4-143 所示。

32）Edge 节点 BDLAB-Edge02 与外部网络建立 BGP 邻居关系，如图 4-144 所示。

33）完成 BGP 路由配置后对路由进行重新分发，如图 4-145 所示，单击“路由重新分发”后的“设置”。

34）当前未找到路由重新分发规则，如图 4-146 所示，单击“添加路由重新分发”。

35）输入路由重新分发名称，目标协议选择“BGP”，如图 4-147 所示，单击“设置”。

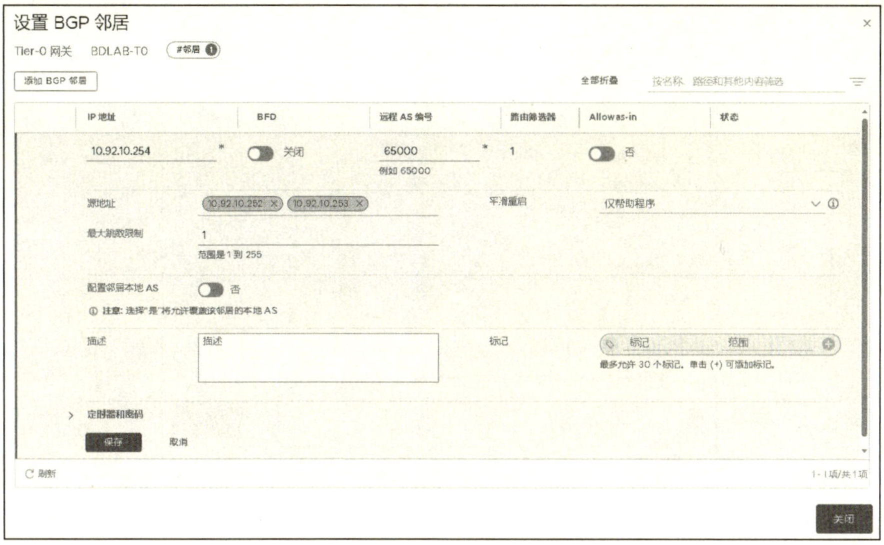

图 4-141　配置 BGP 邻居相关参数

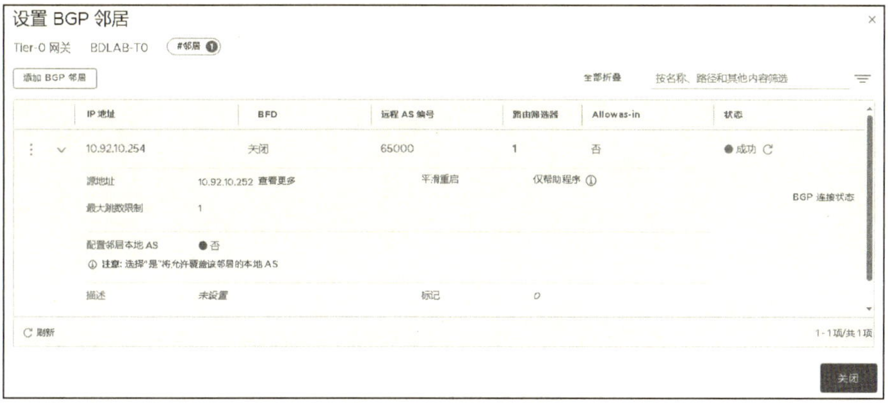

图 4-142　完成 BGP 邻居添加

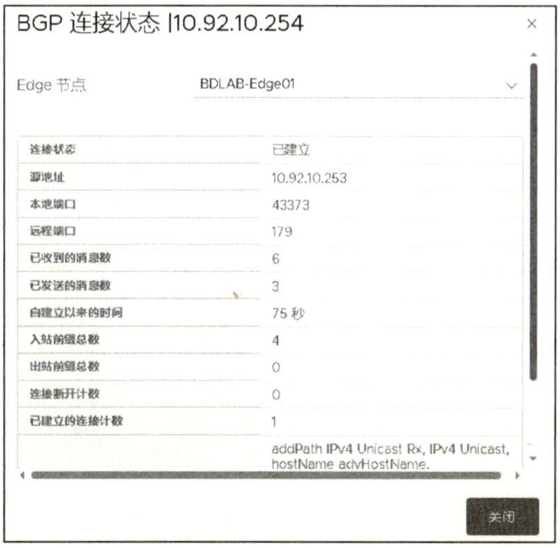

图 4-143　查看 BDLAB-Edge01 的 BGP 邻居状态

图 4-144　查看 BDLAB-Edge02 的 BGP 邻居状态

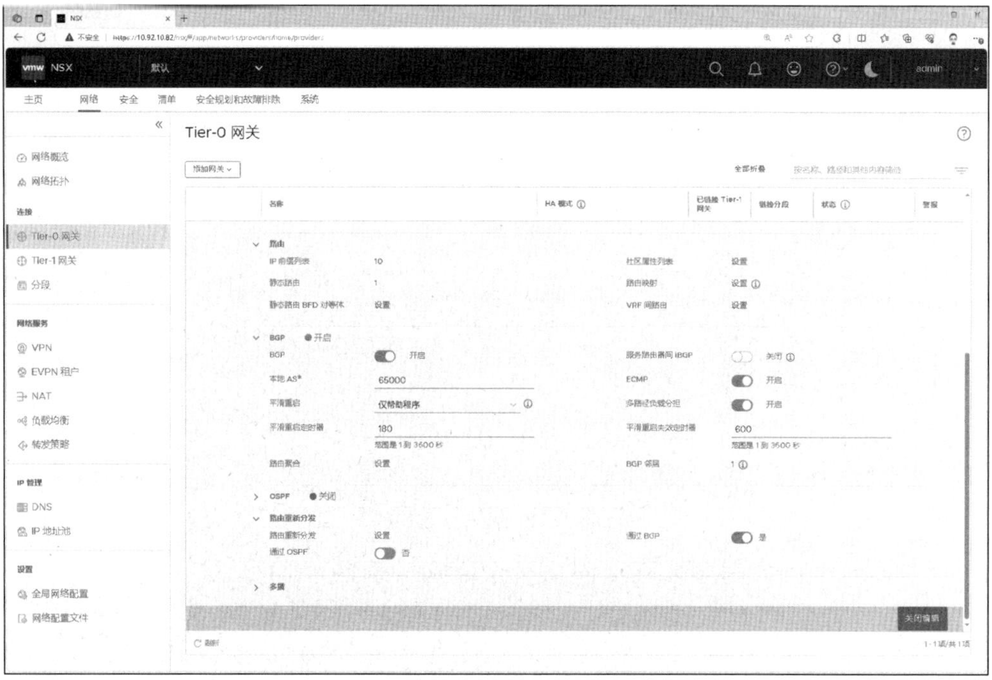

图 4-145　配置路由重新分发

图 4-146　添加路由重新分发

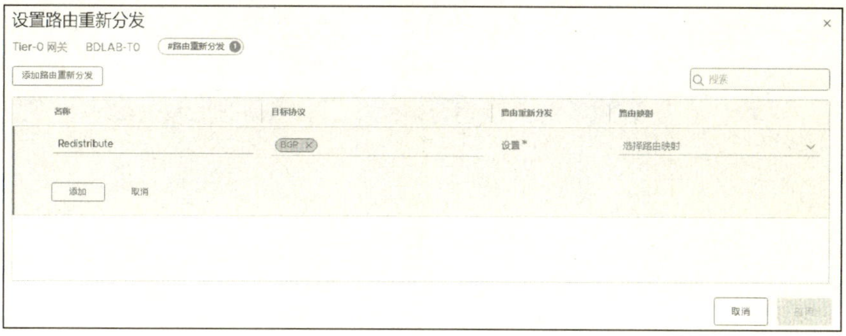

图 4-147　配置路由重新分发名称

36）勾选需向外部网络通告的 Tier-0 子网和 Tier-1 子网，如图 4-148 所示，单击“应用”按钮。

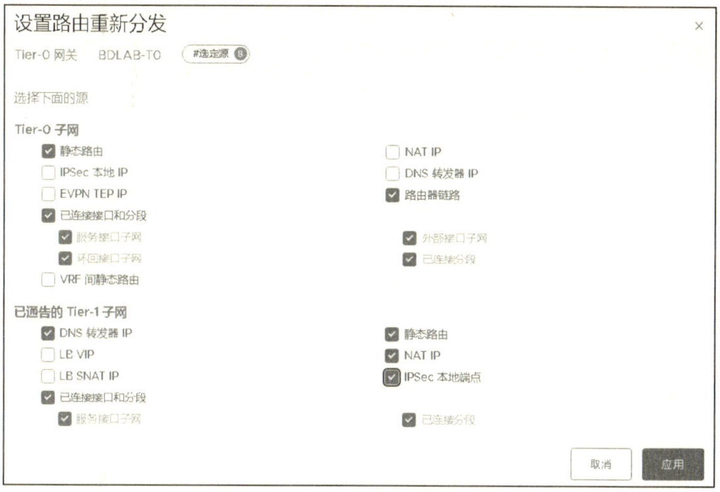

图 4-148　配置需要通告的子网

37）完成 Tier-0 网关配置，如图 4-149 所示。

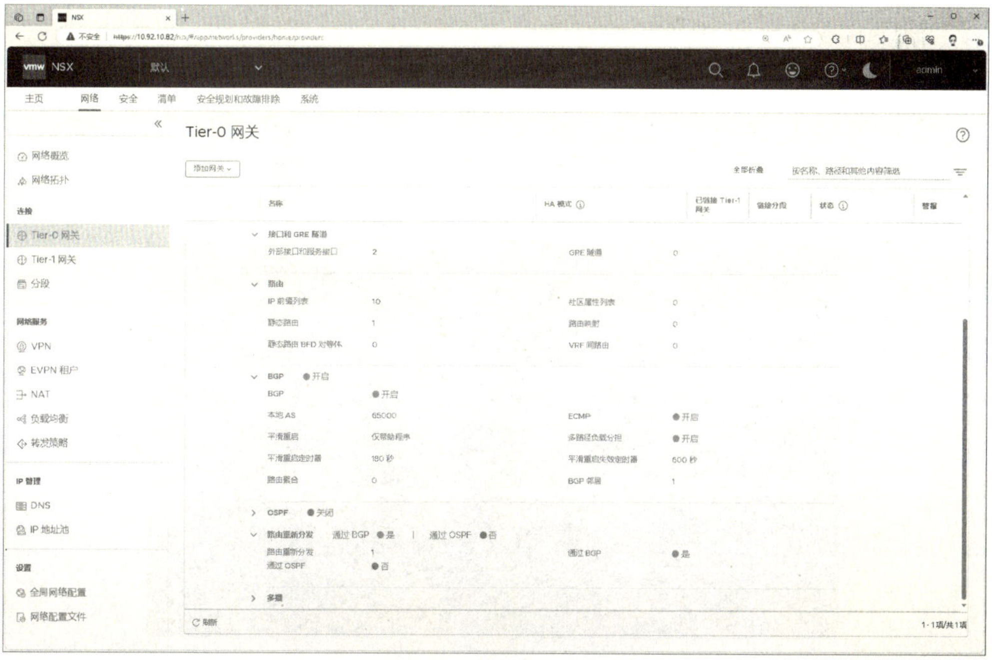

图 4-149　完成 Tier-0 网关配置

38）调整 Tier-1 网关 HA 模式为“活动-备用”，并关联至 Tier-0 网关，如图 4-150 所示。

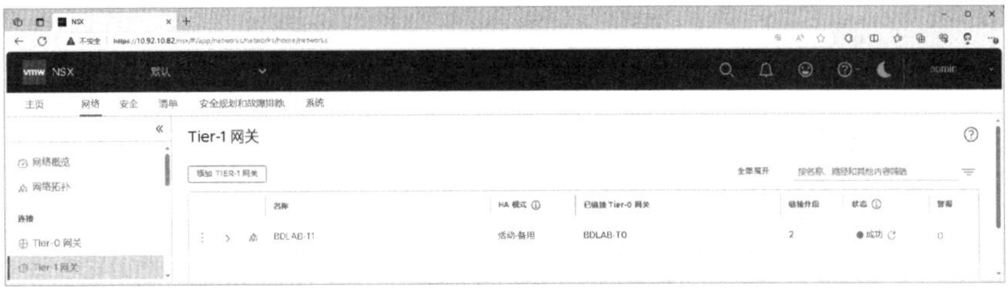

图 4-150　调整 Tier-1 网关 HA 模式

39）查看网络拓扑，可以看到 NSX 分段通过 Tier-1 以及 Tier-0 网关与外部实现了连接，如图 4-151 所示。

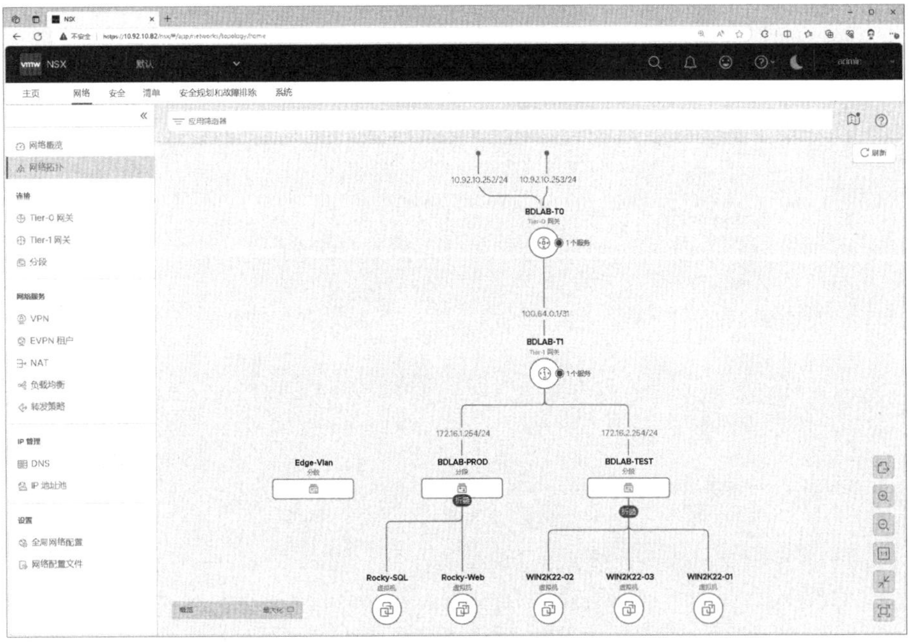

图 4-151　查看 NSX 网络拓扑

40）在 Rocky-SQL 虚拟机上测试网络的连通性，虚拟机能够 ping 通外部网关地址及外部服务器地址，如图 4-152 所示。

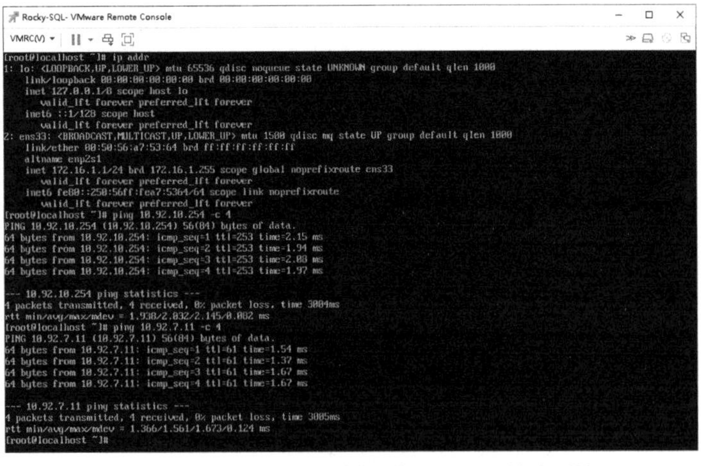

图 4-152　在 Rocky-SQL 虚拟机上测试网络连通性

41）在本地客户端上测试是否能够访问 NSX 分段，如图 4-153 所示，结果显示本地设备能够 ping 通 NSX 分段中虚拟机 IP 地址。

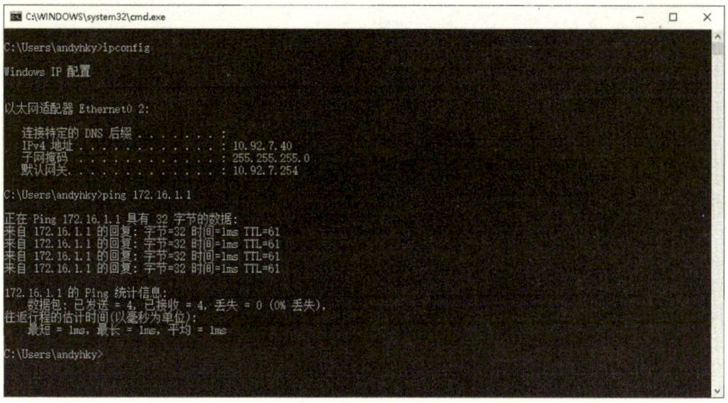

图 4-153　在本地客户端上测试网络连通性

42）在本地客户端上测试是否能够访问 NSX 分段虚拟机提供的服务，如图 4-154 所示，结果显示本地设备能够通过浏览器访问 NSX 分段虚拟机提供的 IIS 服务。

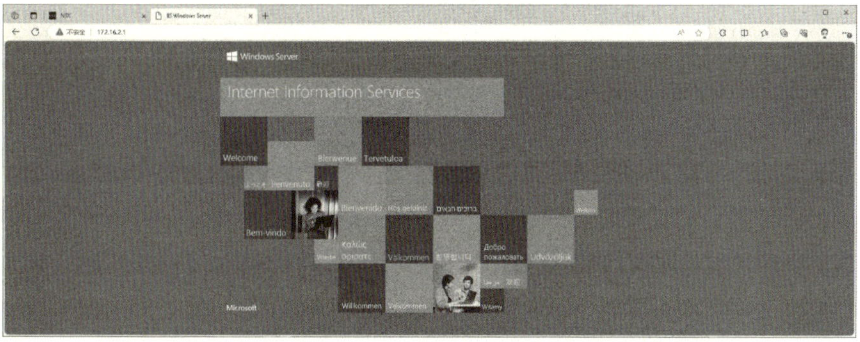

图 4-154　在本地客户端上访问 NSX 分段虚拟机提供的 IIS 服务

43）NSX 提供流量分析工具（如流跟踪）用于故障排查：以源 IP 为 172.16.1.1（NSX 分段内）访问外部 IP 10.92.7.11 为例，流跟踪可显示流量经过的传输节点及路径，如图 4-155 和图 4-156 所示。

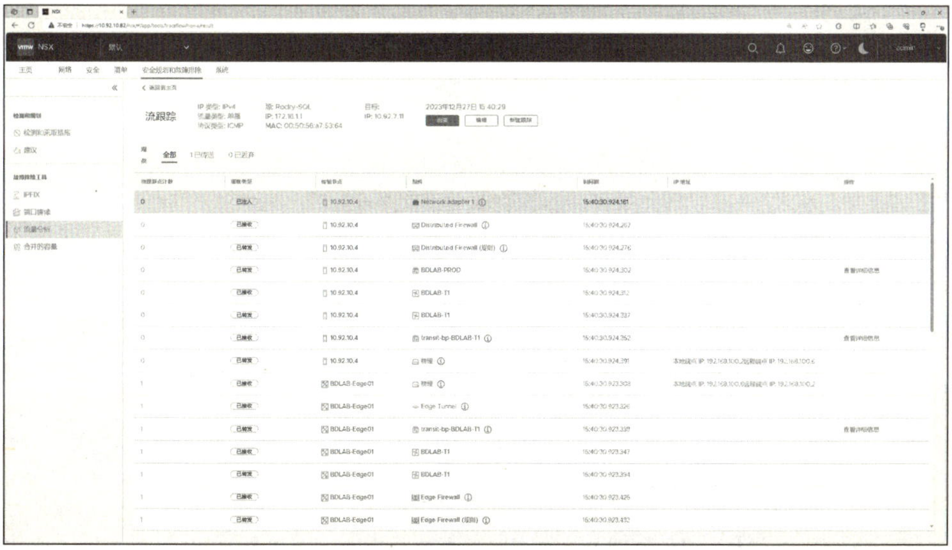

图 4-155　NSX 流量分析工具测试 1

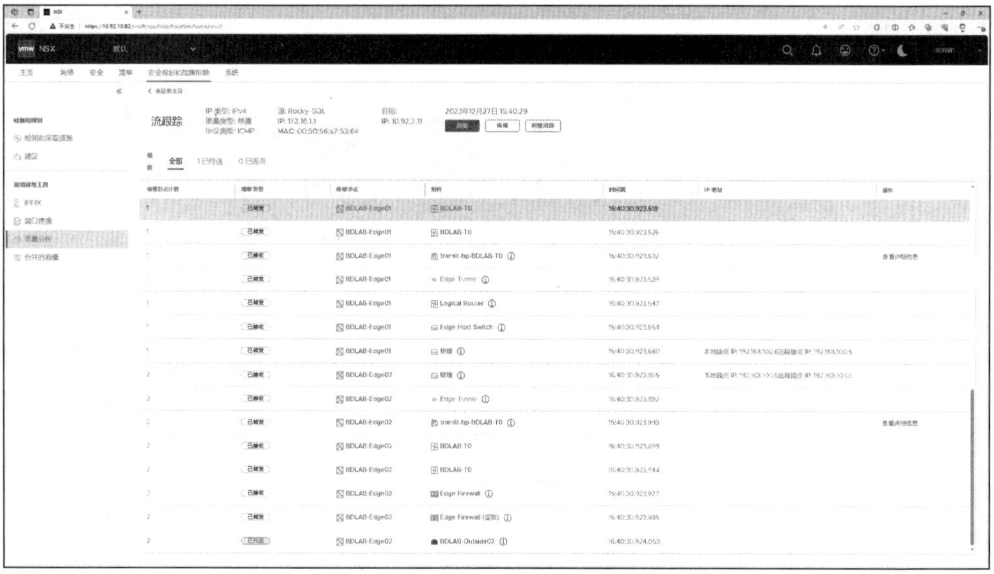

图 4-156　NSX 流量分析工具测试 2

44）查看外部物理交换机 BGP 路由配置情况。

```
BDLAB-Core_4948#show running-config
Building configuration...
Current configuration : 9310 bytes
! Last configuration change at 15:51:43 GMT Wed Dec 27 2023 by admin
! NVRAM config last updated at 17:42:59 GMT Wed Dec 27 2023 by adminrouter bgp 65000
 no synchronization
……（省略）
 bgp router-id 10.92.10.254
 bgp log-neighbor-changes
 network 10.92.7.0 mask 255.255.255.0
 network 10.92.10.0 mask 255.255.255.0
 redistribute connected
 neighbor 10.92.10.252 remote-as 65000   #对应 Edge 节点 BDLAB-Edge02 外部接口
 neighbor 10.92.10.253 remote-as 65000   #对应 Edge 节点 BDLAB-Edge01 外部接口
 no auto-summary
BDLAB-Core_4948#show ip route bgp        #查看 BGP 路由
     100.0.0.0/31 is subnetted, 1 subnets
B       100.64.0.0 [200/0] via 10.92.10.253, 01:23:13
     172.16.0.0/24 is subnetted, 2 subnets
B       172.16.1.0 [200/0] via 10.92.10.253, 01:23:13   #学习到 BDLAB-PROD 分段路由
B       172.16.2.0 [200/0] via 10.92.10.253, 01:23:13   #学习到 BDLAB-TEST 分段路由
BDLAB-Core_4948#show ip bgp neighbors    #查看 BGP 邻居信息
BGP neighbor is 10.92.10.252,  remote AS 65000, internal link #对应 BDLAB-Edge02
  BGP version 4, remote router ID 10.92.10.252
  BGP state = Established, up for 2d01h
  Last read 00:00:52, last write 00:00:28, hold time is 180, keepalive interval is 60 seconds
  Neighbor capabilities:
    Route refresh: advertised and received(new)
    Address family IPv4 Unicast: advertised and received
```

```
……（省略）
BGP neighbor is 10.92.10.253,  remote AS 65000, internal link #对应BDLAB-Edge01
  BGP version 4, remote router ID 10.92.10.253
  BGP state = Established, up for 02:18:55
  Last read 00:00:55, last write 00:00:58, hold time is 180, keepalive interval
is 60 seconds
  Neighbor capabilities:
    Route refresh: advertised and received(new)
    Address family IPv4 Unicast: advertised and received
……（省略）
SRTT: 300 ms, RTTO: 303 ms, RTV: 3 ms, KRTT: 0 ms
minRTT: 0 ms, maxRTT: 300 ms, ACK hold: 200 ms
Flags: passive open, nagle, path mtu capable, gen tcbs
Datagrams (max data segment is 1460 bytes):
Rcvd: 285 (out of order: 0), with data: 142, total data bytes: 3178
Sent: 282 (retransmit: 1), with data: 141, total data bytes: 2804
```

至此，Tier-1 以及 Tier-0 网关基本配置完成，NSX 分段中的虚拟机实现了内部以及外部的访问。需要说明的是，生产环境中的控制以及配置可能更复杂，但基本的原理相同。最后，物理交换机也需要进行路由配置才能访问 NSX 分段中的虚拟机。

4.4.6　配置 NSX 安全系统

VMware NSX 不仅是网络虚拟化平台，同时也是安全平台，可通过分布式防火墙和网关防火墙实现精细化安全防护。其中分布式防火墙用于处理东西向流量，网关防火墙用于处理南北向流量。本节介绍分布式防火墙及网关防火墙的基本配置。

1. 分布式防火墙配置

1）在 Rocky-SQL 虚拟机上测试访问 BDLAB-TEST 分段虚拟机提供的 IIS 服务，访问正常，如图 4-157 所示。

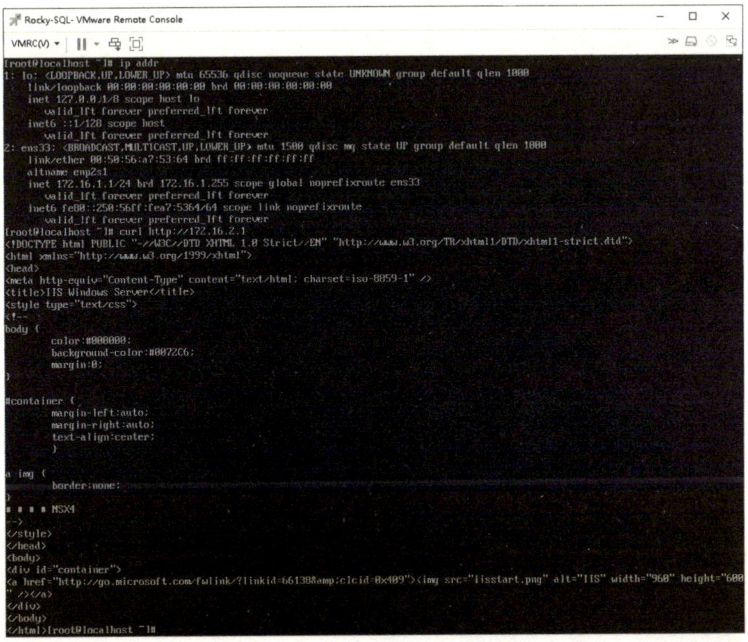

图 4-157　在 Rocky-SQL 虚拟机上测试访问 BDLAB-TEST 分段虚拟机提供的 IIS 服务

2）在 WIN2K22-01 虚拟机上测试访问 BDLAB-PROD 分段虚拟机提供的 HTTP 服务，访问正常，如图 4-158 所示。

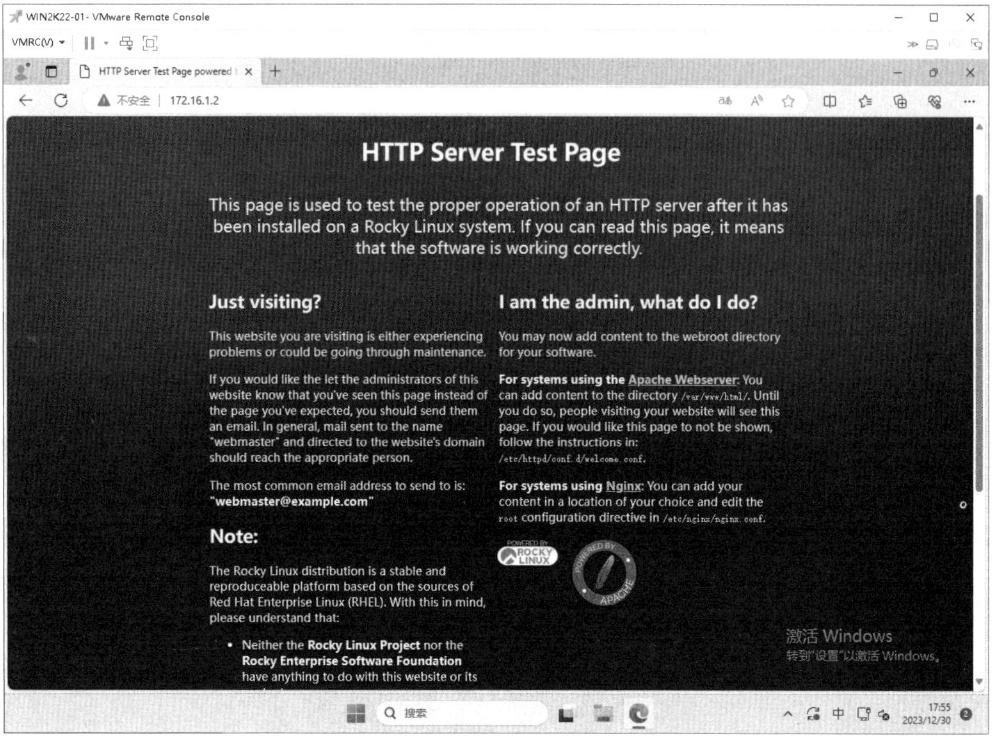

图 4-158　在 WIN2K22-01 虚拟机上测试访问 BDLAB-PROD 分段虚拟机提供的 HTTP 服务

3）查看分布式防火墙策略，默认情况下允许对任意源、目标、服务的访问，如图 4-159 所示，单击“添加策略”。

图 4-159　查看分布式防火墙策略

4）创建一条拒绝策略，拒绝源 IP 为 172.16.2.0/24 的流量访问目标 IP 为 172.16.1.0/24 的 HTTP 及 HTTPS 服务，如图 4-160 所示。

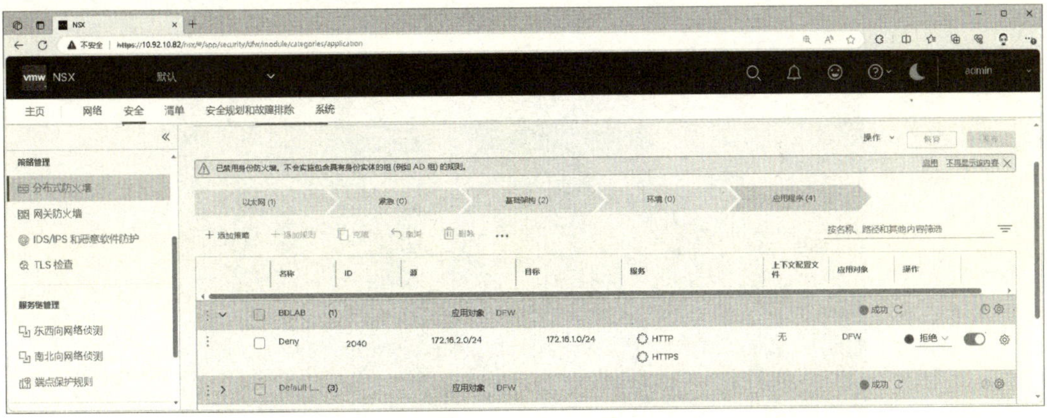

图 4-160　创建分布式防火墙拒绝策略

5）在 WIN2K22-01 虚拟机上测试该策略是否生效，如图 4-161 所示，虚拟机无法访问 BDLAB-PROD 分段虚拟机提供的 HTTP 服务，但 ICMP 服务正常，说明分布式防火墙策略已生效。

图 4-161　在 WIN2K22-01 虚拟机上测试拒绝策略是否生效

6）在 Rocky-SQL 虚拟机上测试该策略对其他分段的影响，该虚拟机可正常 ping 通 BDLAB-PROD 分段虚拟机，并能访问其 HTTP 服务，如图 4-162 所示。

7）在本地客户端测试该策略是否影响访问，本地设备可正常 ping 通 NSX 分段中的虚拟机（如图 4-163 所示），并能访问其提供的服务（如图 4-164 所示）。

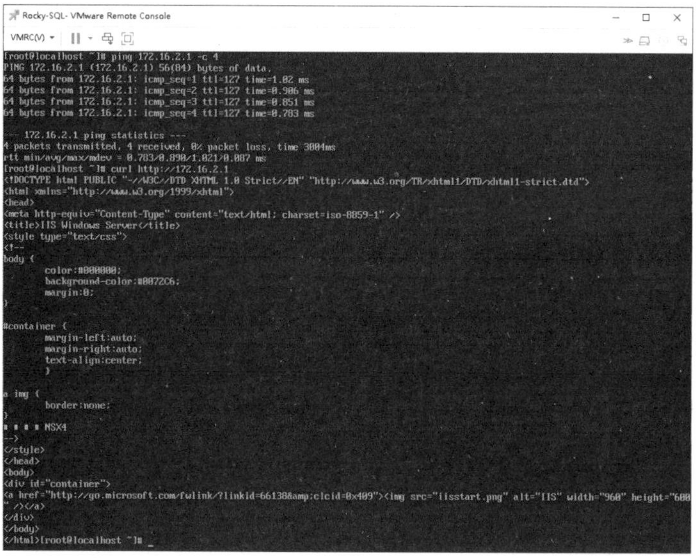

图 4-162　在 Rocky-SQL 虚拟机上测试拒绝策略对其他分段的影响

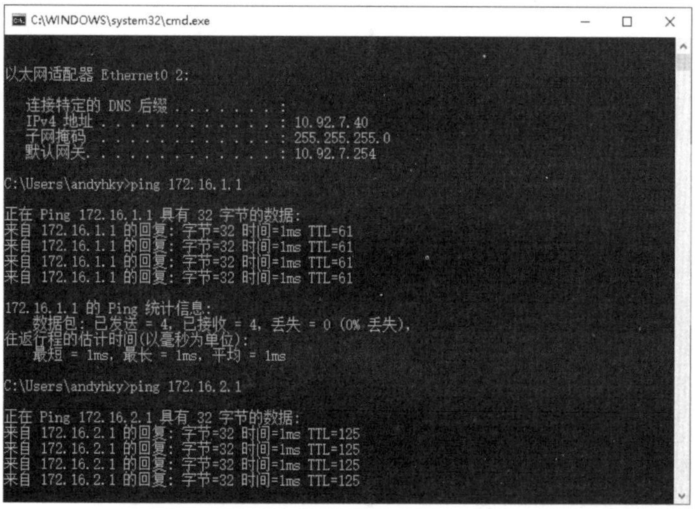

图 4-163　本地设备可正常 ping 通 NSX 分段中的虚拟机

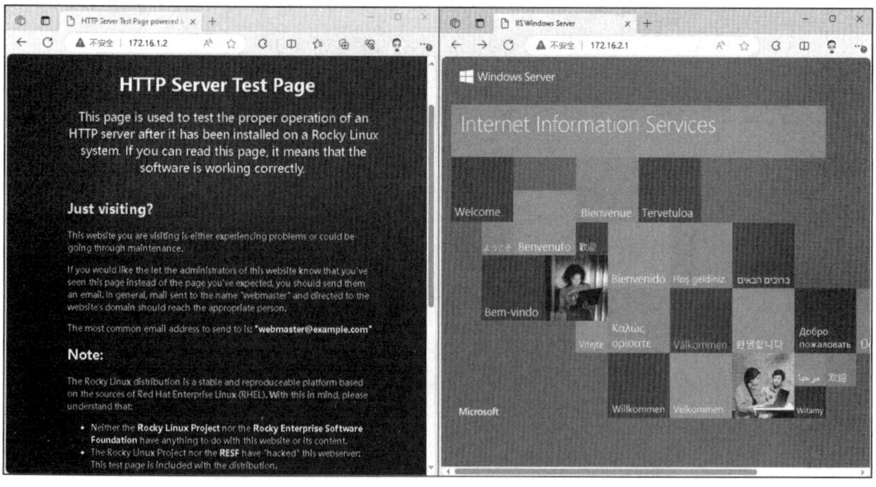

图 4-164　本地设备可访问 NSX 分段中虚拟机所提供服务

2. 网关防火墙配置

1）查看网关防火墙策略，默认情况下允许对任意源、目标、服务的访问，如图 4-165 所示。

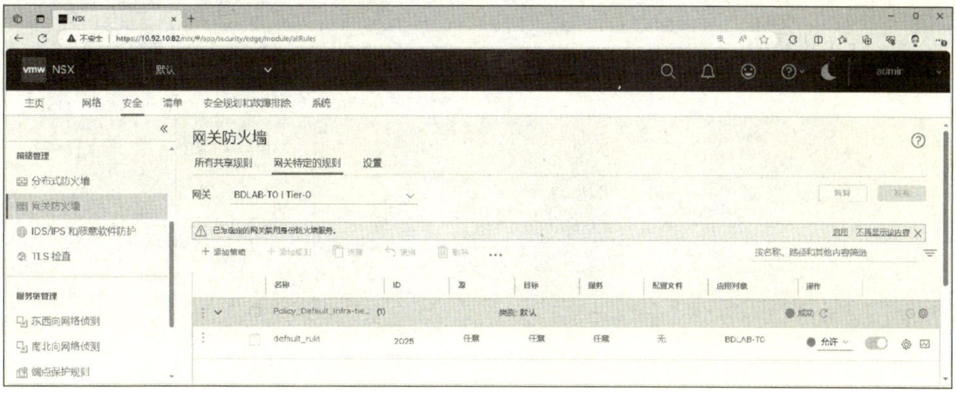

图 4-165　查看网关防火墙策略

2）单击"添加策略"，创建一条拒绝策略，拒绝源 IP 为 10.0.0.0/8 的流量访问目标 IP 为 172.16.0.0/16 的 ICMP ALL 服务，如图 4-166 所示。

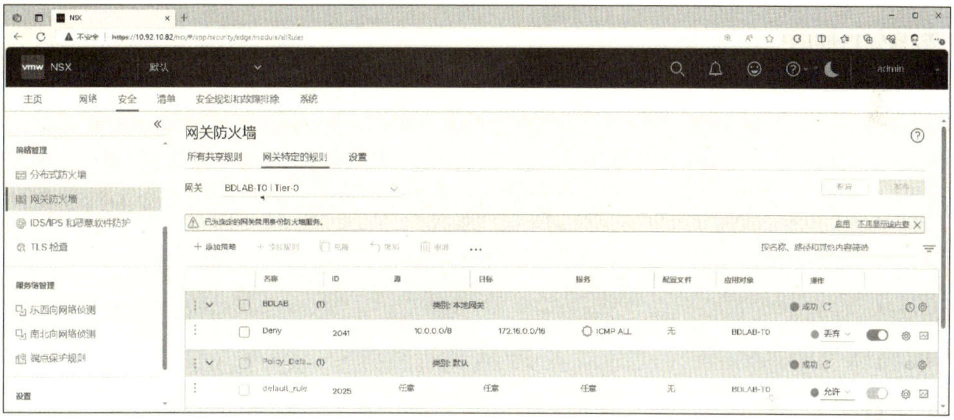

图 4-166　创建网关防火墙拒绝策略

3）在本地客户端测试该策略是否生效，本地设备无法 ping 通 NSX 分段中的虚拟机，但能够访问其提供的服务（如图 4-167 和图 4-168 所示），说明网关防火墙策略已生效。

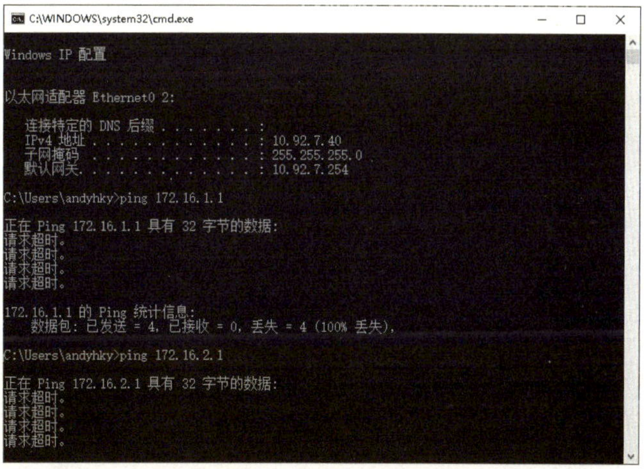

图 4-167　本地设备无法 ping 通 NSX 分段中的虚拟机

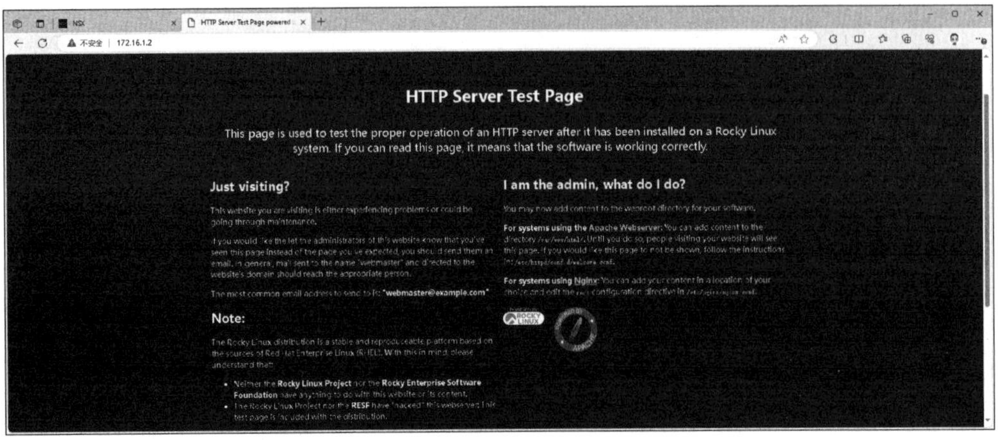

图 4-168　本地设备可访问该虚拟机提供的服务

至此，NSX 基本安全配置完成。在生产环境中，需结合实际情况进行更为详细的策略配置，以确保 NSX 网络内部通信及与外部网络通信的安全性。

4.5　本章小结

本章详细介绍了 VMware vSphere 8.0 网络的基本概念，以及标准交换机、分布式交换机、软件定义网络 NSX 在生产环境中的配置方法。通过学习本章内容，用户可以根据生产环境的实际情况进行网络配置和优化，确保网络能够满足生产环境的实际需求，并为企业的数字化转型提供有力支持。

第 5 章　部署和使用存储

无论是传统数据中心还是 VMware vSphere 虚拟化数据中心，存储设备都是确保数据中心正常运行的关键设备。企业虚拟化架构实施人员或管理人员，需要考虑如何在企业生产环境中构建存储环境，以确保虚拟化架构的正常运行。VMware 也推出了自己的软件定义存储解决方案 Virtual SAN（虚拟 SAN，简称 vSAN）。本章将介绍生产环境中常用的 iSCSI、Virtual SAN 等存储配置。

5.1　VMware vSphere 支持的存储类型

VMware vSphere 对存储的支持十分完善，既支持 FC SAN、iSCSI、NFS 等传统存储形式，也提供 VMware vSAN 软件定义存储方案。

5.1.1　常见存储类型

VMware vSphere 支持的存储类型非常多，目前支持的存储类型如下。

1．本地存储

传统的服务器配置有本地磁盘，对于 ESXi 主机来说，这就是本地存储，也是基本存储形式之一。本地存储可用于安装 ESXi、部署虚拟机等，但采用本地存储时，虚拟化架构的高级特性（如 vMotion、HA、DRS 等）无法启用。

2．FC SAN 存储

FC SAN（光纤通道存储区域网络）是 VMware 官方推荐的存储方案之一，能够最大限度发挥虚拟化架构的优势，虚拟化架构所有的高级特性（如 vMotion、HA、DRS 等）均可实现。同时，FC SAN 存储支持 ESXi 主机的 FC SAN 启动（FC SAN Boot），缺点是需要配套部署 FC HBA 卡、FC 交换机、FC 存储设备，投入成本较高。

3．iSCSI 存储

相对于 FC SAN 存储来说，iSCSI 存储是相对便宜的 IP SAN 解决方案，也被称为 VMware vSphere 存储中性价比最高的解决方案。企业可利用普通服务器安装 iSCSI Target 软件搭建 iSCSI 存储，同时支持 SAN Boot 引导（取决于 iSCSI HBA 卡是否支持 SAN Boot）。部分观点认为，iSCSI 存储存在传输速率较低、CPU 占用率较高等问题。如果采用 10GE 以太网、配置硬件 iSCSI HBA 卡，可在一定程度上缓解此类问题。

4．NFS 存储

NFS（网络文件系统）存储是中小企业常用的网络存储方案，其最大的优点是配置管理简单，且虚拟化架构的主要高级特性（如 vMotion、HA、DRS 等）均可支持。

5.1.2　FC SAN 存储

FC（Fibre Channel，光纤通道）技术最早源于 HP、SUN、IBM 等公司联合组建的研发（R&D）实验室项目，早期采用同轴电缆连接，后演进为光纤介质传输，因此被广泛称为“光纤通道”。

FC SAN（Fibre Channel Storage Area Network，光纤通道存储区域网络）是一种将存储设备、连接设备和接口集成在一个高速网络中的技术。SAN 本身就是一个存储网络，承担了数据存储任务，SAN 网络与 LAN 业务网络物理隔离，因此存储数据流不会占用业务网络带宽，既保障业务网络稳定性，又提升存储资源利用率，降低管理难度。

FC SAN 存储的核心组件包括：

1. FC SAN 服务器

如果要使用 FC SAN 存储，网络中必须存在一台 FC SAN 服务器，用于提供存储服务。目前主流的存储厂商如 EMC、戴尔（Dell）、华为、浪潮等。都可以提供专业的 FC SAN 服务器，其价格由控制器型号、存储容量及一些高级特性来决定。

另外的做法是购置普通的 PC 服务器并安装 FC SAN 存储软件以及 FC HBA 卡来提供 FC SAN 存储服务，这样的实现方式价格相对便宜。

2. FC HBA 卡

无论是 FC SAN 服务器还是需要访问 FC SAN 存储的客户端服务器，都需要配置 FC HBA 卡，用于连接 FC SAN 交换机。目前市面上常用的 FC HBA 卡分为单口和双口两种类型，也有满足特殊需求的多口 FC HBA 卡。主流 FC HBA 卡的速率为 16Gbit/s 或 32Gbit/s；64Gbit/s 的卡因成本较高，目前应用相对较少。

3. FC SAN 交换机

对于 FC SAN 服务器以及需要访问 FC SAN 存储的客户端服务器来说，很少会直接进行连接，大多数环境中会使用 FC SAN 交换机，这样可以增加 FC SAN 的安全性并提供链路冗余等特性。目前市面上常用的 FC SAN 交换机品牌包括博科、思科以及国产的华为。FC SAN 交换机的端口数量、支持的速率等参数需参考具体产品文档。

5.1.3 FCoE 存储

FCoE（Fibre Channel over Ethernet，以太网光纤通道）可以将光纤通道映射到以太网，将光纤通道信息插入以太网信息包内，从而让服务器至 SAN 存储设备的光纤通道请求和数据可以通过以太网连接来传输，而无须采用专门的光纤通道结构，从而可以在以太网上传输 SAN 数据。FCoE 允许在一根通信线缆上实现 LAN 和 FC SAN 通信，融合网络可以支持 LAN 和 FC SAN 数据类型，减少数据中心设备和线缆数量，同时降低供电和制冷负载。网络收敛为统一架构后，管理节点减少，有助于降低管理负担。

FCoE 面向的是 10GE 以太网，其应用优势体现在：在维持原有服务的基础上，可以大幅减少服务器上的网络接口数量（相应减少电缆、交换机端口及管理员需管控的节点），从而降低功耗并简化管理。FCoE 是通过增强的 10GE 以太网技术实现的，通常被称为数据中心桥接或融合增强型以太网。FCoE 使用隧道协议（一个二层封装协议），本质上是使用以太网物理传输协议来传输 FC 数据。

在生产环境部署 FCoE 存储时，需使用支持 FCoE 功能的专用交换机，这类交换机不仅要能承载 10GE 以太网流量，还必须具备 FC 协议处理能力。

5.1.4 iSCSI 存储

iSCSI（Internet Small Computer System Interface，互联网小型计算机系统接口）是基于 TCP/IP 的协议。iSCSI 用来建立和管理 IP 存储设备、主机和客户机等之间的相互连接，并创建存储区域网络（SAN）。SAN 使得 SCSI 协议应用于高速数据传输网络成为可能，这种传输以数据块级别在多个数据存储网络间进行。

iSCSI 存储的最大好处是能够在不增加专业设备的情况下，利用已有服务器和以太网环境快速搭建。虽然其性能和带宽与 FC SAN 存储还有一些差距，但整体上能为企业节省 30%～40%的成本。相对于 FC SAN 存储来说，iSCSI 存储是更便宜的 IP SAN 解决方案，也被称为 VMware vSphere 存储中性价比最高的解决方案。对于预算有限、无法部署 FC SAN 存储的企业，可通过普通服务器安装 iSCSI Target 软件来构建 iSCSI 存储。iSCSI 存储可支持 SAN Boot 引导，前提是 iSCSI Target 软件及 iSCSI HBA 卡支持 SAN Boot。

需要注意的是，目前约 85%的 iSCSI 存储在部署过程中采用 iSCSI Initiator 软件方式实施，这种方式下，iSCSI 传输的数据将使用服务器 CPU 进行处理，这样会额外增加服务器 CPU 的使用率。所以，在服务器方面，使用 TCP 卸载引擎和 iSCSI HBA 卡可以有效降低 CPU 资源消耗，这尤其适用于速度较慢但注重性能的应用程序服务器。

5.1.5　NFS 存储

NFS（Network File System，网络文件系统）是由 SUN 公司研制的 UNIX 表示层协议，可让用户像访问本地文件一样访问网络中远程服务器的文件。NFS 基于 UDP/IP 协议，它主要是采用远程过程调用（RPC）机制实现的。RPC 提供了一组与机器、操作系统以及底层传送协议无关的存取远程文件的操作。RPC 采用了 XDR。XDR 是一种与机器无关的数据描述编码的协议，它以独立于任意机器体系结构的格式，对网上传送的数据进行编码和解码，支持在异构系统之间数据的传送。

NFS 是 UNIX 和 Linux 系统中最常用的网络文件系统，Windows Server 也将 NFS 作为一个可选组件，配置后能够提供 NFS 存储服务。

5.1.6　Virtual SAN 存储

Virtual SAN（虚拟 SAN，简称 vSAN）是 VMware 推出的软件定义存储（或超融合）解决方案。Virtual SAN 以内嵌的方式集成于 VMware vSphere 虚拟化平台，可以为虚拟机应用提供经过闪存优化的超融合存储服务。

Virtual SAN 对存储资源进行了虚拟化，在提供共享存储访问路径的同时，具备数据层控制功能，并能够基于服务器硬件创建策略驱动的存储管理模式。从技术本质来看，Virtual SAN 是一种分布式数据存储架构，所有与存储相关的控制逻辑均通过软件实现，且该软件并非存储设备的内置固件，而是作为 vSphere Hypervisor 内核的一部分运行，直接依托服务器硬件提供存储服务。作为 vSphere 生态的原生组件，Virtual SAN 与 VMware vSphere 高可用性（HA）、分布式资源调度、vMotion 等功能深度集成，通过 vSphere Client 统一管理。Virtual SAN 的核心优势在于架构透明性与兼容性：无论底层物理存储的硬件形态如何变化，Virtual SAN 都能抽象为统一的存储资源池，上层应用、中间件、数据库的部署方式及代码、业务逻辑均不受影响。

5.2　配置和使用 iSCSI 存储

iSCSI 存储作为虚拟化架构中性价比最高的存储，在生产环境中被广泛部署和使用。本节将介绍如何在 ESXi 主机上配置和使用 iSCSI 存储。

5.2.1 SCSI 协议介绍

在深入理解 iSCSI 之前，需先了解 SCSI（Small Computer System Interface，小型计算机系统接口）的基础概念。SCSI 是 1979 年由美国舒加特联合公司研发并制定，由美国国家标准协会公布的接口标准。SCSI 架构模型用一种较松散的方式定义了 SCSI 的体系架构。

SCSI 架构模型（Architecture Model）是当前 SCSI 体系的标准规范，它自底向上分为 4 个层次：

1．物理连接层（Physical Interconnects）

定义物理传输介质与接口规范，如光纤通道仲裁环（Fibre Channel Arbitrated Loop）、光纤通道物理接口（Fibre Channel Physical Interface）等。

2．SCSI 传输协议层（SCSI Transport Protocols）

定义数据在物理层上的传输协议，如光纤通道 SCSI 协议（SCSI Fibre Channel Protocol）、串行总线协议（Serial Bus Protocol）、iSCSI 协议等。

3．共享指令集（SCSI Primary Command）

一套适用于所有 SCSI 设备类型的通用命令集。

4．专用指令集（Device-Type Specific Command Sets）

针对特定设备类型的专用命令集，如块设备指令集 SBC（SCSI Block Commands）、流设备指令集 SSC（SCSI Stream Commands）、多媒体指令集 MMC（SCSI-3 Multimedia Command Set）等。

简单地说，SCSI 定义了一系列规则，供 I/O 设备间请求和提供服务。每个 I/O 设备被称为逻辑单元，每个逻辑单元都有唯一的地址用以区分它们，这个地址被称为逻辑单元号。SCSI 模型采用客户端/服务器模式，客户端称为 Initiator，服务器称为 Target。在数据传输时，Initiator 向 Target 发送请求，Target 处理后返回响应，这一模型在 iSCSI 协议中被完整沿用。

5.2.2 iSCSI 协议的基本概念

iSCSI 协议是集成了 SCSI 协议和 TCP/IP 协议的新协议。它在 SCSI 基础上扩展了网络功能，也就是可以让 SCSI 命令通过网络传送到远程 SCSI 设备上，而 SCSI 协议只能访问本地的 SCSI 设备。iSCSI 协议是传输层之上的协议，使用 TCP 连接建立会话。Initiator 端使用随机 TCP 端口，Target 端默认使用 3260 端口。与 SCSI 一致，iSCSI 也采用客户端/服务器模型，核心角色定义如下：

启动器（Initiator）：通常指用户主机系统，用户产生 SCSI 请求，并将 SCSI 命令和数据封装到 TCP/IP 包中，再发送到 IP 网络中。

目标器（Target）：通常存在于存储设备上，用于转换 TCP/IP 包中的 SCSI 命令和数据。

5.2.3 iSCSI 协议名称规范

在 iSCSI 协议中，Initiator 和 Target 是通过名称进行通信的，因此每个 iSCSI 节点（即 Initiator）必须拥有一个 iSCSI 名称。iSCSI 协议定义了 3 类名称结构：

1．iqn（iSCSI Qualified Name，iSCSI 合格名称）

格式为：iqn.<年份-月份>.<颠倒的域名>:<设备具体标识>。之所以颠倒域名，是为了避免可能的冲突。示例：iqn.2024-10.com.example:storage.iscsi.disk01。

2．eui（Extend Unique Identifier，扩展唯一标识符）

eui 来源于 IEEE 中的 EUI，格式为 eui.<16 位十六进制数>。其中，前 6 位十六进制数为厂商唯一标识，后 10 位十六进制数为厂商自定义的设备标识。

3. naa（Network Address Authority，网络地址授权标识）

源于 SAS 和 FC 协议的名称规范，iSCSI 协议兼容此格式。格式为：naa.<64 位或 128 位十六进制数>。

5.2.4　配置 ESXi 主机使用 iSCSI 存储

了解 iSCSI 存储的基本概念后，本节详细介绍在 ESXi 主机上配置并使用 iSCSI 存储的步骤。

1）ESXi 主机默认未启用 iSCSI 功能，需手动添加 iSCSI 适配器。如图 5-1 所示，进入 ESXi 主机的“配置”→“存储适配器”界面，单击“添加 iSCSI 适配器”。

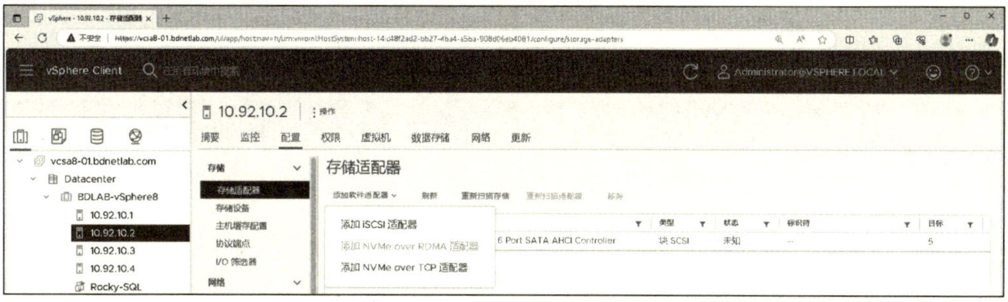

图 5-1　添加 iSCSI 适配器

2）在弹出的对话框中，单击“确定”按钮，如图 5-2 所示。

图 5-2　添加软件 iSCSI 适配器

3）软件 iSCSI 适配器添加完成，默认名称为 vmhba64，如图 5-3 所示。

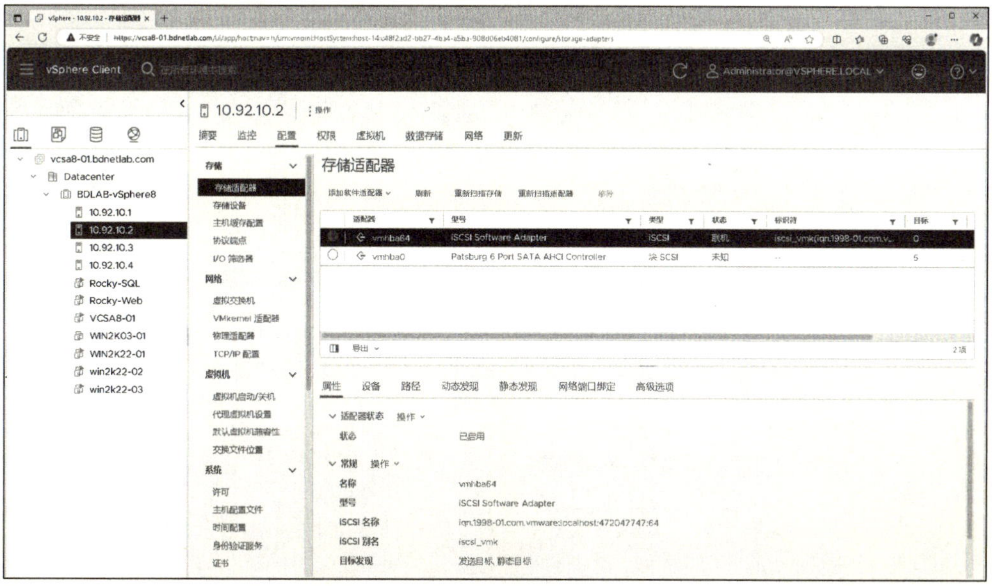

图 5-3　软件 iSCSI 适配器添加完成

4）添加发送目标服务器，iSCSI 服务器默认端口为 3260，如图 5-4 所示，单击“确定”按钮。

图 5-4　配置 iSCSI 服务器及端口

5）添加发送目标服务器后，系统会提示重新扫描 vmhba64，如图 5-5 所示，单击“重新扫描适配器”。

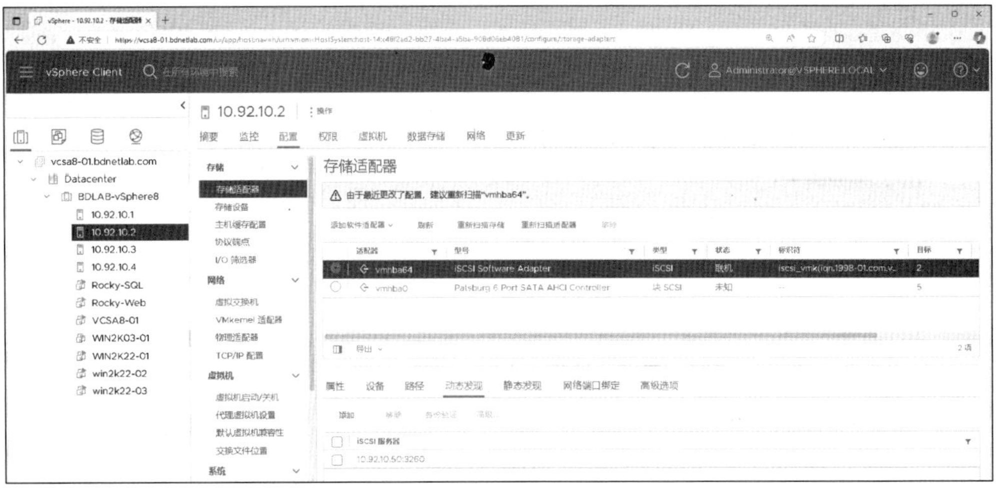

图 5-5　系统提示重新扫描适配器

6）扫描完成后可以看到 iSCSI 存储，如图 5-6 所示。需要说明的是，ESXi 主机仅作为 iSCSI Initiator（客户端），只负责连接 iSCSI 存储，更多的配置需在 iSCSI 存储服务器及网络上完成。若未发现 iSCSI 存储，需检查 iSCSI Target 服务器配置。

图 5-6　完成 iSCSI 存储的添加

7）如果 iSCSI 存储已经配置或使用，则可以直接查看 ESXi 主机数据存储，如图 5-7 所示。需要注意的是，如果存储未被使用，则需要新建存储。

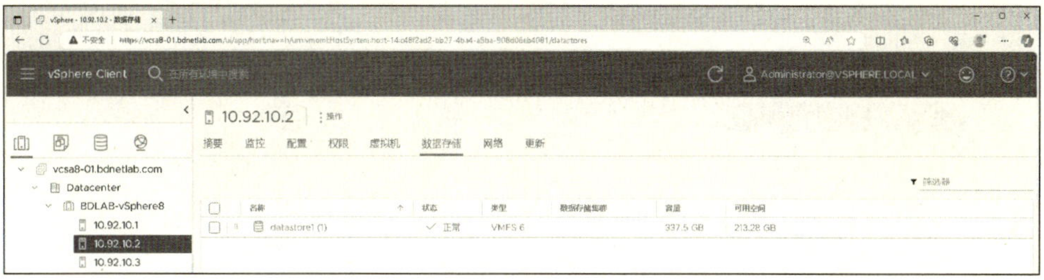

图 5-7　查看 ESXi 主机数据存储

8）在 ESXi 主机上单击鼠标右键，选择“新建数据存储”，如图 5-8 所示。

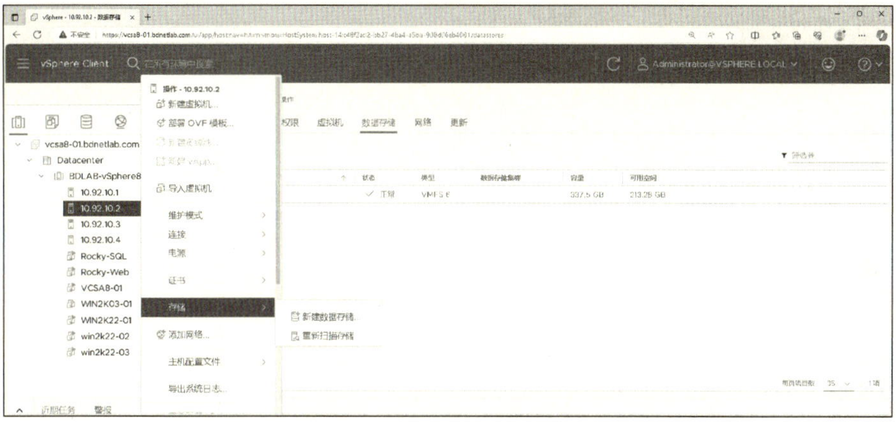

图 5-8　新建数据存储

9）选择存储类型，本节选择创建 VMFS 存储，如图 5-9 所示，单击“下一页”按钮。

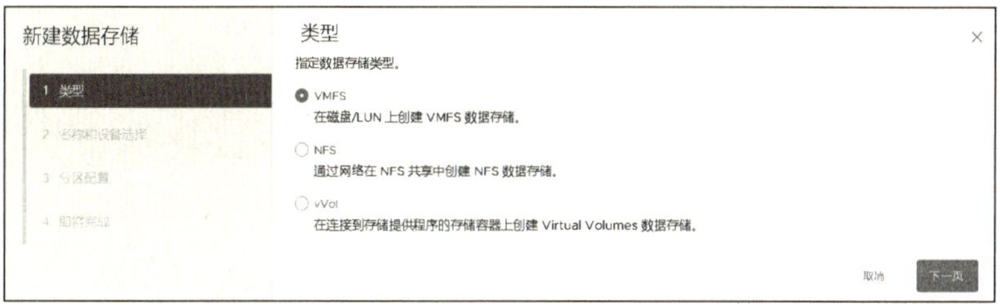

图 5-9　选择存储类型

10）选择 iSCSI 存储服务器并分配 LUN，如图 5-10 所示，单击“下一页”按钮。

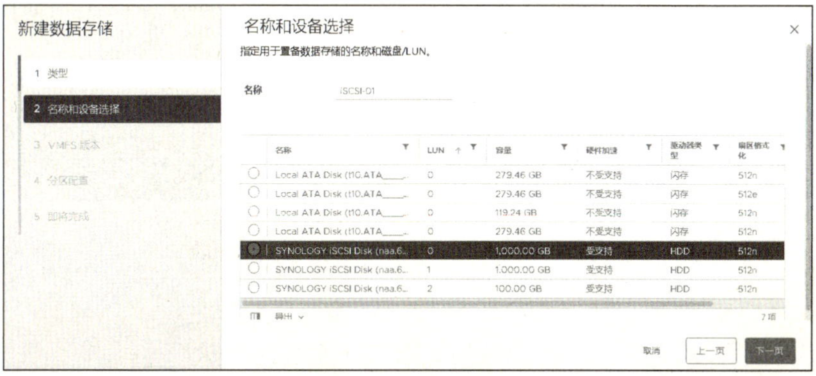

图 5-10　选择存储使用的 LUN

11）选择 VMFS 版本，如图 5-11 所示，单击“下一页”按钮。

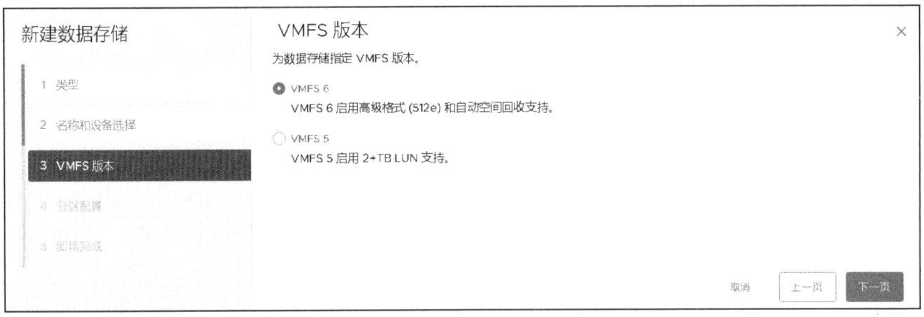

图 5-11　选择 VMFS 版本

12）配置数据存储大小，如图 5-12 所示，单击“下一页”按钮。

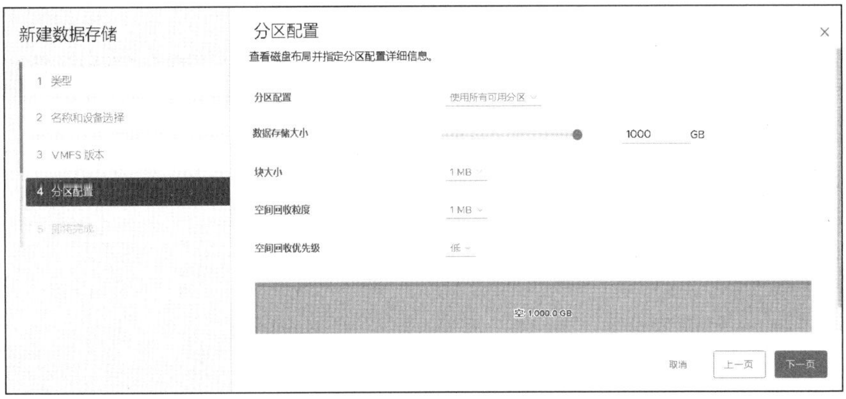

图 5-12　配置数据存储大小

13）确认数据存储参数是否正确，如图 5-13 所示。

图 5-13　确认数据存储参数是否正确

14）单击“完成”按钮，完成 iSCSI 存储创建，如图 5-14 所示。

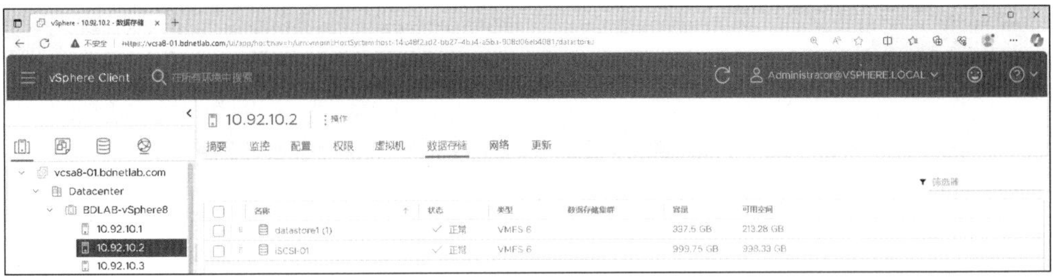

图 5-14　完成 iSCSI 存储创建

15）按照相同方式添加其他 iSCSI 存储，如图 5-15 所示。

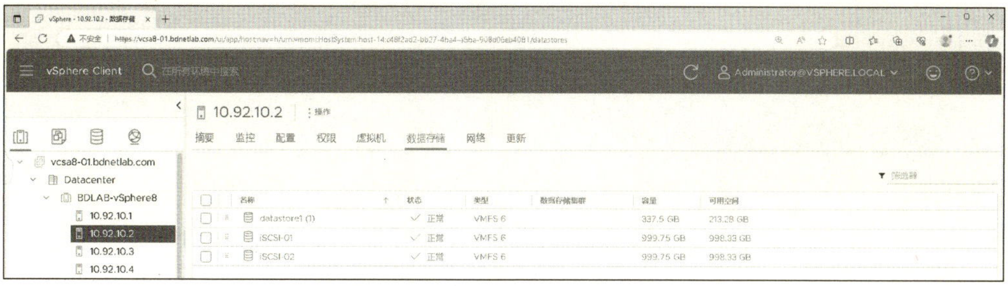

图 5-15　添加其他 iSCSI 存储

16）在其他 ESXi 主机上添加 iSCSI 存储，如图 5-16 所示。

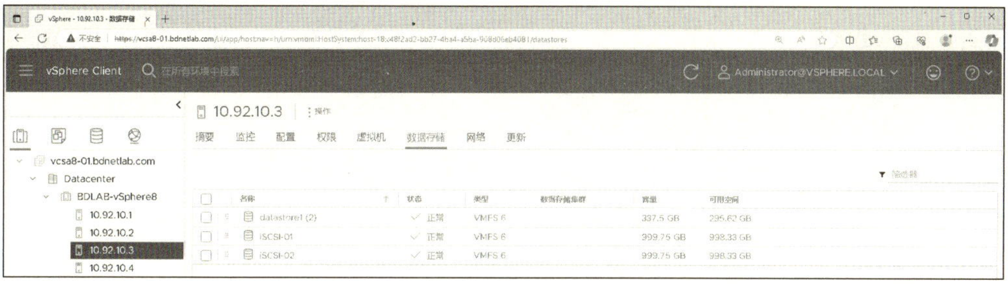

图 5-16　其他 ESXi 主机上添加 iSCSI 存储

至此，iSCSI 存储配置完成。再次强调，ESXi 主机仅作为 iSCSI 客户端，负责连接 iSCSI 存储，其配置参数非常少，更多的配置在 iSCSI 存储服务器和网络上完成；如果看不到 iSCSI 存储，请检查 iSCSI 存储服务器或网络配置。

5.2.5　配置 ESXi 主机并绑定 iSCSI 流量

在生产环境中，为了保证 iSCSI 的传输效率，特别是在 1Gbit/s 网络环境中使用 iSCSI 存储时，通常会使用独立的网卡绑定 iSCSI 流量，其他流量不占用该网卡。本节介绍如何绑定 iSCSI 流量。

1）查看 ESXi 主机的 VMkernel 网络适配器，管理网络和 iSCSI 流量网络共用标准交换机 vSwitch0，如图 5-17 所示。

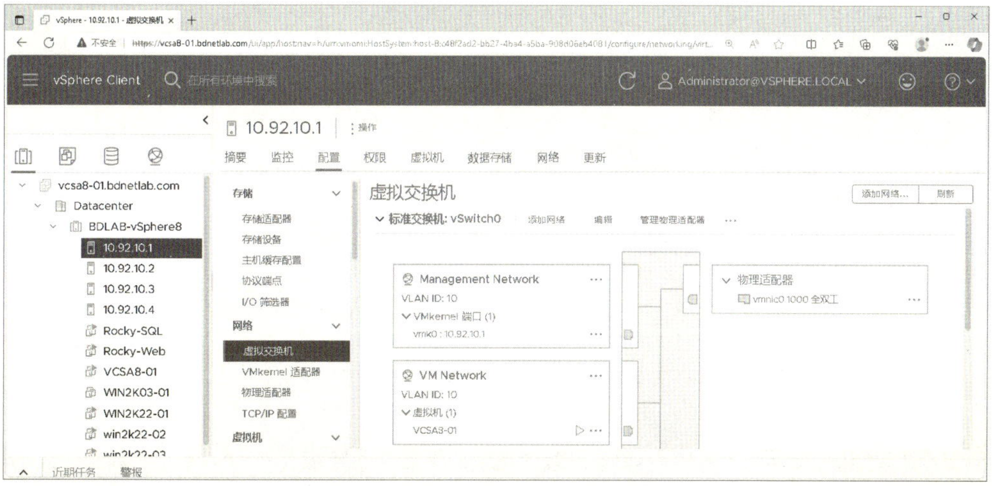

图 5-17　ESXi 主机共用标准交换机

2）添加新的 VMkernel 网络适配器，用于承载 iSCSI 流量，如图 5-18 所示，单击“下一页”按钮。

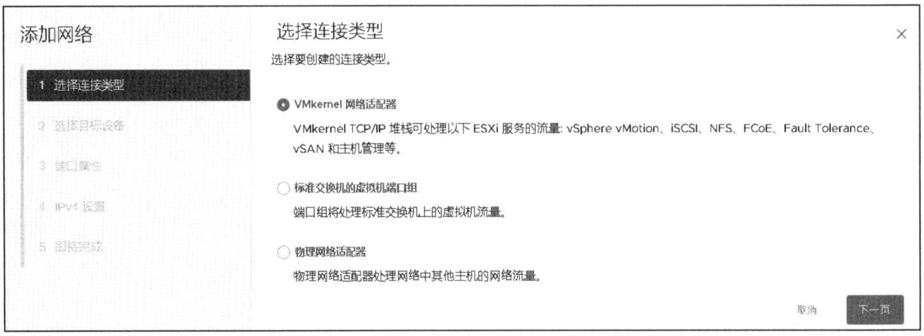

图 5-18　添加新的 VMkernel 网络适配器

3）新建标准交换机，在生产环境中，建议将 iSCSI 流量的 MTU 值设置为 9000，如图 5-19 所示，单击“下一页”按钮。

图 5-19　新建标准交换机配置 MTU 值

4）选择与标准交换机关联的网络适配器（活动适配器），生产环境中推荐使用 10Gb/s 网络适配器，如图 5-20 所示，单击“下一页”按钮。

图 5-20　添加活动适配器

5）配置 VMkernel 端口属性，如图 5-21 所示，单击“下一页”按钮。

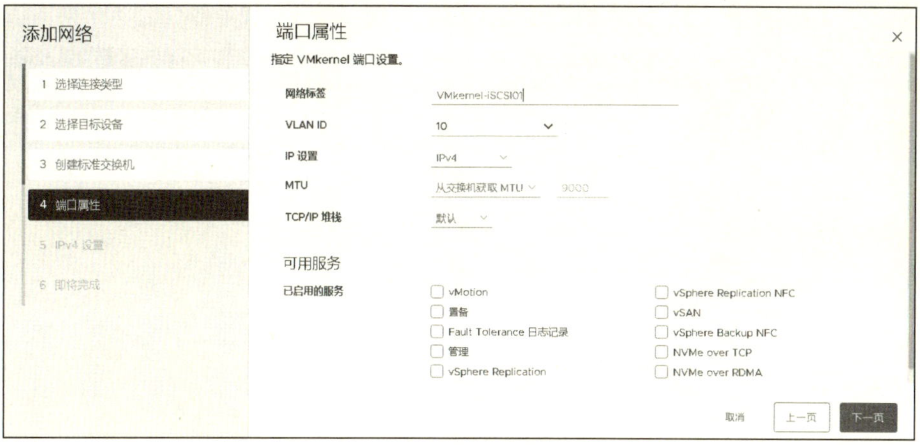

图 5-21　配置 VMkernel 端口属性

6）配置 VMkernel IPv4 地址，如图 5-22 所示，单击“下一页”按钮。

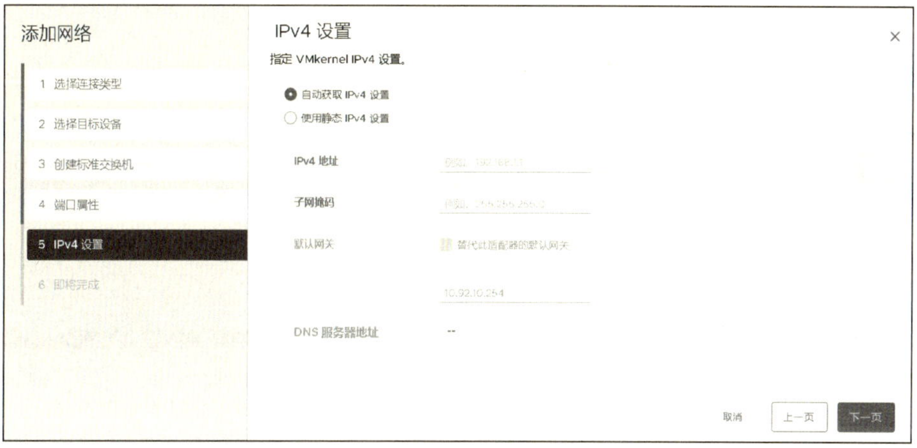

图 5-22　配置 VMkernel IPv4 地址

7）确认 VMkernel 参数设置是否正确，如图 5-23 所示。

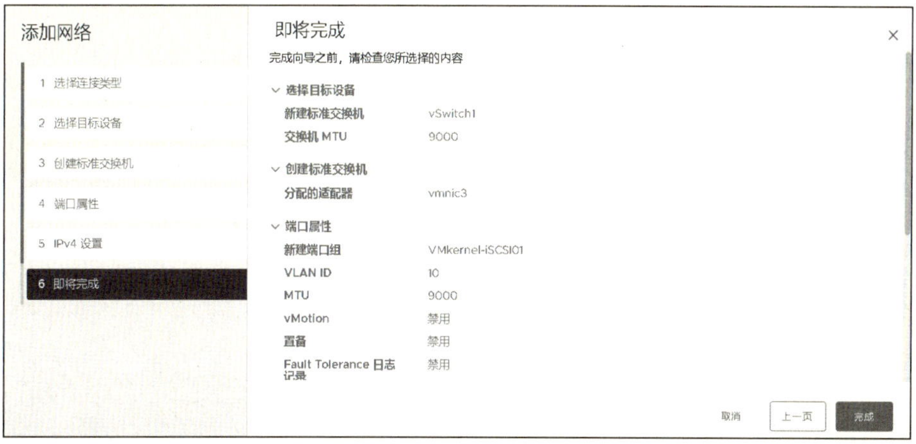

图 5-23　确认 VMkernel 参数设置是否正确

8）单击“完成”按钮，完成用于承载 iSCSI 存储流量的 VMkernel 创建，如图 5-24 所示。

图 5-24 完成 VMkernel 创建

9）查看存储适配器，由于网络端口绑定尚未配置，网络端口绑定选项卡下面显示“未找到任何项目”，如图 5-25 所示，单击“添加”。

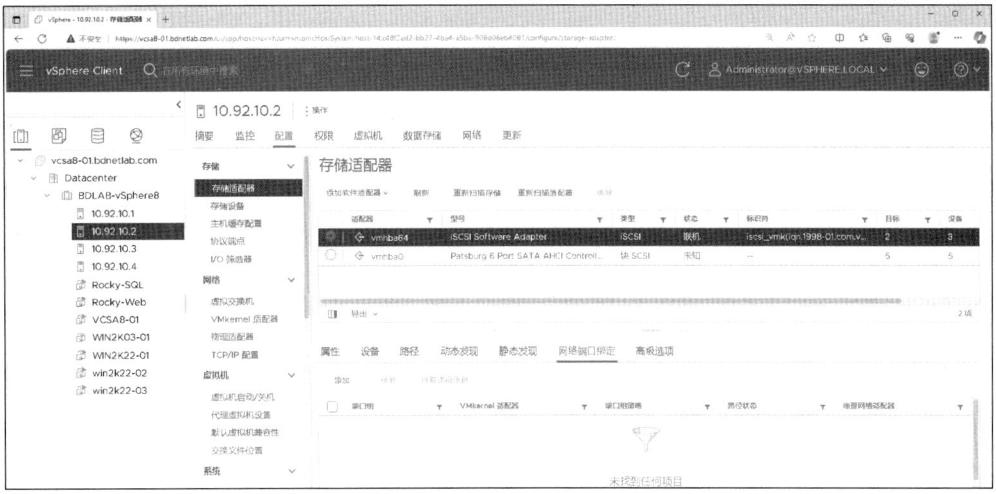

图 5-25 为 iSCSI 存储绑定网络端口

10）添加刚创建的 vmk1 端口组的 iSCSI 并进行绑定，如图 5-26 所示，单击“确定”按钮。

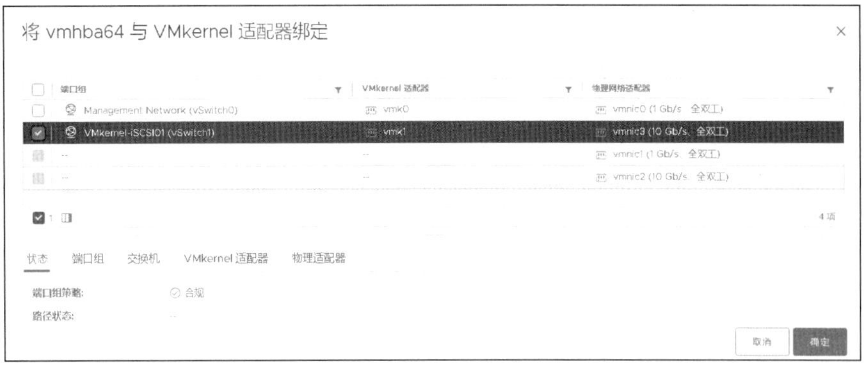

图 5-26 绑定新创建的 vmk1 端口组

11）修改存储配置后，系统会建议重新扫描存储适配器 vmhba64，如图 5-27 所示，单击“重新扫描适配器”。

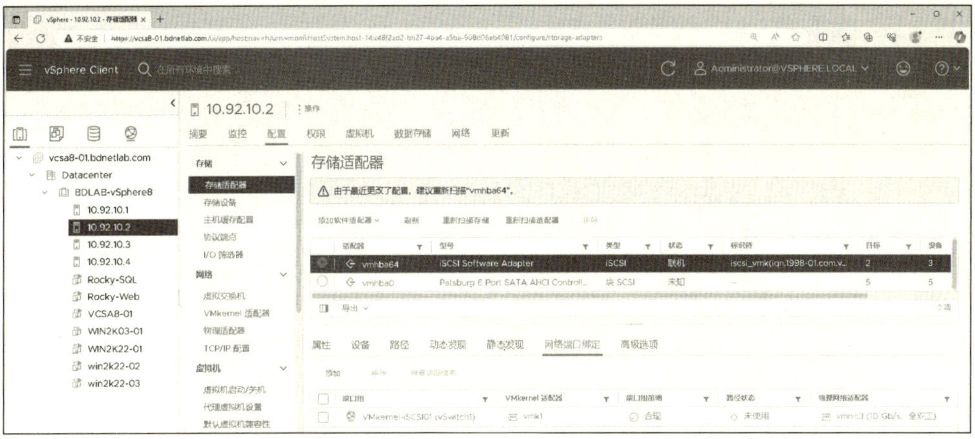

图 5-27　更改配置扫描存储适配器

12）扫描完成后，绑定 iSCSI 流量的 vmk1 路径状态为“活动”，如图 5-28 所示，说明绑定成功。

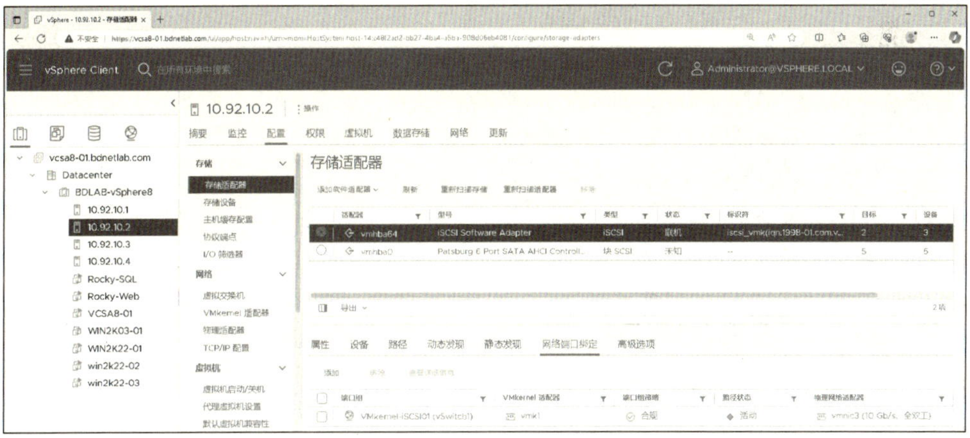

图 5-28　绑定 iSCSI 流量的 vmk1 路径状态为“活动”

至此，iSCSI 流量的绑定配置完成。在生产环境中，建议使用多个网卡来运行 iSCSI 流量，这种配置能实现冗余，避免单点故障。

5.3　配置和使用 Virtual SAN 存储

Virtual SAN 是 VMware 超融合解决方案，它以内嵌的方式集成于 VMware vSphere 虚拟化平台，可以为虚拟机应用提供经过闪存优化的超融合存储。从 2014 年 3 月发布正式版本 Virtual SAN 5.5，至 2022 年 4 月推出的 Virtual SAN 8.0，短短几年时间就经历了多次版本升级。撰写本书时，Virtual SAN 已发布 8.0 Update 1 版本。本节介绍生产环境中如何配置和使用 Virtual SAN 8.0 存储。

5.3.1 Virtual SAN 常用术语

Virtual SAN 虽然集成于 VMware vSphere，但也可以看作一个独立的组件。了解完 Virtual SAN 的基本概念后，需要进一步了解其常用术语。

1．对象（Object）

Virtual SAN 中一个重要的概念就是对象，Virtual SAN 采用“基于对象的存储”架构，虚拟机由多个不同的存储对象组成。例如，虚拟机主页命名空间、虚拟磁盘（VMDK）、交换文件（.vswp）等均为独立对象，每个对象是一个逻辑块设备，由 Virtual SAN 统一管理其数据分布与冗余。

2．组件（Component）

从某个角度来看，Virtual SAN 可以理解为网络 RAID，Virtual SAN 在 ESXi 主机之间使用 RAID 阵列来实现存储对象的高可用性。每个存储对象都是一个组件，组件的具体数量与存储策略有直接的关系。

3．副本（Replica）

Virtual SAN 使用 RAID 模式来实现高可用性，那么一个对象就存在多个副本，以避免单点故障。副本的数量与存储策略有直接的关系。

4．见证（Witness）

见证是一个特殊的组件，类似于仲裁者的作用。当 Virtual SAN 出现故障时，见证组件用于判断如何恢复存储对象的状态。它不包含数据，仅在发生故障时提供判断依据。

5．磁盘组（Disk Group）

磁盘组是 Virtual SAN 的核心组成部分，由固态硬盘（SSD）和其他磁盘（如 SATA 或 SAS 硬盘）组成，用于缓存和存储数据，是构建 Virtual SAN 的基础。

6．基于存储策略的管理（Storage Policy-Based Management，SPBM）

SPBM 是 Virtual SAN 的核心管理机制，所有部署在 Virtual SAN 上的虚拟机都必须使用一种存储策略。如果没有创建新的存储策略，虚拟机将使用默认存储策略。

5.3.2 Virtual SAN 存储策略介绍

Virtual SAN 使用基于存储策略的虚拟机。通过使用基于存储策略的管理，虚拟机可以根据生产环境的需求，在不关机的情况下应用不同的策略。Virtual SAN 存储策略主要有以下几种类型。

1．允许的故障数（Number of Failures to Tolerate，FTT）

FTT 策略定义了 Virtual SAN 可容忍的同时故障数（包括主机、磁盘组或网络故障等），默认情况下 FTT 的值为 1，FTT 的值决定了 Virtual SAN 集群需要的 ESXi 主机数量。假设 FTT 的值设置为 n，则将会有 n+1 份副本，需要 2n+1 台主机。FTT 值对应的 ESXi 主机数如表 5-1 所示。如果采用 RAID 5/6 模式，FTT 值对应的主机数如表 5-2 所示。如果使用双节点 Virtual SAN，则配置额外的见证主机，表 5-1 以及 5-2 不适用于双节点 Virtual SAN 配置。

表 5-1　FTT 值对应的 ESXi 主机数

FTT	副本数	见证数	ESXi 主机数
0	1	0	1
1	2	1	3
2	3	2	5
3	4	3	7

表 5-2　RAID 5/6 模式下，FTT 值对应的 ESXi 主机数

FTT	策　略	物理 RAID	ESXi 主机数
0	RAID 5/6 （纠删码）	RAID 0	1
0	RAID 1 （镜像）	RAID 0	1
1	RAID 5/6 （纠删码）	RAID 5	4
1	RAID 1 （镜像）	RAID 1	3
2	RAID 5/6 （纠删码）	RAID 6	6
2	RAID 1 （镜像）	RAID 1	5
3	RAID 5/6 （纠删码）	N/A	N/A
3	RAID 1 （镜像）	RAID 1	7

2. 每个对象的磁盘条带数（Number of Disk Stripes per Object）

每个对象的磁盘条带数表示存储对象的磁盘跨越主机的副本数。条带数（Stripes）类似于 RAID 0 的环境，分布在多个物理磁盘上。一般来说，Stripes 值默认值为 1，最大值为 12。增加 Stripes 值有助于提高 IOPS 性能，但会占用更多系统资源。默认值 1 可以满足大多数虚拟机负载，对于磁盘 I/O 密集型运算可以调整 Stripes 值。当一个对象大小超过 255GB 时，即使 Stripes 值默认为 1，系统也会对对象进行强行分割。

需要说明的是，在 Virtual SAN 环境中，所有的写操作都是先写入 SSD，增加条带数可能对性能没有提升；因为系统无法保证新增加的条带会使用不同的 SSD，新的条带可能会放置在位于同一个磁盘组的磁盘上。当然，如果新的条带被放置在不同的磁盘组中，就会使用新的 SSD，这种情况下会带来性能的提升。

3. 闪存读取缓存预留（Flash Read Cache Reservation）

该策略定义了为虚拟机磁盘预留的 SSD 缓存比例（默认为 0%，范围为 0%~100%，可以精确到小数点后 4 位）。例如，如果虚拟机磁盘大小为 100GB，闪存读取缓存预留设置为 10%，则闪存读取缓存预留为 10GB 的 SSD 容量，虚拟机磁盘越大，占用的闪存空间越大。在生产环境中，一般不配置闪存读取缓存预留，因为给虚拟机预留的闪存读取缓存不能用于其他对象，而未预留的闪存可以共享给所有对象使用。

4. 强制置备（Force Provisioning）

通过强制置备，可以强行配置具体的存储策略。启用强制置备后，Virtual SAN 会监控存储策略应用，在存储策略无法满足需求时，存储策略将被强行设置为：

FTT=0
Stripes=1
OSR=0

5．对象空间预留（Object Space Reservation，OSR）

OSR 定义虚拟机磁盘的空间分配方式，默认为 0%，代表虚拟机的磁盘模式为精简置备，意味着虚拟机部署的时候不会预留任何空间，只有当虚拟机存储增长时空间才会被使用。如果对象空间预留值设置为 100%，表示部署时预先占用全部磁盘容量，也就是厚置备份。

6．容错

容错主要用于解决老版本 Virtual SAN 使用 RAID 1 技术占用大量磁盘空间的问题。

7．对象 IOPS 限制

可以对虚拟机按应用需求进行不同的 IOPS 限制，提高 I/O 效率。

8．禁用对象校验和

禁用对象校验和用来保证 Virtual SAN 数据的完整性。系统在读写操作时会校验数据，如果数据有问题，则会对数据进行修复操作。若将禁用对象校验和参数设置为 NO，系统会对问题数据进行修复；若设置为 YES，则系统不会对问题数据进行修复。

启用 Virtual SAN 后，可以采用默认的存储策略，在生产环境中一般会根据实际情况采用多种存储策略。Virtual SAN 存储策略配置会影响虚拟机的容错能力及正常运行，错误的配置可能导致虚拟机运行速度变慢，甚至可能导致虚拟机数据丢失。由于去重和压缩技术目前只能在全闪存架构下使用，对于混合架构，推荐使用 Virtual SAN 提供的 RAID 5/6 纠删码技术来提高容量使用效率。表 5-3 展示了使用纠删码时的空间消耗情况对比。

表 5-3　使用纠删码时的空间消耗情况对比

RAID	FTT	数据大小	空间需求
RAID 1	1	100GB	200GB
RAID 1	2	100GB	300GB
RAID 5/6	1	100GB	133GB
RAID 5/6	2	100GB	150GB

需要注意的是，在存储策略中启用 RAID 5/6 纠删码技术时，不支持将 FTT 值设置为 3。当 FTT 值设置为 1 时，对应 RAID 5 模式；当 FTT 值设置为 2 时，对应 RAID 6 模式。

在 Virtual SAN 环境下，虚拟机存储策略配置并不复杂，可以根据生产环境中 Virtual SAN 集群的具体情况创建多个虚拟机存储策略，并将存储策略应用到不同的虚拟机中。需要注意的是，创建的存储策略需要与集群进行匹配。例如，Virtual SAN 集群节点主机数为 4，此时创建 FTT=2 的虚拟机存储策略并应用于虚拟机会报错，因为 FTT=2 要求 Virtual SAN 集群有 5 台节点主机，而集群节点主机数为 4 台无法满足存储策略要求。

5.3.3　部署和使用 Virtual SAN 的条件

Virtual SAN 集成于 VMware vSphere 内核中，配置相对简单，只需满足相关条件并启用即可使用，其核心在于各类特性的配置与应用。在部署 Virtual SAN 之前，为保障生产环境的稳定性，需明确其软硬件要求，否则可能导致 Virtual SAN 在生产环境中出现严重问题。

1．物理服务器及硬件要求

在生产环境中通常采用大厂品牌服务器，这些主流服务器一般均通过 VMware 官方认证。需注意的是，VMware 针对 Virtual SAN 专门发布了硬件兼容性列表，其中对存储控制器、SSD 等硬件的兼容性提出了明确要求。

在生产环境中使用 Virtual SAN 时，对物理服务器内存也有具体要求。VMware 官方推荐，运行 Virtual SAN 的物理服务器最低配置为 8GB 内存，生产环境中的物理服务器若配置多个磁盘组，则推荐采用 128GB 以上的内存。

在网络方面，推荐使用 10GE 网络承载 Virtual SAN 流量。虽然可以使用 1Gb/s 网络进行承载，但在配置过程中会给出提示：对于中大型环境或全闪存环境，必须使用 10GE 网络承载 Virtual SAN 流量。

生产环境中参与 Virtual SAN 的磁盘（包括闪存和容量磁盘），应尽可能提前清除原有分区。虽然 VMware 在配置过程中提供了图形界面及 partedUtil 命令行工具用于清除分区，但在实际使用过程中依然存在清除分区失败的情况。

2. Virtual SAN 集群中 ESXi 主机数量

表 5-1 展示了不同 FTT 值对应的 ESXi 主机数，生产环境中强烈不推荐仅满足最低要求。例如，当 FTT=1 时，ESXi 主机数要求为 3，这是最低要求，不适于生产环境，因为可能由于组件量等因素导致 Virtual SAN 故障。因此，当 FTT=1 时，推荐配置 4 台以上的 ESXi 主机。对于其他需求，也建议 ESXi 主机数超过最低要求，双节点 Virtual SAN 集群除外。

3. Virtual SAN 版本

Virtual SAN 版本已更新至第九代，在生产环境中应根据实际需求选择合适版本。选定版本后，还需确定使用标准版、高级版或企业版等，不同版本的功能存在差异（例如，标准版不支持去重、纠删码、延伸集群等功能）。

5.3.4 启用 Virtual SAN 的准备工作

Virtual SAN（简称 vSAN）的配置相对简单，但配置前需完成环境准备工作，比如清除参与 vSAN 的硬盘分区、配置 vSAN 网络等操作。

1）vSAN 要求参与缓存层和容量层的硬盘不能有其他分区，配置 vSAN 前可以使用 ESXi 主机自带的工具清除分区。查看磁盘分区如图 5-29 所示。

图 5-29　查看磁盘分区

2）确保参与 vSAN 的 ESXi 主机已配置闪存，如图 5-30 所示。

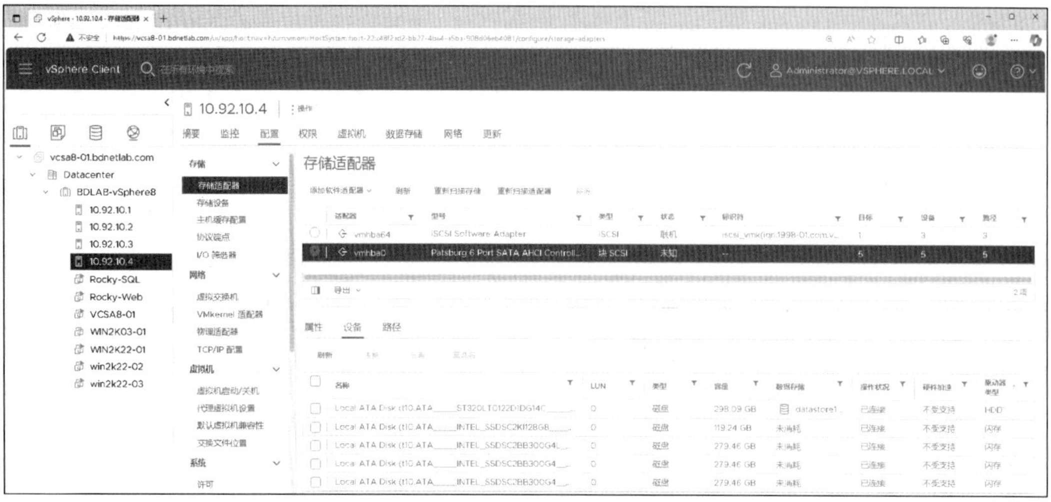

图 5-30　查看主机配置的磁盘

3）使用 10Gb/s 网络适配器创建标准交换机，用于承载 vSAN 流量，如图 5-31 所示。

图 5-31　创建用于承载 vSAN 流量的标准交换机

4）在标准交换机上启用 vSAN 服务，如图 5-32 所示。

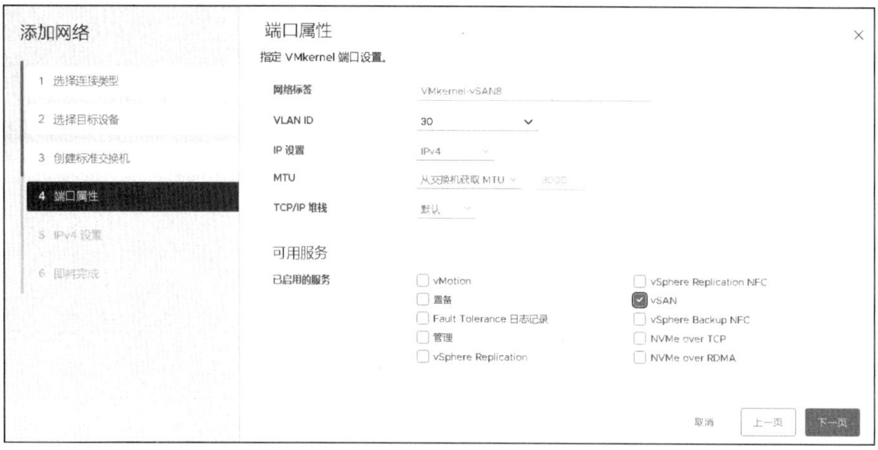

图 5-32　启用 vSAN 服务

5）完成基于 vSAN 流量的 VMkernel 标准交换机的创建，如图 5-33 所示。

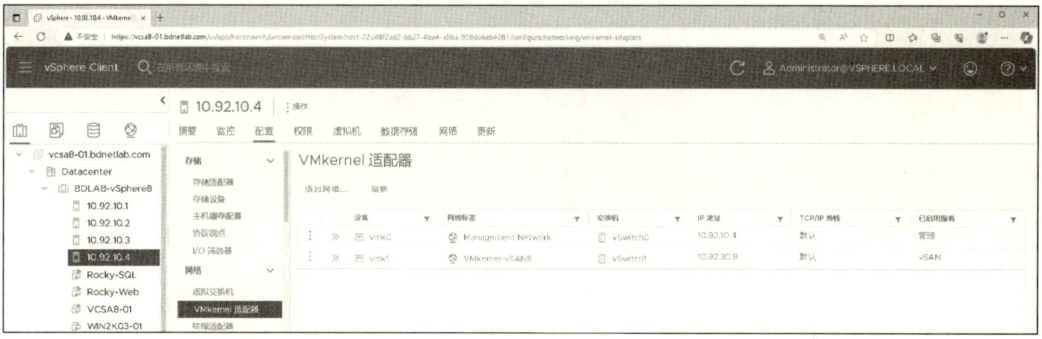

图 5-33　完成基于 vSAN 流量的 VMkernel 标准交换机的创建

至此，启用 vSAN 的准备工作已完成，生产环境中推荐使用 10Gb/s 网络。尽管 vSAN 也支持 1Gb/s 网络，但配置时会出现警告提示，且性能会受到较大影响。

5.3.5　配置快速存储架构 Virtual SAN

Virtual SAN 8.0（简称 vSAN 8.0）引入了新的存储架构 vSAN ESA（vSAN Express Storage Architecture，vSAN 快速存储架构）。该架构针对主流硬件设计，能提供更高级别的性能、可扩展性、弹性及数据服务，可满足当前及未来的业务需求。当然，vSAN 8.0 仍支持原始存储架构。在配置前我们需要了解 vSAN ESA 的具体功能特性。

1. vSAN ESA 架构

vSAN 8.0 之前的版本是为老旧存储设备设计的，采用缓存层与容量层的两层架构，通过磁盘组结合缓存与容量提供性能。随着硬件的迭代及企业需求的升级，底层架构也在优化。ESA 使用单层架构，针对高性能 TLC NVMe 闪存设备进行了优化，取消了旧版本中的磁盘组，所有存储设备均可同时提升性能与容量。vSAN 原始存储架构（OSA）与快速存储架构（ESA）对比如图 5-34 所示。

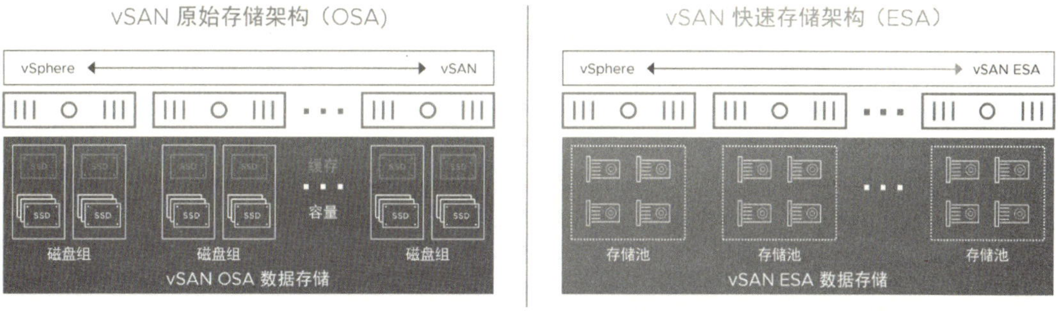

图 5-34　vSAN 原始存储架构与快速存储架构对比

2. vSAN ESA 核心技术

vSAN ESA 架构通过引入新的专利日志结构文件系统和日志结构对象管理器两个元素来提升 Virtual SAN 的整体性能。

vSAN ESA 核心技术示意图如图 5-35 所示，新的日志结构文件系统可以减少 I/O 放大效应，降低开销、兼容未来的存储设备，以及支持高性能快照功能。优化的数据结构能够优化空间利用率，具有很高的可扩展性，并提供设备级性能。

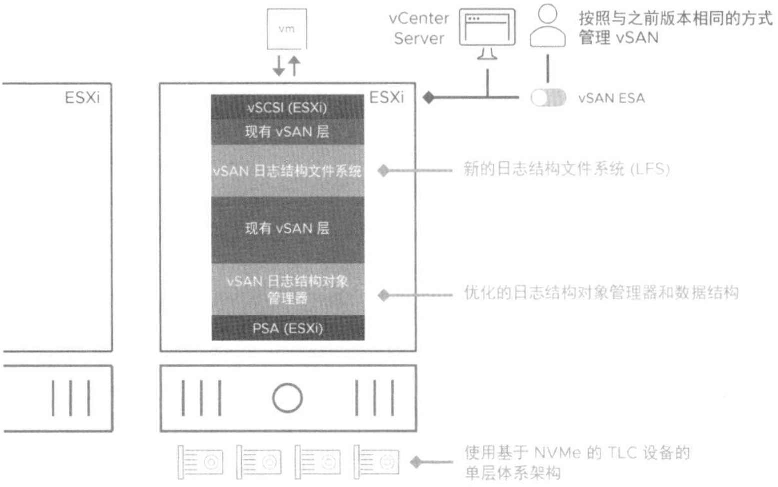

图 5-35　vSAN ESA 核心技术示意图

（1）专利日志结构文件系统。

vSAN ESA 架构引入的专利日志结构文件系统，可快速、高效地摄取新数据，如图 5-36 所示。其适用范围如下：

- 所有 I/O 模式；
- 延迟敏感工作负载；
- 以优化、节省空间的方式预处理待保存的数据；

其核心价值如下：

- 减少 I/O 放大效应；
- 最大限度地降低设备损耗；
- 采用已经压缩的格式等；
- 使用现有 vSAN 分布式对象管理器。

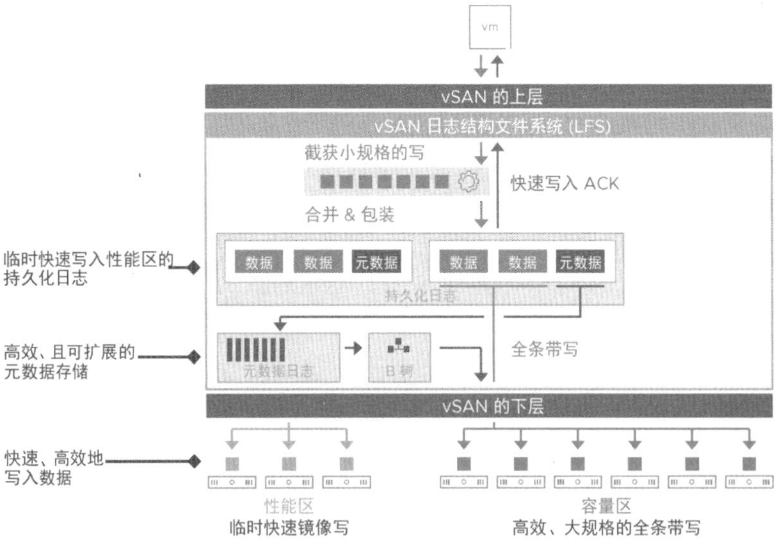

图 5-36　专利日志结构文件系统

（2）日志结构对象管理器。

vSAN ESA 架构引入的日志结构对象管理器，其写入优化数据结构可降低开销并提升效率，如图 5-37 所示。其搭载的高度并行且高效的 I/O 引擎，可实现以下功能。

- 高带宽；
- 低延迟；
- 一致性扩展。

此外，该架构专为扩展性设计，摒弃了磁盘组结构，将设备直接扩展至存储池。

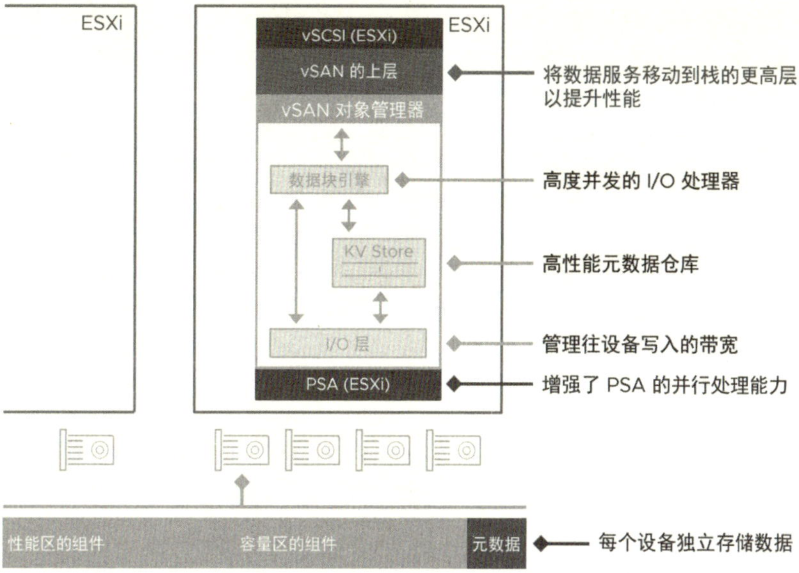

图 5-37　日志结构对象管理器

vSAN ESA 架构引入新的对象格式将性能和容量组件连接到单个对象中。对象主要分为性能分支和容量分支，如图 5-38 所示。

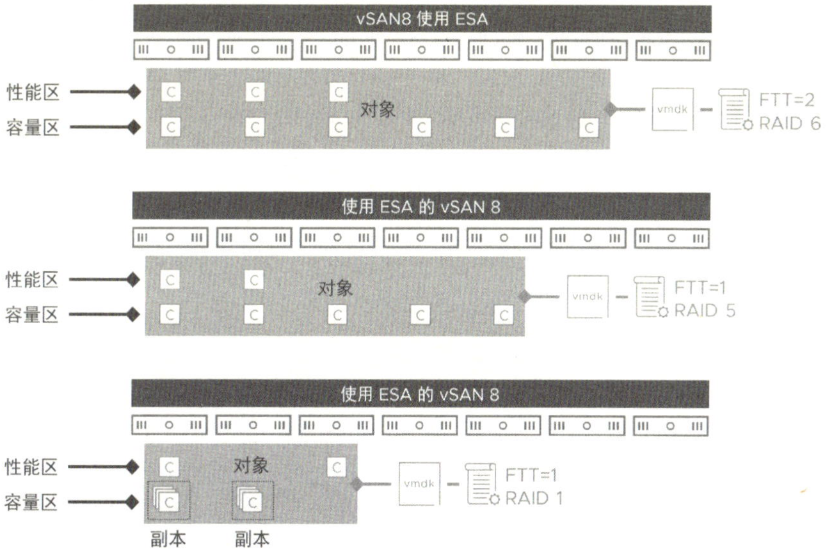

图 5-38　vSAN ESA 的性能分支和容量分支

性能分支具体特点如下：

- 快速摄取和写入；
- 为高效的全条带写入准备数据；
- 始终采用 RAID-1 镜像；

- 镜像的 FTT 等于规定的存储策略；
- 与容量分支组件位于同一主机。

容量分支具体特点如下：

- 以高效的完整条带写入方式合并数据；
- 使用规定的存储策略（如 RAID 5、RAID 6 等）。

3. vSAN ESA 带来的新功能

vSAN ESA 通过多项新功能实现了性能提升，具体表现在以下几个方面。

（1）通过优化的数据处理提升效率。

vSAN ESA 在数据摄取阶段同步完成压缩、加密及数据校验和验证，以此优化数据处理流程。同时，通过全条带写入提升效率。其处理方式如图 5-39 所示。

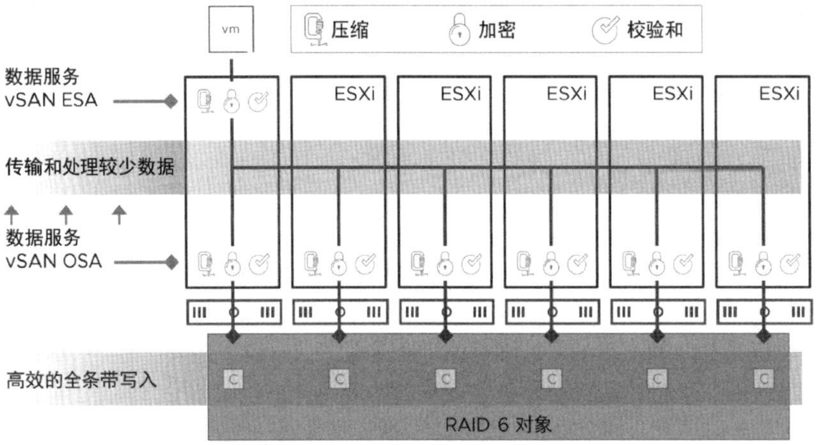

图 5-39 vSAN ESA 优化数据处理方式

（2）提高空间利用率的纠删码。

vSAN ESA 通过优化的、可预测的空间效率来提升有效容量，从而降低总成本，并且 RAID 5/6 的性能与 RAID 1 相当。同时，vSAN ESA 为容量区提供高效的全条带写入，具体如图 5-40 所示。

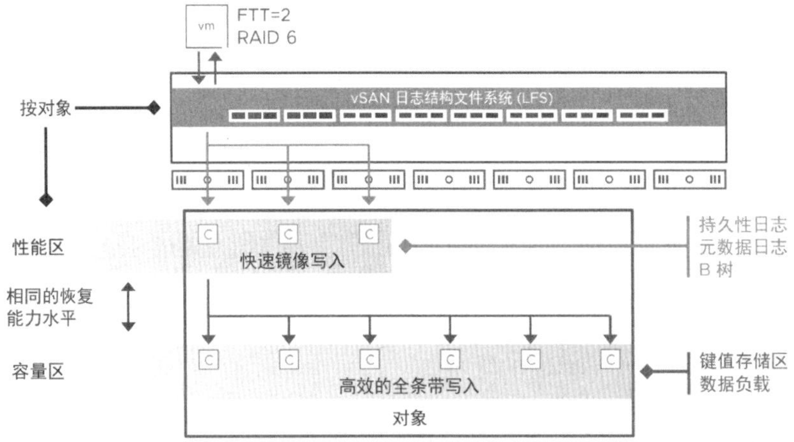

图 5-40 vSAN ESA 提供的全条带写入

（3）自适应集群规模的 RAID 5。

vSAN ESA 新增的 RAID 5 纠删码技术提供了集群感知级别的空间利用率，能够根据环境变化自适应地调整存储策略，如图 5-41 所示。

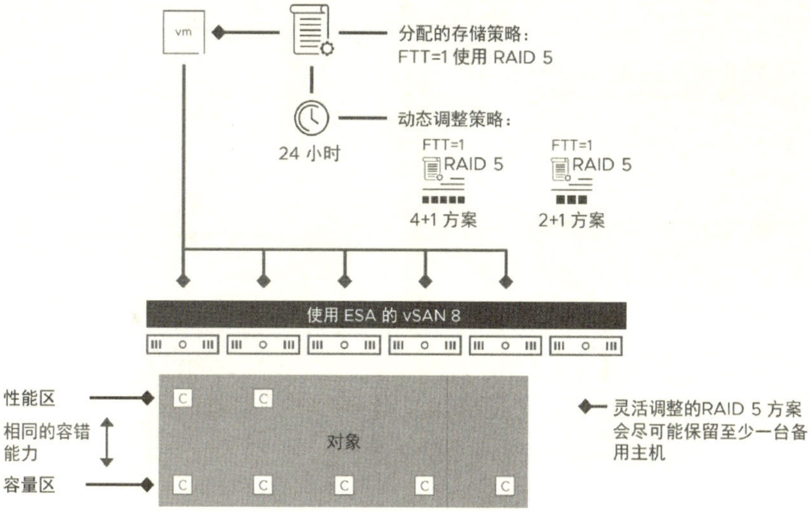

图 5-41　vSAN ESA 新增的 RAID 5 纠删码技术

（4）智能的 I/O 管理。

vSAN ESA 通过自适应网络流量调整来实现重新同步，在出现网络争用时可预测虚拟机的性能，确保虚拟机 I/O 与重新同步 I/O 达到最优平衡，并通过控制重新同步流量来防止网络饱和。vSAN ESA 智能流量管理如图 5-42 所示。

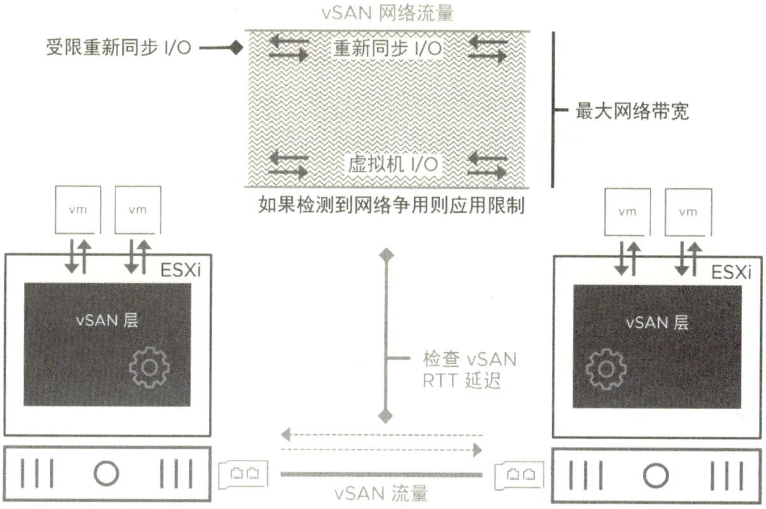

图 5-42　vSAN ESA 智能流量管理

（5）快速高效地获取数据的各时间点状态。

vSAN ESA 与 VMware vSphere 原生集成，支持通过 vCenter Server UI 查看快照容量的使用情况，也可用于第三方备份设备。vSAN ESA 快照如图 5-43 所示。

（6）以更少的主机资源实现更高性能。

与原始存储架构相比，vSAN ESA 能以更少的主机数量和空间消耗提供更高性能，如图 5-44 所示。例如：采用 RAID 5 存储策略时，vSAN ESA 最少需要 3 台主机，空间消耗率为 1.25 倍；而使用原始存储架构 RAID 5 存储策略最少需要 4 台主机，空间消耗率为 1.33 倍。

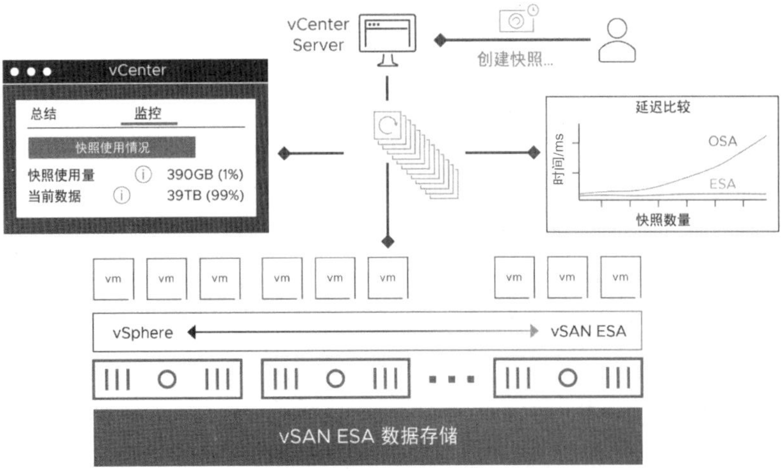

图 5-43　vSAN ESA 快照

vSAN架构	存储策略	最少主机数量	推荐主机数量	使用空间大小（VMDK 100G）	空间消耗率	与RAID 1相比是否有性能消耗
OSA/ESA	FTT=1 RAID 1	3	4	200GB	2倍	—
OSA/ESA	FTT=2 RAID 1	5	6	300GB	3倍	—
OSA	FTT=1 RAID 5	4	5	133GB	1.33倍	是
OSA	FTT=2 RAID 6	6	7	150GB	1.5倍	是
ESA	FTT=1 RAID 5（2+1 Scheme）	3	4	150GB	1.5倍	否
ESA	FTT=1 RAID 5（4+1 Scheme）	5	6	125GB	1.25倍	否
ESA	FTT=2 RAID 6	6	7	150GB	1.5倍	否

图 5-44　vSAN ESA 减少资源消耗

（7）简化的管理流程。

vSAN ESA 为基于 NVMe 的 TLC 存储设备重新设计了底层架构，可以轻松获取主机上的设备并将其添加到存储池，且无磁盘组设计，所有设备均可用作容量资源，极大地降低了总成本，如图 5-45 所示。

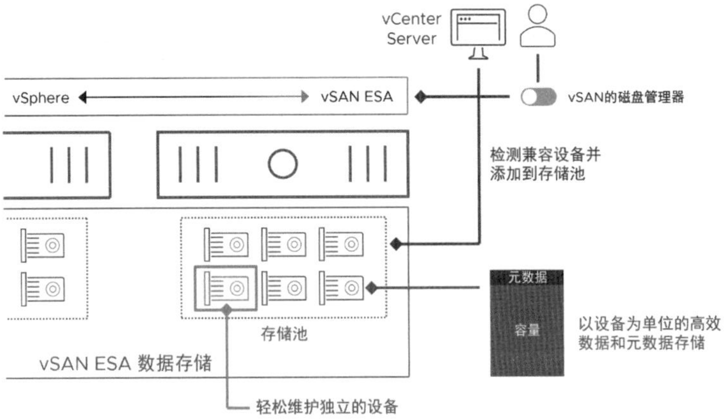

图 5-45　vSAN ESA 重新设计的底层架构

4．配置 vSAN ESA

在了解了 vSAN ESA 功能特性后，即可开始配置 vSAN ESA。下面介绍如何配置和启用 vSAN ESA。

1）vSAN 服务处于关闭状态，需先启用该服务，并选择“标准 vSAN 集群”，单击“配置”按钮进入 vSAN ESA 配置向导，如图 5-46 所示。

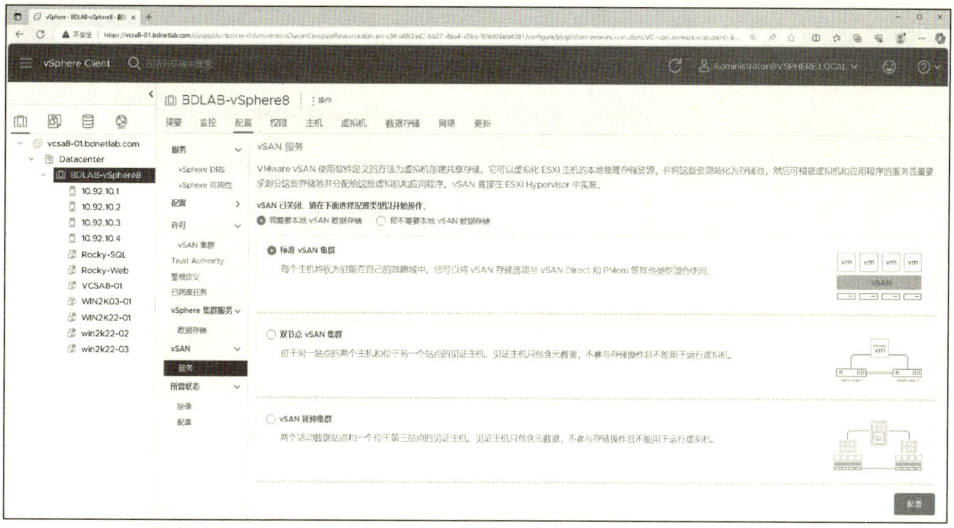

图 5-46　进入 vSAN ESA 配置向导

2）启动 vSAN ESA，如果硬件不满足兼容性检查要求，会出现提示，如图 5-47 所示。需注意：测试环境中可忽略该提示继续操作，但生产环境中建议使用符合兼容性要求的硬件，以确保系统稳定。接着单击“下一步”按钮。

图 5-47　启用 vSAN ESA 时的硬件兼容性检查提示

3）进入 vSAN 服务选项配置界面，如图 5-48 所示，此处使用默认配置，单击“下一步”按钮。

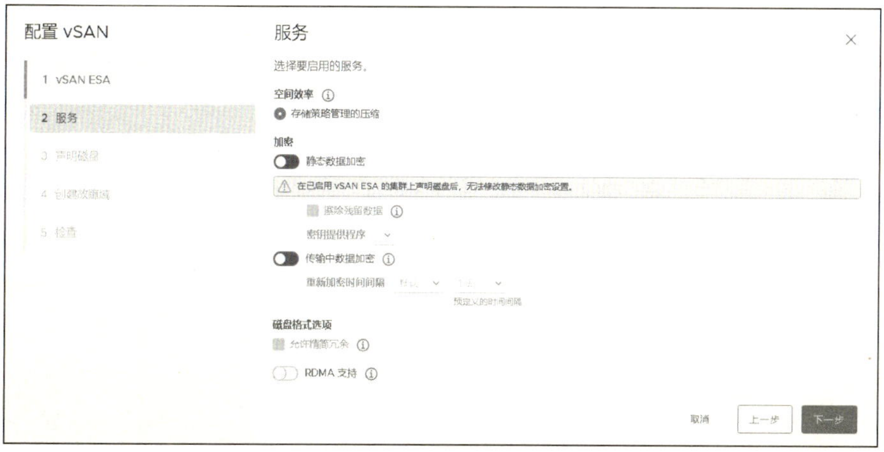

图 5-48　vSAN 服务选项配置界面

4）在声明磁盘步骤中，勾选用于 vSAN 的磁盘，如图 5-49 所示，完成后单击“下一步”按钮。

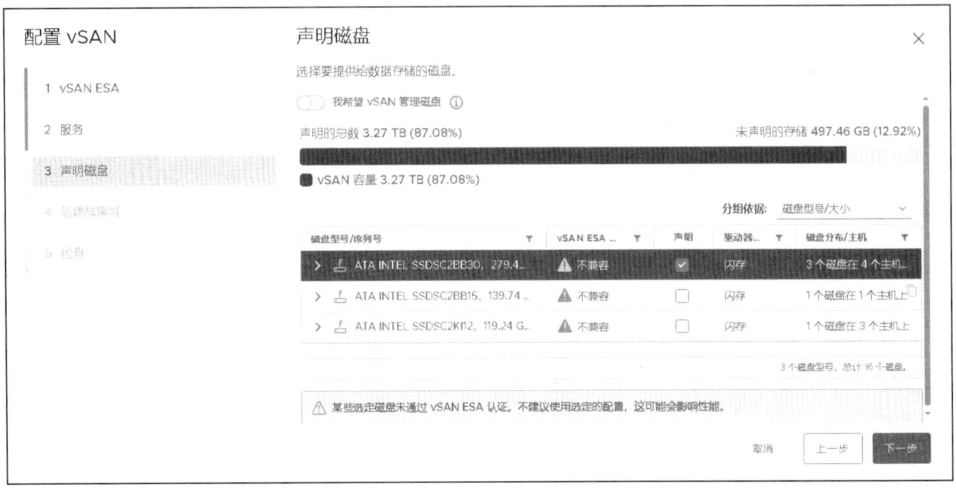

图 5-49　声明 vSAN 所用磁盘

5）为 vSAN 创建故障域，如图 5-50 所示，单击“下一步”按钮。

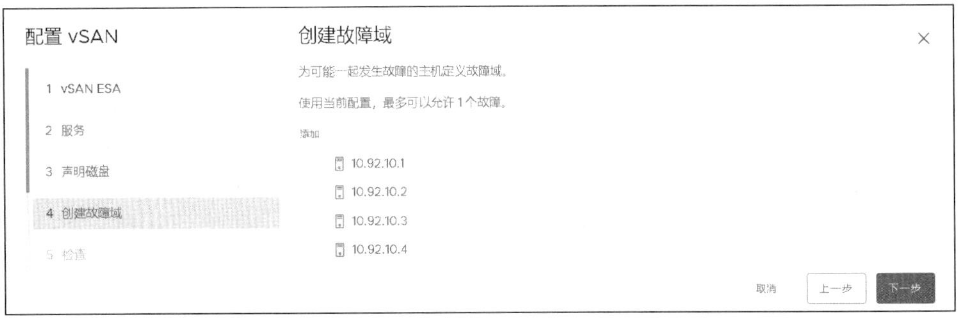

图 5-50　创建故障域

6）系统会展示当前 vSAN ESA 的所有配置参数，如图 5-51 所示。检查确认参数正确无误后，单击“完成”按钮。

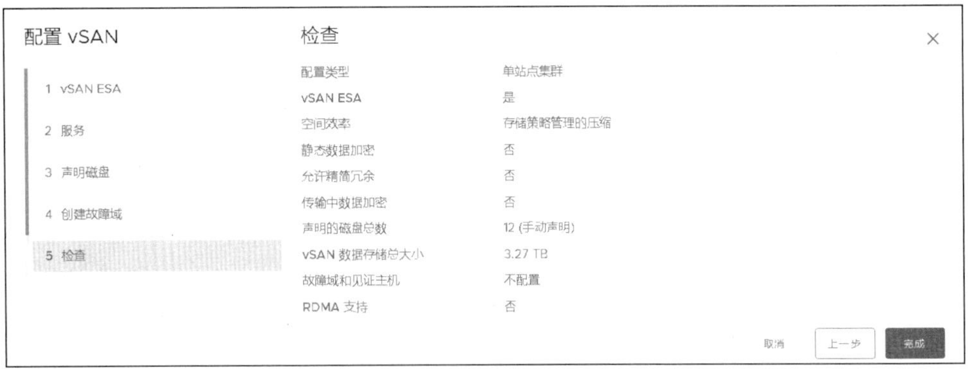

图 5-51　检查配置参数

7）完成 vSAN ESA 服务启用，查看 vSAN 服务状态，如图 5-52 所示。

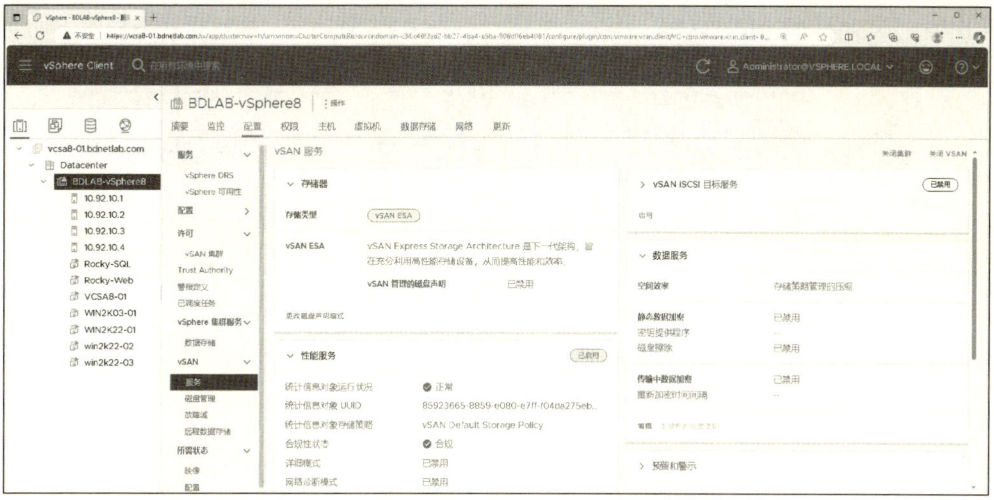

图 5-52　完成 vSAN ESA 启用并查看 vSAN 服务状态

8）进入 vSAN ESA 磁盘管理界面，确认主机运行处于正常状态，如图 5-53 所示。

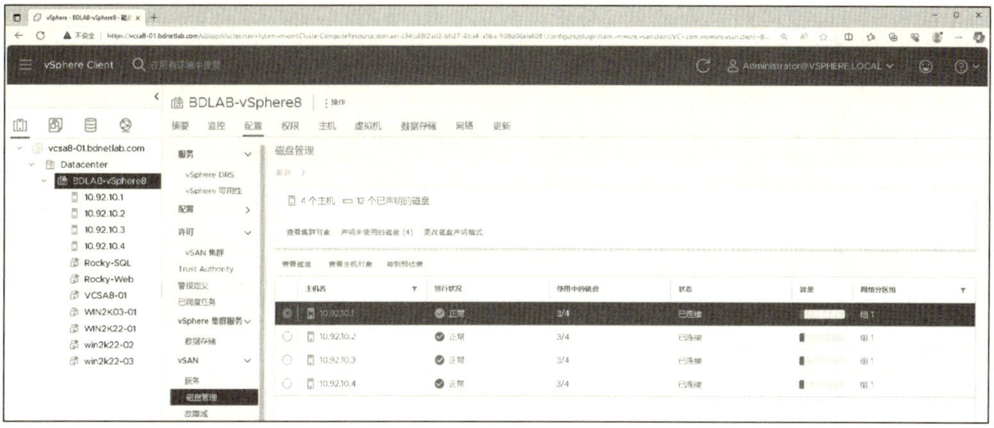

图 5-53　查看 vSAN ESA 磁盘状态

9）查看 vSAN ESA 故障域配置，本场景中为单站点部署，使用 4 台独立主机，如图 5-54 所示。

图 5-54　查看 vSAN ESA 故障域配置

10）通过 vSAN 监控的 Skyline Health 功能，可查看 vSAN ESA 的整体状态概览，如图 5-55 所示。

图 5-55　查看 vSAN ESA 整体状态概览

11）查看 vSAN 虚拟对象，由于没有虚拟机运行在 vSAN 存储中，所以仅显示性能管理对象项目，如图 5-56 所示。

图 5-56　查看 vSAN 虚拟对象

12）“重新同步对象”功能用于主机故障后的自动数据同步，可在此处查看相关配置，如图 5-57 所示。

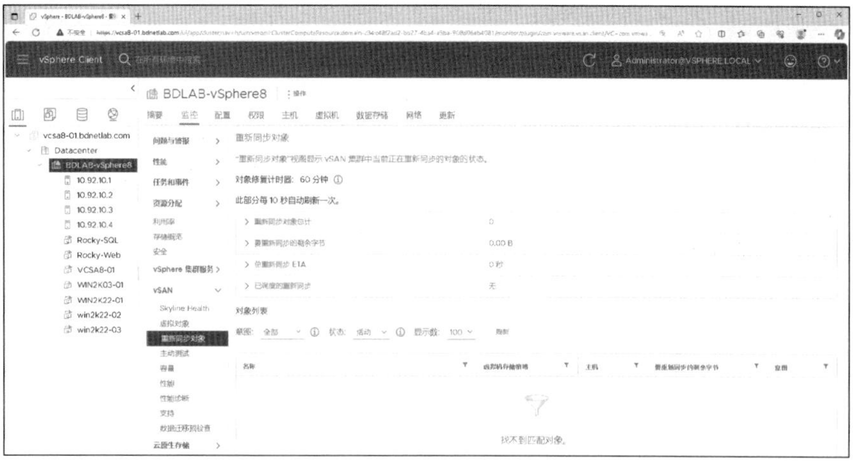

图 5-57　查看重新同步对象

13）对 vSAN 存储虚拟机的创建及网络性能进行主动测试，测试结果均通过，如图 5-58 所示。

图 5-58　测试 vSAN 存储虚拟机的创建和网络性能

14）查看 vSAN 的容量信息，如图 5-59 所示。

图 5-59　查看 vSAN 的容量信息

15）查看 vSAN 的性能情况，如图 5-60 所示。

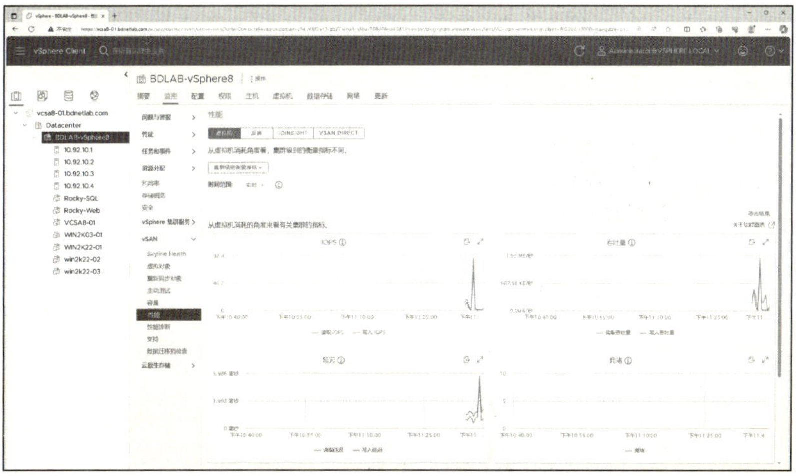

图 5-60　查看 vSAN 的性能情况

16）查看 vsanDatastore 摘要，如图 5-61 所示。

图 5-61　查看 vsanDatastore 摘要

17）查看 vSAN ESA 默认虚拟机存储策略，如图 5-62 所示。

图 5-62　查看 vSAN ESA 默认虚拟机存储策略

18）迁移虚拟机存储至 vsanDatastore，如图 5-63 所示。

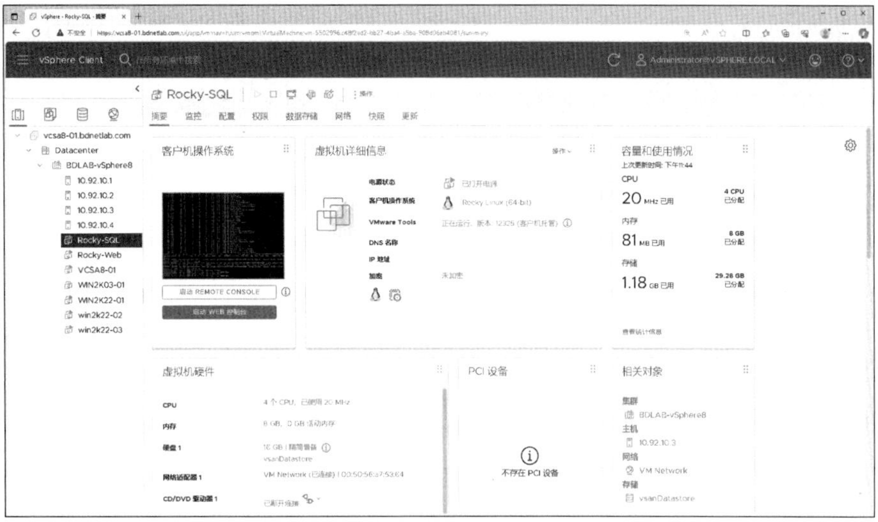

图 5-63　迁移虚拟机存储至 vsanDatastore

19）查看虚拟机物理磁盘的放置情况，可看到虚拟机组件分布在多台主机上，如图 5-64 所示。

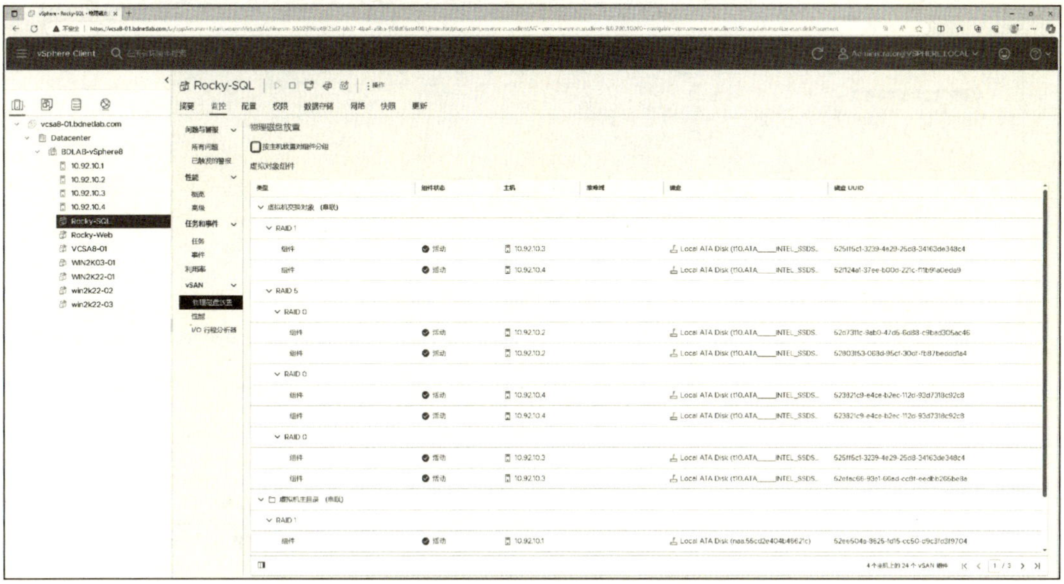

图 5-64　查看虚拟机物理磁盘的放置情况

20）模拟其中一台主机出现故障，如图 5-65 所示，可以看到部分组件呈现缺失状态。

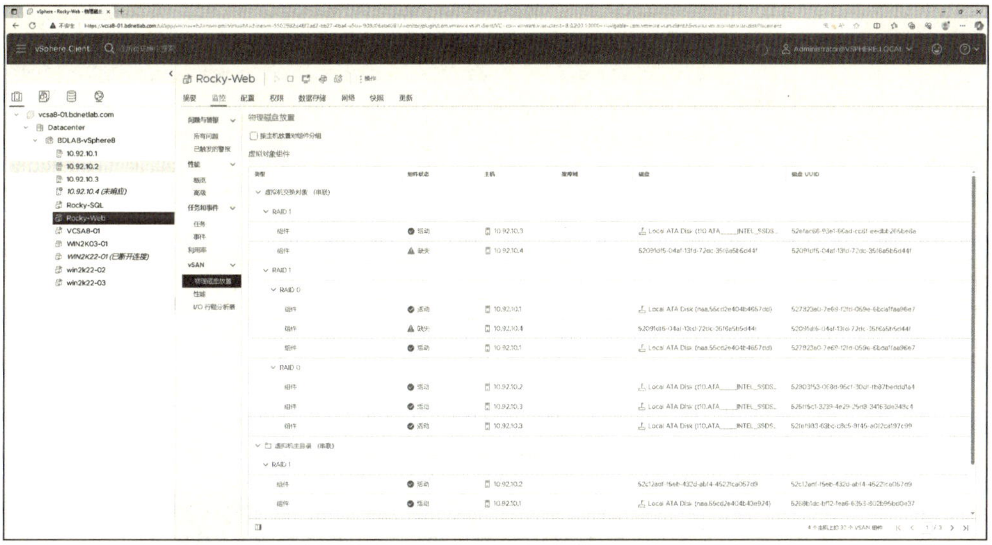

图 5-65　模拟主机故障

21）查看 vSAN 虚拟对象，系统会提示故障主机的连接问题，如图 5-66 所示。

22）当 vSAN 集群主机出现故障后，系统会自动触发重新同步机制，默认情况下，若故障主机在 60 分钟内未恢复，vSAN 将在其他正常运行的主机上重建虚拟机数据，如图 5-67 所示。

23）登录虚拟机验证其网络连接性及运行状态，如图 5-68 所示，确认虚拟机正常工作，说明一台主机故障不影响 vSAN 存储系统正常运行。

图 5-66　查看 vSAN 虚拟对象

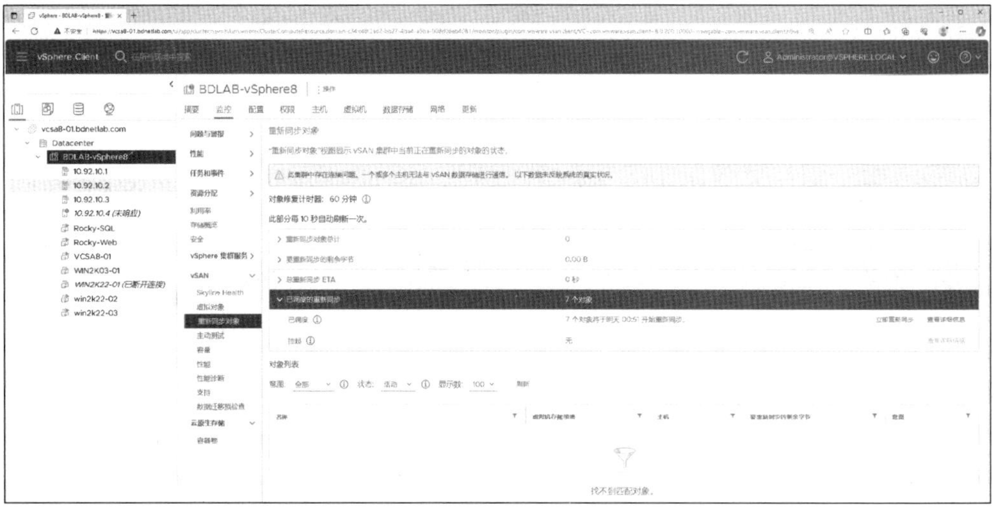

图 5-67　查看重新同步对象

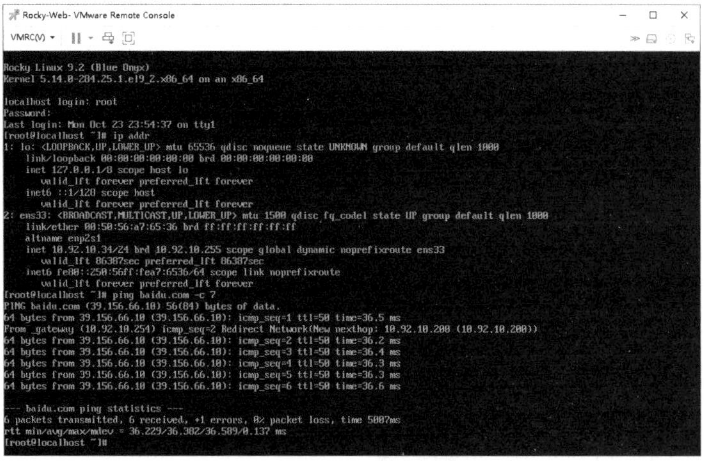

图 5-68　验证故障状态下虚拟机的正常运行

至此，vSAN ESA 服务配置完成，vSAN 已可投入使用。在生产环境中，需根据实际业务需求调整存储策略。

5.3.6　配置原始存储架构 vSAN

配置原始存储架构 vSAN 与配置 vSAN ESA 基本类似。本节将介绍如何配置和启用原始存储架构 vSAN。

1）配置 vSAN 时，选择不启用 vSAN ESA，如果硬件未通过兼容性检查，会出现提示，如图 5-69 所示。测试环境中可忽略提示继续操作，生产环境中建议使用符合要求的硬件，单击“下一步”按钮。

图 5-69　启用 vSAN

2）配置 vSAN 服务，如图 5-70 所示。本节使用默认配置，单击“下一步”按钮。

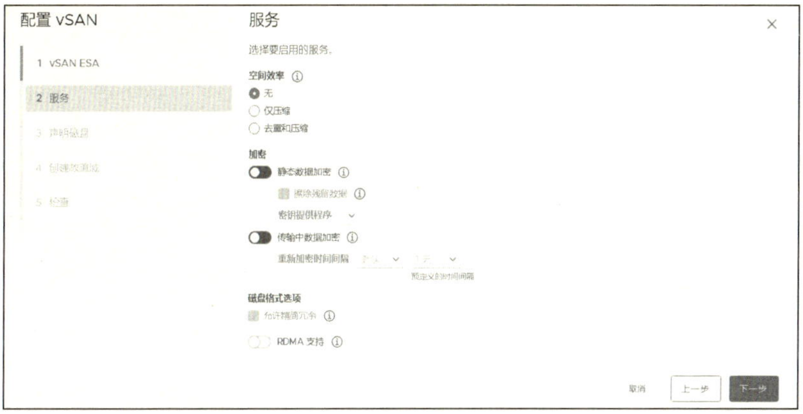

图 5-70　配置 vSAN 服务

3）在声明磁盘步骤中，勾选用于 vSAN 的磁盘，如图 5-71 所示。注意，原始存储架构需要声明容量层与缓存层，单击“下一步”按钮。

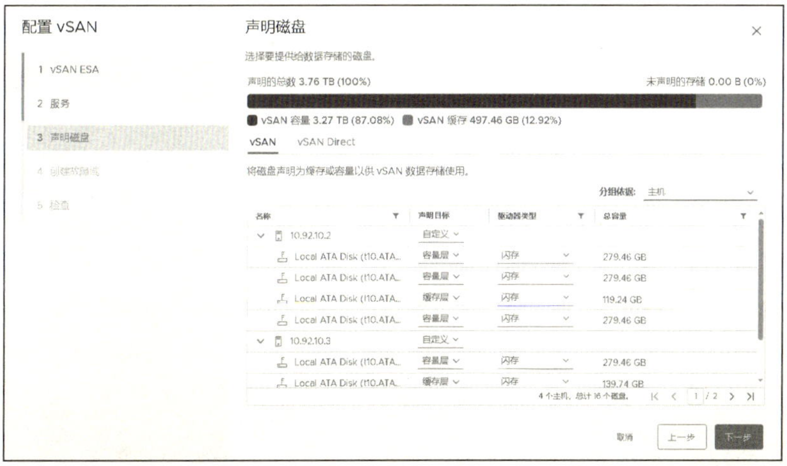

图 5-71　声明磁盘

4）为 vSAN 创建故障域，如图 5-72 所示，然后单击“下一步”按钮。

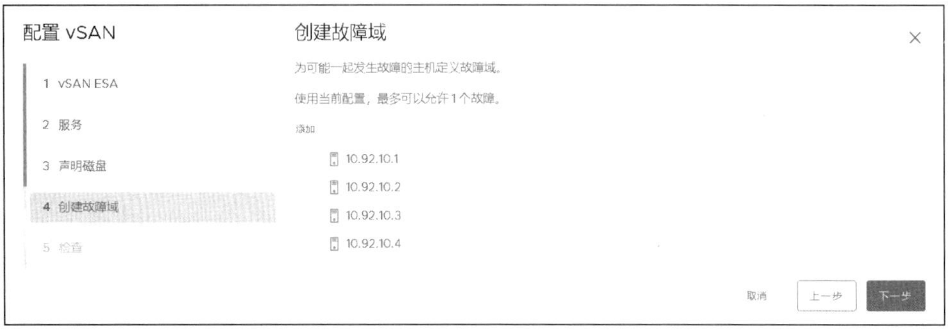

图 5-72　创建故障域

5）检查 vSAN 参数配置是否正确，如图 5-73 所示。若正确，单击“完成”按钮。

图 5-73　检查 vSAN 参数配置

6）完成 vSAN 服务启用，查看 vSAN 服务状态，如图 5-74 所示。

图 5-74　查看 vSAN 服务状态

7）查看 vSAN 磁盘管理界面，确认主机运行状态正常，如图 5-75 所示。

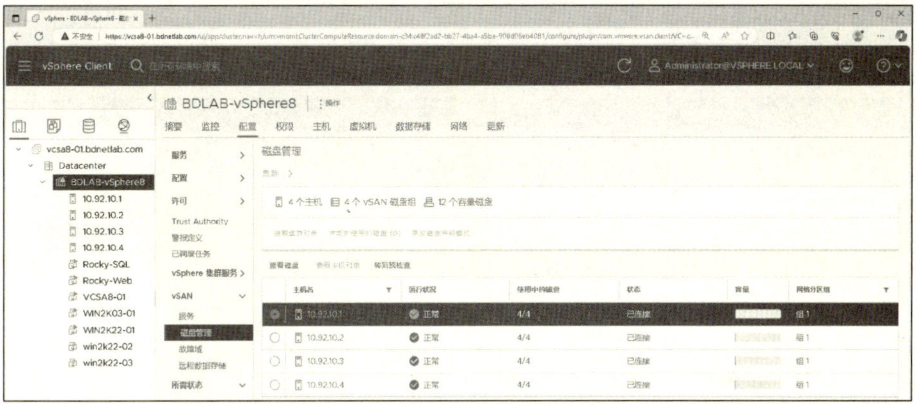

图 5-75　查看 vSAN 磁盘管理界面

8）查看主机磁盘组信息，示例中磁盘组包含 1 个缓存磁盘与 3 个容量磁盘，如图 5-76 所示。

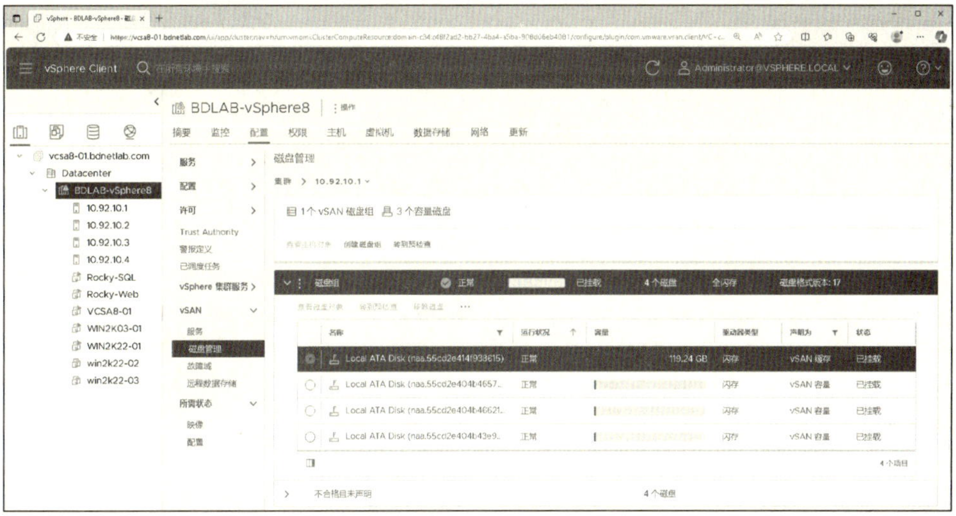

图 5-76　查看主机磁盘组信息

9）查看 vSAN 故障域，目前单站点使用 4 台独立主机，如图 5-77 所示。

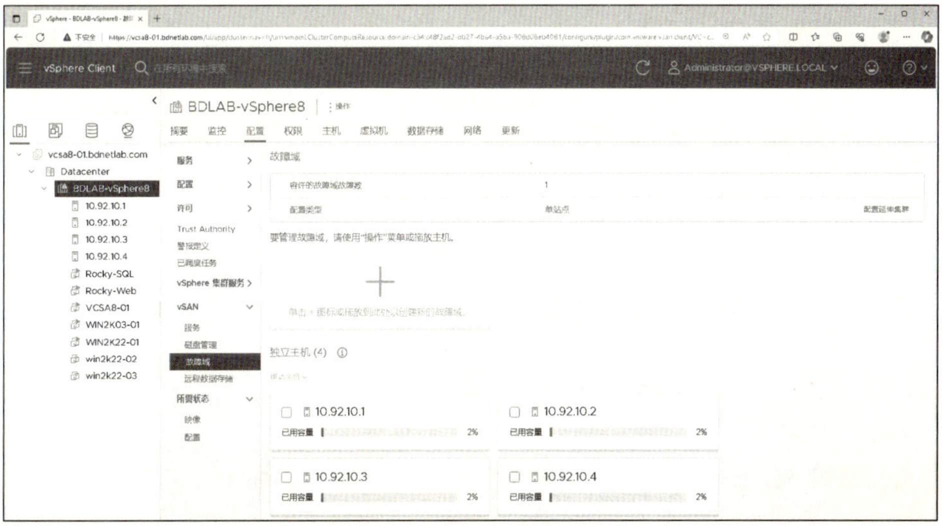

图 5-77　查看 vSAN 故障域

10）查看 vSAN 容量信息，如图 5-78 所示。

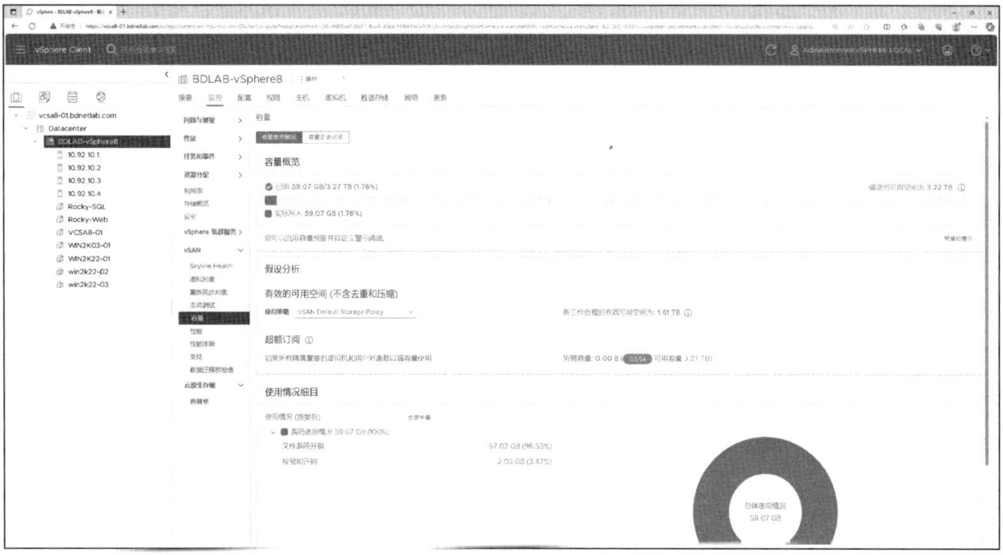

图 5-78　查看 vSAN 容量信息

11）查看虚拟机物理磁盘放置情况，虚拟机采用 vSAN 默认存储策略，组件按照 RAID 1 方式分布在多台主机上，如图 5-79 所示。

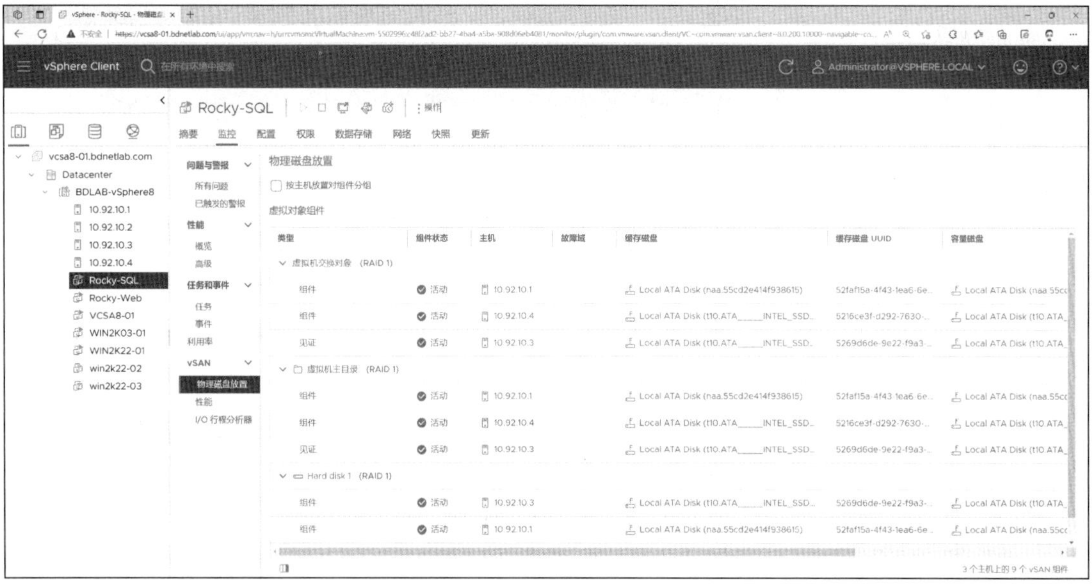

图 5-79　查看虚拟机物理磁盘放置情况

12）模拟其中一台主机出现故障，如图 5-80 所示，可以看到部分组件呈现缺失状态。

13）当 vSAN 集群主机出现故障后，系统会触发组件重新同步，默认对象修复计时器为 60 分钟，也可以立即重新同步，如图 5-81 所示，系统会计算出“要重新同步的剩余字节”以及“总重新同步 ETA”时间。

14）虚拟机组件完成重新同步后，可以看到组件未分布在故障主机上，如图 5-82 所示。

图 5-80　模拟主机故障

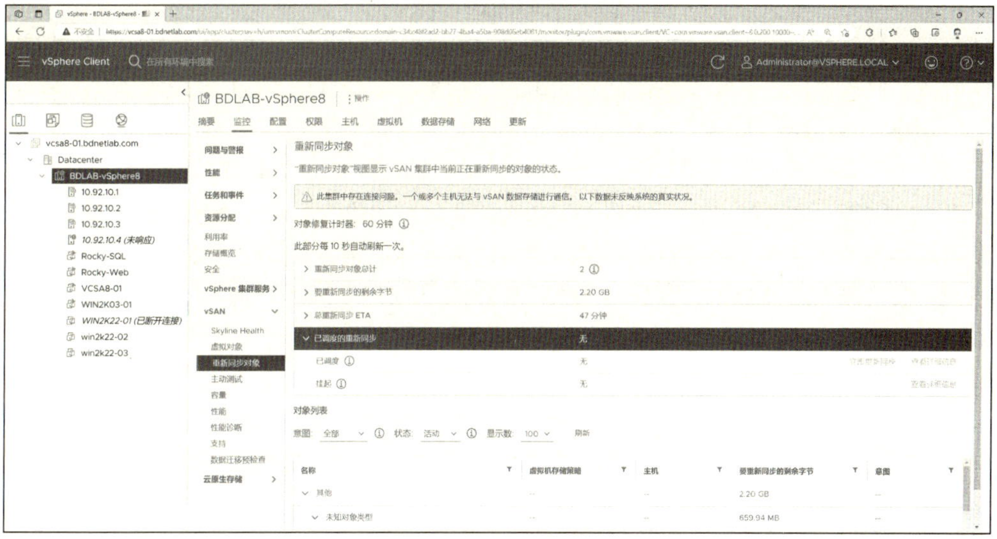

图 5-81　重新同步对象

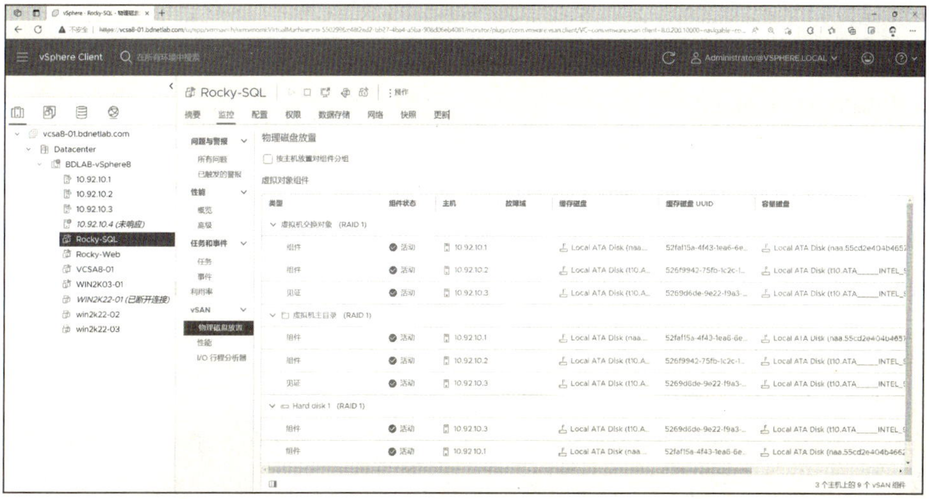

图 5-82　vSAN 完成组件同步

至此，原始存储架构 vSAN 的基本服务配置及磁盘组添加完成，vSAN 可投入使用。在生产环境中，需根据实际情况调整存储策略。

5.3.7 vSAN 常见故障

在 vSAN 的日常运维中，虽然可以通过后续章节介绍的 vRealize Operations Manager 对 vSAN 进行监控，但掌握常见故障的处理逻辑与方法仍至关重要。

1. SSD 缓存层故障

vSAN 日常运行中，SSD 缓存层故障是较常见的问题。当 vSAN 节点主机磁盘组中的 SSD 缓存层出现故障时，该磁盘组会进入“降级”状态。由于磁盘组中所有数据的读取和写入都通过 SSD 缓存，如果 SSD 缓存层出现故障，则相当于整个磁盘组出现故障，这时 vSAN 会寻找其他正常工作的 vSAN 节点主机重建组件和元件。对于运维人员来说，需要及时更换发生故障的 SSD 缓存。

2. 容量层故障

容量层使用的机械硬盘或 SSD 也可能出现故障，当容量层的硬盘出现故障后，一般来说更换硬盘后可以自动进行修复。处理机制与存储策略中 FTT 值相关，多数生产场景中采用 FTT=1，也就是说虚拟机会有两份副本。当容量层硬盘故障后更换新硬盘时，vSAN 会重建虚拟机的组件，可以在 vSAN 监控界面查看需要重新同步的组件、同步容量及预估完成时间等信息。

3. vSAN 节点故障

vSAN 节点故障指 ESXi 主机本身（非磁盘层面）的故障。若存储策略配置为 FTT=1，集群可容忍 1 台 vSAN 节点主机故障。如果该主机在 60 分钟内没有恢复，系统默认触发自动重建机制，vSAN 会自动在其他正常节点上重建该节点的组件与数据。当故障节点修复并重新加入集群后，vSAN 会自动校验其数据一致性，并执行重新同步的操作，确保集群数据全局一致。

4. vCenter Server 故障

vSAN 依赖 vCenter Server 进行配置及运维，如果 vCenter Server 出现故障，已建好的 vSAN 是否会受影响呢？可以明确告诉大家，当 vSAN 配置完成后，并不依赖 vCenter Server 运行。也就是说，就算 vCenter Server 发生故障，也不影响 vSAN 以及 vSAN 上虚拟机的运行，只是无法进行 vSAN 的配置和监控。

当 vCenter Server 出现故障后，优先恢复上一次正常工作的 vCenter Server 备份。如果无法恢复，可以新建 vCenter Server，创建新的 vSAN 集群，将原 vSAN 节点主机加入该集群即可。系统会自动完成同步工作，不需要手动进行操作。

5.4 配置裸设备映射

在生产环境中，一般会使用 VMware vSphere 自有的文件系统 VMFS 存储虚拟机及其他文件；但在一些特殊环境中，需要直接访问存储上的 LUN，此时可通过裸设备映射实现。本节介绍裸设备映射的配置方法。

5.4.1 裸设备映射介绍

裸设备映射（Raw Device Mappings，RDM）是存储在 VMFS 卷中的一种文件。裸设备映射可以将客户机操作系统数据直接存储在原始 LUN 上，而不是将虚拟机数据存储在 VMFS 上的虚拟磁盘文件中。如果虚拟机中运行的应用必须知道存储设备的物理特征，裸设备映射将非常有用。

通过映射原始 LUN，可以使用现有 SAN 命令来管理磁盘存储。当虚拟机必须与 SAN 中的实际磁盘交互时，可使用裸设备映射架构，如图 5-83 所示。

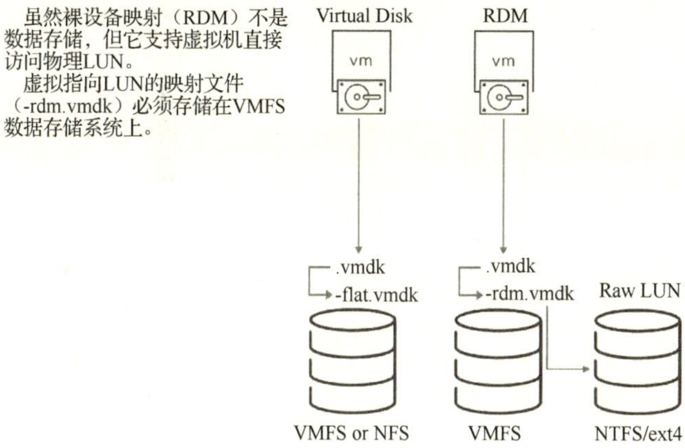

图 5-83　裸设备映射架构

5.4.2　在虚拟机中配置裸设备映射

了解裸设备映射原理后，可以配置裸设备映射。需要注意的是，配置裸设备映射需要提前在存储系统中创建一个未消耗的 LUN。

1）确认 ESXi 主机有未消耗的 LUN，如图 5-84 所示，示例中为 100GB 未消耗的 LUN。

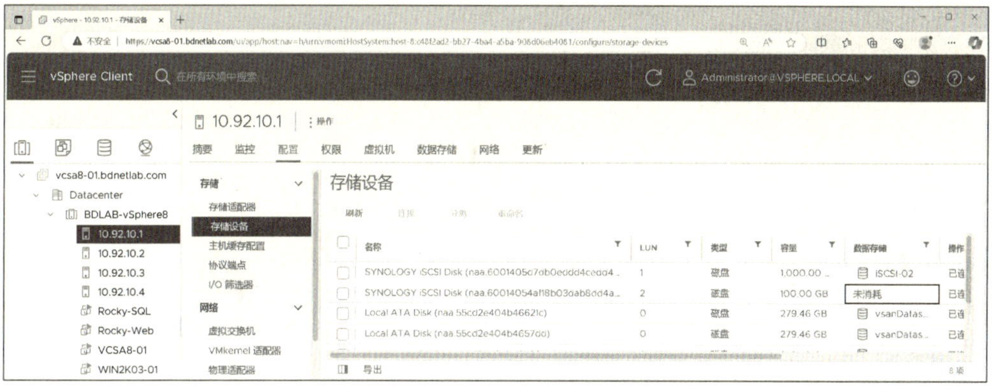

图 5-84　未消耗的 LUN

2）新建虚拟机，在右侧添加新设备处选择 RDM 磁盘，如图 5-85 所示。

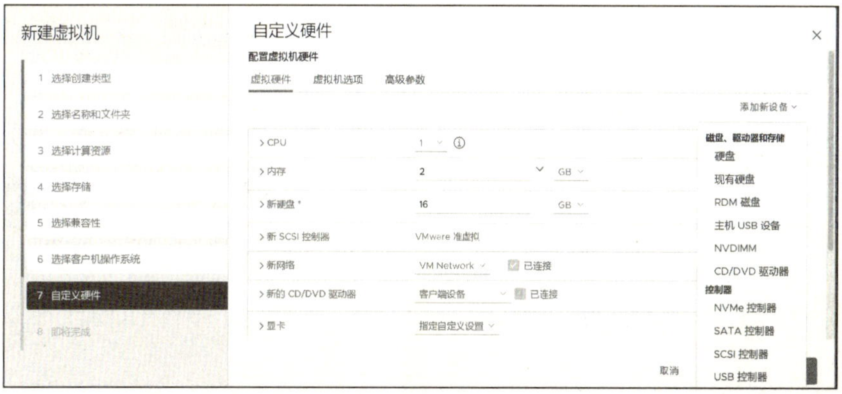

图 5-85　新建虚拟机并选择 RDM 磁盘

3）选择（未消耗）的目标 LUN 作为 RDM 磁盘，如图 5-86 所示。

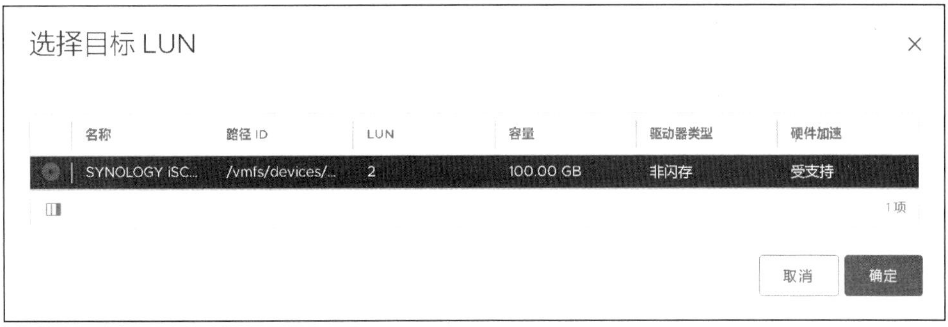

图 5-86　选择目标 LUN

4）自定义 RDM 磁盘的配置，如图 5-87 所示。

图 5-87　自定义 RDM 磁盘的配置

5）检查确认虚拟机的 RDM 磁盘配置无误，如图 5-88 所示。

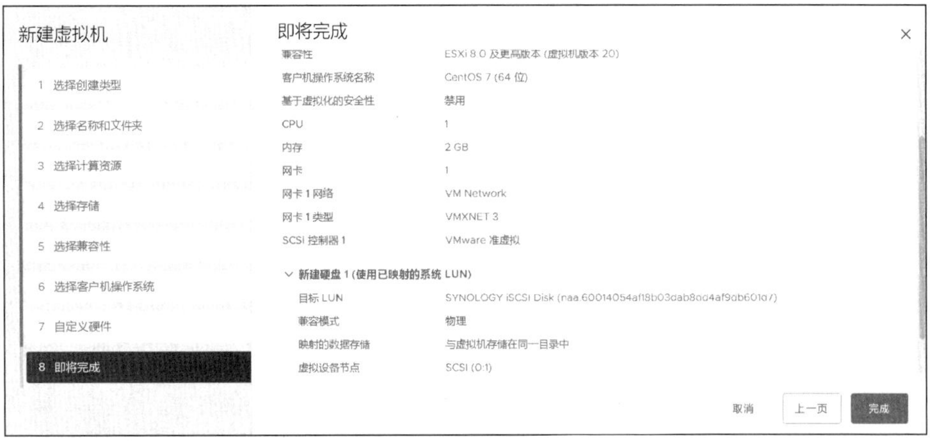

图 5-88　检查确认虚拟机的 RDM 磁盘配置

6）为虚拟机安装操作系统，系统识别到 RDM 磁盘（示例中为“SYNOLOGY iSCSI Storage”），如图 5-89 所示。

7）完成操作系统安装后，虚拟机可正常运行，如图 5-90 所示。

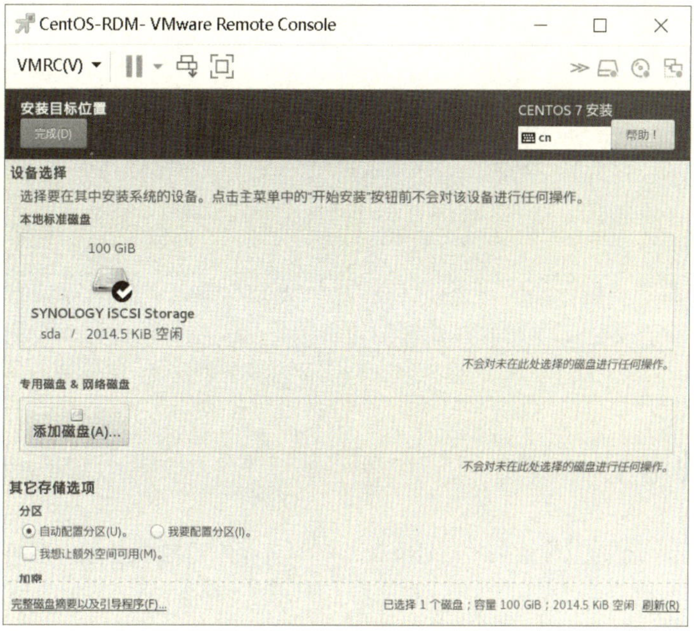

图 5-89　系统识别到 RDM 磁盘

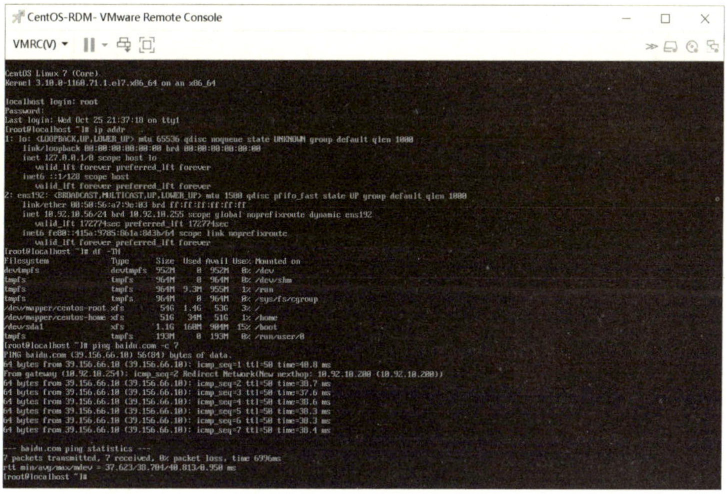

图 5-90　虚拟机正常运行

至此，就完成了虚拟机使用裸设备映射磁盘的配置，整体来说比较简单。通过裸设备映射，能够在一定程度上提升磁盘的 IO 性能，但也需要注意，虚拟机迁移时，目标 ESXi 主机必须能访问该 RDM 关联的原始 LUN，否则迁移会失败。

5.5　本章小结

本章详细介绍了 VMware vSphere 8.0 支持多种存储选项，并介绍其在企业生产环境中如何进行配置。首先，详细讨论了主流的 iSCSI 存储解决方案，包括其特性、优势和适用场景。其次，深入介绍了 vSAN 8.0 解决方案，探讨了其在企业级存储环境中的优势，并提供相关的最佳实践和配置建议。通过学习本章内容，读者能够更全面地理解存储选项在实际生产环境中的应用，从而为企业选择最适合的存储解决方案。

第 6 章　配置和使用高级特性

在前面的章节中，我们已经学习了如何在 VMware vSphere 虚拟化架构中进行基本部署。在生产环境中，为了保证 ESXi 主机和虚拟机的正常运行，需要使用各种高级特性。这些高级特性包括 vMotion、DRS、HA 和 FT 等。本章将介绍这些高级特性在生产环境中的使用方法。

6.1　配置和使用 vMotion

在 VMware vSphere 虚拟化架构中，vMotion 是所有高级特性的基础，它可以将正在运行的虚拟机在不中断服务的情况下，从一台 ESXi 主机迁移到另一台 ESXi 主机中，或对虚拟机的存储进行迁移。这一技术为虚拟机的高可用性提供了关键支撑。

6.1.1　vMotion 介绍

1. vMotion 迁移的原理

vMotion 实时迁移的原理就是在激活 vMotion 后，系统先将源 ESXi 主机上的虚拟机内存状态克隆到目标 ESXi 主机上，再接管虚拟机硬盘文件，当所有操作完成后，在目标 ESXi 主机上激活虚拟机。那么迁移的具体原理是什么呢，以图 6-1 为例进行迁移步骤分解。

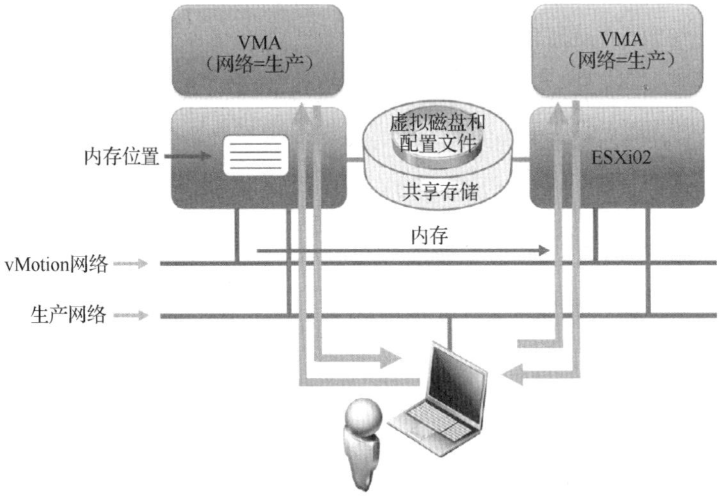

图 6-1　迁移原理示意图

（1）在图 6-1 中，虚拟机 A（VMA）为生产环境关键服务器，不能出现中断的情况。此时因虚拟机 A 运行的 ESXi01 主机需维护，需在不关机的情况下将虚拟机 A 迁移至 ESXi02 主机。

（2）激活 vMotion 迁移操作后，ESXi02 主机会生成与 ESXi01 主机中虚拟机 A 配置完全一致的副本，同时 ESXi01 主机会创建内存位图，记录迁移期间虚拟机的所有操作。

（3）开始将 ESXi01 主机上虚拟机 A 的内存数据克隆到 ESXi02 主机上。

（4）内存克隆完成后，由于在克隆的这段时间，虚拟机 A 的状态已经发生变化，所以，ESXi01 主机的内存位图也需要克隆到 ESXi02 主机上，此时会出现短暂的停滞时间，但由于内存位图克隆的时间非常短，用户几乎感觉不到停滞的情况。

（5）内存位图同步完成后，ESXi02 主机会根据内存位图激活虚拟机 A。

（6）系统自动重新映射网卡 MAC 地址，将 ESXi01 所代表的 MAC 地址换成 ESXi02 的 MAC 地址，确保网络报文正确路由至迁移后的虚拟机 A。

（7）MAC 地址映射完成后，ESXi01 主机上的虚拟机 A 被删除，释放内存资源，vMotion 迁移结束。

2．vMotion 迁移对虚拟机的要求

在 vSphere 虚拟化环境中，对于要实施 vMotion 迁移的虚拟机，也存在一定的要求：

- 虚拟机所有文件必须存放在共享存储上。
- 虚拟机不能与装载本地映像的虚拟设备（如 CD-ROM、USB、串口等）连接。
- 虚拟机不能与没有连接上外部网络的虚拟交换机连接。
- 虚拟机不能配置 CPU 关联性。
- 如果虚拟机使用的是裸设备映射，目标主机必须能够访问裸设备映射。
- 如何目标主机无法访问虚拟机的交换文件，vMotion 必须能够创建一个使用目标主机可以访问的交换文件，然后才能开始迁移。

3．vMotion 迁移对主机的要求

ESXi 主机的硬件配置对于 vMotion 同样重要，其标准如下：

- 源主机和目标主机的 CPU 功能集必须兼容，可通过启用增强型 vMotion 兼容性（EVC）或隐藏部分 CPU 功能实现兼容。
- 网络要求：至少配备 1 个 1Gbit/s 以太网卡（1 个 1Gbit/s 网卡支持 4 个并发 vMotion 迁移，1 个 10Gbit/s 网卡同时支持 8 个并发 vMotion 迁移）。
- 对相同物理网络的访问权限。
- 能够看到虚拟机使用的所有存储能力，每个 VMFS 数据存储可以同时进行 128 个 vMotion 迁移。

6.1.2　使用 vMotion 迁移虚拟机

在生产环境中使用 vMotion 迁移虚拟机时，建议使用单独的虚拟交换机运行 vMotion 流量，因为 vMotion 迁移过程会占用大的网络带宽，如果 vMotion 与 iSCSI 存储通信端口共用，会严重影响 iSCSI 存储的性能。此外，如果生产环境中以太网口数量不够，推荐选择流量较小的虚拟交换机运行 vMotion 流量。下面介绍如何使用 vMotion 在线迁移虚拟机。

1）使用 vMotion 迁移虚拟机前，需要确认主机已启用 vMotion 服务，如图 6-2 所示，未启用会导致迁移报错。

2）选择需要迁移的虚拟机，在“操作”菜单中选择“迁移”，如图 6-3 所示。

3）迁移类型有多个选项，如图 6-4 所示，根据生产环境的情况选择即可，本节操作选择“仅更改计算资源”，单击“下一页”按钮。

4）选择计算资源，如图 6-5 所示，单击“下一页”按钮。

图 6-2　主机启用 vMotion 服务

图 6-3　选择需要迁移的虚拟机

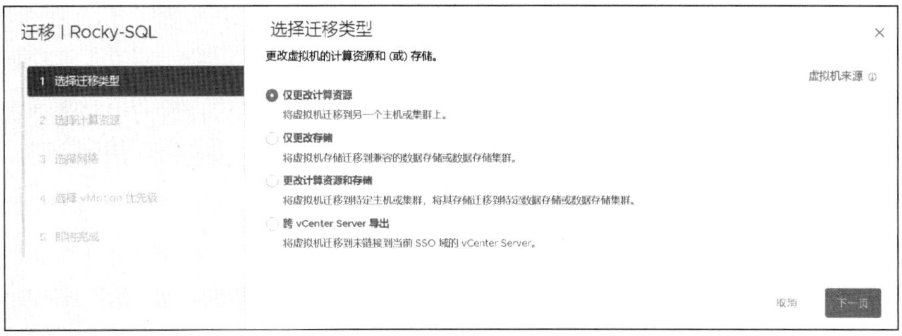

图 6-4　选择迁移类型

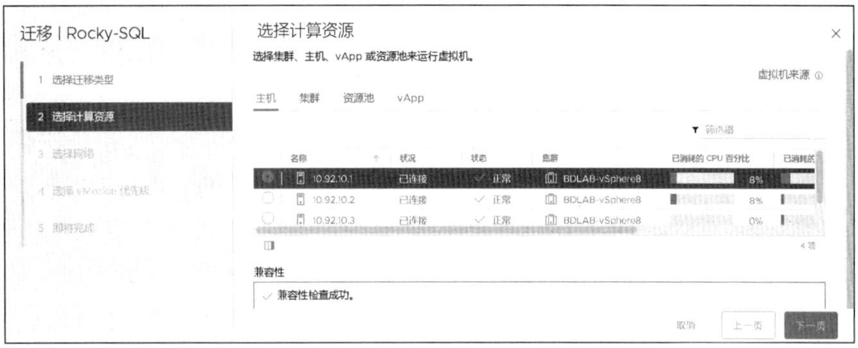

图 6-5　选择计算资源

5）若无须变更虚拟机网络配置，在选择网络界面直接单击“下一页”按钮，如图 6-6 所示。

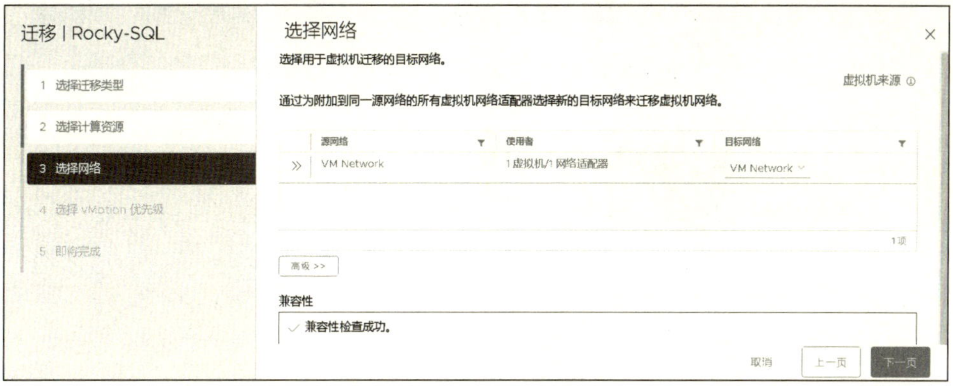

图 6-6　选择网络界面

6）选择 vMotion 优先级，一般情况下选择建议选项即可，如图 6-7 所示，单击“下一页”按钮。

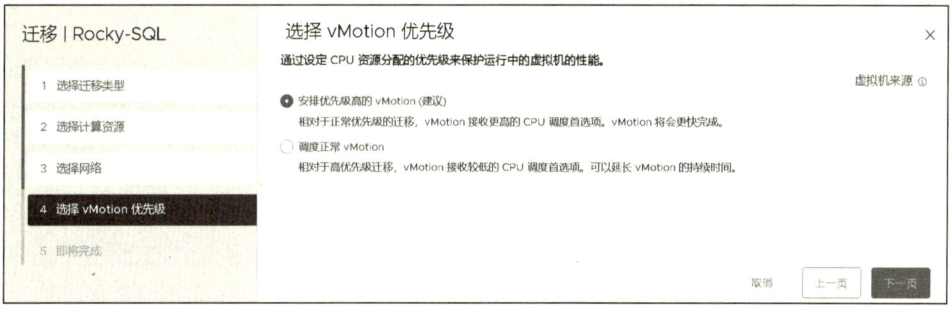

图 6-7　选择 vMotion 优先级

7）确认迁移参数无误后，如图 6-8 所示，单击“完成”按钮。

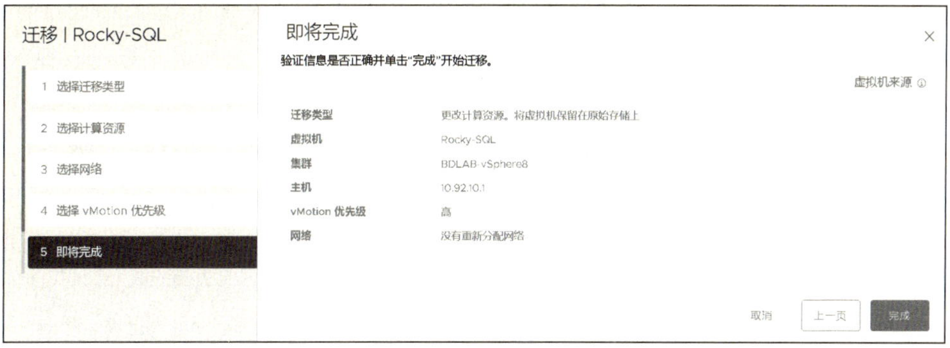

图 6-8　检查迁移参数

8）完成虚拟机迁移，虚拟机迁移到 IP 地址为 10.92.10.1 的 ESXi 主机上，如图 6-9 所示。

至此，使用 vMotion 迁移虚拟机操作完成。在生产环境中，vMotion 可灵活用于在线或关机状态的虚拟机迁移，特别是当某台 ESXi 主机需要停机维护时，该功能可以保证虚拟机正常运行，服务不会出现中断的情况。

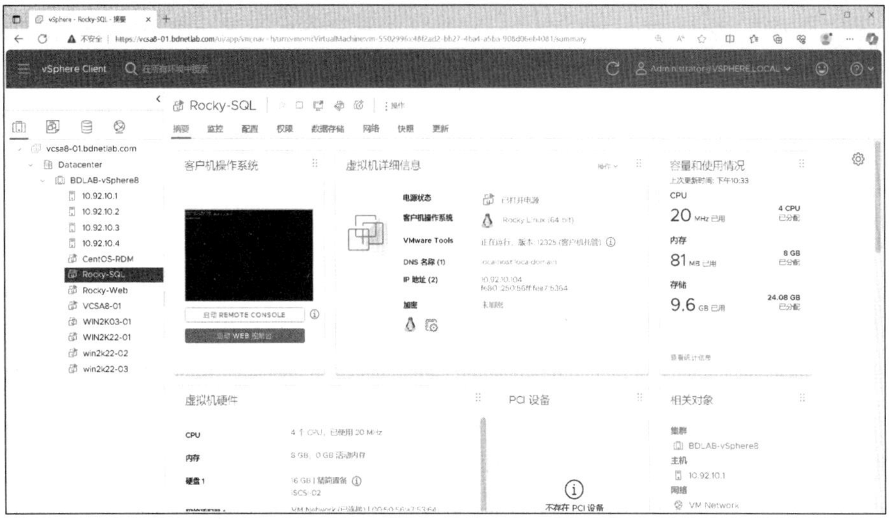

图 6-9　完成虚拟机迁移

6.1.3　使用 vMotion 迁移存储

在生产环境中，除了迁移虚拟机，存储迁移也是比较常见的操作，例如，当需要对生产环境所使用的存储服务器进行维护时，需要将虚拟机使用的存储迁移到其他存储位置。本节介绍如何将虚拟机使用的存储从本地存储迁移到共享存储。

1）选择需要迁移的虚拟机，在选择迁移类型界面选择“仅更改存储”，如图 6-10 所示，单击“下一页”按钮。

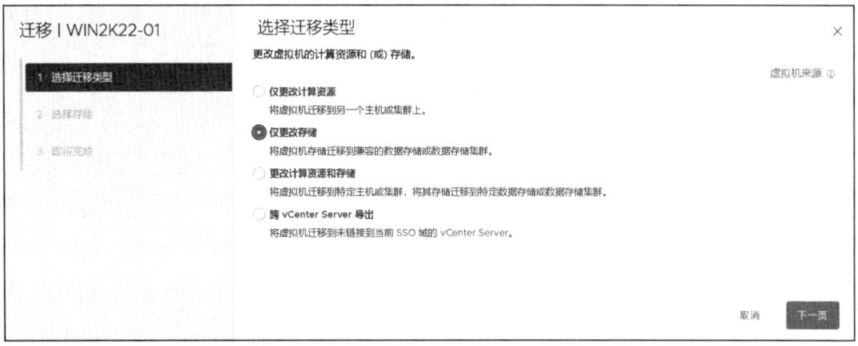

图 6-10　选择迁移类型

2）选择用于虚拟机迁移的目标存储，如图 6-11 所示，单击“下一页”按钮。

图 6-11　选择用于虚拟机迁移的目标存储

3）核对迁移参数，确认无误后单击“完成”按钮，如图 6-12 所示。

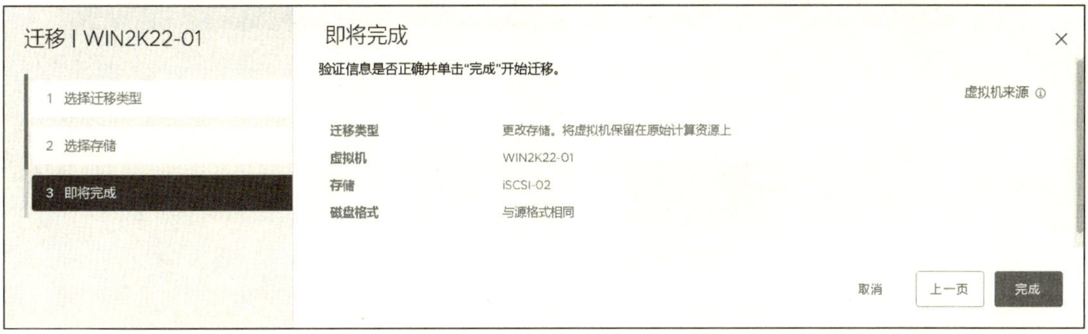

图 6-12　核对迁移参数

4）完成虚拟机存储迁移，本操作中虚拟机存储迁移至名为 iSCSI-02 的存储，如图 6-13 所示。

图 6-13　完成虚拟机存储迁移

至此，迁移存储完成，在生产环境中执行存储迁移时，建议在访问量较小的时间进行操作，特别是不同类型存储间的迁移更是如此。

6.1.4　无共享存储 vMotion 的迁移

在前面的实验中，无论是虚拟机迁移还是存储迁移，都使用共享存储，在一些特殊的生产环境中，可能未配置或未使用共享存储，在这种环境中虚拟机也可以进行迁移操作，但迁移会受到限制。本节将介绍一种无共享存储的 vMotion 迁移方法。

1）通过图 6-14 可以看到虚拟机使用 datastore1 本地存储。

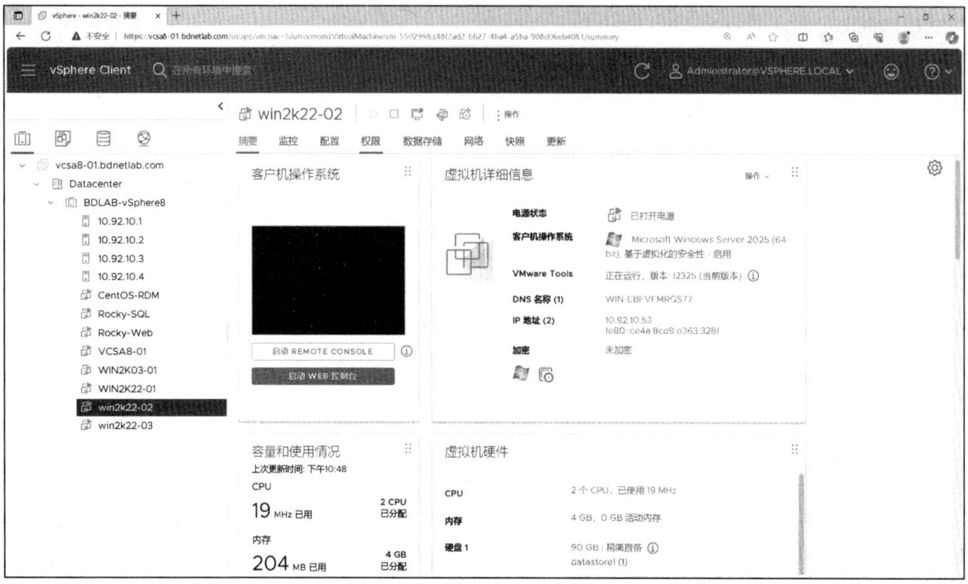

图 6-14　虚拟机使用本地存储

2）由于无共享存储的特殊性，迁移类型需选择“更改计算资源和存储”选项，如图 6-15 所示，单击“下一页”按钮。

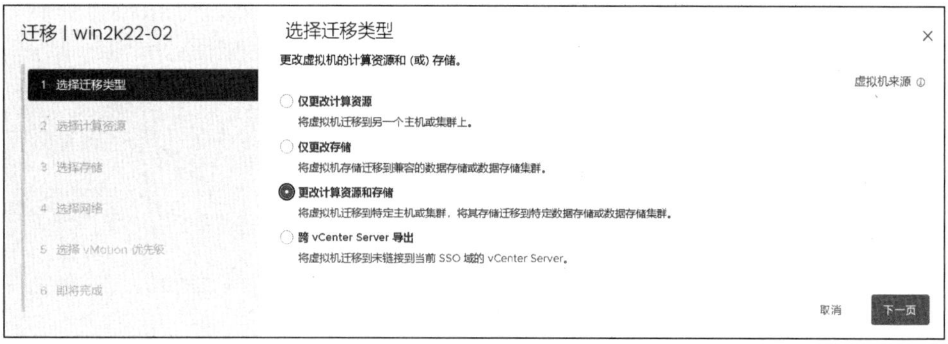

图 6-15　选择迁移类型

3）选择计算资源，此处选择 IP 地址为 10.92.10.2 的 ESXi 主机作为目标主机，如图 6-16 所示，单击“下一页”按钮。

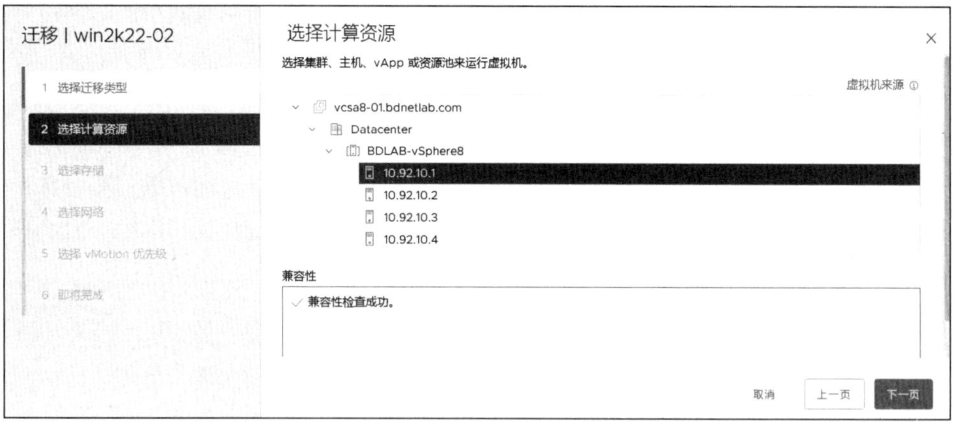

图 6-16　选择计算资源

4）本节操作不使用共享存储，所以目标存储选择 ESXi 主机本地存储 datastore1，如图 6-17 所示，单击“下一页”按钮。

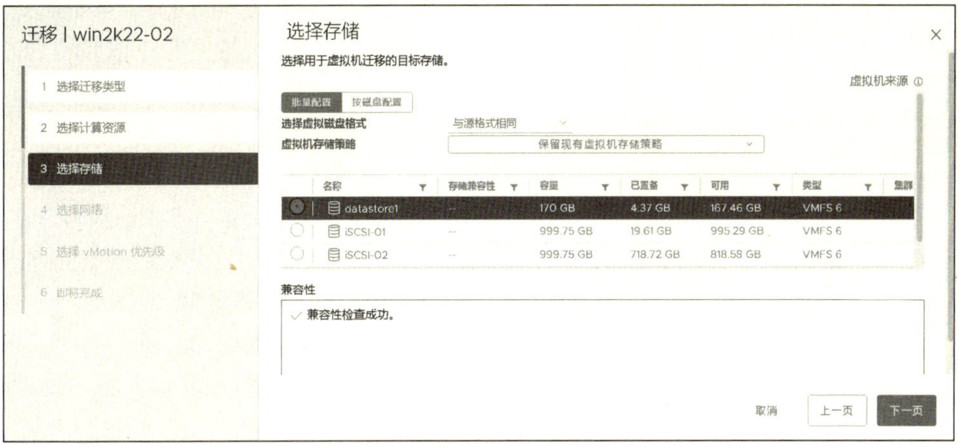

图 6-17　选择目标存储

5）等待迁移完成后，虚拟机位于 IP 地址为 10.92.0.1 的主机上，使用 datastore1 本地存储，如图 6-18 所示。

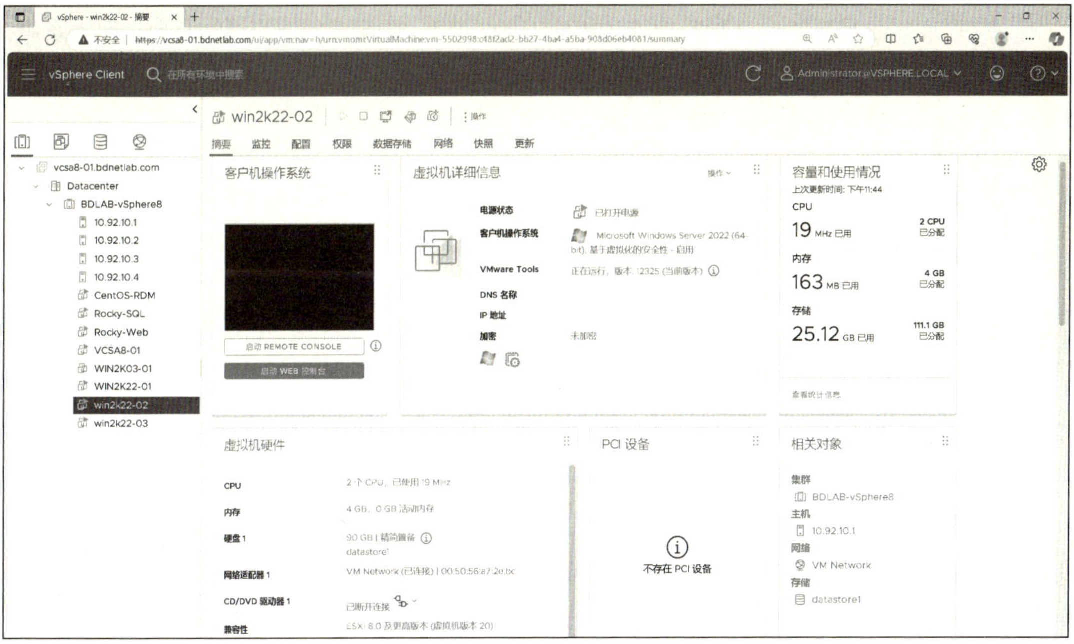

图 6-18　完成存储迁移

至此，无共享存储迁移操作完成。需要注意的是，当虚拟机依赖本地存储时，vSphere 的部分高级特性（如 DRS、HA、FT 等）的使用会受到限制。

6.2　配置和使用 DRS

DRS（Distributed Resource Scheduler，分布式资源调配）是 VMware vSphere 虚拟化架构的高级特性之一，可以实现 ESXi 主机与虚拟机的自动均衡。通过 vMotion 迁移可以将一台虚拟机从一台 ESXi 主机迁移到另一台 ESXi 主机。如果生产环境中有几十台 ESXi 主机或上千台虚拟机，手动操作是不可靠的。而全自动化是一个可靠的解决方案，使用 VMware vSphere DRS 可以解决这个问题，通过参数的设置，虚拟机可以在多台 ESXi 主机之间实现自动迁移，从而提高生产效率，最终实现 ESXi 集群的负载均衡。本节介绍 DRS 的概念，以及配置使用 DRS 的方法与规则。

6.2.1 DRS 介绍

VMware vSphere 的 DRS 集群与传统服务器集群存在显著差异：传统集群通常针对应用服务，通过多台服务器同时运行同一服务实现负载均衡与故障切换，当某台服务器出现故障后其他服务器接替其工作，确保服务不中断；而 DRS 集群功能是将 ESXi 主机组合起来，根据 ESXi 主机的负载情况，虚拟机在 ESXi 主机之间自动迁移，实现 ESXi 主机的负载均衡。

1．DRS 集群的主要功能

VMware vSphere 的 DRS 集群是多台 ESXi 主机组成的逻辑组合，通过 vCenter Server 进行管理，其主要功能包括以下三类。

（1）Initial Placement（初始放置）。

当开启 DRS 后，虚拟机在打开电源的时候，系统会计算出 DRS 集群内所有 ESXi 主机的负载情况，然后根据优先级给出虚拟机应该在某台 ESXi 主机上运行的建议。

（2）Dynamic Balancing（动态负载均衡）。

当开启 DRS 全自动化模式后，系统会计算 DRS 集群内所有 ESXi 主机的负载情况，在虚拟机运行的时候，根据 ESXi 主机的负载情况对虚拟机自动进行迁移，以实现 ESXi 主机与虚拟机的负载均衡。

（3）Power Management（电源管理）。

这是 DRS 的高级扩展功能，需依赖 ESXi 主机的 IPMI 接口或外部 UPS 等硬件支持。启用后，系统会自动计算 ESXi 主机的负载，当某台 ESXi 主机负载很低的时候，会自动迁移上面运行的虚拟机，再自动关闭该主机电源；当集群整体负载高的时候，自动唤醒已关闭的主机，使其重新加入集群承担负载。

2．DRS 自动化级别

VMware vSphere 提供三种 DRS 自动化级别，在生产环境中可根据不同的需求进行选择。

（1）手动模式。

手动模式需要人工干预操作，虚拟机上电时，系统会自动计算 DRS 集群中所有 ESXi 主机的负载情况，并给出一个虚拟机运行的 ESXi 主机选择，优先级越低，表示 ESXi 主机性能越好，手动确认后，虚拟机便在选定的 ESXi 主机上运行。

运行期间，DRS 集群默认每 5 分钟检测一次集群的负载情况，如果集群中的 ESXi 主机负载不平衡，那么系统会针对虚拟机给出迁移建议，当管理人员确认后虚拟机立即执行迁移操作。

（2）半自动模式。

半自动模式需要部分人工干预操作，与手动模式不同的是，虚拟机上电时，系统会自动计算 DRS 集群中所有 ESXi 主机的负载情况，自动选定虚拟机运行的 ESXi 主机，无须进行手动确认。

与手动模式一样，虚拟机上电之后，DRS 集群默认每 5 分钟检测一次集群的负载情况，如果集群中的 ESXi 主机负载不平衡，那么系统会针对虚拟机给出迁移建议，当管理人员确认后虚拟机立即执行迁移操作。

（3）全自动模式。

全自动模式不需要人工干预操作，虚拟机上电时，系统会自动计算 DRS 集群中所有 ESXi 主机的负载情况，自动选定虚拟机运行的 ESXi 主机，无须进行手动确认。

与手动模式和半自动模式不一样，虚拟机上电之后，DRS 集群默认每 5 分钟检测一次集群的负载情况，如果集群中的 ESXi 主机负载不平衡，那么系统会自动迁移虚拟机，无须手动确认。

3．DRS 迁移阈值

在配置时需注意 DRS 迁移阈值的设置，如果设置不当，会导致虚拟机不迁移或者频繁迁移，影响虚拟机的性能。DRS 迁移阈值有 5 个选项，从优先级 1（保守）到优先级 5（激进）

（1）优先级 1。

在多数情况下，优先级为 1 的 DRS 迁移阈值与 DRS 集群的负载均衡无关，一般是在主机维护时使用，在这样的情况下，DRS 集群不会进行虚拟机迁移。

（2）优先级 2。

优先级 2 的 DRS 迁移阈值包含优先级 1 和优先级 2 的建议，DRS 集群默认情况下每隔 5 分钟检测一次集群的负载情况，如果对于集群内的 ESXi 主机负载均衡有重大改善，则会进行虚拟机迁移。

（3）优先级 3。

优先级 3 的 DRS 迁移阈值包含优先级 1～3 的建议，这是系统默认的 DRS 迁移阈值。DRS 集群默认情况下每隔 5 分钟检测一次集群的负载情况，如果对于集群内的 ESXi 主机负载均衡有积极改善，则会进行虚拟机迁移。

（4）优先级 4。

优先级 4 的 DRS 迁移阈值包含优先级 1～4 的建议，这是多数生产环境配置的 DRS 迁移阈值。DRS 集群默认情况下每隔 5 分钟检测一次集群的负载情况，如果对于集群内的 ESXi 主机负载均衡有适当改善，则会进行虚拟机迁移。

（5）优先级 5。

优先级 5 的 DRS 迁移阈值包含优先级 1～5 的建议，DRS 集群默认情况下每隔 5 分钟检测一次集群的负载情况，如果对于集群内的 ESXi 主机，只要存在很细微的不负载均衡，便会进行虚拟机迁移，优先级 5 的也称为激进模式，这种配置可能导致虚拟机在不同的 ESXi 主机上频繁迁移，甚至影响虚拟机的性能。

4．DRS 规则

为了更好地调整 ESXi 主机与虚拟机运行之间的关系，实现更好的负载均衡，VMware vSphere 虚拟化架构还提供了 DRS 虚拟机/主机规则，用于强化负载均衡效果或避免单点故障：

（1）虚拟机规则—聚集虚拟机。

强制指定的多台虚拟机运行在同一 ESXi 主机上。例如：在生产环境中，活动目录服务器与 Exchange 邮件服务器需频繁同步数据，通过聚集虚拟机规则将两者部署在同一主机上，可减少跨主机通信延迟。

（2）虚拟机规则—分开虚拟机。

强制指定的多台虚拟机运行在不同 ESXi 主机上。例如：生产环境使用 Windows 作为活动目录服务器，由于活动目录服务器备份以及负载均衡的需求，再创建一台 Windows 作为额外的活动目录服务器，如果这两台活动目录服务器运行在同一台 ESXi 主机上，当发生 ESXi 主机单点故障时，会导致两台活动目录服务器均无法访问（不考虑使用 HA 等高级特性的问题），现在希望这两台虚拟机在不同的 ESXi 主机上运行，那么可以创建分开虚拟机规则，并通过 DRS 集群控制来实现。

（3）ESXi 主机规则—虚拟机到主机。

用于精确控制虚拟机与特定主机的匹配关系，包括四种类型：

- 必须在组内的主机上运行（强制性）；
- 应该在组内的主机上运行（非强制性）；
- 禁止在组内的主机上运行（强制性）；
- 不应该在组内的主机上运行（非强制性）。

ESXi 主机规则分为强制性和非强制性，强制性规则生效后，虚拟机必须或禁止在组内的主机上运行；非强制性规则生效后，虚拟机可以应用该规则，也可以违反该规则。非强制性规则需要结合 DRS 其他配置综合生效。

5. EVC 介绍

Enhanced vMotion Compatibility（增强型 vMotion 兼容性，简称 EVC）是 DRS 的配套特性，用于解决因 CPU 不兼容导致的虚拟机迁移失败问题。在生产环境中，集群内的 ESXi 主机可能采用不同型号的 CPU，而 CPU 指令集或特性的差异可能导致虚拟机迁移后无法正常运行。为最大程度解决兼容性问题，VMware vSphere 为不同型号的 CPU 提供了增强型 vMotion 兼容性（EVC）模式。

6.2.2 配置和使用 DRS 的方法

在配置 DRS 之前，建议先确认是否启用 EVC，启用 EVC 可有效避免因 CPU 不兼容导致的虚拟机迁移失败和 DRS 功能异常。以下是 DRS 的具体配置步骤。

1）确认 EVC 模式，集群当前使用的 EVC 模式为 Sandy Bridge Generation，如图 6-19 所示。

图 6-19 确认 EVC 模式

2）集群 DRS 服务当前处于关闭状态，如图 6-20 所示，单击“编辑”进入配置界面。

图 6-20 DRS 处于关闭状态

3）在编辑集群设置中启用 DRS。此时需选择自动化级别（手动、半自动、全自动），三种模式的区别是：手动模式虚拟机开机以及迁移操作都需要手动确定；半自动和全自动模式虚拟机开机都不需要手动确定，区别在于迁移操作是否需要手动确定。在本例中选择手动模式，如图 6-21 所示，单击“确定”按钮。

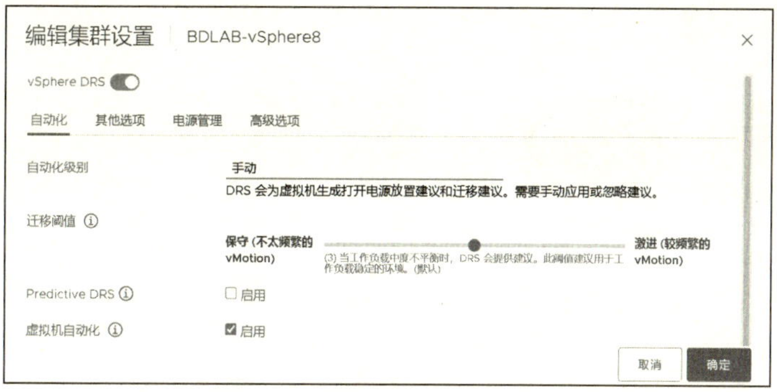

图 6-21　选择 DRS 自动化级别

4）返回集群主页，确认 DRS 服务已成功启用，如图 6-22 所示。

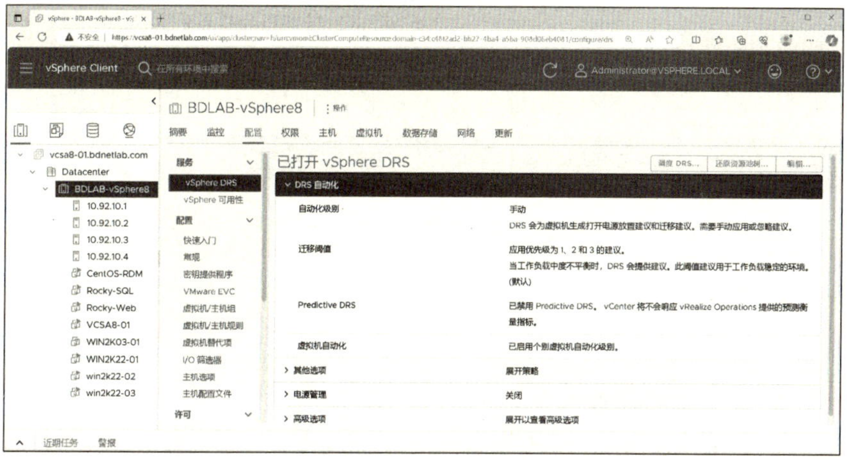

图 6-22　DRS 启用成功

5）打开虚拟机电源，DRS 会自动计算 ESXi 主机负载情况并推荐最优运行主机，示例中系统推荐“建议 1”对应的主机，如图 6-23 所示，单击“确定”按钮。

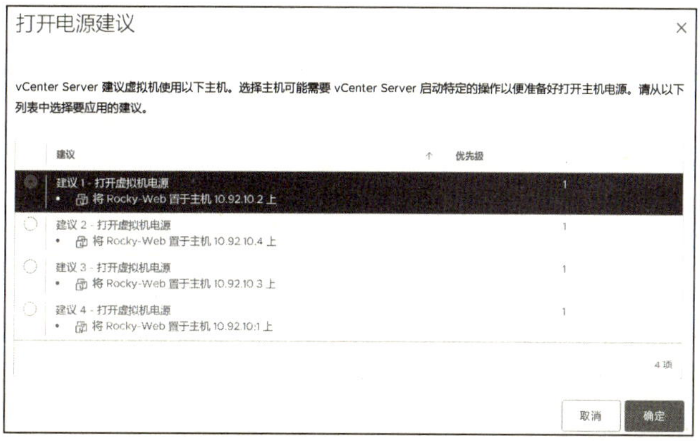

图 6-23　DRS 开机部署建议

6）虚拟机启动完成后，可在控制台查看其所在的 ESXi 主机。示例中虚拟机部署在 IP 地址为 10.92.10.2 的主机上，如图 6-24 所示。

图 6-24　虚拟机完成启动

7）在集群监控界面可以查看 DRS 触发的虚拟机迁移历史记录，如图 6-25 所示。

图 6-25　DRS 历史记录

8）在集群监控界面可以查看虚拟机 DRS 评分，如图 6-26 所示，评分值接近 0%表示资源争用严重，评分值接近 100%表示轻度争用或无资源争用。

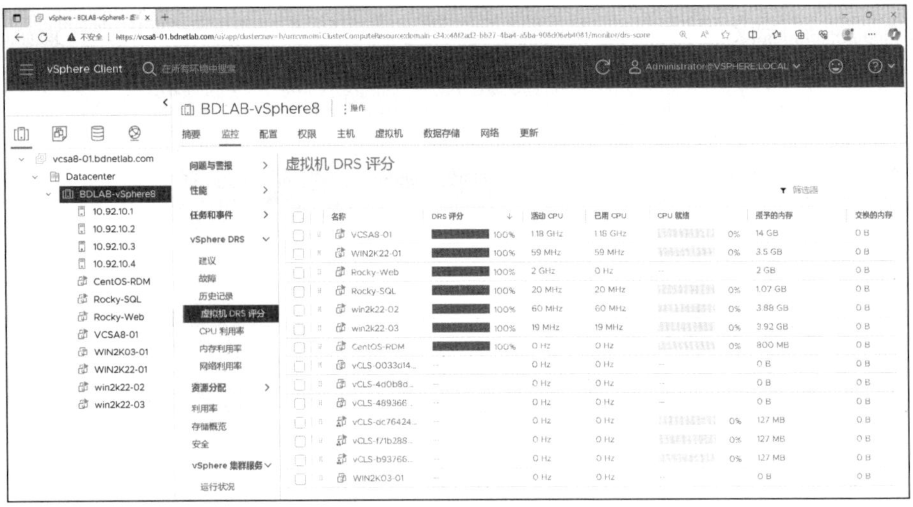

图 6-26　虚拟机 DRS 评分

至此，DRS 的基本配置已完成。DRS 将尝试最大程度地提高集群中每个虚拟机的执行效率，同时确保在所有虚拟机间公平分配资源。在生产环境中通常推荐使用全自动模式，以减少人工干预并实现完全自动化的资源调度。若需对迁移过程进行严格控制，可选择手动或半自动模式。

6.2.3　配置和使用 DRS 规则

通过前面的操作，可掌握基本的迁移逻辑和 DRS 自动化运行方式。在生产环境中，若需对虚拟机与主机的关系进行更精细的控制，可通过配置 DRS 规则实现。例如，对于两台提供相同服务的虚拟机，为避免单点故障，需强制其运行在不同 ESXi 主机上，具体配置步骤如下。

1）在集群的“配置”列表中，找到“虚拟机/主机规则”配置项，如图 6-27 所示，单击“添加”创建新规则。

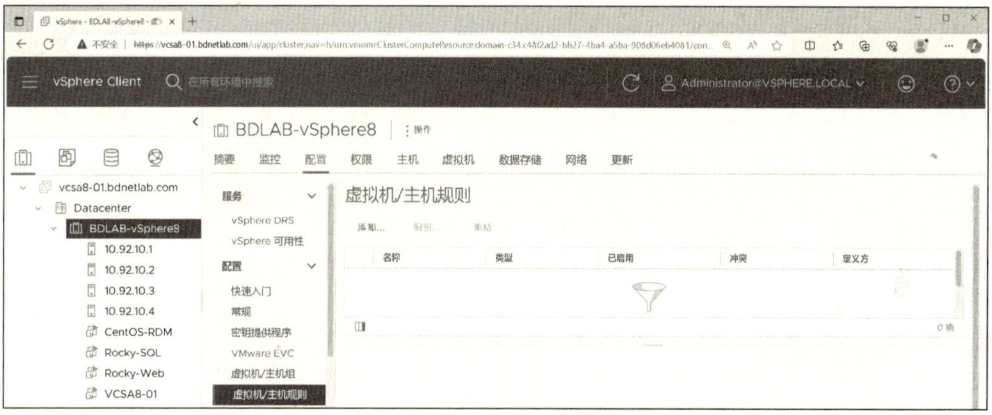

图 6-27　虚拟机/主机规则

2）在创建虚拟机/主机规则界面，类型选择“单独的虚拟机”（即“分开虚拟机”），该规则的作用是：强制列表中添加的所有虚拟机必须运行在不同的 ESXi 主机上，如图 6-28 所示，单击“确定”按钮。

图 6-28　创建虚拟机/主机规则界面

3）规则创建完成后，会显示在规则列表中，如图 6-29 所示。

4）规则创建后需要进行触发生效，生效前两台虚拟机运行在同一台 ESXi 主机上，如图 6-30 所示。

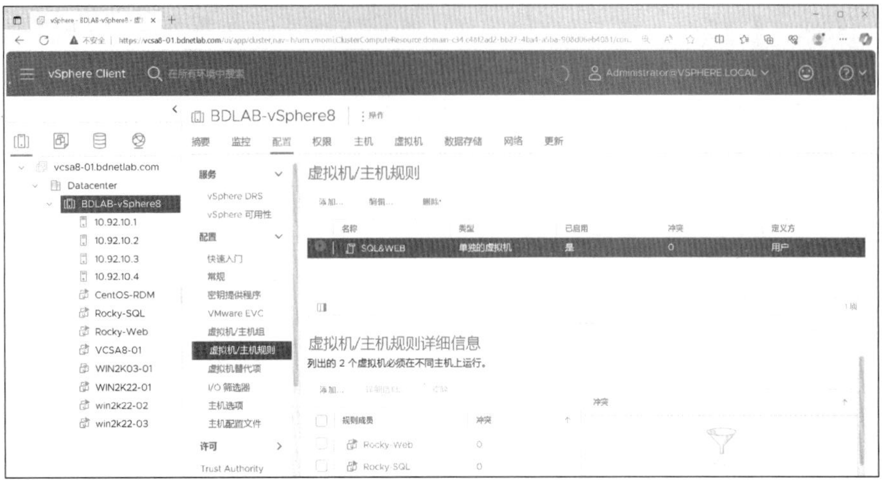

图 6-29　完成虚拟机/主机规则创建

图 6-30　规则生效前：虚拟机运行在同一台 ESXi 主机上

5）查看 DRS 建议，系统提示，需要将虚拟机进行迁移以满足规则，如图 6-31 所示，单击“应用建议”即可执行迁移。需要说明的是，如果 DRS 自动化级别为“全自动”，系统会直接执行迁移而无需手动确认。

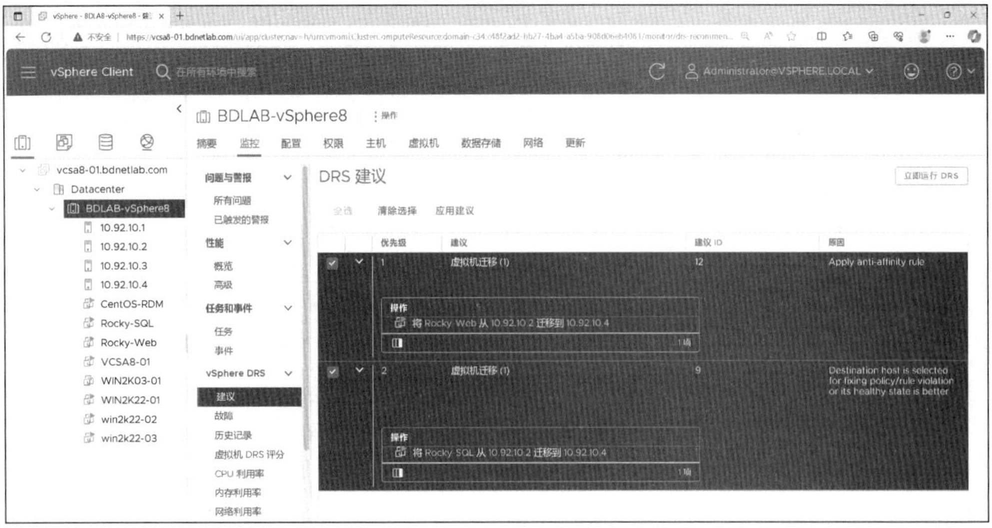

图 6-31　查看 DRS 建议

6）查看 DRS 历史记录，如图 6-32 所示，可以看到虚拟机已按规则完成迁移，最终运行在不同的 ESXi 主机上，规则生效。

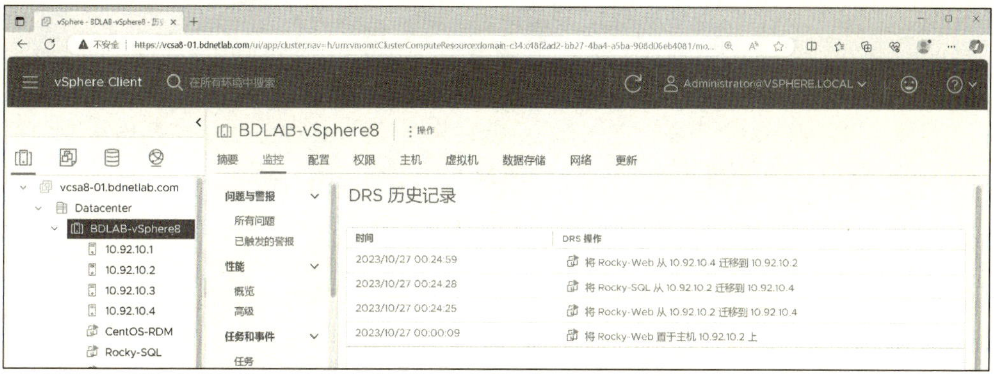

图 6-32　查看 DRS 历史记录

至此，DRS 规则的配置与应用完成，在生产环境中，推荐配置多条规则来实现对虚拟机、主机的精细化控制。需要注意的是，规则需要良好的设计，不能出现冲突的情况，规则冲突可能导致虚拟机运行出现问题。

6.3　配置和使用 HA

HA（High Availability，高可用性）是 VMware vSphere 虚拟化架构的高级特性之一，使用 HA 可以实现虚拟机的高可用性，在降低成本的同时，无需依赖专用硬件的解决方案。HA 的运行机制是监控集群中的 ESXi 主机和虚拟机，通过配置合适的策略，当集群中的 ESXi 主机或虚拟机发生故障时可以自动切换到其他的 ESXi 主机上进行重新启动，最大限度保证重要的服务不中断。本节将介绍如何配置和使用高级特性 HA。

6.3.1　HA 的基本概念

VMware vSphere 的 HA 特性从 5.0 版本起引入 FDM（Fault Domain Manager，故障域管理器）作为技术基础，通过将虚拟机与 ESXi 主机整合为集群，从而为虚拟机提供高可用性。集群中所有 ESXi 主机都会受到监控，如果某台 ESXi 主机发生故障，故障 ESXi 主机上的虚拟机将在集群中正常的 ESXi 主机上重新启动，以确保集群的正常运行。

1．HA 运行的基本原理

当在集群启用 HA 时，系统会自动选举一台 ESXi 主机作为“主主机”，其余的 ESXi 主机作为“辅助主机”。主主机与 vCenter Server 进行通信，并监控所有受保护的辅助主机的状态。主主机通过管理网络和数据存储检测信号来确定故障的类型。当不同类型的 ESXi 主机发生故障时，主主机检测并相应地处理故障让虚拟机重新启动。当主主机本身出现故障的时候，辅助主机会重新进行选举产生主主机。

2．主主机/辅助主机的选举机制

主主机的选举优先基于“存储数量”（存储资源最多的主机优先）；若存储配置相同，则通过 MOID（Managed Object ID，管理对象 ID）进行区分选举。选举结果会同步至所有辅助主机，当主主机发生故障时，辅助主机将立即启动新一轮选举。主主机/辅助主机工作原理如下：

（1）主主机监控所有的辅助主机，当辅助主机出现故障时重新启动虚拟机。

（2）主主机监控所有被保护虚拟机的电源状态，如果被保护的虚拟机出现故障，将重新启动虚拟机。

（3）主主机发送心跳信息给辅助主机，让辅助主机知道主主机的存在。

（4）主主机报告状态信息给 vCenter Server，vCenter Server 在正常情况下只和主主机通信。

（5）辅助主机监视本地运行的虚拟机状态，把这些虚拟机运行状态的显著变化发送给主主机。

（6）辅助主机监控主主机的健康状态，如果主主机出现故障，辅助主机将会参与新主主机的选举。

3. ESXi 主机故障类型

HA 通过选举产生主主机/辅助主机，当检测到主机发生故障时，虚拟机会进行重新启动，在 HA 集群中，ESXi 主机故障可以分为三种情况：

（1）主机停止运行。

指 ESXi 主机因物理硬件故障、电源中断等原因完全停止响应。此时，HA 会直接将该主机上所有受保护的虚拟机在集群内其他正常主机上重启，无需额外判断流程，是最常见的故障场景。

（2）主机与网络隔离。

主机与网络隔离是一种比较特殊的现象。我们知道 HA 使用管理网络以及存储设备进行通信，如果主主机不能通过管理网络与辅助主机进行通信，那么会通过存储来确认 ESXi 主机是否存活，这样的机制可以让 HA 判断主机是否处于网络隔离状态。在这种情况下，辅助主机通过心跳数据存储来通知主主机它已经是隔离状态，隔离的辅助主机会在心跳数据存储中生成特殊二进制文件（如 host-X-poweron），向主主机通报自身隔离状态，主主机检测到该文件后，会锁定数据存储中的其他关联文件，示意“正在处理故障”；辅助主机发现文件被锁定后，执行预设的隔离响应（如自动关机或关闭电源）；主主机在集群内正常主机上重启原运行在隔离主机上的虚拟机。

（3）主机与网络分区。

指集群中部分辅助主机与主主机失去管理网络连接，但彼此间仍能通信（形成独立子网）的状态。此时，HA 可以通过心跳数据存储来检测分区内主机是否存活，以及是否要重新启动处于网络分区 ESXi 主机中的虚拟机。

4. ESXi 主机故障响应方式

当 ESXi 主机发生故障而重新启动虚拟机时，可以使用“虚拟机重新启动优先级”控制重新启动虚拟机顺序，以及使用“主机隔离响应”来关闭运行的虚拟机电源，然后在其他 ESXi 主机上重新启动。

（1）虚拟机重新启动优先级。

用于定义虚拟机发生故障后的重启顺序，这样的控制在生产环境中非常实用，HA 根据业务重要性将虚拟机分为高、中、低三级，核心逻辑如下：资源充足时，按“高→中→低”顺序依次重启虚拟机，确保关键业务优先恢复；资源不足时，优先启动“高”优先级虚拟机，“中”“低”优先级虚拟机需等待资源释放后再启动。这样的机制能够更好地控制由于 ESXi 主机故障引发的虚拟机重新启动。

（2）主机隔离响应。

主机隔离响应是 HA 集群内的某台 ESXi 主机失去管理网络连接但仍继续运行时出现的情况。当 HA 集群内的 ESXi 主机无法与其他 ESXi 主机上运行的代理通信且无法 Ping 隔离地址时，该 ESXi 主机可以被称为隔离。此时，ESXi 主机会执行其隔离响应。这样的情况下 HA 会自动关闭隔离 ESXi 主机上运行的虚拟机电源，并在集群内非隔离的正常主机上重启这些虚拟机。

5. HA 准入控制策略

HA 使用准入控制来确保集群内具有足够的资源，以保障故障切换时虚拟机能够顺利重启。其核心是通过配置准入控制策略，限制“故障切换时是否允许启动超出集群资源承载能力的虚拟机”。在理解具体策略前，需先掌握插槽及插槽大小的概念。

（1）插槽及插槽大小。

VMware 从 5.5 版本开始引入了插槽及插槽大小的概念。那么什么是插槽及插槽大小？插槽大小是一个虚拟的计算单元，由 CPU 和内存两部分组件组成。

CPU 组件的计算方法是先获取每台已打开电源的虚拟机的 CPU 预留值，然后再选择最大值。如果没有为虚拟机指定 CPU 预留，则系统会为其分配一个默认值 32MHz。

内存组件的计算方法是取集群内所有已打开电源的虚拟机的（内存预留+内存开销）的最大值。内存预留没有默认值。

如何计算单台主机可支持的插槽数？用主机的 CPU 资源数除以插槽大小的 CPU 组件数，结果向下取整。对主机的内存资源数进行同样的计算。然后，比较这两个数字，较小的数字即为主机可以支持的插槽数。

以一个比较经典的案例来介绍，如图 6-33 所示，集群中包含三台 ESXi 主机，其中 ESXi01 主机可用 CPU 资源和可用内存分别为 9GHz 和 9GB，ESXi02 主机可用 CPU 资源和可用内存分别为 9 GHz 和 6GB，ESXi03 主机可用 CPU 资源和可用内存分别为 6GHz 和 6GB。这个集群内有五台已打开电源的虚拟机，其 CPU 和内存要求各不相同（具体见图 6-33）。了解资源情况后就可以进行计算，其计算步骤如下：

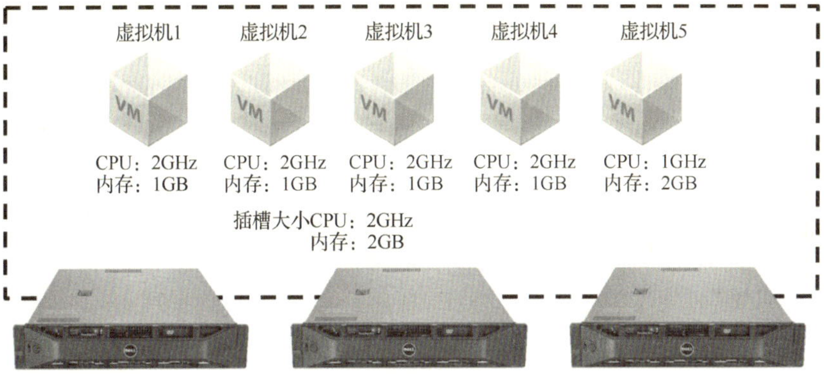

图 6-33　案例示意图

第 1 步，比较虚拟机的 CPU 和内存要求，然后选择最大值，从而计算出插槽大小。图 6-33 中虚拟机 1 和虚拟机 2 所需 CPU 最大值为 2GHz，虚拟机 5 所需内存最大，为 2GB。根据计算规则，插槽大小为 2GHz CPU 和 2GB 内存。

第 2 步，计算出插槽大小后，就可以计算每台主机可以支持的最大插槽数。ESXi01 主机可以支持 4 个插槽（9GHz/2GHz 和 9GB/2GB 都等于 4.5，结果向下取整为 4），ESXi02 主机可以支持 3 个插槽（9GHz/2GHz 等于 4.5，6GB/2GB 等于 3，取较小值为 3），ESXi03 主机可以支持 3 个插槽（6GHz/2GHz 和 6GB/2GB 都等于 3，取值为 3）。

当计算出插槽大小后，vSphere HA 会确定每台主机中可用于虚拟机的 CPU 和内存资源。这些值包含在主机的根资源池中，而不是主机的总物理资源中。可以在 vSphere Web Client 中主机的摘要选项卡上查找 vSphere HA 所用主机的资源数据。如果集群中的所有主机均相同，则可以用集群级别指数除以主机的数量来获取此数据。不包括用于虚拟化目的的资源。只有处于连接状态、未进入维护模式且没有任何 vSphere HA 错误的主机才被列入计算范畴。然后，即可确定每台主机可以支持的最大插槽数目。为确定此数目，请通过确定可以发生故障并仍然有足够插槽满足所有已打开电源虚拟机要求的主机的数目（从最大值开始）来计算当前故障切换容量。

（2）准入控制策略“按静态主机数量定义故障切换容量”。

该策略通过预设“集群可容忍的最大故障主机数量”（如 1 台、2 台）来控制资源预留，需结合插槽概念计算可行性。若设置“允许 1 台主机故障”，则集群需确保“移除 1 台主机后，剩余资源的插槽总数仍能容纳所有虚拟机的插槽需求”。

以图 6-33 为例，插槽数最多的主机是 ESXi01 主机，拥有 4 个插槽，如果 ESXi01 主机发生故障，集群内 ESXi02 和 ESXi03 主机还有 6 个插槽，虚拟机 1 到 5 使用没有问题。如果 ESXi02 和 ESXi03 主机其中的一台再发生故障，那么集群内将仅剩下 3 个插槽，而打开电源的虚拟机数量有 5 台，需要 5 个插槽，很明显这样的故障切换将失败，因为准入控制策略允许故障主机数量为 1。

（3）准入控制策略“通过预留一定百分比的集群资源来定义故障切换容量”。

该策略通过计算集群内所有符合条件主机的总可用 CPU 和总可用内存资源（取自根资源池），并预留其中设定的百分比作为故障切换备用资源。只有处于已连接状态、未进入维护模式且无 HA 错误的主机资源才会计入。

如图 6-34 所示，集群含 3 台 ESXi 主机，其中 ESXi01 主机可用 CPU 资源和可用内存分别为 9GHz 和 9GB，ESXi02 主机可用 CPU 资源和可用内存分别为 9GHz 和 6GB，ESXi03 主机可用 CPU 资源和可用内存分别为 6GHz 和 6GB。集群内有 5 台已打开电源的虚拟机，其 CPU 和内存要求各不相同（具体见图 6-34）。将预留的故障切换 CPU 和内存容量均设置为 25%，计算步骤如下：

1）集群中已打开电源的 5 台虚拟机的总资源要求为 7GHz CPU 和 6GB 内存。

2）ESXi 主机可用于虚拟机的主机资源总数为 24GHz CPU 和 21GB 内存。

根据上述情况，当前的 CPU 故障切换容量约为 70% [(24～7GHz)/24GHz]。当前的内存故障切换容量约为 71% [(21～6GB)/21GB]。由于集群“配置的故障切换容量”设置为 25%，因此，当前空闲资源（70% CPU 和 71%内存）远高于配置的预留需求（25%），这意味着集群仍有空间允许开启更多虚拟机电源或执行迁入操作。

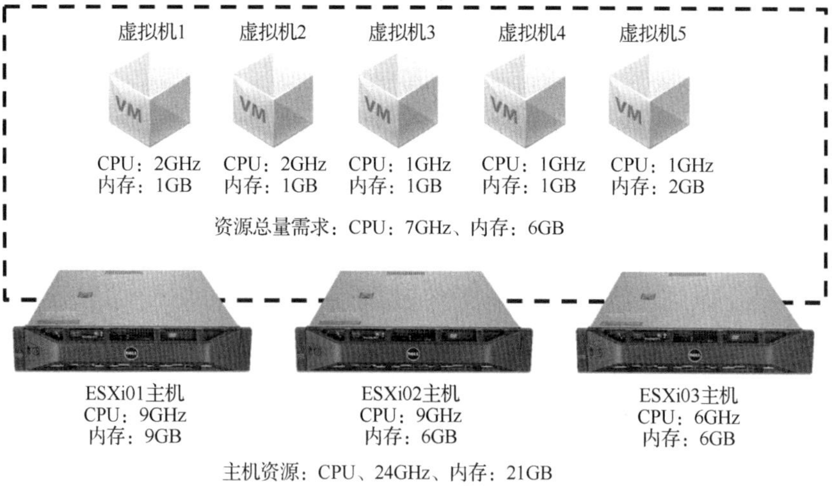

图 6-34　虚拟机资源需求及主机资源

在生产环境中需要注意的是，预留资源越多，ESXi 主机在非故障切换时能够运行的虚拟机数量就越少。

（4）准入控制策略“使用专用故障切换主机”。

该策略指定特定 ESXi 主机作为“专用故障切换节点”，发生故障时受影响的虚拟机会优先在这些主机上重启。如果不能使用此方法（例如，故障切换主机发生故障或者资源不足时），则 HA 会尝试在集群内的其他主机上重新启动这些虚拟机。为了确保故障切换主机上拥有可用的空闲容量，默认禁止打开虚拟机电源或使用 vMotion 将虚拟机迁移到故障切换主机。而且，为了保持负载平衡，DRS 也不会将负载分配至故障切换主机。一般来说，此策略通常适用于包含备用 ESXi 主机的中大型环境。

6.3.2　HA 基本配置

在 VMware vSphere 环境中，vSphere HA（简称 HA）配置基于集群实现，既可在创建集群时直接启用 HA，也可在后续操作中补充启用。需要说明的是，HA 服务在图形化界面中显示为“vSphere 可用性”。以下是 HA 的基本配置步骤。

1）查看集群服务中的“vSphere 可用性”状态，当前为关闭状态，如图 6-35 所示，单击“编辑”按钮。

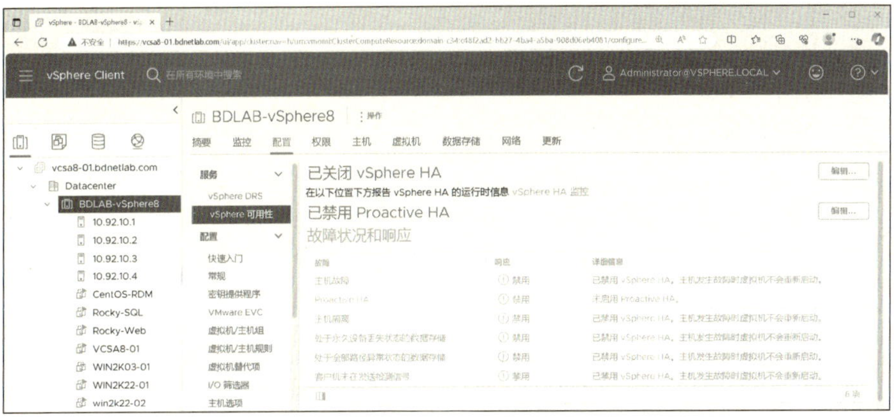

图 6-35　vSphere 可用性为关闭状态

2）未启用 vSphere HA 时，所有参数处于不可配置状态，如图 6-36 所示，单击 vSphere HA 旁边按钮启用 vSphere HA。

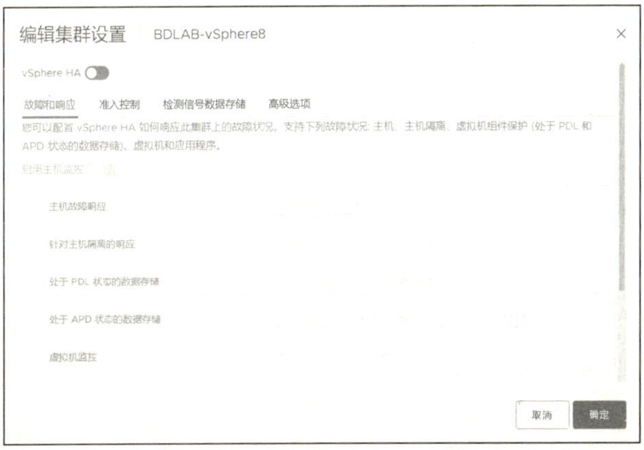

图 6-36　启用 vSphere HA

3）配置故障和响应相关参数，此处“主机故障响应方式”选择“重新启动虚拟机”，“虚拟机监控”方式选择“仅虚拟机监控”，其他参数禁用，如图 6-37 所示。

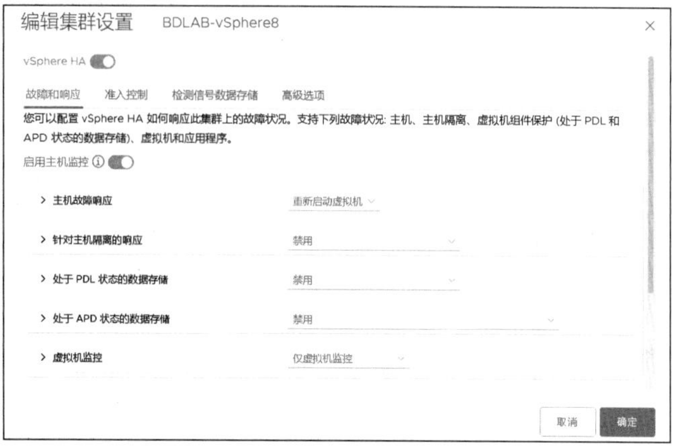

图 6-37　配置故障和响应相关参数

4）配置准入控制策略，选择“主机故障切换容量的定义依据”为“集群资源百分比”，其他参数保持默认，如图 6-38 所示。

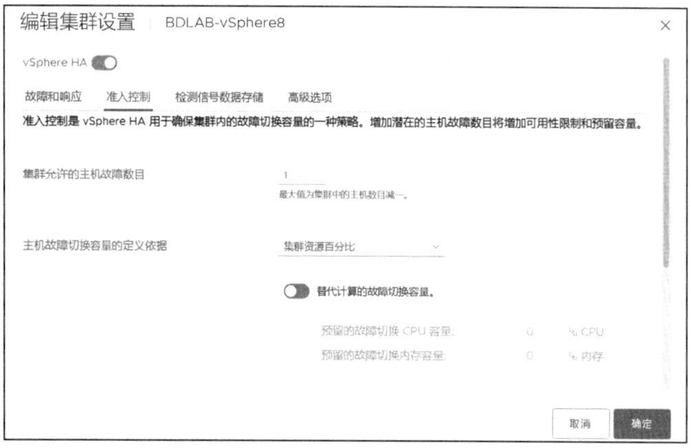

图 6-38　配置准入控制策略

5）配置检测信号数据存储相关参数，vSphere HA 要求使用 2 个数据存储用于检测故障信息，若仅配置 1 个数据存储，系统会提示警告，不建议通过修改参数屏蔽该警告，如图 6-39 所示。

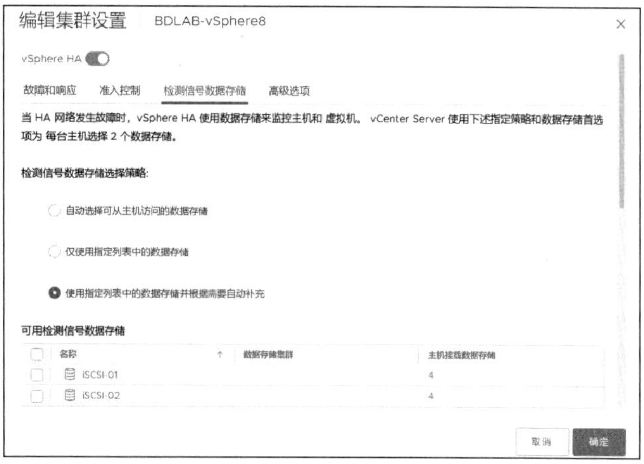

图 6-39　配置检测信号数据存储相关参数

6）高级选项参数默认无需配置，如图 6-40 所示，单击“确定”按钮。

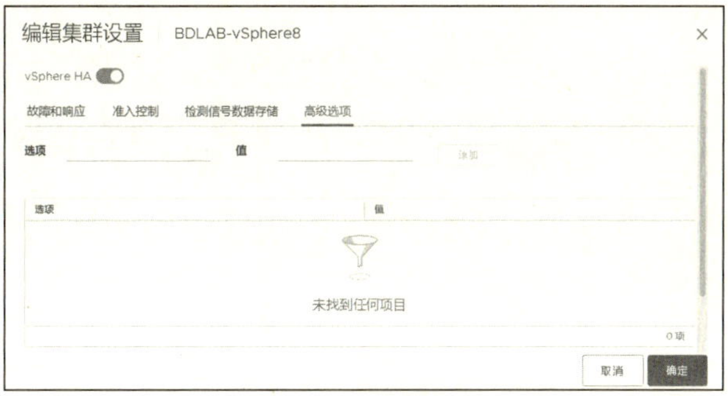

图 6-40　高级选项配置

7）返回集群主页，确认 vSphere HA 服务已成功启用，如图 6-41 所示。

图 6-41　成功启用 vSphere HA 服务

8）查看集群监控中的 vSphere HA 摘要信息，可以看到主机状态以及受保护的虚拟机数量，如图 6-42 所示。

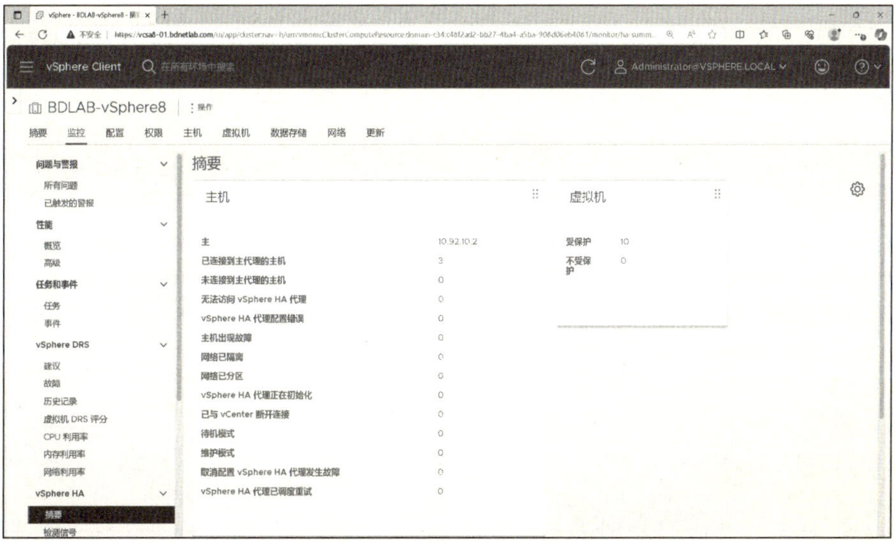

图 6-42　查看 vSphere HA 摘要信息

9）查看集群监控中的 vSphere HA 检测信号，可以看到用于信号检测的数据存储，如图 6-43 所示。

图 6-43　查看 vSphere HA 检测信号

10）查看集群监控中的 vSphere HA 配置问题，若存在配置错误，此处会显示具体问题，如图 6-44 所示，生产环境中必须确保此处无异常，否则 HA 可能无法正常触发故障切换。

图 6-44　查看 vSphere HA 配置问题

11）查看集群监控中的处于 APD 或 PDL 状况的数据存储，由于未配置，所以此处无显示，如图 6-45 所示，

图 6-45　查看处于 APD 或 PDL 状况的数据存储

12）查看 IP 地址为 10.92.10.2 的主机，该主机为主主机角色 ，如图 6-46 所示。

图 6-46　查看 vSphere HA 主主机角色

13）查看 IP 地址为 10.92.10.3 的主机，该主机为辅助主机角色，如图 6-47 所示。

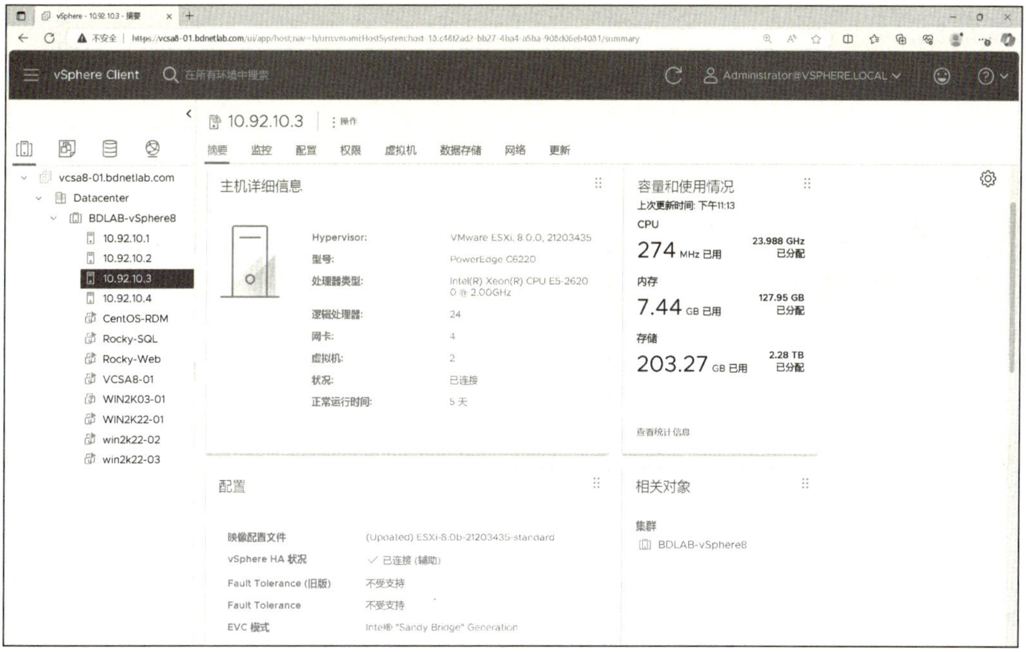

图 6-47　查看 vSphere HA 辅助主机角色

14）查看 IP 地址为 10.92.10.4 的主机，虚拟机 WIN2K22-01 以及 Rocky-SQL 运行在该主机上，如图 6-48 所示。

15）断开 10.92.10.4 主机的所有网络连接，模拟生产环境发生故障，系统会立即触发 HA 警报，如图 6-49 所示。

图 6-48　查看主机上运行的虚拟机

图 6-49　触发警报

16）虚拟机 WIN2K22-01 自动在 IP 地址为 10.92.10.3 的主机上重启，如图 6-50 所示。

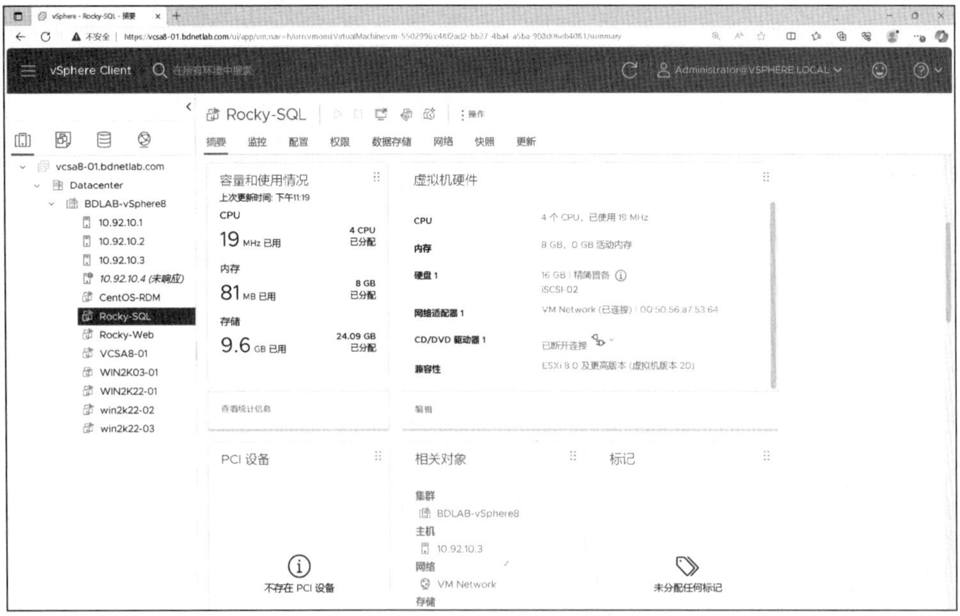

图 6-50　虚拟机 WIN2K22-01 触发 vSphere HA 重启

17）虚拟机 Rocky-SQL 自动在 IP 地址为 10.92.10.2 的主机上重启，如图 6-51 所示。

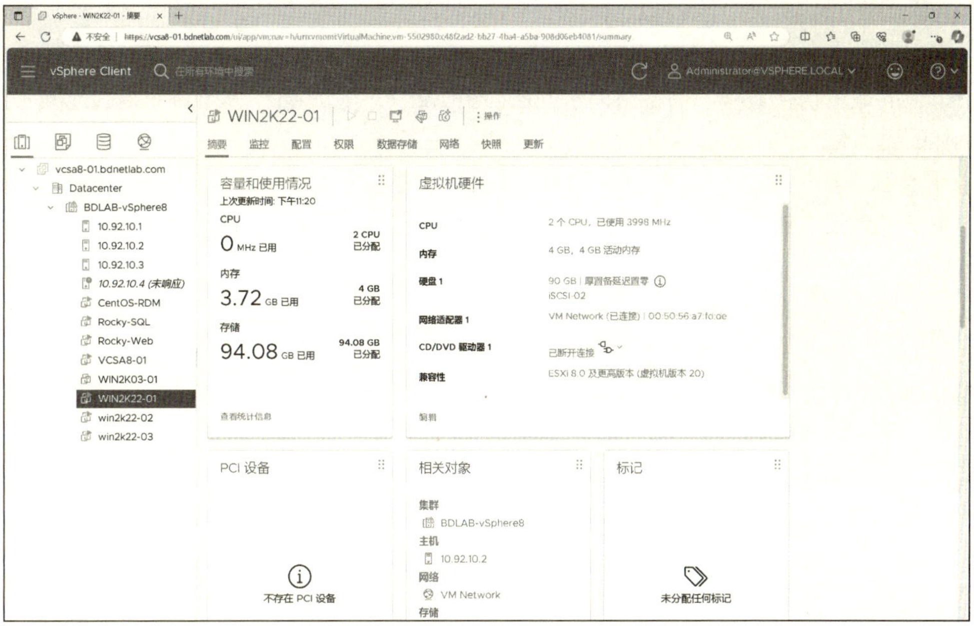

图 6-51　虚拟机 Rocky-SQL 触发 vSphere HA 重启

18）查看虚拟机 Rocky-SQL 事件信息，可以看到 vSphere HA 触发的重启操作详情，如图 6-52 所示。

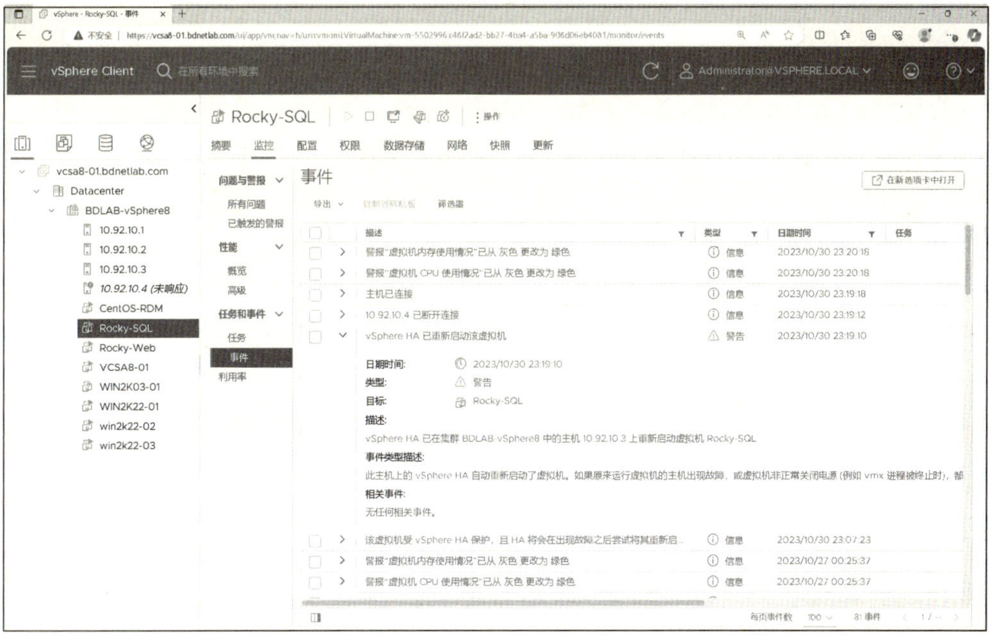

图 6-52　查看虚拟机 Rocky-SQL 的事件信息

至此，基本的 vSphere HA 配置完成，通过模拟主机故障，vSphere HA 已成功实现虚拟机的自动切换，需要注意的是，vSphere HA 的故障切换本质是虚拟机重新启动，对外提供的服务会中断，同时重新启动时间和服务启动时间是不可控的。因此，建议运维人员在 vSphere HA 触发后实时监控，若服务未自动启动，需手动干预。

6.3.3 调整 HA 准入控制

前面配置 vSphere HA 时使用了默认的准入控制策略，但在生产环境中，需根据实际业务需求选择更适配的故障切换策略，而策略调整的核心在于准入控制配置。本节将介绍其他准入控制策略的具体配置方法。

1）调整准入控制策略为插槽策略，选择默认选项“涵盖所有已打开电源的虚拟机”，如图 6-53 所示，单击“确定”按钮。

图 6-53 调整准入控制策略

2）查看 vSphere HA 摘要信息，插槽大小使用默认值 ，集群内的插槽总数根据插槽大小计算评估，如图 6-54 所示。结合本节理论部分内容，已使用插槽数为 7（对应当前运行的 7 台虚拟机），4 台主机可用插槽数是 1874，可以理解为理论可运行 1874 台虚拟机。但需注意，默认插槽大小可能与实际环境不匹配（如计算结果远超实际承载能力），因此需根据生产环境手动调整插槽参数。

图 6-54 查看 vSphere HA 摘要信息

3）结合生产环境虚拟机的 CPU 以及内存使用情况，手动调整插槽大小：CPU 插槽大小配置为 2000MHz，内存插槽大小配置为 4096MB，如图 6-55 所示。单击“确定”按钮。

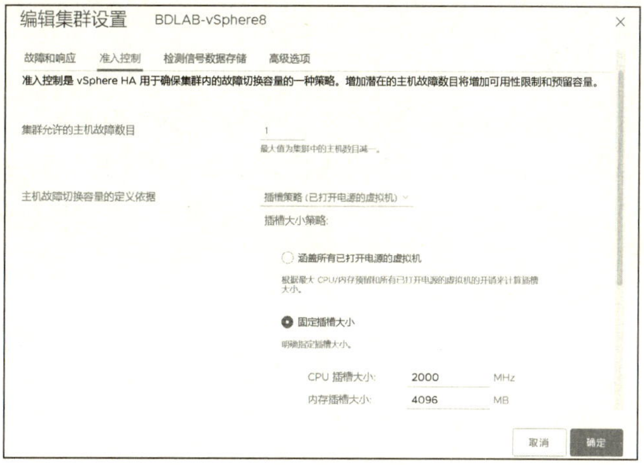

图 6-55　手动调整插槽大小

4）重新计算后，集群摘要显示：集群内的插槽总数为 40（理论可运行约 40 台虚拟机），已使用插槽数为 7（当前运行 7 台虚拟机），可用插槽数为 23。结合集群主机的整体资源配置，调整后的插槽数是合理的，更匹配生产环境的具体情况，如图 6-56 所示。

图 6-56　查看调整后的 vSphere HA 摘要

5）HA 准入控制中，“专用故障切换主机”是一种特殊策略，适用于存在单独备用主机的环境。通过该选项可指定 1 台或多台主机作为故障切换专用节点，如图 6-57 所示。

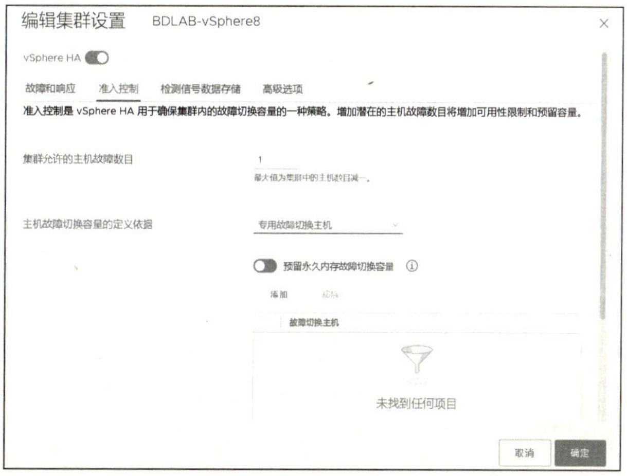

图 6-57　查看 vSphere HA 专用故障切换主机

6.3.4 调整 HA 其他策略

细心的读者应该发现，在前面的 HA 配置中，“故障和响应”设置里有两个参数默认处于禁用状态：“处于 PDL 状态的数据存储”和“处于 APD 状态的数据存储”。这两个参数均与存储故障相关，对于初学者或者对存储不太熟悉的运维人员来说，建议禁用，本节简单介绍这两个参数，以及 Proactive HA 特性。

1．处于 PDL 状态的数据存储

什么是处于 PDL 状态？简单来说就是有存储设备处于丢失状态，存储显示为不可用的状态。在生产环境中，若存储处于 PDL 状态，虚拟机通常已无法正常运行，此时 HA 的自动响应可能存在数据风险，因此默认禁用该选项，由运维人员手动评估后处理。处于 PDL 状态的数据存储选项如图 6-58 所示

图 6-58 处于 PDL 状态的数据存储选项

2．处于 APD 状态的数据存储

APD（All Paths Down，所有路径中断）指主机与存储的所有连接路径暂时中断，但存储本身仍正常运行。在生产环境中，APD 状态下虚拟机可能处于“假死”状态（等待存储恢复），自动重启可能导致数据不一致，因此同样建议默认禁用，待确认存储状态后手动处理。处于 APD 状态的数据存储选项如图 6-59 所示。

3．已禁用 Proactive HA

Proactive HA（主动 HA）是 HA 的扩展特性，需依赖 DRS（分布式资源调度）才能启用。默认情况下，Proactive HA 处于未启用状态。启用 Proactive HA 后，有两个核心配置参数：“自动化级别”以及“修复”。“自动化级别”用于定义主机隔离、维护模式切换及虚拟机迁移的执行方式（“建议”或“自动”）；“修复”指定对部分降级主机的处理方式（如自动将其移入维护模式，避免新虚拟机部署其上）。编辑 Proactive HA 选项如图 6-60 所示。

图 6-59　处于 APD 状态的数据存储选项

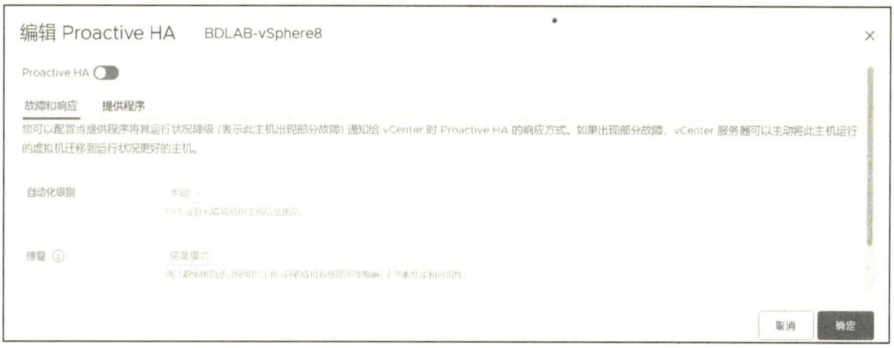

图 6-60　编辑 Proactive HA 选项

6.4　配置和使用 FT

FT（Fault Tolerance，容错）是 VMware vSphere 虚拟化架构中的高级特性。使用 HA 可以实现虚拟机的高可用性，但虚拟机重新启动的时间不可控。而使用 FT 可以避免这个问题，因为 FT 相当于虚拟机的双机热备，它以主从方式同时运行在两台 ESXi 主机上。如果主虚拟机的 ESXi 主机发生故障，另一台 ESXi 主机上运行的从虚拟机会立即接替工作，应用服务不会出现中断。与 HA 相比，FT 更具优势，它几乎将故障的停滞时间降到零。特别是在 VMware vSphere 8.0 版本中，虚拟机最多可以使用 8 个 vCPU，这极大地扩展了 FT 在生产环境中的应用。本节将介绍如何配置和使用 FT。

6.4.1　FT 的工作方式

在 VMware vSphere 早期版本中，FT 通过 vLockstep 技术来实现容错，其本质是录制/播放机制。当虚拟机启用 FT 后，一主一从两个虚拟机同时在两台 ESXi 主机上运行，主虚拟机的所有操作会实时录制并同步至从虚拟机，两者执行逻辑完全一致。因录制与播放的微小延迟，主从虚拟机存在极短时间差（称为 vLockstep Interval），该时间差取决于主机性能（通常可忽略）。当主虚拟机所在 ESXi 主机发生故障时，从虚拟机会瞬间接替工作并升级为主虚拟机，用户几乎感觉不到后台虚拟机已经发生变化。

从 VMware vSphere 6.7 版本开始，FT 通过 Fast Checkpointing 新技术来实现容错，取代传统 vLockstep 技术，结合 10GE 高速网络与独立 VMDK 文件存储，实现更高效的主从同步。

FT 的核心运行机制：通过创建和维护与此类虚拟机相同，且可在发生故障切换时随时替换此类虚拟机的其他虚拟机，来确保此类虚拟机的连续可用性。受保护的虚拟机称为主虚拟机，另外一台虚拟机称为从虚拟机或辅助虚拟机，两者分别运行在不同 ESXi 主机上（物理隔离，避免单点故障）。

由于辅助虚拟机与主虚拟机的执行方式相同，并且辅助虚拟机可以无中断地接管任何点处的执行，因此可以提供容错保护。主虚拟机和辅助虚拟机会持续监控彼此的状态以确保 FT 冗余关系稳定。如果运行主虚拟机的主机发生故障，系统将会执行透明故障切换，立即启用辅助虚拟机以替换主虚拟机，启动新的辅助虚拟机，并自动重新建立 FT 冗余。如果运行辅助虚拟机的主机发生故障，则该主机也会立即被替换。任何故障场景下，均能保证服务不中断、数据不丢失。

6.4.2 FT 的特性

VMware vSphere 8.0 版本中 FT 具有新的特性，具体表现在：

（1）支持虚拟机最多配置 8 个 vCPU 以及最大 64GB 内存。

（2）采用全新的 Fast Checkpointing 技术，替代旧版本中的 vLockstep 技术。

（3）通过 Fast Checkpointing 监控网络带宽，检验点的传输时间间隔（2～500 毫秒）。

（4）Fault Tolerance Logging（容错日志）支持使用 10GE 网络传输。

6.4.3 FT 不支持的功能

FT 提供了最大限度的虚拟机容错能力，但受技术原理限制，FT 不支持某些 vSphere 功能：

- 不支持虚拟机快照，在虚拟机启用 FT 前，必须移除或提交快照，已启用 FT 的虚拟机无法创建新快照；
- 不支持已启用 FT 技术的虚拟机使用 Storage vMotion（存储迁移）。若需执行存储迁移，应当先暂时关闭 FT，操作完成后重新启用。
- 不支持在链接克隆的虚拟机上启用 FT，也不能从启用了 FT 技术的虚拟机上创建链接克隆。
- 如果集群已启用虚拟机组件保护，则会为关闭此功能的容错虚拟机创建替代项。
- 不支持基于 VVOL 的数据存储。
- 不支持基于存储的策略管理。
- 不支持 I/O 筛选器。

6.4.4 在虚拟机上配置和使用 FT

整体来说，FT 的配置很简单，几步操作即可完成，生产环境中强烈推荐使用 10GE 网络承载 FT 流量，若使用 1Gbit/s 网络，系统会触发性能警告。具体配置步骤如下：

1）在 ESXi 主机的 VMkernel 适配器配置中，启用“Fault Tolerance 日志记录”服务，如图 6-61 所示。

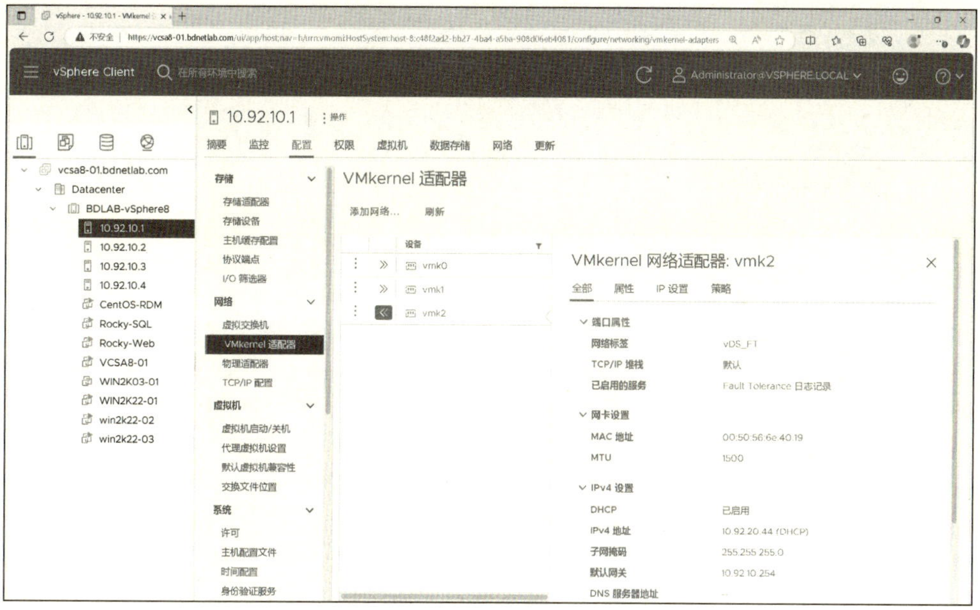

图 6-61　启用"Fault Tolerance 日志记录"服务

2）在需要运行 FT 的虚拟机上单击右键，选择"Fault Tolerance"进行启用，如图 6-62 所示。

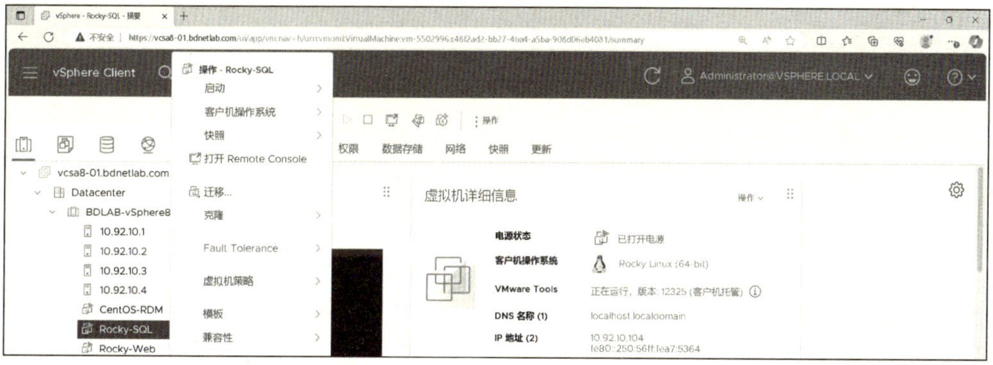

图 6-62　在虚拟机上启用 Fault Tolerance

3）选择辅助虚拟机的数据存储，需要注意的是，辅助虚拟机不能和主虚拟机使用相同的存储，如图 6-63 所示，配置完成后单击"NEXT"按钮。

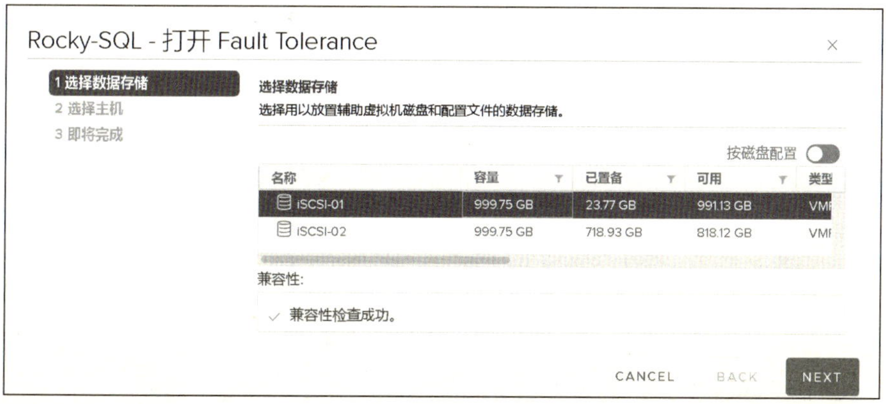

图 6-63　选择辅助虚拟机的数据存储

4）为辅助虚拟机选择主机，如图 6-64 所示，单击“NEXT”按钮。

图 6-64　为辅助虚拟机选择主机

5）核对 FT 参数配置，如图 6-65 所示，确认无误后单击“FINISH”按钮。

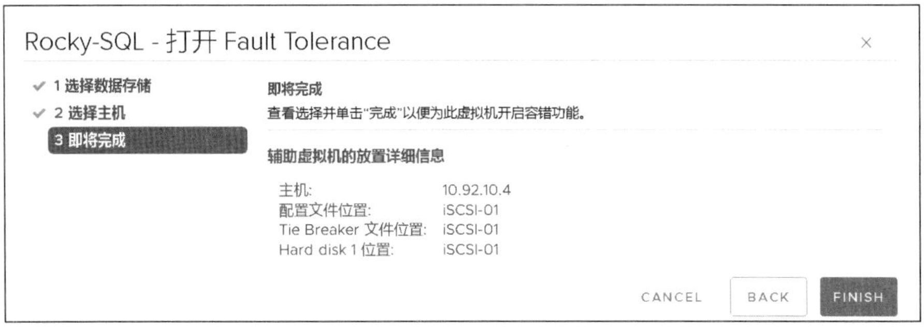

图 6-65　核对参数配置

6）完成辅助虚拟机的创建，如图 6-66 所示。

图 6-66　完成辅助虚拟机创建

7）主虚拟机运行在 IP 地址为 10.93.10.3 的 ESXi 主机上，如图 6-67 所示。

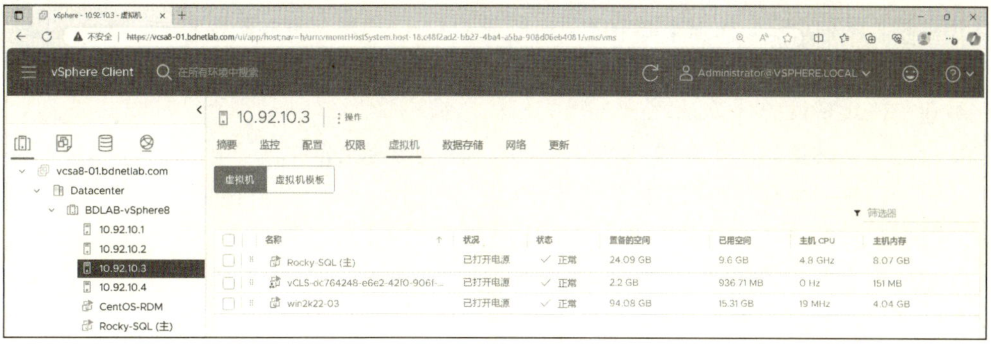

图 6-67　主虚拟机运行的 ESXi 主机

8）辅助虚拟机运行在 IP 地址为 10.93.10.4 的 ESXi 主机上，如图 6-68 所示。

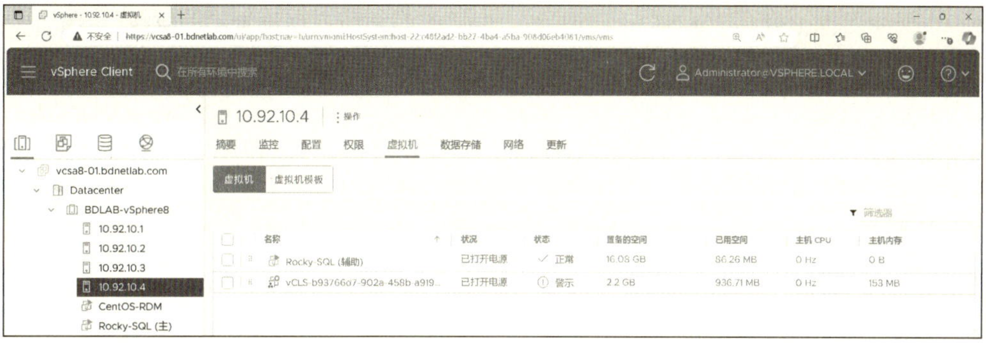

图 6-68　辅助虚拟机运行的 ESXi 主机

至此，虚拟机 FT 配置完成。整体来说，FT 的配置没有难度，FT 的核心优势在于故障切换无需虚拟机重启，主虚拟机故障后，辅助虚拟机会立即升级为主虚拟机，不间断对外提供服务。需要注意的是，如果主虚拟机出现蓝屏的情况，辅助虚拟机同样会出现蓝屏。

6.5　本章小结

本章介绍了 VMware vSphere 各种高级特性，这些特性可以最大程度确保虚拟机正常工作，在生产环境中可以根据实际情况配置和使用。对于各种高级特性的使用，还需要注意以下事项。

1．生产环境中使用 vMotion 注意事项

（1）生产环境中推荐使用专用的网卡运行 vMotion 流量，特别注意，iSCSI 流量尽量避免与 vMotion 一起运行；

（2）生产环境中不要同时迁移过多的虚拟机，可能会影响虚拟化架构的整体运行，可以查看前文中 1Gbit/s、10GE 网络并发迁移虚拟机的数量；

（3）生产环境中所有 ESXi 主机要配置好目标网络，避免迁移后虚拟机网络不可用；

（4）虚拟机存储迁移的速度受虚拟机容量、网络、存储服务器等因素影响，迁移速度不可控；

（5）对于跨存储迁移（如 iSCSI 到 FC），建议在业务低峰期执行，降低对服务的影响。

2．生产环境中如何选择 HA 准入控制策略

准入控制策略的选择需结合可用性需求与集群特性，核心考虑因素如下：

（1）选择什么样的准入控制策略。

生产环境常用“按静态主机数量定义故障切换容量”和“预留一定百分比的集群资源来定义

故障切换容量”两种策略，如果集群中虚拟机所需的 CPU 和内存资源差距较大，推荐使用预留一定百分比的集群资源来定义故障切换容量策略，从而避免插槽计算偏差。

（2）避免出现资源碎片。

当集群有足够的资源用于虚拟机故障切换时，将出现资源碎片。但是，这些资源位于多个主机上且不可用，因为虚拟机一次只能在一个 ESXi 主机上运行。通过将插槽定义为虚拟机最大预留值，“集群允许的主机故障数目”策略的默认配置可避免资源碎片。

采用“集群资源的百分比”策略不能解决资源碎片问题。

采用“指定故障切换主机”策略不会出现资源碎片，因为该策略会为故障切换预留主机。

（3）资源预留的灵活性。

为故障切换保护机制预留集群资源时，准入控制策略所提供的控制粒度会有所不同。“集群允许的主机故障数目”策略允许设置多台主机作为故障切换级别。“集群资源的百分比”策略最多允许指定 100%的集群 CPU 或内存资源用于故障切换。“指定故障切换主机”策略可以指定一组故障切换主机。

（4）集群的异构性。

从虚拟机资源预留和主机总资源容量方面而言，集群可以异构。在异构集群内，“集群允许的主机故障数目”策略可能过于保守，因为在定义插槽大小时仅考虑最大虚拟机预留，而在计算当前故障切换容量时也假设最大主机发生故障。其他两个准入控制策略不受集群异构性影响。

3．生产环境中虚拟机 FT 的注意事项

（1）VMware vSphere 8.0 版本支持虚拟机最多 8 个 vCPU，满足多数生产需求，但需要注意不同 VMware vSphere 版本的 vCPU 支持上限存在差异。

（2）在生产环境中，强烈推荐使用专用的 10GE 网络承载 FT 流量（1Gbit/s 网络会触发性能警告）。同时，也建议使用不同的存储来存放虚拟机文件，避免主虚拟机、辅助虚拟机使用相同的存储。

（3）FT 主虚拟机和辅助虚拟机完全同步，若主虚拟机因系统问题出现故障（如 Windows 蓝屏），辅助虚拟机可能出现相同问题

（4）从技术角度上来看，FT 技术整体来说不错，如果一些虚拟机使用了程序本身自带的冗余技术，则可以不考虑 FT；对于一些无内置冗余机制但需高可用性的虚拟机，FT 技术就比较实用，但需要注意 vCPU 的支持情况。

第 7 章 配置和使用性能监控

构建完 VMware vSphere 虚拟化架构后，对于运维人员来说，性能监控是日常的工作。VMware vSphere 本身内置了丰富的监控工具，如果内置的监控工具不能满足需求，可部署专业监控平台 vRealize Operations Manager。本章介绍如何使用内置监控工具以及部署 vRealize Operations Manager。

7.1 使用内置监控工具

VMware vSphere 虚拟化架构提供了内置的监控工具。运维人员可以通过登录 vCenter Server 查看基于数据中心、集群、ESXi 主机以及虚拟机的监控，当触发监控后，系统会给出相应的提示，这时需要运维人员根据提示进行处理。

7.1.1 使用基本监控工具

部分运维人员易忽略基础监控功能，基本的监控功能也可以很直观地看到整个 VMware vSphere 虚拟化架构负载情况。具体操作如下：

1）在 vCenter Server 的“主机和集群”视图中，选择“主机”选项，可查看当前 vCenter Server 管理的所有 ESXi 主机的资源使用情况，如图 7-1 所示。

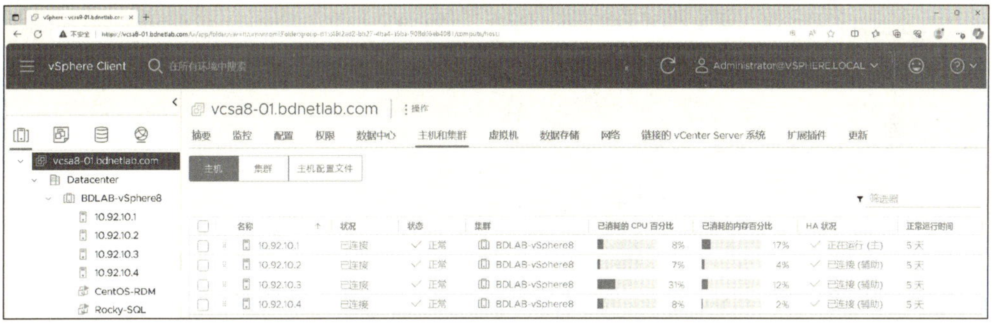

图 7-1　vCenter Server 主机资源监控

2）切换至集群选项，可查看所有集群的整体资源使用信息，如图 7-2 所示。

图 7-2　vCenter Server 集群资源监控

3）在 vCenter Server 的“虚拟机”视图中，可集中查看所有虚拟机的运行状态和信息。如图 7-3 所示。

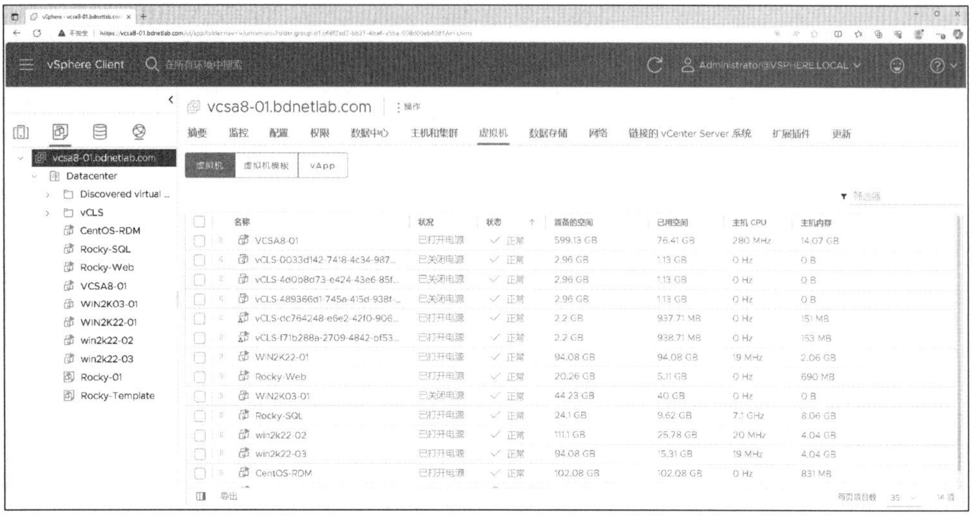

图 7-3 vCenter Server 虚拟机资源监控

4）通过“数据存储”视图，可监控所有存储设备的相关信息，如图 7-4 所示。

图 7-4 vCenter Server 存储资源监控

5）在“网络”视图中，可查看所有虚拟网络资源信息，如图 7-5 所示。

图 7-5 vCenter Server 网络资源监控

通过上述基本监控工具，可以直观、简洁地看到整个 VMware vSphere 虚拟化架构的资源使用与负载情况，但功能较为基础，无法满足复杂场景下的深度运维需求，下面将介绍更高级的监控工具及配置方法。

7.1.2　使用性能监控工具

VMware vSphere 内置了性能监控工具，可以基于数据中心、集群、ESXi 主机以及虚拟机，提供多维度的性能监控图表，可以更好地帮助运维人员了解整体的性能。具体操作如下：

1）在数据中心（Datacenter）的性能视图中，性能概览图表默认展示最近一天的 CPU、内存等使用情况，如图 7-6 所示。可以根据需要查看的项目调整查询参数。

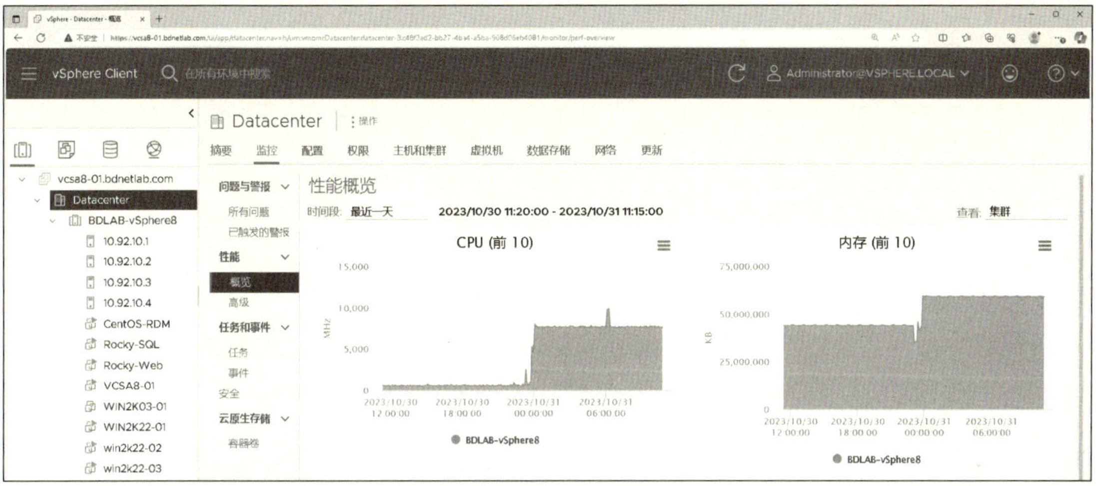

图 7-6　数据中心性能概览

2）切换至集群的性能视图，性能概览图表会汇总显示最近一天集群 CPU、内存等使用情况，如图 7-7 所示，可以根据需要查看的项目调整查询参数。

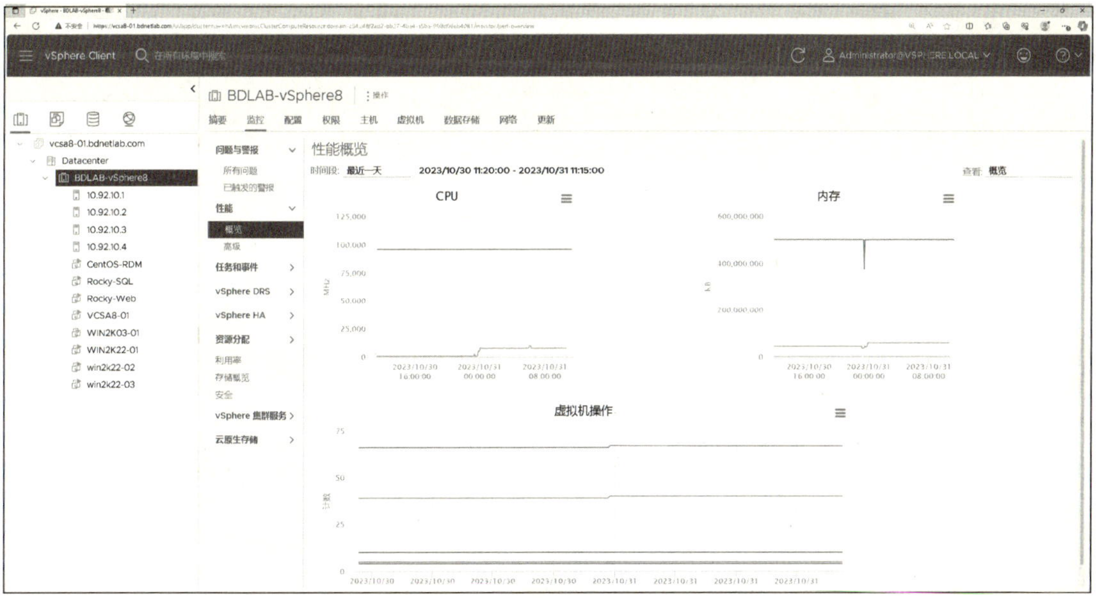

图 7-7　集群性能概览

3）查看性能中的高级性能图表，该图表展示了最近一天虚拟机的操作情况，如图 7-8 所示。根据需要查看的项目，可以调整查询参数。

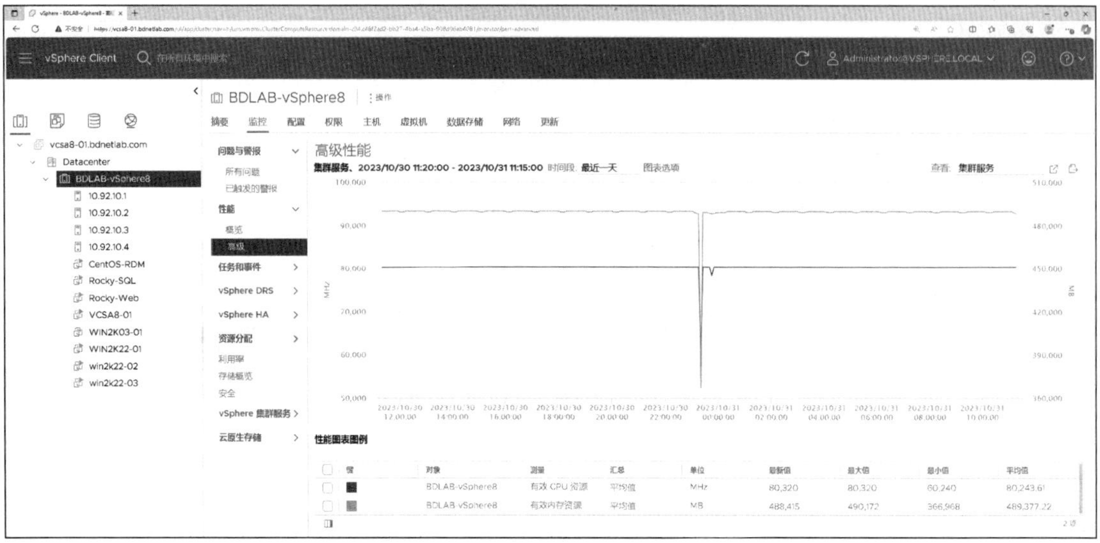

图 7-8 集群高级性能

4）在 ESXi 主机的性能视图中，性能概览图表实时展示 CPU、内存等使用情况，如图 7-9 所示，可以根据需要查看的项目调整查询参数。

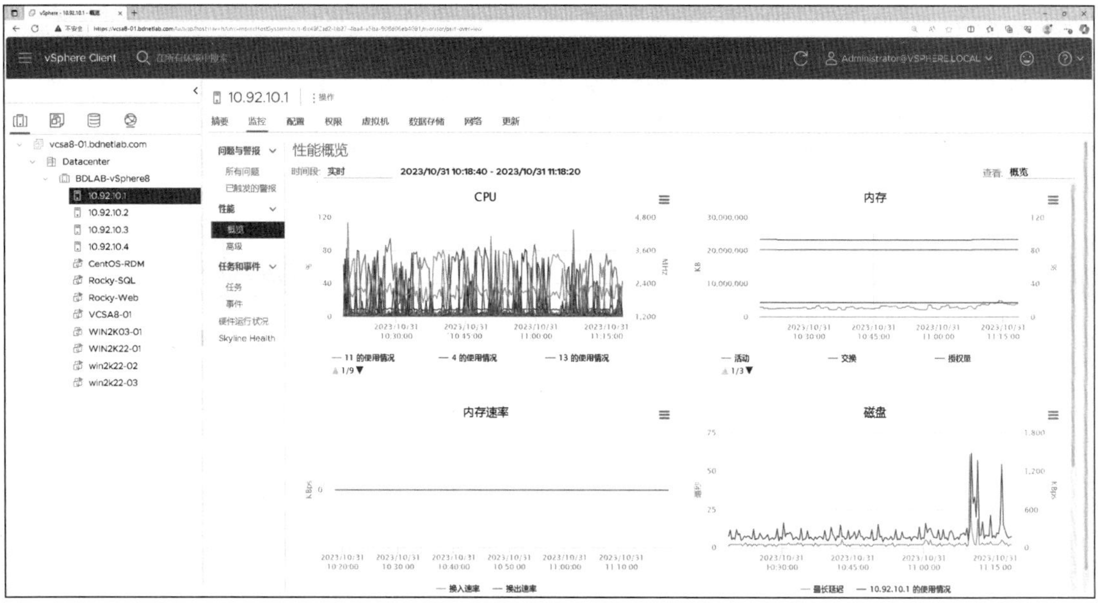

图 7-9 主机性能概览

5）查看 ESXi 主机高级性能图表，该图表展示实时网络使用情况，如图 7-10 所示，可以根据需要查看的项目调整查询参数。

6）查看虚拟机性能概览图表，该图表展示实时 CPU、内存等使用情况，如图 7-11 所示，可以根据需要查看的项目调整查询参数。

7）查看虚拟机高级性能图表，该图表展示实时内存使用情况，如图 7-12 所示，可以根据需要查看的项目调整查询参数。

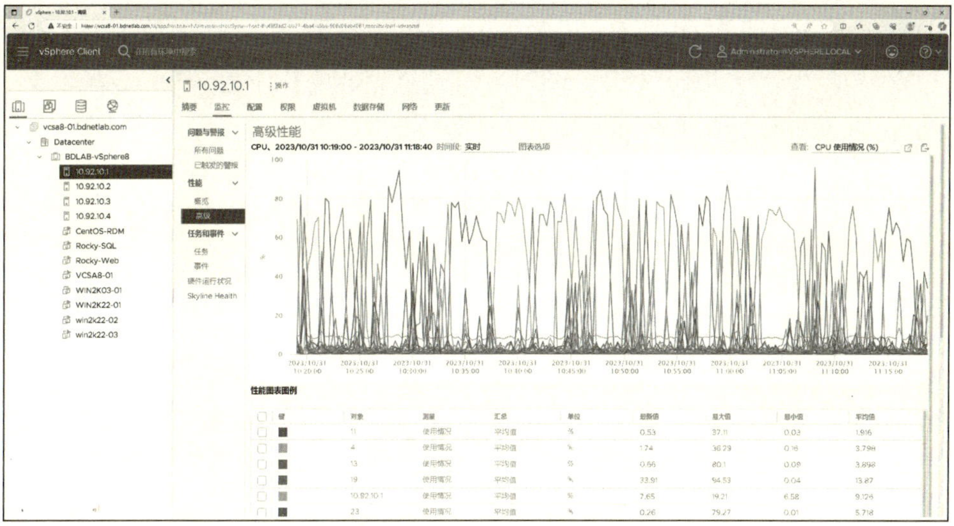

图 7-10　主机高级性能

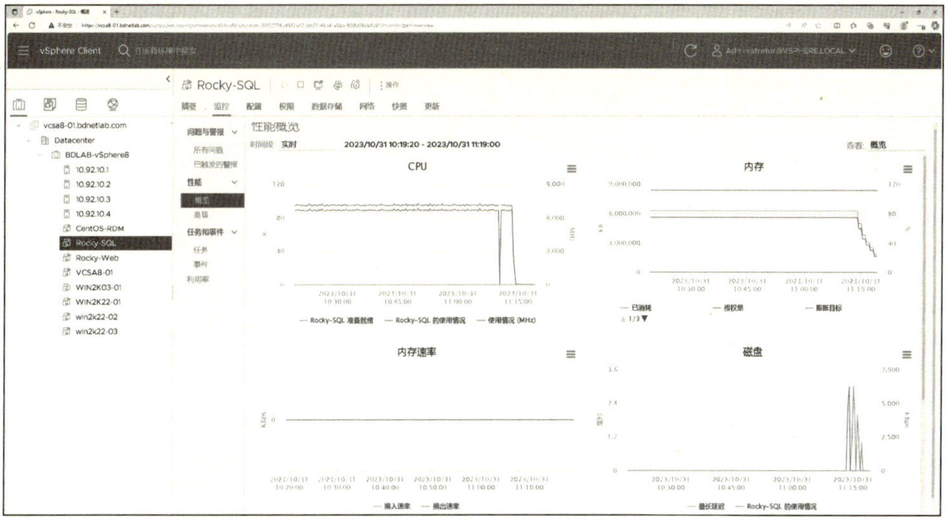

图 7-11　虚拟机性能概览

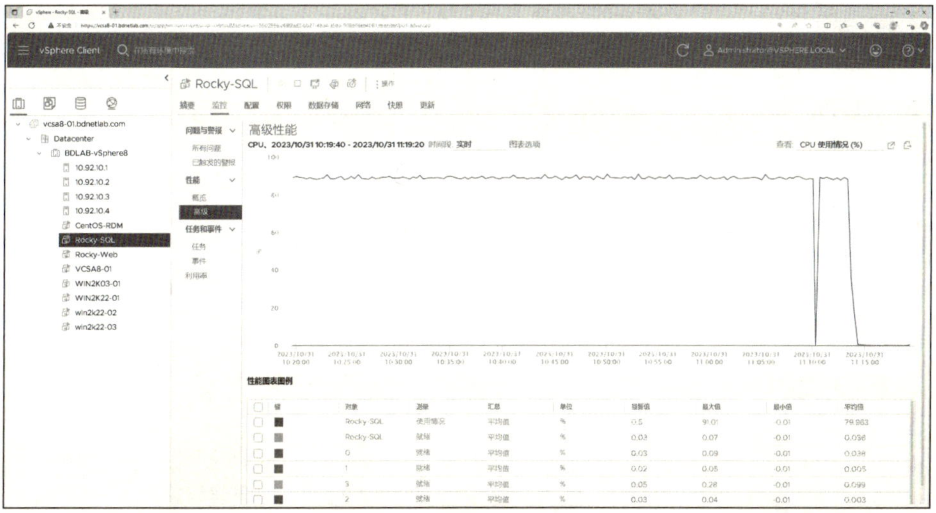

图 7-12　虚拟机高级性能

通过性能监控工具的多维度图表，运维人员可以根据生产环境中的实际情况，灵活调整监控参数，全面监控 VMware vSphere 虚拟化环境，从而更好地了解其整体性能。

7.1.3 使用任务和事件监控工具

在掌握性能监控工具后，任务和事件监控工具的使用同样关键。任务和事件监控工具记录了 VMware vSphere 虚拟化架构的所有操作与状态变化，是运维人员排查问题、追溯操作的核心依据。

1）选择 vCenter Server，查看“任务”列表，可看到其管理范围内的所有操作记录，包括创建虚拟机、打开虚拟机电源等，如图 7-13 所示。

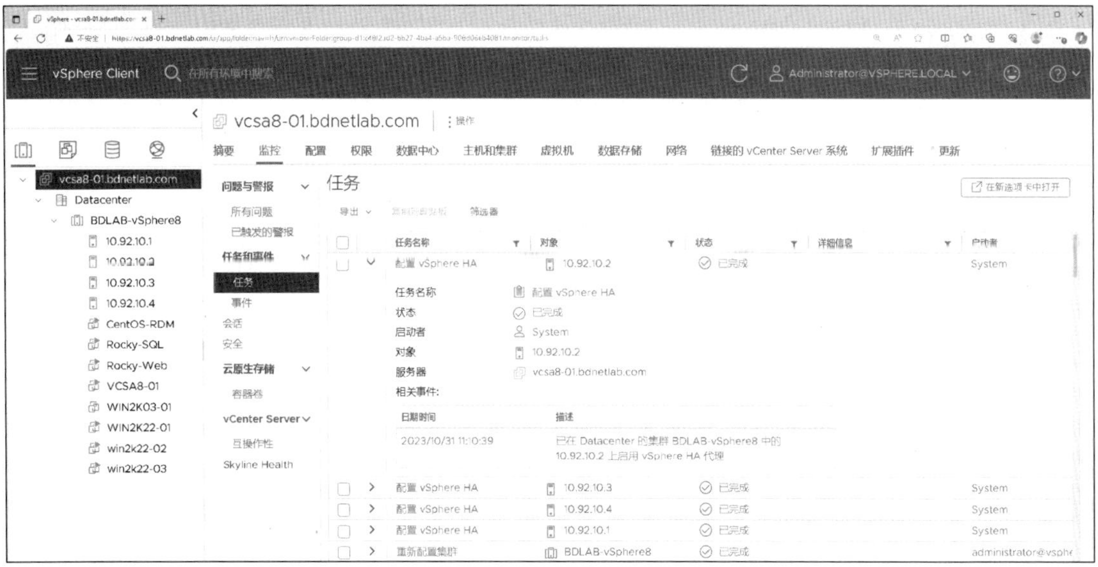

图 7-13 vCenter Server 任务列表

2）在 vCenter Server 的“事件”列表中，系统会记录所有关键状态变化，例如虚拟机操作系统未识别、资源不足告警等，并附带可能的原因分析，为问题排查提供线索，如图 7-14 所示。

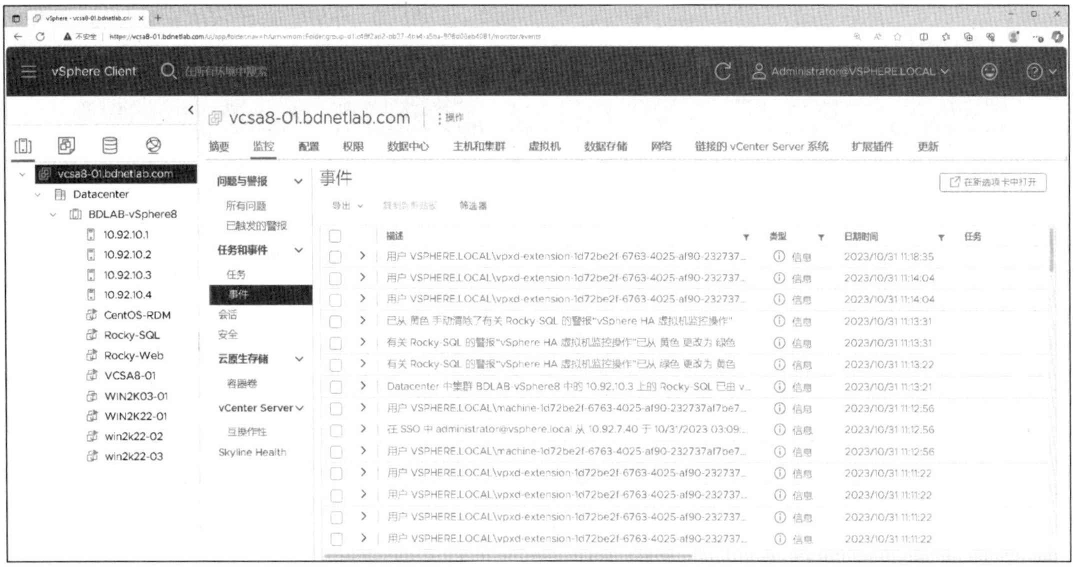

图 7-14 vCenter Server 事件列表

3）选择数据中心，查看“任务”列表，可看到该数据中心下执行的所有任务，如图 7-15 所示。

图 7-15　数据中心任务列表

4）选择数据中心，查看“事件”列表，可看到该数据中心下执行的所有事件，如图 7-16 所示。

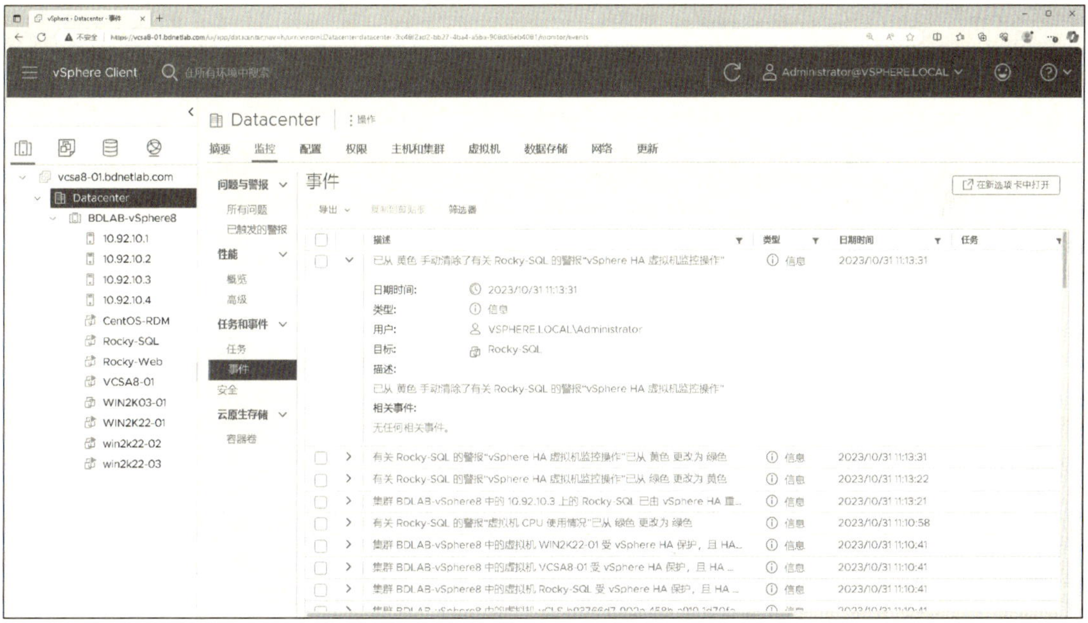

图 7-16　数据中心事件列表

5）选择集群，查看“任务”列表，可看到该集群下执行的所有任务，包括关闭虚拟机电源等操作，如图 7-17 所示。

6）选择集群，查看“事件”列表，可看到该集群下执行的所有事件，如图 7-18 所示。

7）选择 ESXi 主机，查看“任务”列表，如图 7-19 所示。

图 7-17　集群任务列表

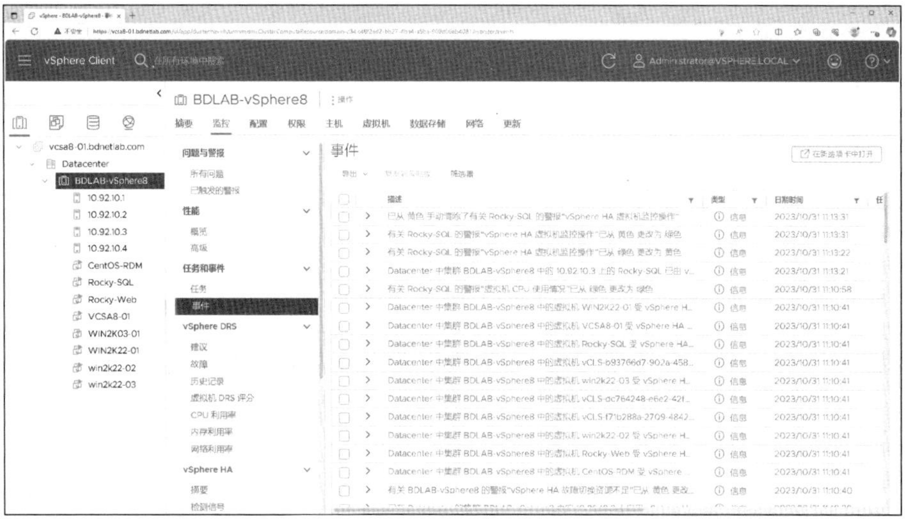

图 7-18　集群事件列表

图 7-19　主机任务列表

8）选择 ESXi 主机，查看“事件”列表，如图 7-20 所示。

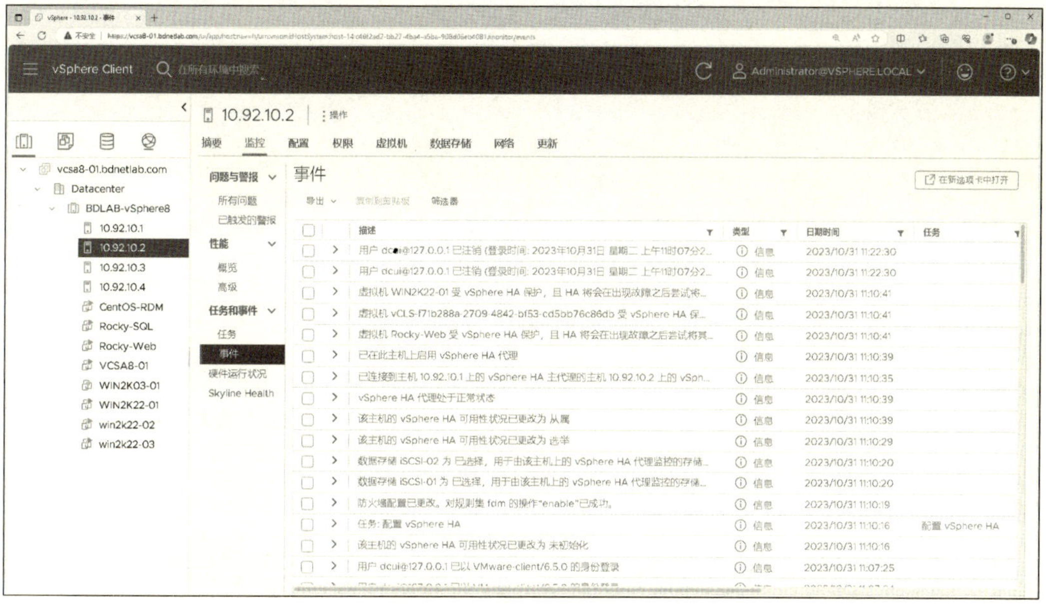

图 7-20　主机事件列表

9）对于 ESXi 主机来说，任务和事件中增加了“硬件运行状况”的菜单，可以显示 ESXi 主机硬件运行信息。其中，传感器信息如图 7-21 所示，显示了从物理服务器传感器收集的各种硬件状况。此外，还可通过不同的选项卡查看 DPU 传感器信息、存储传感器信息、警示和警告信息，以及系统事件日志信息。

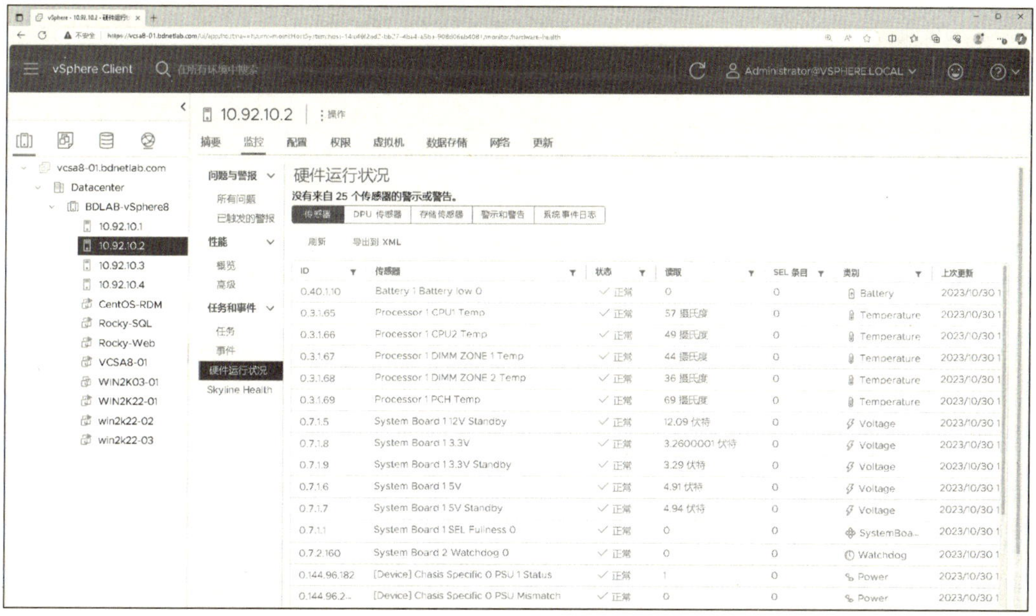

图 7-21　传感器信息

10）选择虚拟机，查看“任务”列表，如图 7-22 所示。

11）选择虚拟机，查看“事件”列表，如图 7-23 所示。

12）虚拟机的利用率菜单，可以显示虚拟机硬件资源使用信息，如图 7-24 所示。

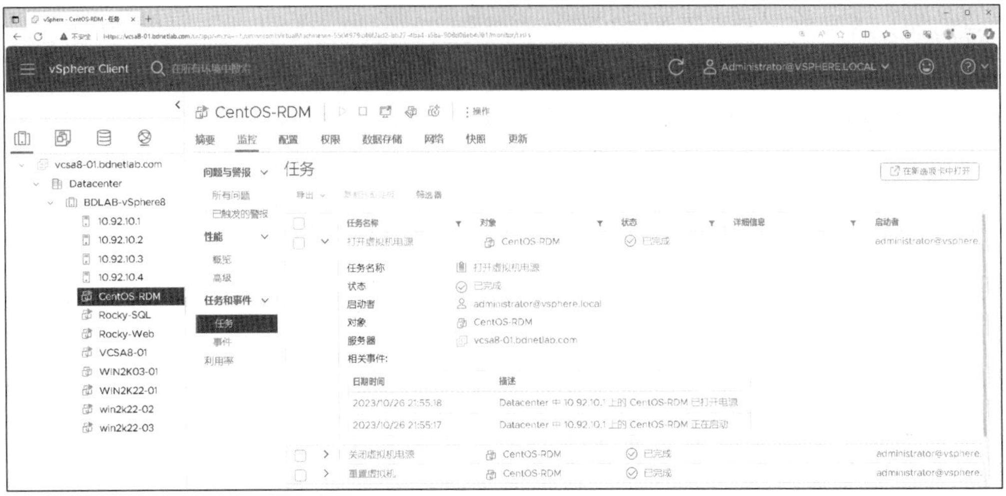

图 7-22　虚拟机任务列表

图 7-23　虚拟机事件列表

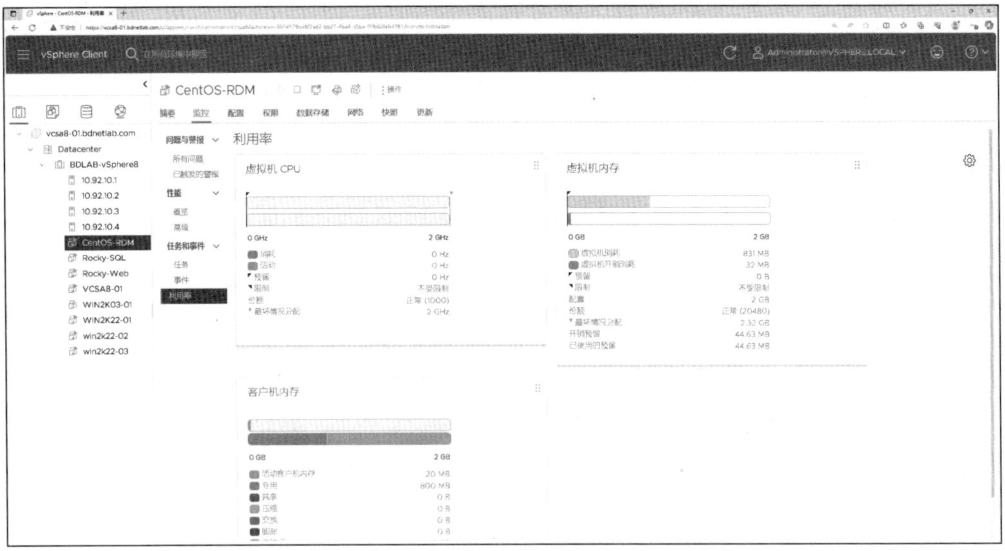

图 7-24　虚拟机利用率

通过任务和事件监控工具，可以更加细致地看到 VMware vSphere 虚拟化构架整体的运行状况，包括各种任务和事件。学习并掌握任务和事件监控工具能够帮助运维人员更好地解决问题。

7.1.4　使用问题与警报监控工具

VMware vSphere 虚拟化架构内置了针对 vCenter Server、数据中心、集群、ESXi 主机及虚拟机的警报机制，无需单独配置，直接使用即可。学习并掌握内置问题与警报监控工具能够帮助运维人员快速定位问题。

1）查看 vCenter Server 内置警报定义，vCenter Server 内置警报定义条目为 319 项（VMware vSphere 7.0 版本为 273 项），基本上涵盖了从 vCenter Server、数据中心、集群、主机、虚拟机的监控警报项目，如图 7-25 所示。

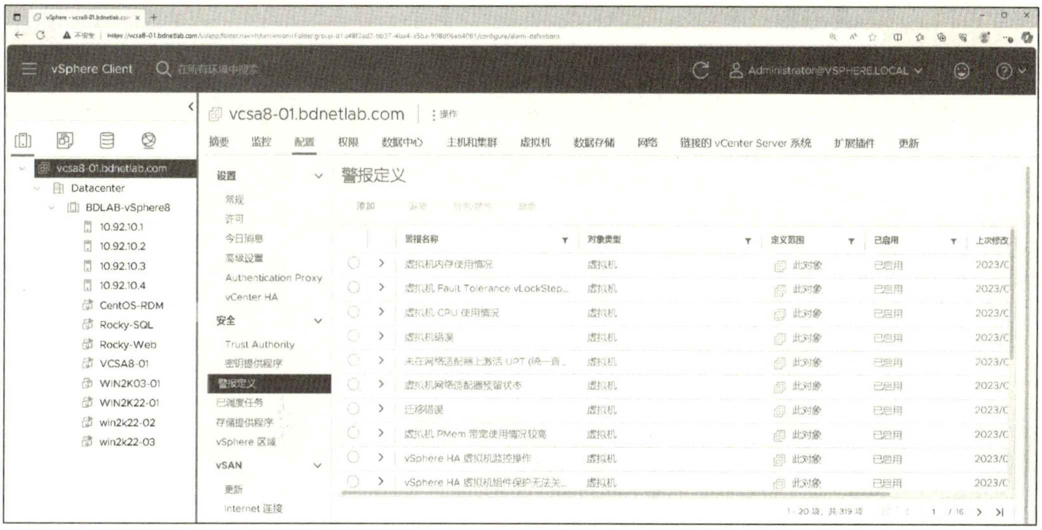

图 7-25　vCenter Server 内置警报定义

2）查看数据中心内置警报定义，数据中心内置警报定义条目为 248 项（VMware vSphere 7.0 版本为 211 项），基本上涵盖数据中心、集群、主机、虚拟机的监控警报项目，如图 7-26 所示。

图 7-26　数据中心内置警报定义

3）查看集群内置警报定义，集群内置警报定义条目为 234 项（VMware vSphere 7.0 版本为 198 项），基本上涵盖集群、主机、虚拟机的监控警报项目，如图 7-27 所示。

图 7-27　集群内置警报定义

4）查看 ESXi 主机内置警报定义，ESXi 主机内置警报定义条目为 56 项（VMware vSphere 7.0 版本为 44 项），基本上涵盖主机的监控警报项目，如图 7-28 所示。

图 7-28　主机内置警报定义

5）查看虚拟机内置警报定义，虚拟机内置警报定义条目为 20 项（VMware vSphere 7.0 版本为 17 项），基本上涵盖虚拟机的监控警报项目，如图 7-29 所示。

6）了解警报定义后可以在监控中查看所有问题及已触发的警报，图 7-30 显示了 vCenter Server 当前已触发的警报。

7）查看虚拟机已触发的警报，如图 7-31 所示，当前无触发警报项目。

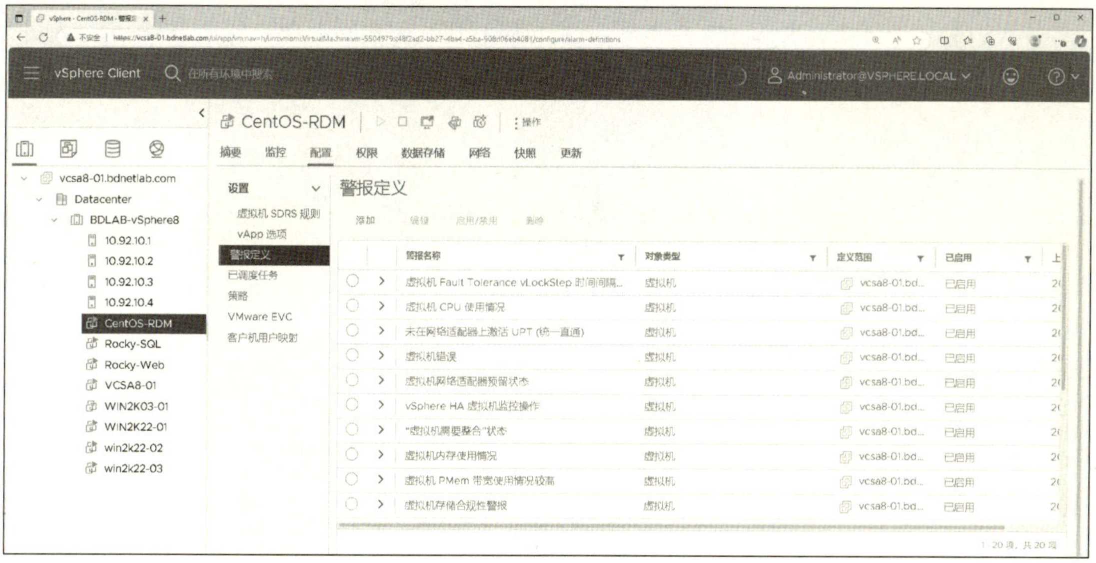

图 7-29　虚拟机内置警报定义

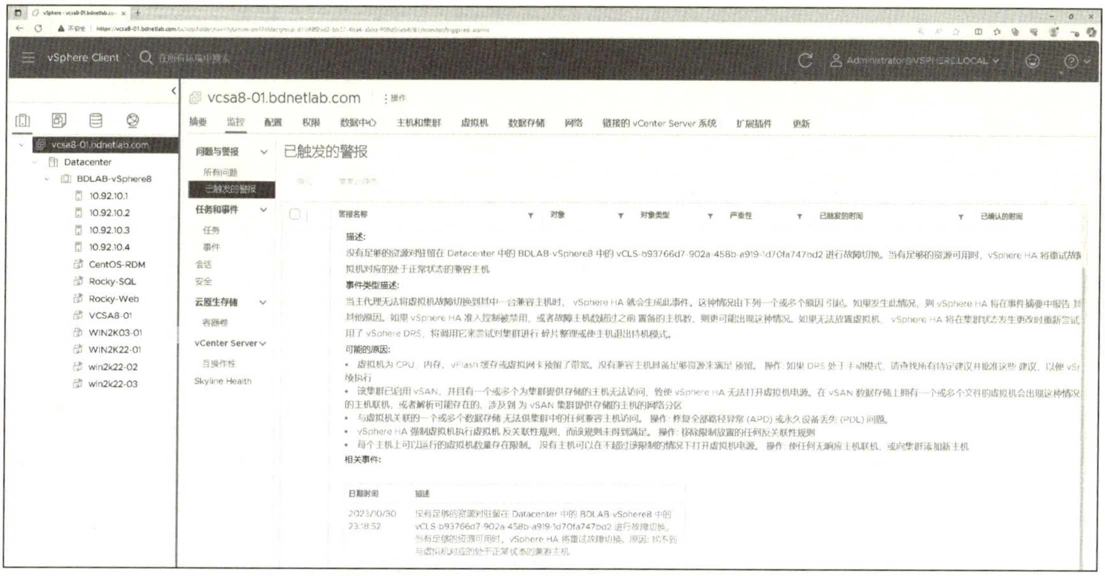

图 7-30　vCenter Server 当前已触发的警报

图 7-31　虚拟机已触发的警报

至此，使用各种内置工具监控 VMware vSphere 虚拟化架构基本介绍完毕，对于运维人员来说，学习并掌握这些内置工具是必须的，不同的监控工具可以帮助其判断问题、定位问题以及解决问题。

7.2 部署和使用 vRealize Operations Manager

vRealize Operations Manager 8.1 是 VMware 推出的基于云计算平台的管理工具，专注于性能优化、容量管理、多云智能修复、合规性支持及增强型 Wavefront 集成。需要说明的是，该工具的配置与使用相对复杂，本节仅对其部署与使用进行基础介绍。

7.2.1 vRealize Operations Manager 介绍

开始部署使用之前，先了解 vRealize Operations Manager 8.1 的核心功能特性，主要包括以下几类：

1. 持续性能优化

- 基于业务意图（如利用率、合规性和许可证成本）实现跨集群工作负载全自动平衡；
- 与 vRealize Automation 集成，支持初始和持续的工作负载安置；
- 基于主机安置策略，以根据集群内的业务意图和工作负载安置来自动执行 DRS；
- 能够检测和修复业务目标中定义的放置标记违规；
- 工作负载优化历史记录按调度重放手动优化记录，或通过新自动化选项实现完全自动化的历史优化重放。

2. 选项完全自动化的工作负载重放历史优化

- 提供新工作流，精准调整容量不足或过剩的工作负载，平衡性能与效率；
- 增强日历感知的容量分析功能，适配业务周期波动；
- 更智能的数据权重功能，可在不损失周期性的情况下为最近的容量变化赋予更高权重；
- 增强的容量回收工作流，可轻松访问历史容量利用率；
- 增强的假设方案，可使用标记、自定义组、文件夹等方式添加新的工作负载；
- 适用于硬件采购规划和云迁移规划的新假设方案。

3. 智能修复

- 支持多种云服务；
- 对象级的“工作负载”选项卡，用于简单细分资源利用率；
- 增强的 Wavefront 集成，用于应用程序监控和故障排除；
- 能够在 vRealize Automation 中查看 vRealize Operations Manager 的警示和衡量指标，可为部署中的每项工作负载显示 KPI。

4. 仪表板和报告增强功能

- 利用直观画布、多个即时可用小组件以及视图简化仪表板的创建流程；
- 能够使用统一的小组件编辑器创建四列仪表板，并能够设置仪表板间交互以及仪表板内的交互；
- 支持通过 URL 共享仪表板（无需登录），共享选项包括复制、电子邮件或其他网站中嵌入的 URL 以及使用 vRealize Operations Manager 生成的嵌入式代码；
- 能够使用管理仪表板功能跟踪 URL 使用情况并撤销 URL 访问权限；

- 能够将仪表板所有权转移给其他用户；
- 提供“孤立内容”页面，便于管理已删除用户的仪表板和报告调度等内容；
- 优化入门仪表板，支持访问社区管理的仪表板资源库。

5．平台增强功能

- 支持跨 vCenter vMotion。能够在 vCenter Server 之间移动虚拟机。如果两个 vCenter Server 由同一实例管理，则 vRealize Operations Manager 将保留虚拟机的历史记录；
- 提供新的搜索选项，支持搜索和启动内容（如仪表板、视图、超级衡量指标、警示等）；
- 支持超级衡量指标中的属性，包含新函数和运算符；
- 支持在管理员用户界面中的 vRealize Operations Manager 节点上启用 SSH；
- 管理员用户界面中新增管理员密码恢复选项；
- 支持在管理员用户界面中设置 NTP 设置；
- 增强与 VMware Identity Manager 的集成，提供导入用户组的选项；
- 新增“操作”选项，可从“警示”页面直接执行操作；
- 能够从“警示”页面删除已取消的警示，清理警示数据库；
- 提供用于定义要包括在虚拟机成本中的应用程序成本核算的选项；
- 支持导出 vRealize Business 成本配置并将其导入 vRealize Operations Manager。

6．小组件和视图增强功能

- 视图工具栏中新增范围选项，用于选择“列表”“摘要”“趋势”“分布”等所有视图的范围；
- 增强饼图和条形图分布视图，提供分布数据；
- 提供支持设置要在“列表”视图中显示的行数限制的选项，旨在改进报告；
- 新增表达式转换功能，可在视图中创建自定义计算；
- 支持在趋势视图和衡量指标图表小组件中设置阈值；
- 支持在“记分板”小组件列表中添加超链接以实现跨仪表板或网页导航的；
- 增强“警示列表”小组件，支持筛选警示与操作，并可直接从组件运行操作。

7.2.2　部署 vRealize Operations Manager

vRealize Operations Manager 8.1 部署采用 OVA 模板导入方式，用户需先从 VMware 官网下载对应 OVA 文件。本节介绍如何部署 vRealize Operations Manager 8.1。

1）在集群上选择“部署 OVF 模板”，如图 7-32 所示，进入部署流程。

图 7-32　启动 OVF 模板部署

2）选择从本地文件部署，如图 7-33 所示，上传下载的 vRealize Operations Manager OVA 模板文件，单击“下一页”按钮。

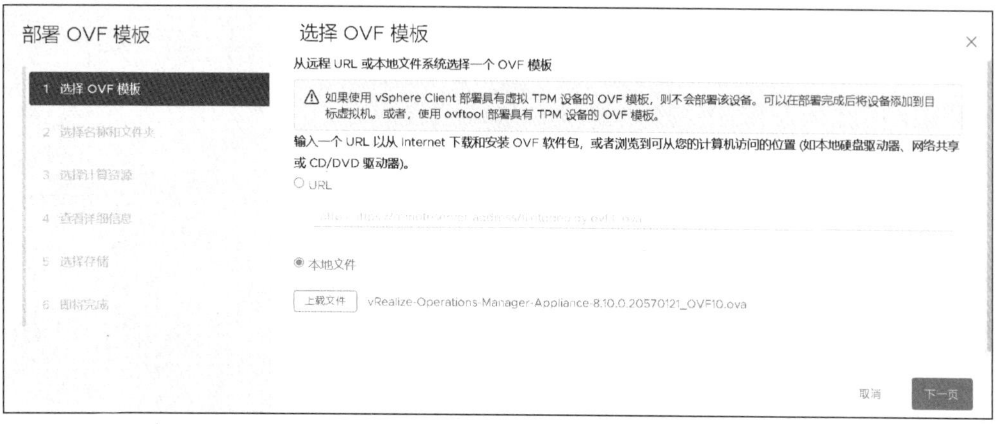

图 7-33　选择本地 OVF 模板文件

3）输入虚拟机名称，并选择目标数据中心或文件夹，如图 7-34 所示，单击“下一页”按钮。

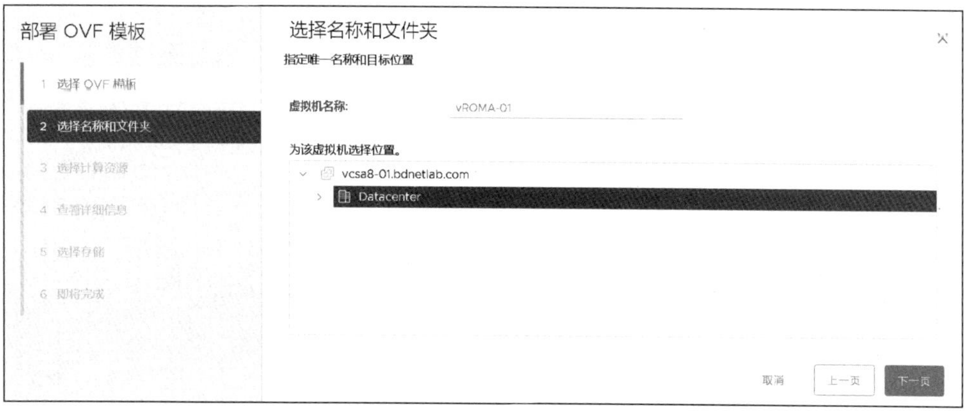

图 7-34　选择名称和文件夹

4）选择虚拟机运行的 ESXi 主机，如图 7-35 所示，单击“下一页”按钮。

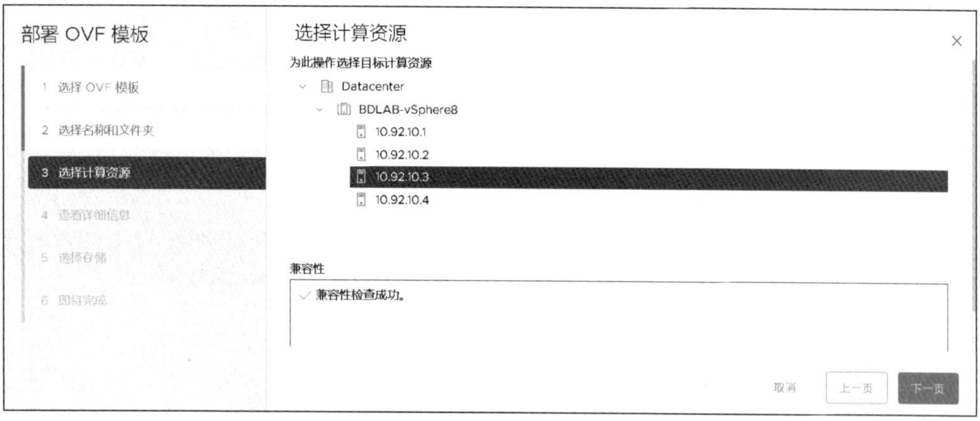

图 7-35　选择计算资源

5）系统对导入的文件进行验证，如图 7-36 所示，单击“下一页”按钮。

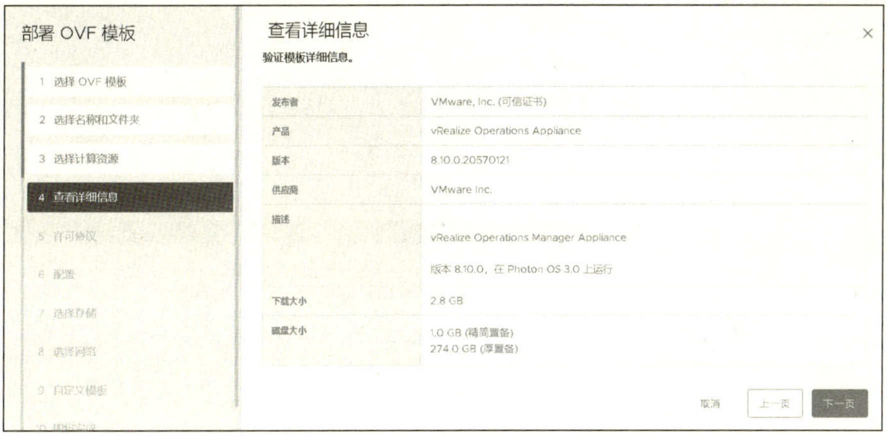

图 7-36　验证导入文件

6）勾选“我接受所有许可协议”，如图 7-37 所示，单击“下一页”按钮。

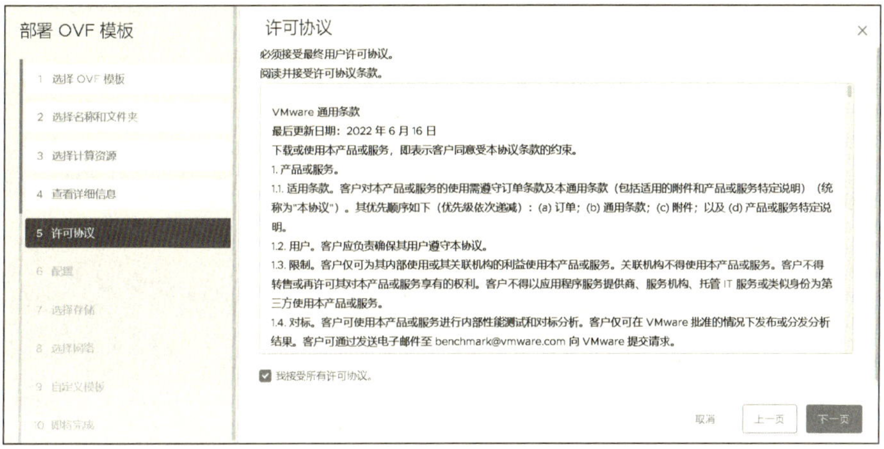

图 7-37　接受许可协议

7）选择虚拟机部署规格，如图 7-38 所示，不同的环境使用的硬件资源不同，需根据实际情况进行选择，单击“下一页”按钮。

图 7-38　选择虚拟机部署规格

8）为虚拟机虚拟磁盘选择目标数据存储，如图 7-39 所示，单击“下一页”按钮。

图 7-39　选择存储

9）选择虚拟机使用的网络，如图 7-40 所示，单击“下一页”按钮。

图 7-40　选择网络

10）配置虚拟机的网络参数，如图 7-41 所示，单击“下一页”按钮。

图 7-41　配置网络参数

11）核对虚拟机存储、网络等参数，如图 7-42 所示，确认无误后单击“完成”按钮。

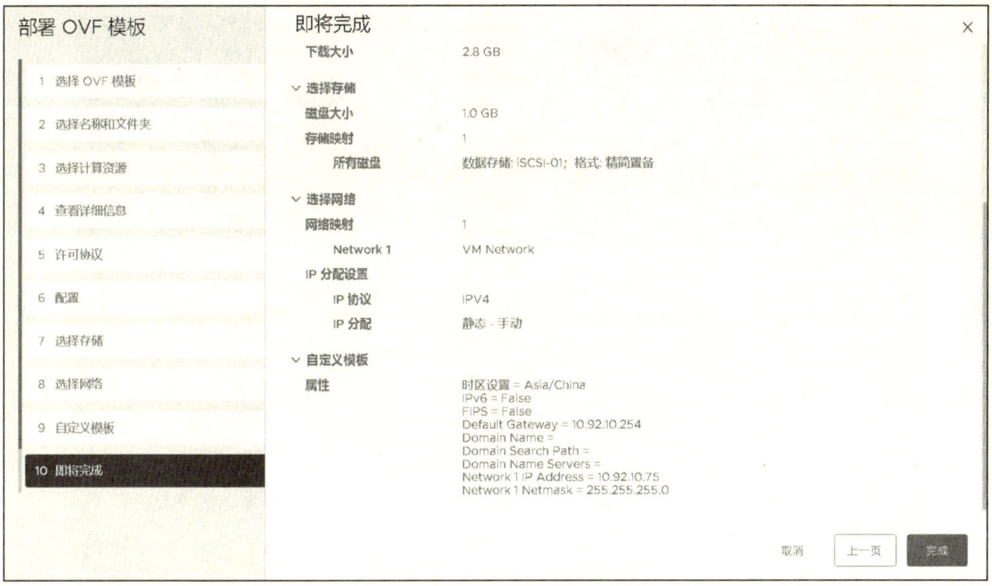

图 7-42　确认配置参数

12）系统开始部署虚拟机，如图 7-43 所示。

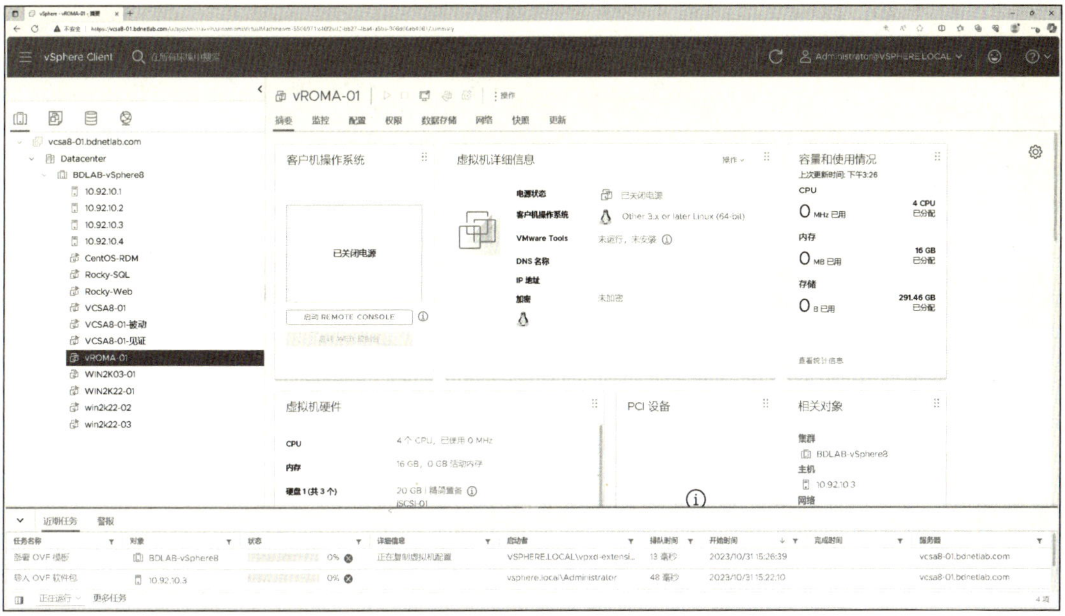

图 7-43　部署虚拟机

13）部署完成后，虚拟机自动启动并初始化服务，如图 7-44 所示，等待服务启动完成，如图 7-44 所示。

14）通过浏览器访问虚拟机 IP 地址，进入初始化配置页面，，如图 7-45 所示，选择“快速安装”。

15）进入配置向导，如图 7-46 所示，单击“下一步”按钮。

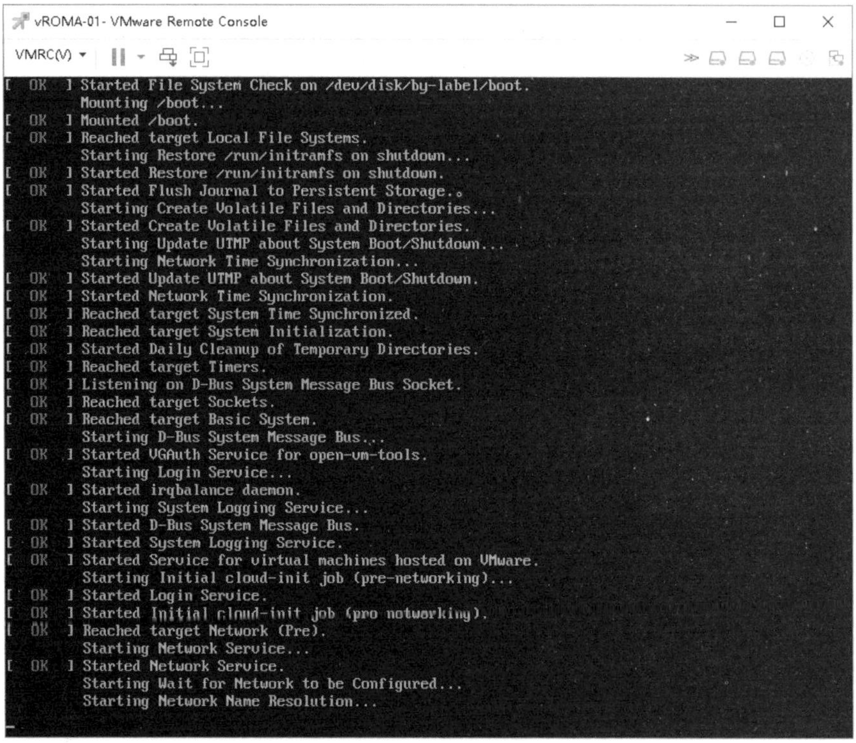

图 7-44　启动虚拟机及服务

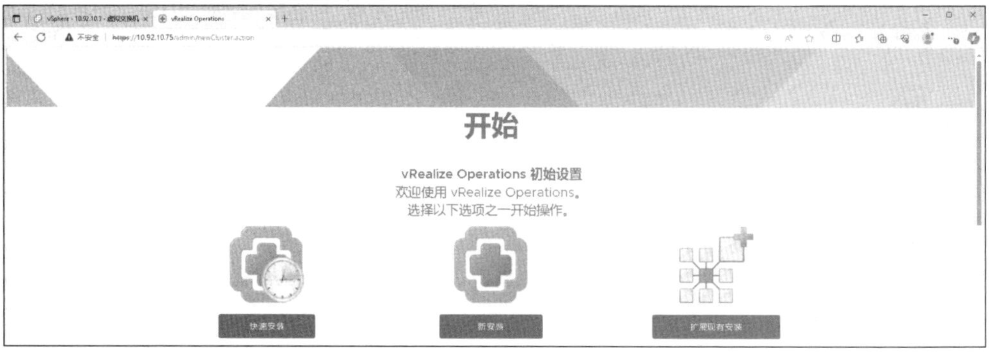

图 7-45　初始化配置页面

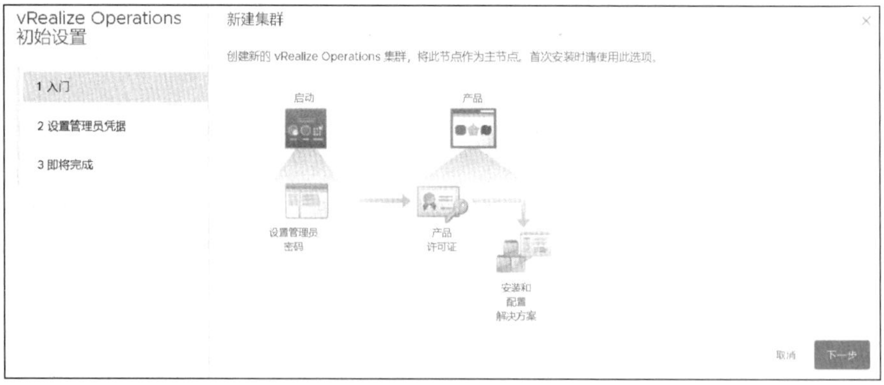

图 7-46　配置向导

16）设置管理员账户凭据，如图 7-47 所示，单击“下一步”按钮。

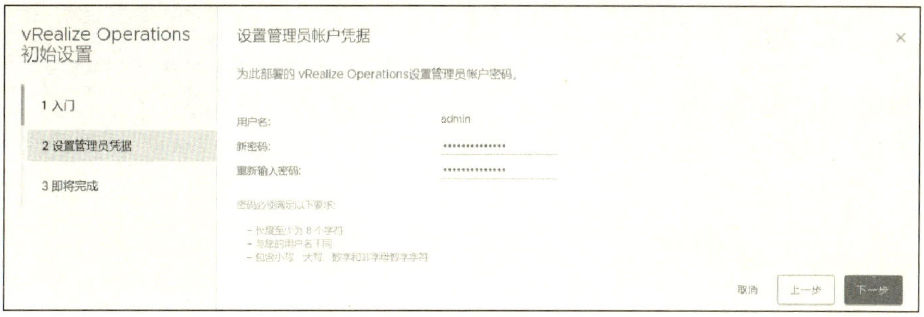

图 7-47　设置管理员账户凭据

17）确认配置参数，如图 7-48 所示，单击“完成”按钮。

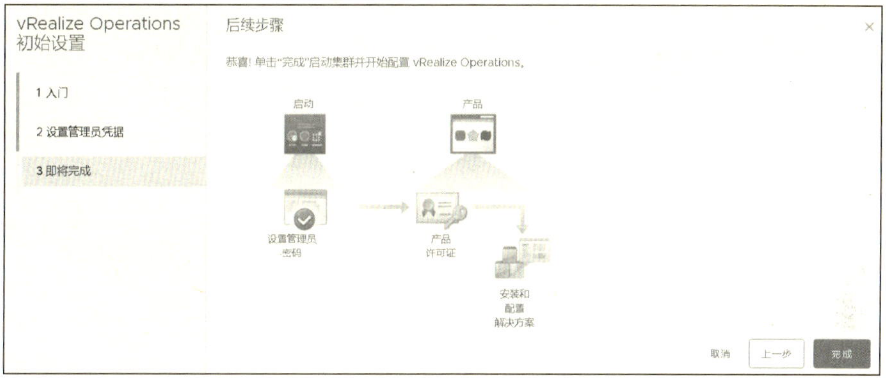

图 7-48　确认配置参数

18）系统开始配置 vRealize Operations Manager，如图 7-49 所示。

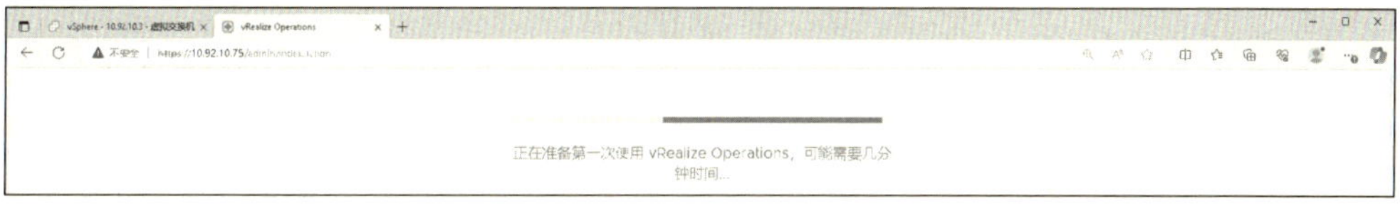

图 7-49　系统配置进度

19）配置完成后，使用本地管理员账户登录，如图 7-50 所示。

图 7-50　系统登录界面

20）进入后续配置流程，如图 7-51 所示，单击“下一步”按钮。

图 7-51　进入第二阶段配置向导

21）勾选“我接受本协议条款”，如图 7-52 所示，单击“下一步”按钮。

图 7-52　接受用户许可协议

22）选择“产品评估”模式，如图 7-53 所示，单击“下一步”按钮。

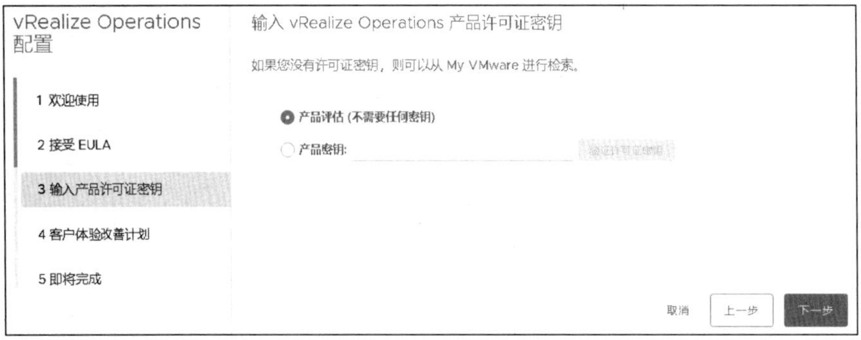

图 7-53　使用“产品评估”模式

23）根据需求勾选“加入 VMware 客户体验改善计划”，如图 7-54 所示，单击“下一步”按钮。

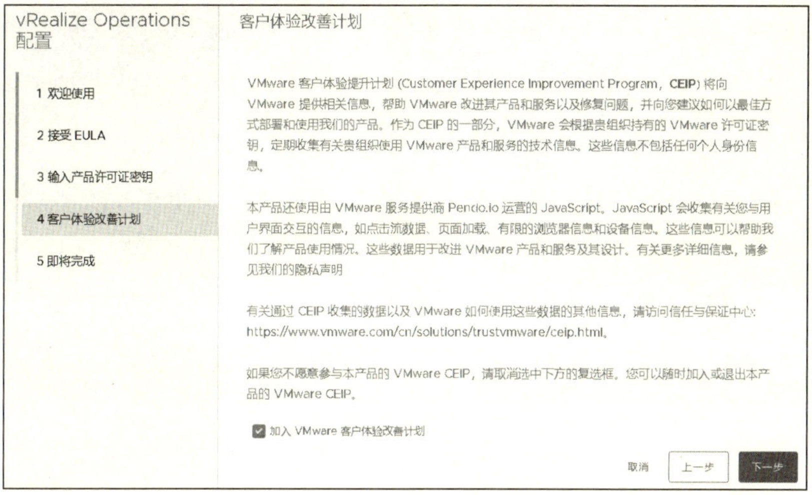

图 7-54　客户体验改善计划

24）核对参数配置，如图 7-55 所示，单击“完成”按钮。

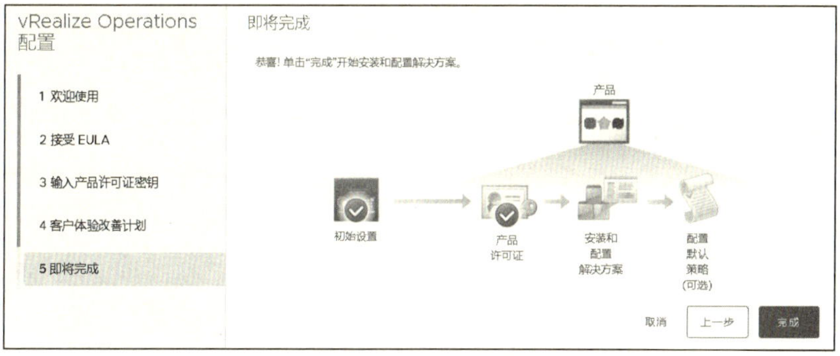

图 7-55　核对参数配置

25）系统进入主界面，vRealize Operations Manager 部署完成，如图 7-56 所示。

图 7-56　系统主界面

至此，vRealize Operations Manager 的基础部署完成，但目前 vRealize Operations Manager 没有关联 vCenter Server，因此无法对环境进行监控。

7.2.3 使用 vRealize Operations Manager

完成 vRealize Operations Manager 部署后，需要将其与监控对象进行关联，这样才能监控对象。

1）vRealize Operations Manager 8.X 及以上版本需通过“数据源集成账户”关联监控对象，在支持的账户类型中选择“vCenter”，如图 7-57 所示。

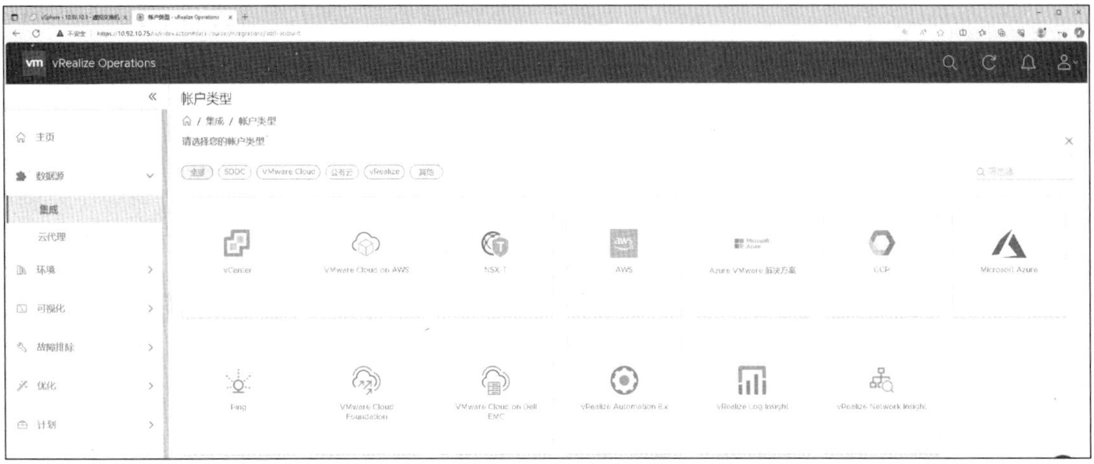

图 7-57　选择账户类型

2）输入 vCenter Server 账户相关凭据信息，如图 7-58 所示，单击“添加”按钮。

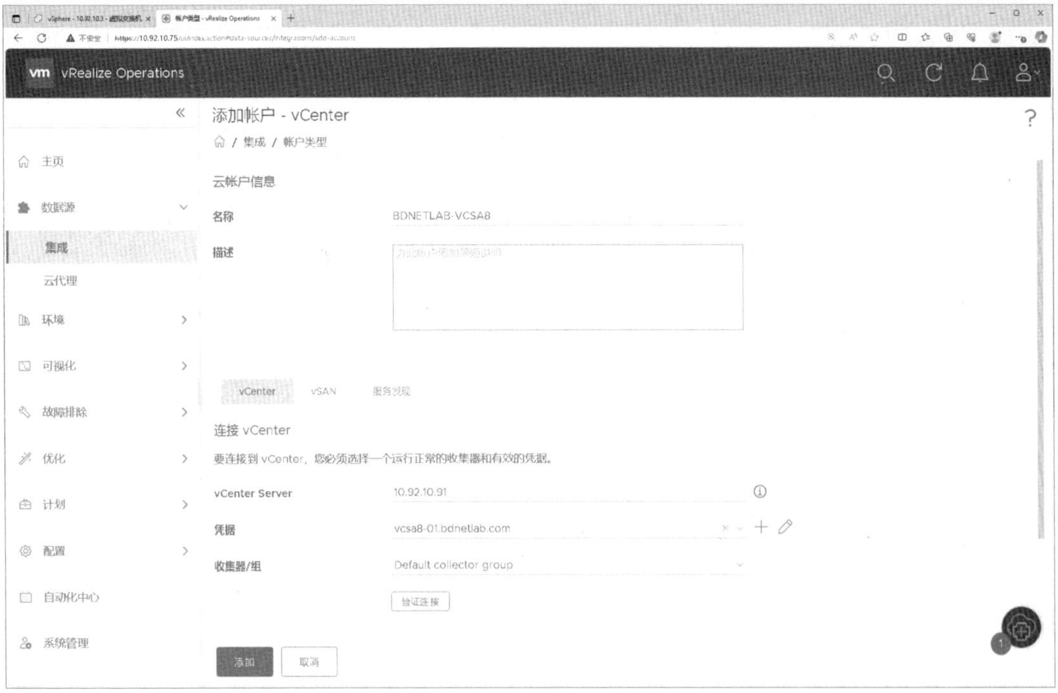

图 7-58　添加 vCenter Server 账户凭据

3）系统提示“检查并接受证书”，如图 7-59 所示，单击“接受”按钮。

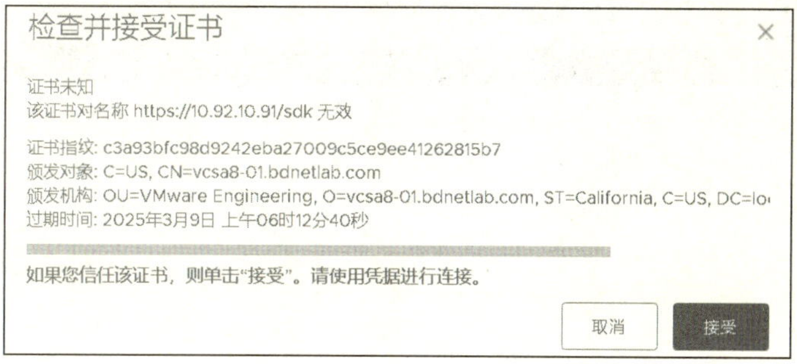

图 7-59　检查接受证书

4）完成集成账户配置，注意只有状态为“确定”才代表创建成功，如图 7-60 所示，否则可能无法收集信息。

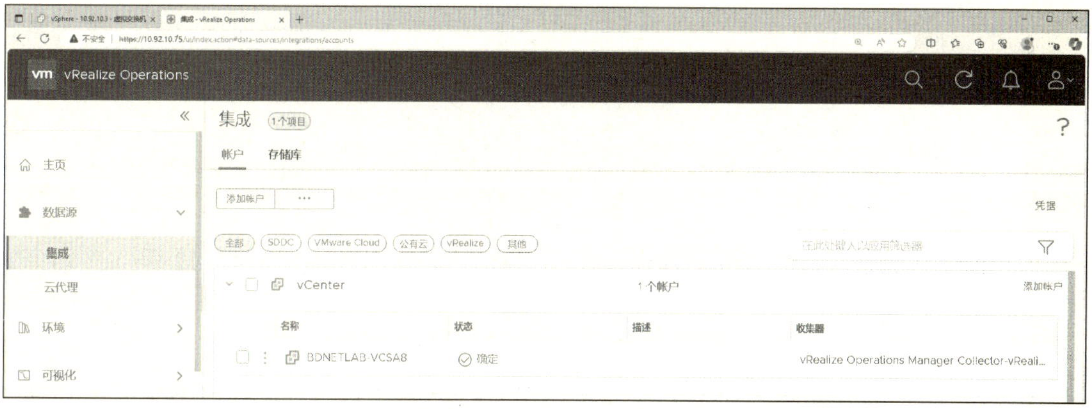

图 7-60　完成集成账户配置

5）初始阶段因数据未完成收集，运维概览图表可能无数据显示，如图 7-61 所示。

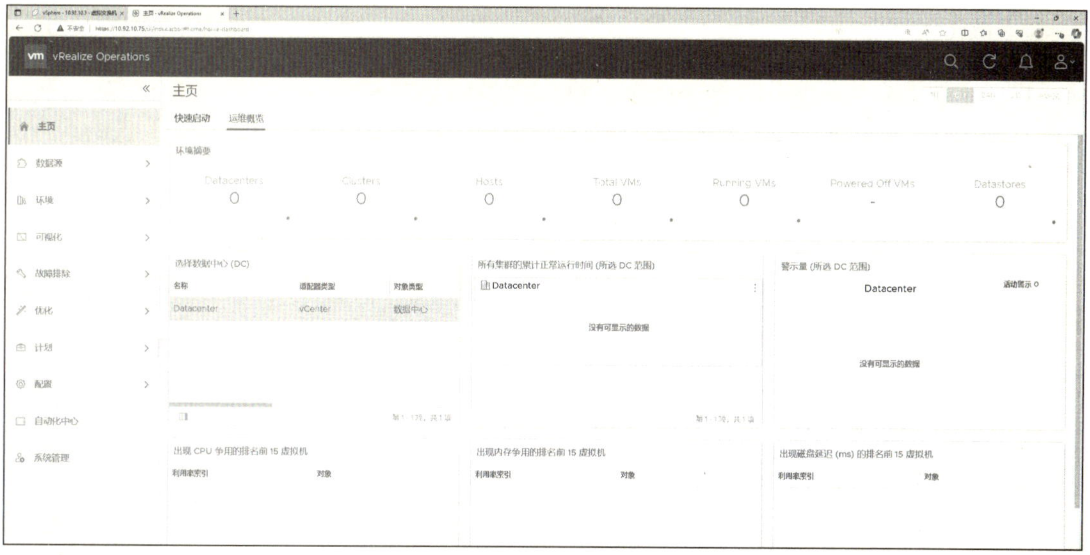

图 7-61　数据收集初期的运维概览

6）等待一段时间后，系统会自动更新监控数据，如图 7-62 所示。

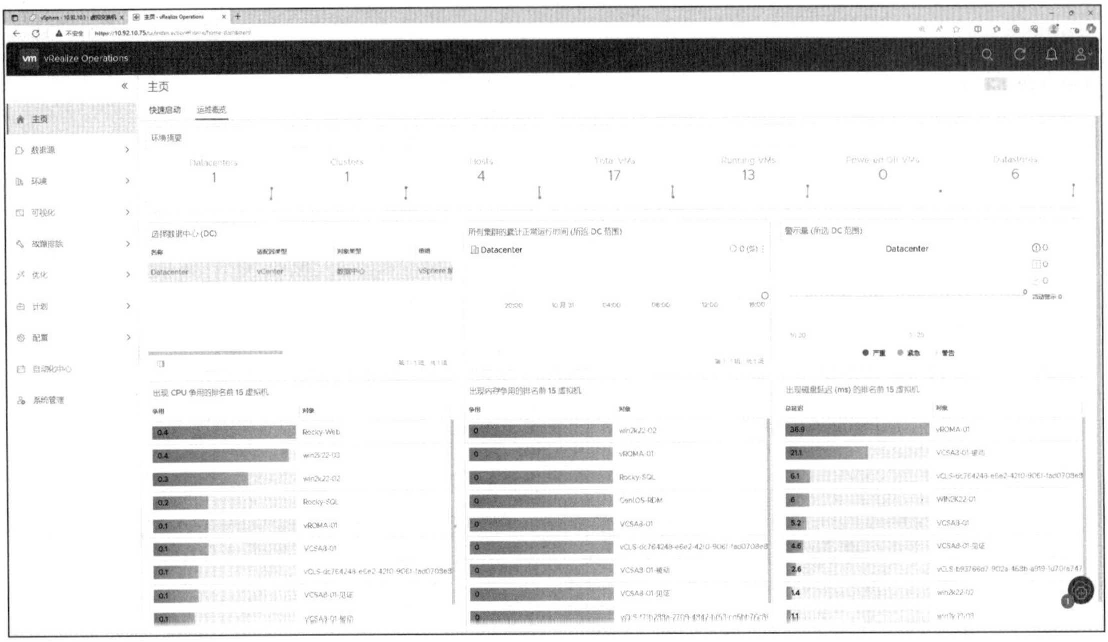

图 7-62　数据收集完成后的运维概览

7）在“对象浏览器”中选择目标集群（如 BDNETLAB-VCSA8），可查看多维度信息：

① 查看对象浏览器 BDNETLAB-VCSA8 摘要，如图 7-63 所示，可以看到集群的整体情况。

图 7-63　对象浏览器摘要

② 查看对象浏览器 BDNETLAB-VCSA8 警示，如图 7-64 所示，可以看到集群的警示情况。

③ 查看对象浏览器 BDNETLAB-VCSA8 衡量指标，如图 7-65 所示，可以看到集群的衡量指标情况。

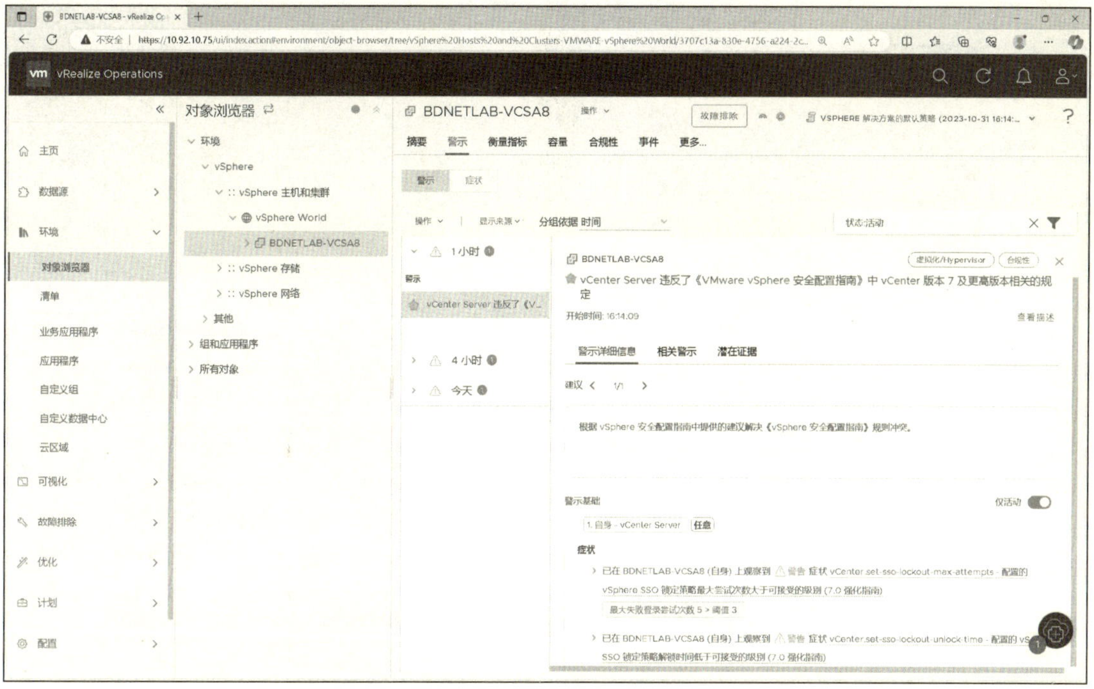

图 7-64　对象浏览器警示

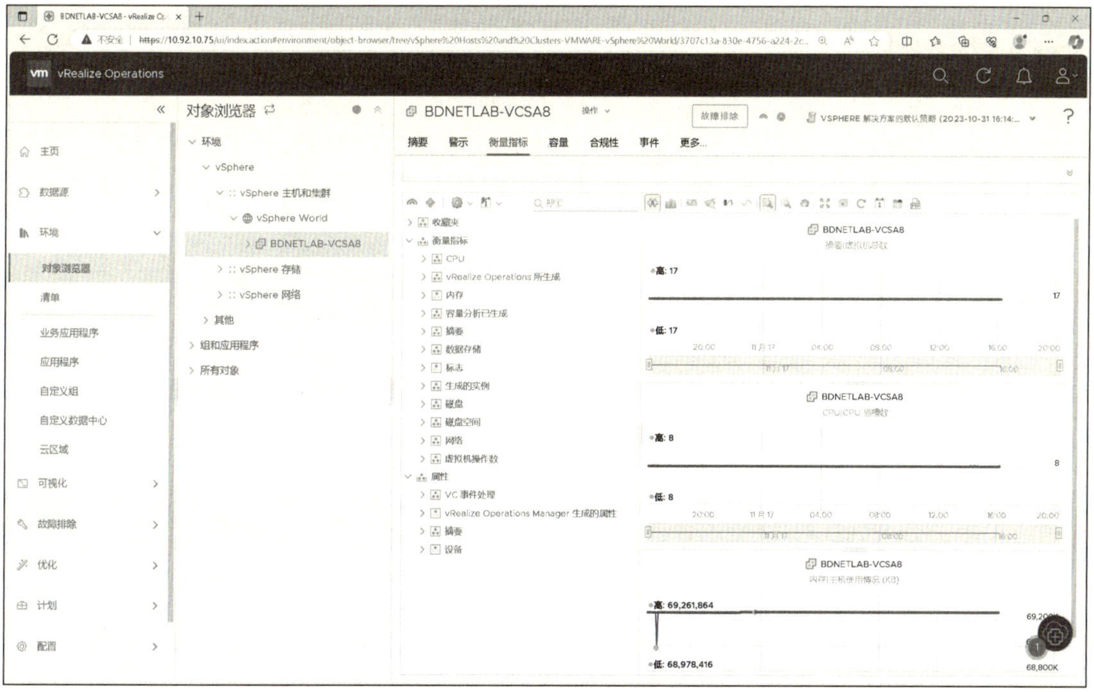

图 7-65　对象浏览器衡量指标

④ 查看对象浏览器 BDNETLAB-VCSA8 容量，如图 7-66 所示，可以看到集群的容量情况。

⑤ 查看对象浏览器 BDNETLAB-VCSA8 合规性，如图 7-67 所示，可以看到集群的合规性情况。

⑥ 查看对象浏览器 BDNETLAB-VCSA8 事件，如图 7-68 所示，可以看到集群的事件情况。

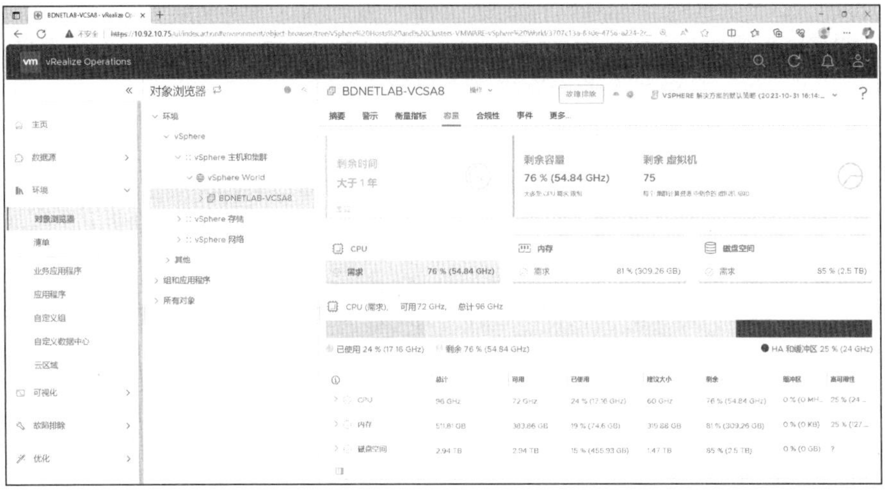

图 7-66　对象浏览器容量

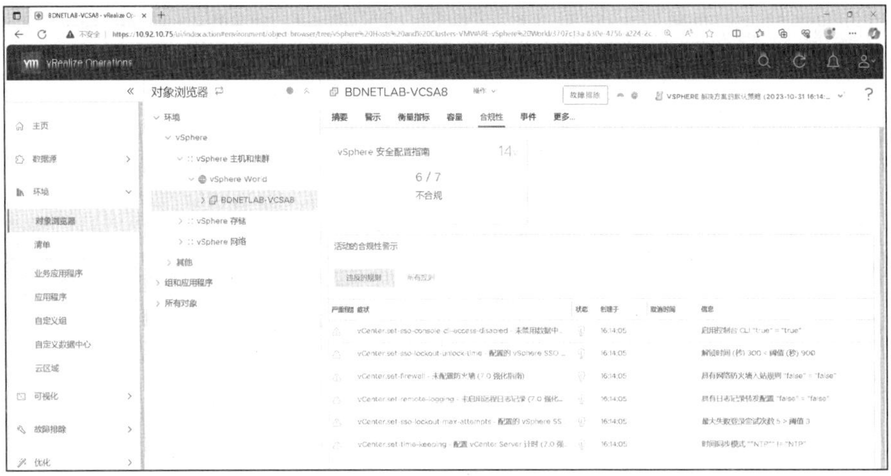

图 7-67　对象浏览器的合规性

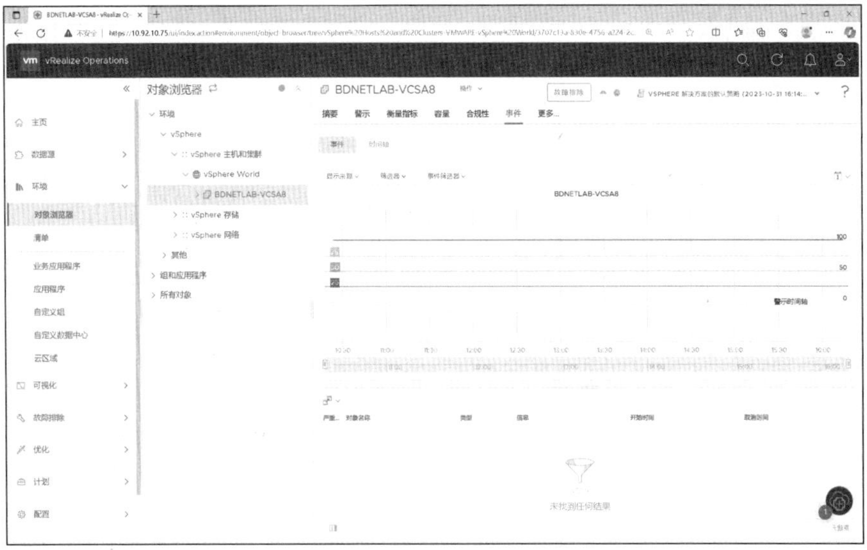

图 7-68　对象浏览器事件

⑦ 查看对象浏览器 BDNETLAB-VCSA8 详细信息，如图 7-69 所示，可以看到集群的详细信息情况。

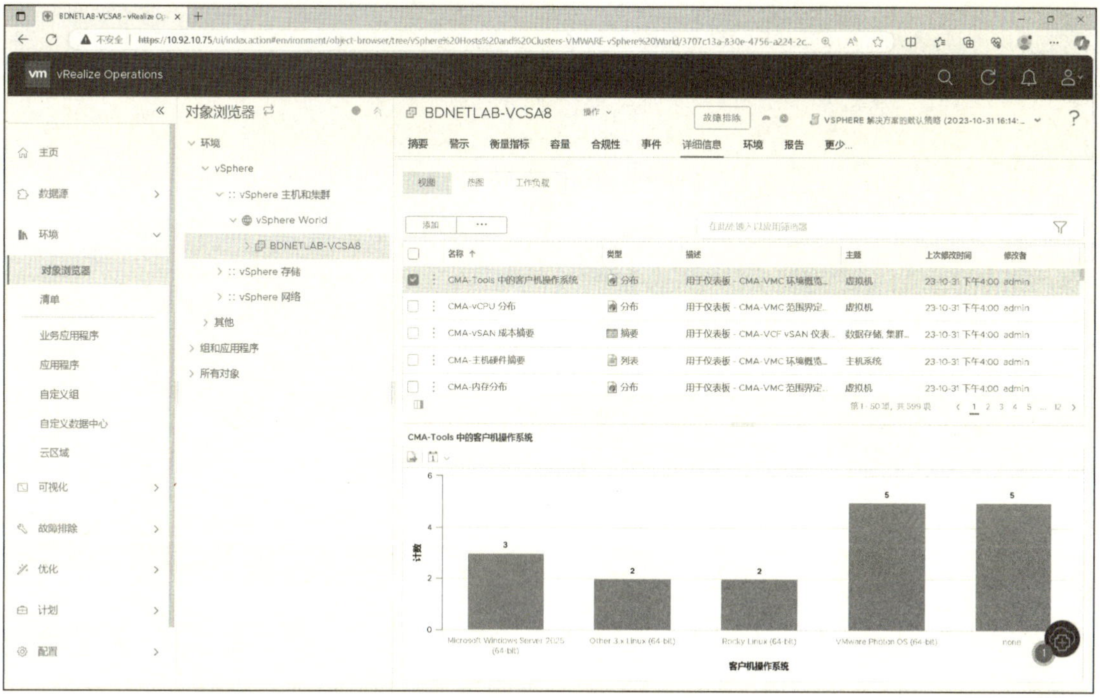

图 7-69　对象浏览器详细信息

⑧ 查看对象浏览器 BDNETLAB-VCSA8 环境，如图 7-70 所示，可以看到集群的环境情况。

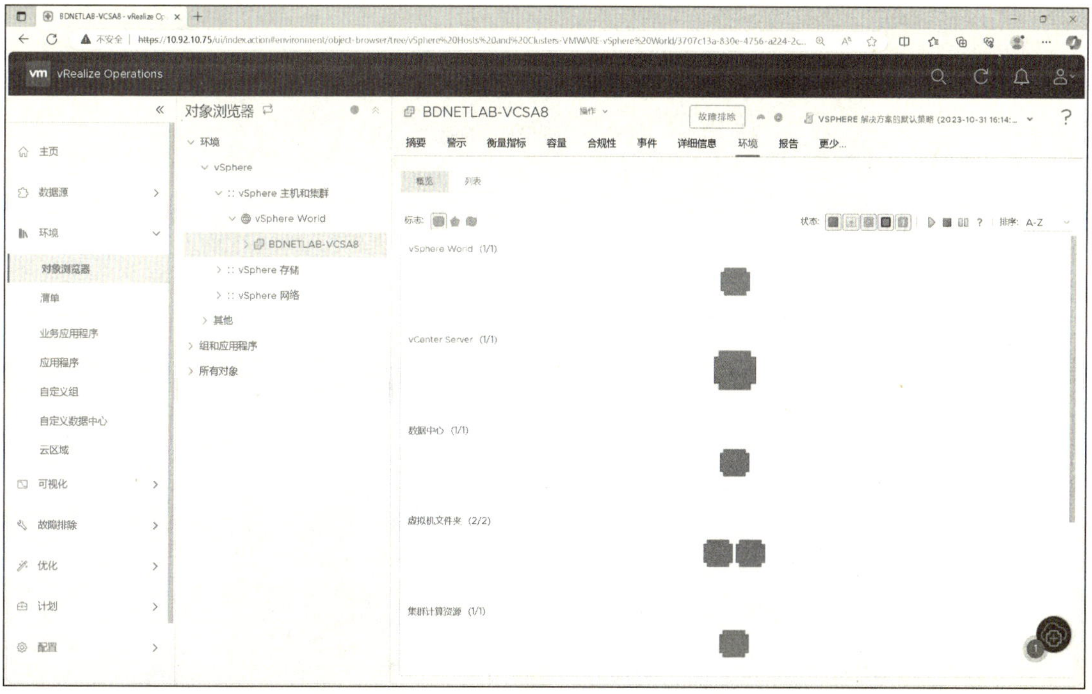

图 7-70　对象浏览器环境

⑨ 查看对象浏览器 BDNETLAB-VCSA8 报告，如图 7-71 所示，可以看到集群能够生成的报告情况。

图 7-71　对象浏览器报告

8）系统支持自动生成 PDF 格式报告，例如“配置报告—虚拟机”，报告封面如图 7-72 所示。

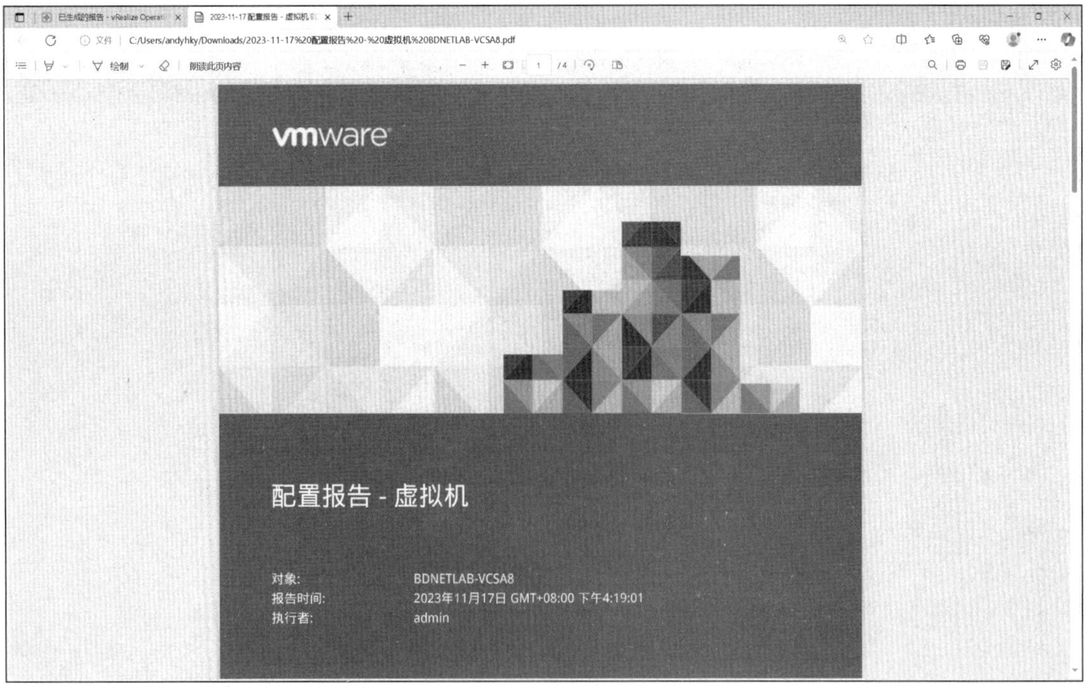

图 7-72　报告封面

9）查看生成的虚拟机配置报告摘要，如图 7-73 所示，该 PDF 报告清楚地列出虚拟机配置情况。

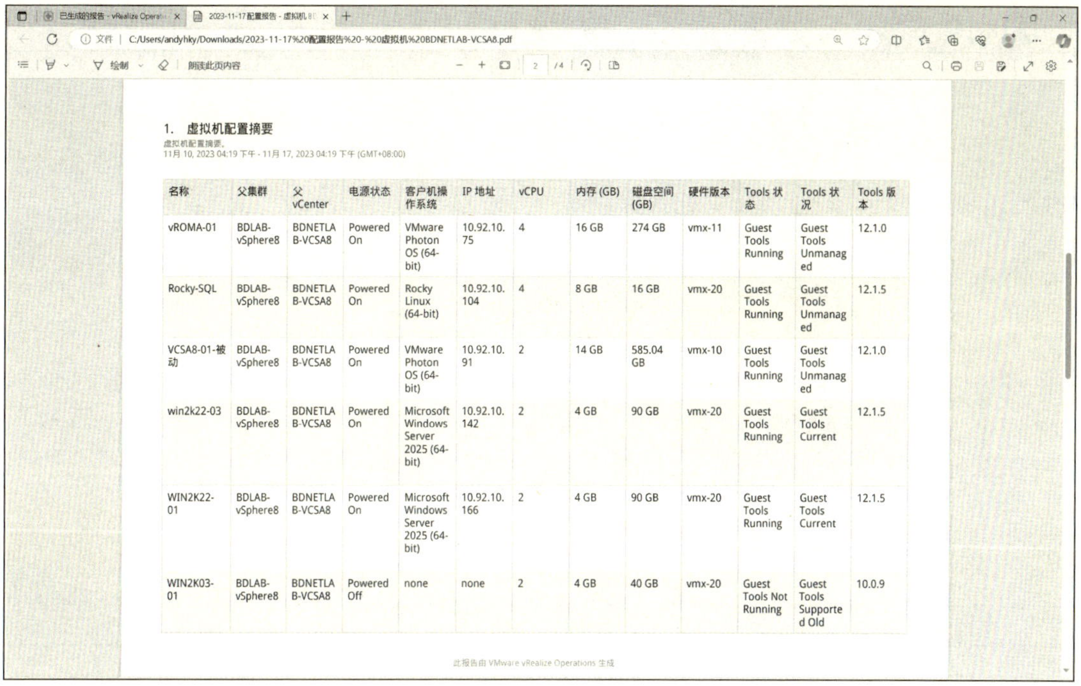

1. 虚拟机配置摘要

名称	父集群	父 vCenter	电源状态	客户机操作系统	IP 地址	vCPU	内存 (GB)	磁盘空间 (GB)	硬件版本	Tools 状态	Tools 状况	Tools 版本
vROMA-01	BDLAB-vSphere8	BDNETLAB-VCSA8	Powered On	VMware Photon OS (64-bit)	10.92.10.75	4	16 GB	274 GB	vmx-11	Guest Tools Running	Guest Tools Unmanaged	12.1.0
Rocky-SQL	BDLAB-vSphere8	BDNETLAB-VCSA8	Powered On	Rocky Linux (64-bit)	10.92.10.104	4	8 GB	16 GB	vmx-20	Guest Tools Running	Guest Tools Unmanaged	12.1.5
VCSA8-01-被动	BDLAB-vSphere8	BDNETLAB-VCSA8	Powered On	VMware Photon OS (64-bit)	10.92.10.91	2	14 GB	585.04 GB	vmx-10	Guest Tools Running	Guest Tools Unmanaged	12.1.0
win2k22-03	BDLAB-vSphere8	BDNETLAB-VCSA8	Powered On	Microsoft Windows Server 2025 (64-bit)	10.92.10.142	2	4 GB	90 GB	vmx-20	Guest Tools Running	Guest Tools Current	12.1.5
WIN2K22-01	BDLAB-vSphere8	BDNETLAB-VCSA8	Powered On	Microsoft Windows Server 2025 (64-bit)	10.92.10.166	2	4 GB	90 GB	vmx-20	Guest Tools Running	Guest Tools Current	12.1.5
WIN2K03-01	BDLAB-vSphere8	BDNETLAB-VCSA8	Powered Off	none	none	2	4 GB	40 GB	vmx-20	Guest Tools Not Running	Guest Tools Supported Old	10.0.9

图 7-73　报告具体内容

10）在警示页面查看触发的警示信息，如图 7-74 所示，目前有 2 条警示信息，需要运维人员解决问题。

图 7-74　警示页面

11）查看优化性能中的容量页面，可以看到集群目前整体容量优化信息，如图 7-75 所示。

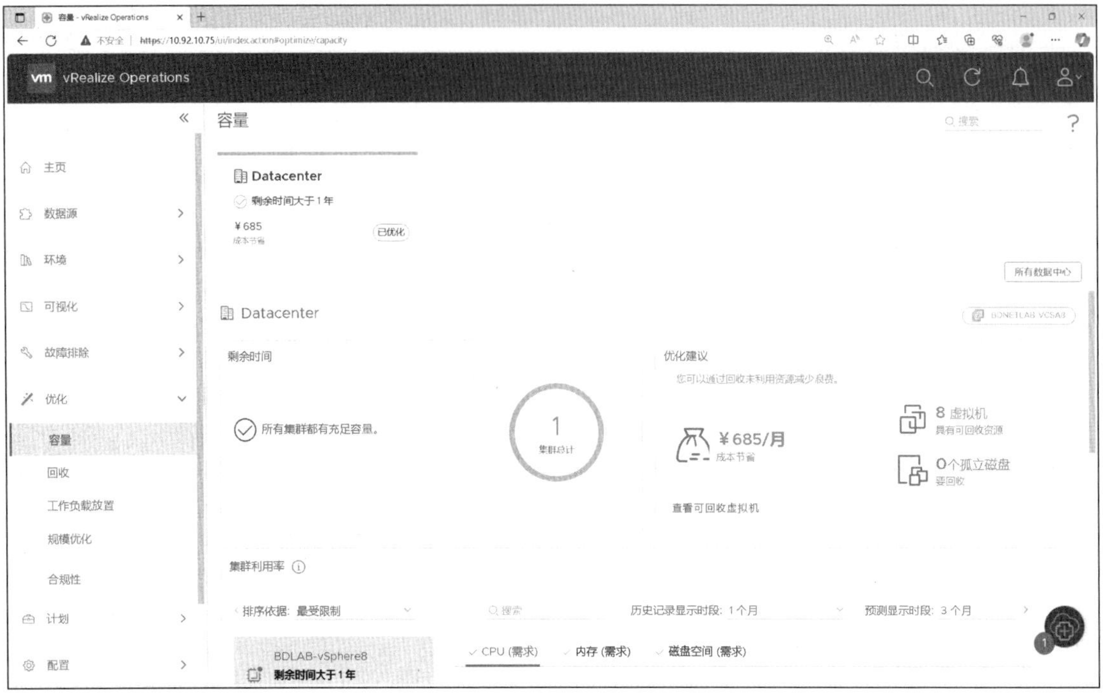

图 7-75　容量页面

12）查看优化性能中的回收页面，可以看到资源回收信息，如图 7-76 所示。

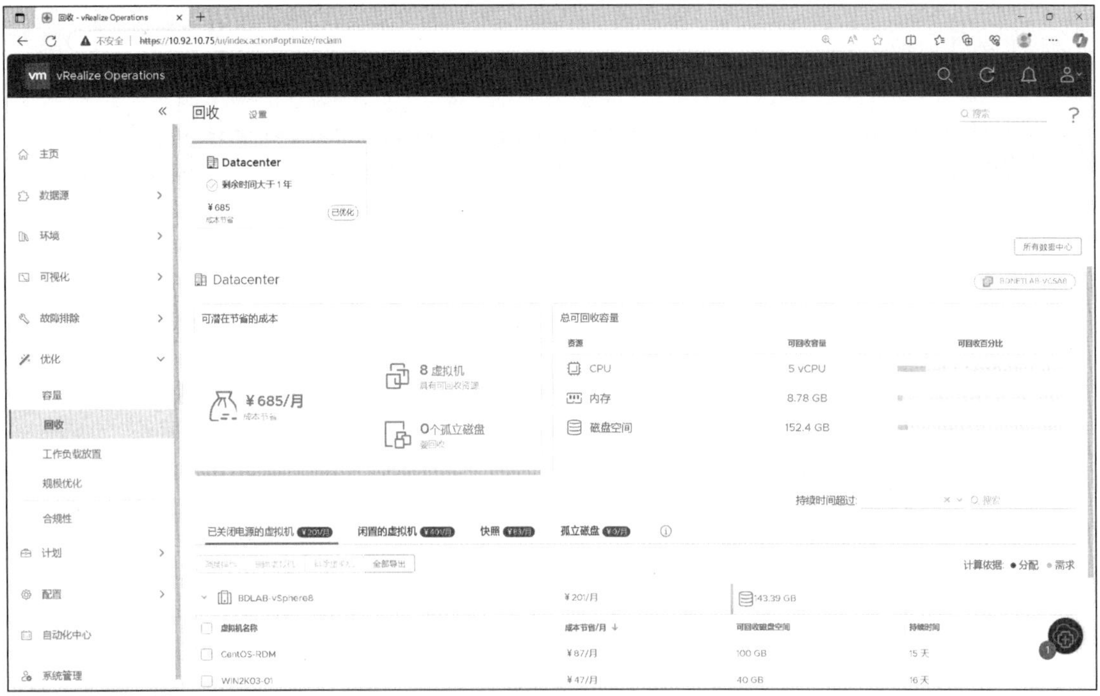

图 7-76　回收页面

13）查看工作负载放置页面，可以看到数据中心优化情况，如图 7-77 所示。

图 7-77　工作负载放置页面

14）查看规模优化页面，可以看到容量过剩虚拟机的相关信息，如图 7-78 所示，运维人员可以根据提示调整虚拟机 CPU 以及内存配置。

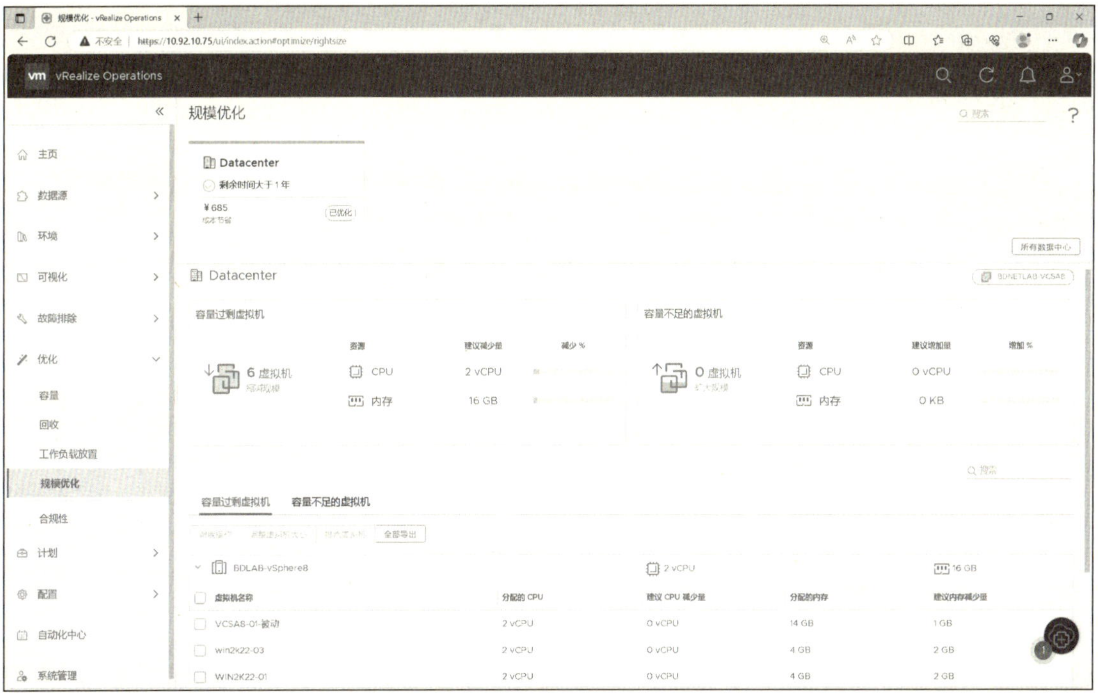

图 7-78　规模优化页面

15）查看合规性页面，可以基于 vSphere 安全配置指南修复不合规项，如图 7-79 所示。

图 7-79　合规性页面

至此，vRealize Operations Manager 8.1 的基本菜单介绍完毕。运维人员可以根据上述菜单对 VMware vSphere 虚拟化环境进行监控，并基于系统提示进行问题处理与资源优化。本书仅作基础介绍，如需深入学习，建议参考专门的 vRealize Operations Manager 技术书籍。

7.3 本章小结

本章介绍了如何利用内置工具监控 VMware vSphere 虚拟化架构的性能。在小规模环境中，可通过 vSphere 内置监控工具实现基础监控。而对于大中型环境，推荐部署 vRealize Operations Manager，其作为 VMware 云计算管理套件的核心组件，可实现自动化监控与管理，提供性能分析、根源定位、IT 成本分摊、合规性报告等高级功能，减少手动运维工作量。

第 8 章　备份和恢复虚拟机

在 VMware vSphere 环境中，虚拟机备份可通过多种方式实现。其中比较常用的是使用官方发布的 vSphere Replication 备份工具，以及第三方备份工具。本章将介绍如何使用 vSphere Replication、云祺容灾备份系统来进行虚拟机的备份和恢复操作。

8.1　使用 vSphere Replication 备份和恢复虚拟机

vSphere Replication 是 VMware 推出的站点复制工具，也可用于日常虚拟机的备份与恢复。它与 vCenter Server 深度集成，支持自定义恢复点目标（RPO），最小值可达 5 分钟——即虚拟机出现故障后，可恢复至 5 分钟前的状态，适用于对数据一致性要求较高的生产环境。本节详细介绍其部署与使用方法。

8.1.1　部署 vSphere Replication

vSphere Replication 采用 OVF 模板部署，用户需从 VMware 官方站点下载对应版本（本节以 VMWare-vSphere_Replication-8.5.0-19282255 版本为例）。

1）启动 OVF 模板部署向导，选择下载的 vSphere Replication OVF 模板，如图 8-1 所示，单击“下一页”按钮。

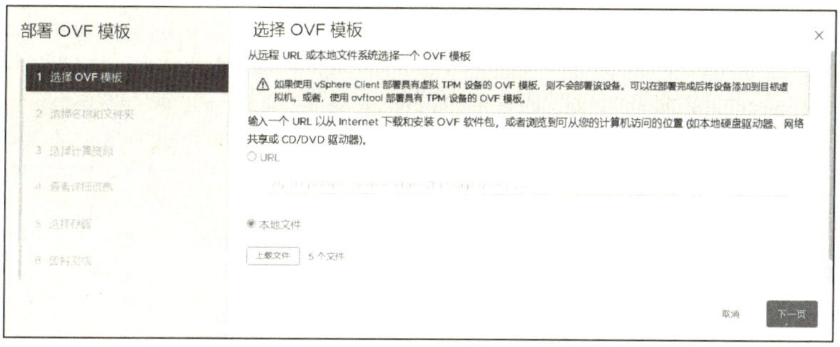

图 8-1　导入 OVF 模板

2）输入虚拟机名称，并指定存放位置，如图 8-2 所示，单击“下一页”按钮。

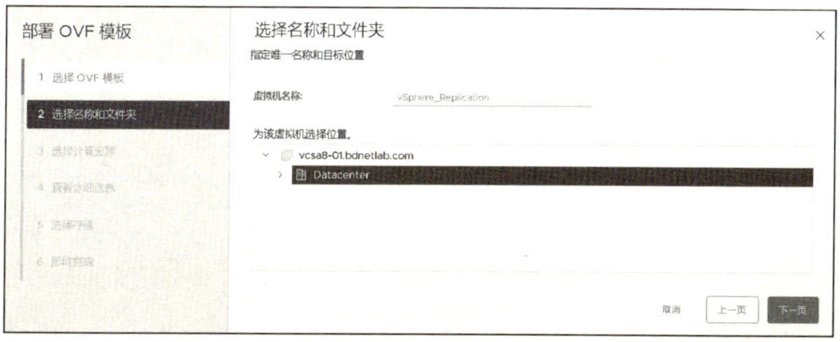

图 8-2　选择名称和文件夹

3）选择 vSphere Replication 虚拟机使用的计算资源，如图 8-3 所示，单击“下一页”按钮。

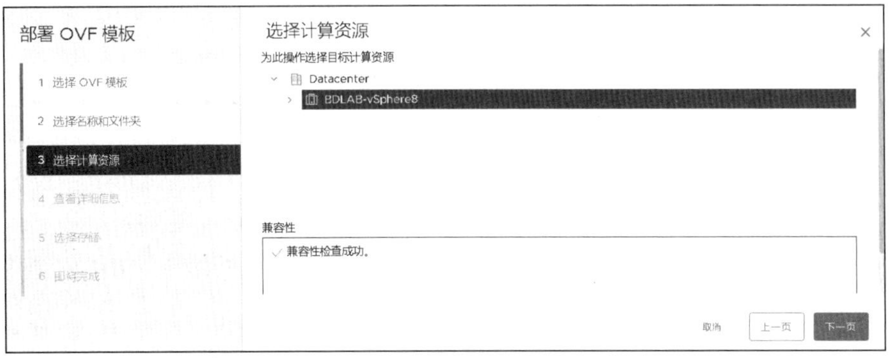

图 8-3　选择计算资源

4）查看导入的 OVF 模板的详细信息，如图 8-4 所示，确认无误后单击“下一页”按钮。

图 8-4　查看详细信息

5）勾选“我接受所有许可协议”，如图 8-5 所示，单击“下一页”按钮。

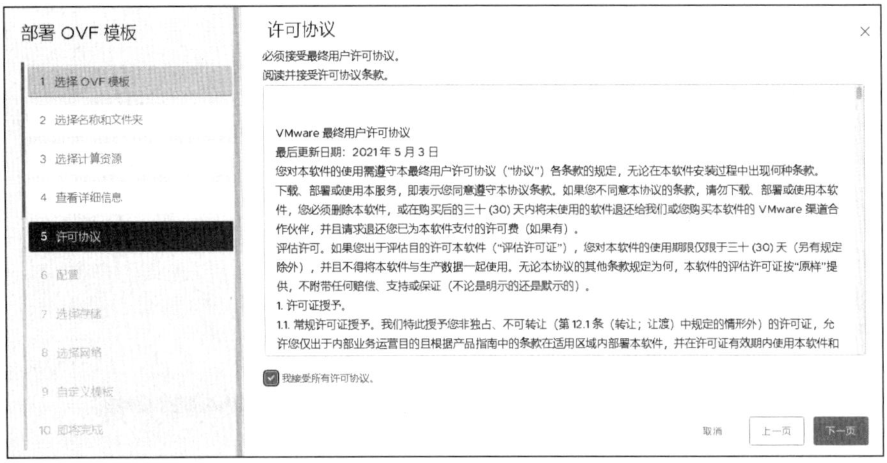

图 8-5　接受许可协议

6）根据实际需求设置虚拟机的 vCPU 数量，如图 8-6 所示，单击“下一页”按钮。

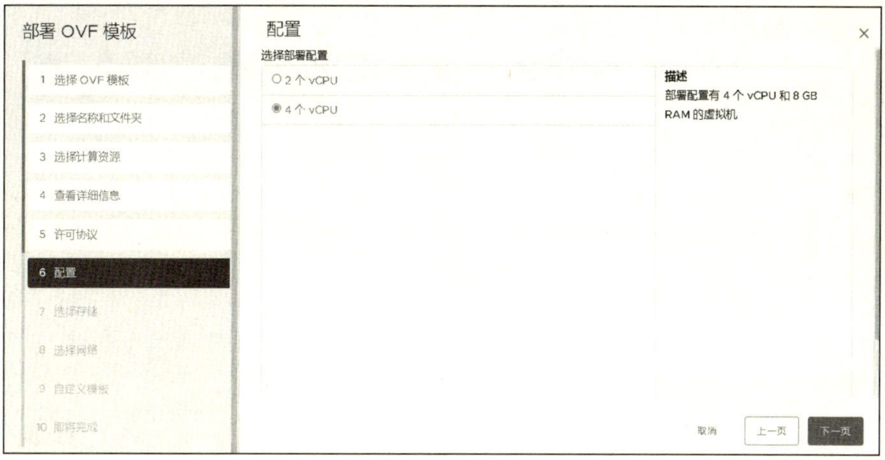

图 8-6　配置虚拟机 vCPU

7）选择虚拟机使用的存储，如图 8-7 所示，单击“下一页”按钮。

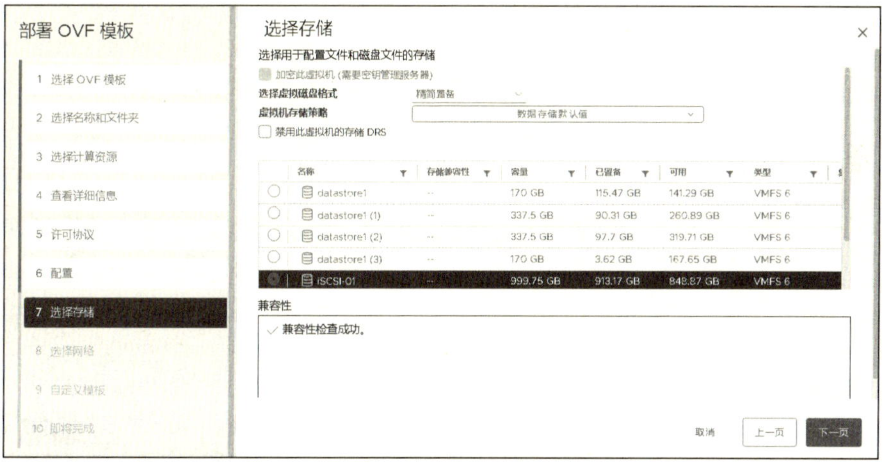

图 8-7　选择存储

8）选择虚拟机使用的网络，如图 8-8 所示，单击“下一页”按钮。

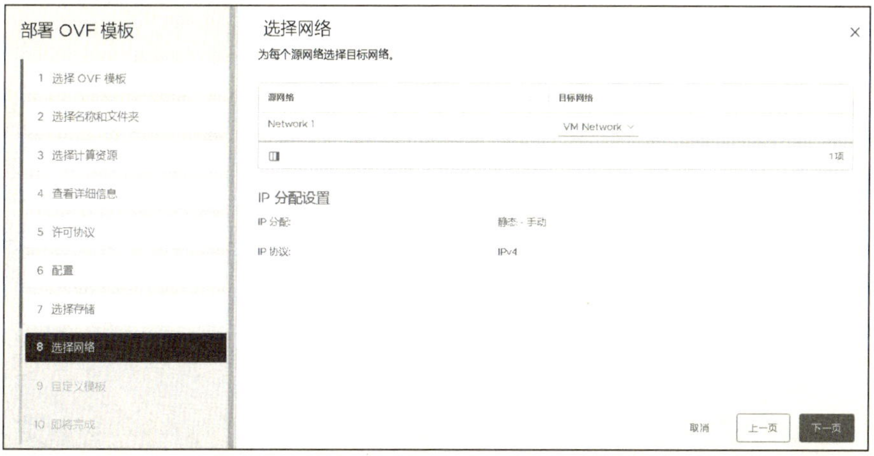

图 8-8　选择网络

9）配置自定义模板相关信息，如图 8-9 所示。

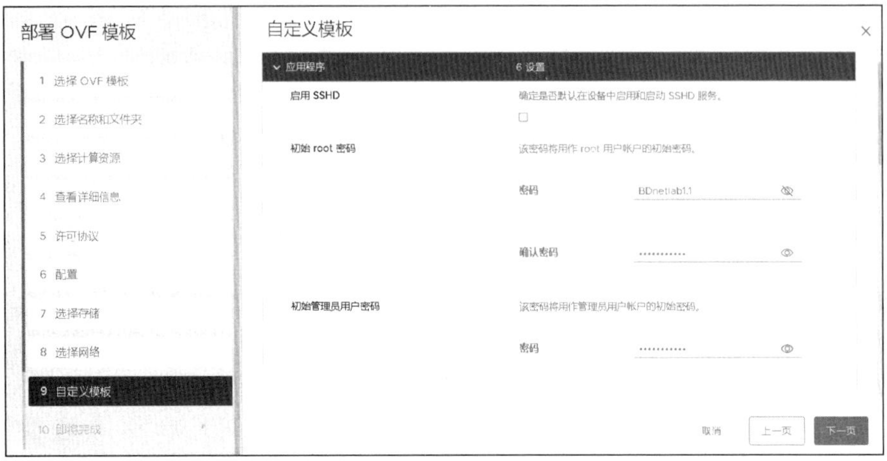

图 8-9　配置自定义模板

10）配置自定义模板网络属性，如图 8-10 所示，单击“下一页”按钮。

图 8-10　配置自定义模板网络属性

11）核对参数配置是否正确，如图 8-11 所示，确认无误后单击“完成”按钮。

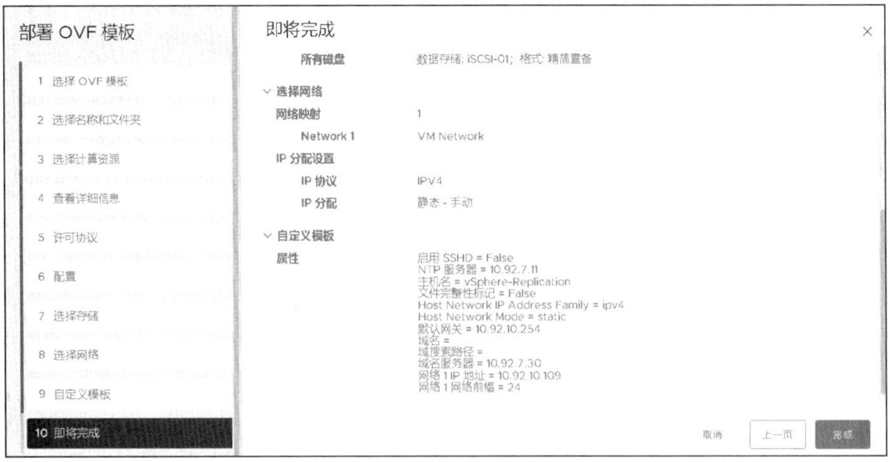

图 8-11　核对参数配置

12）系统开始部署 vSphere Replication 虚拟机，如图 8-12 所示。

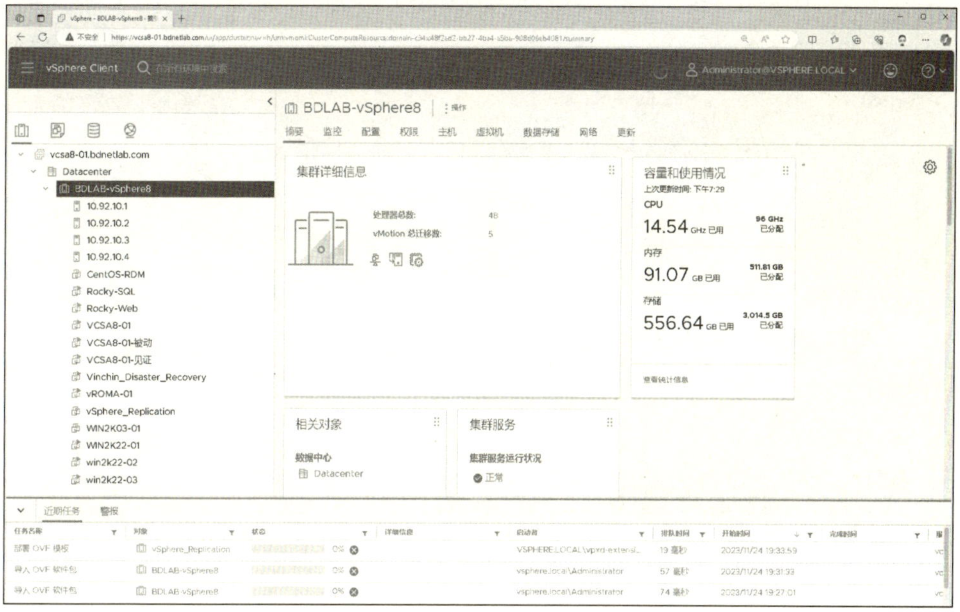

图 8-12　开始部署 vSphere Replication 虚拟机

13）部署完成后，虚拟机自动启动（如图 8-13 所示），等待系统初始化。

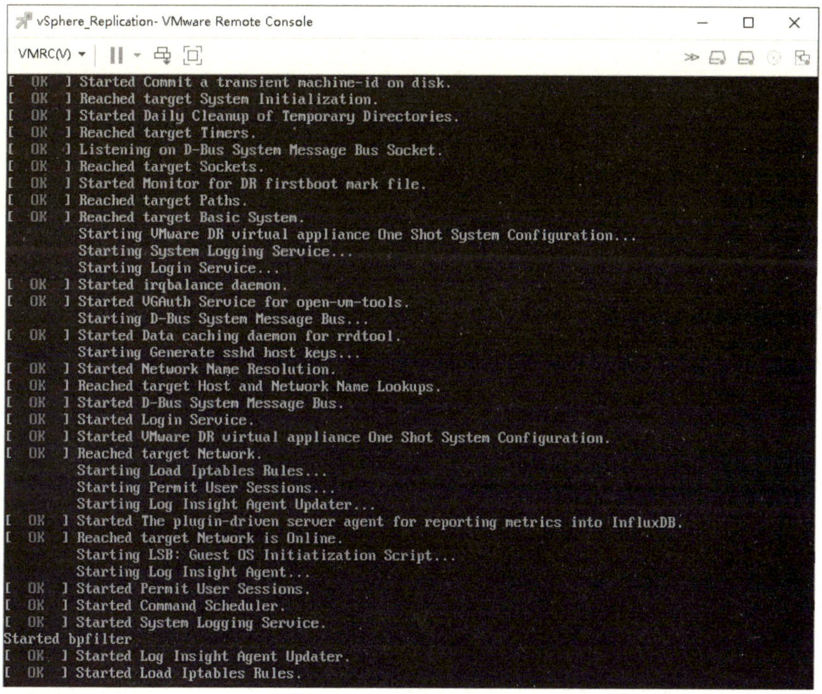

图 8-13　启动虚拟机

14）vSphere Replication 虚拟机部署完成后，需进行一些配置才能使用，通过浏览器登录设备管理界面，输入用户名和密码，如图 8-14 所示，单击“登录”按钮。

15）在控制台主界面单击“配置设备”按钮，如图 8-15 所示。

16）输入关联 vCenter Server 相关信息，如图 8-16 所示，单击“下一步”按钮。

17）注册 vCenter Server 成功，如图 8-17 所示。

图 8-14　登录设备管理界面

图 8-15　控制台主界面

图 8-16　配置 vCenter Server 关联信息

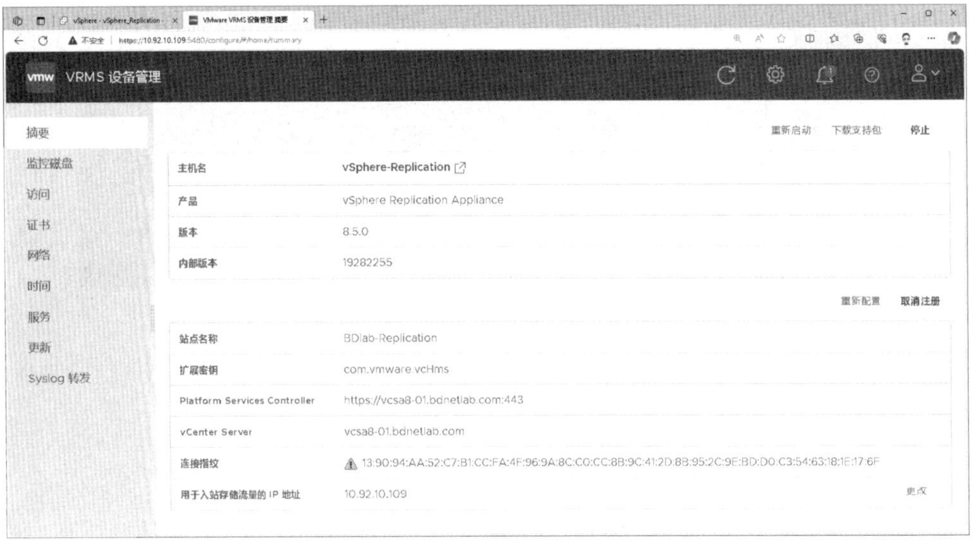

图 8-17　注册 vCenter Server 成功

至此，vSphere Replication 虚拟机部署完成。注意：必须确保与 vCenter Server 关联成功，否则无法实现虚拟机的备份与恢复功能。

8.1.2　使用 vSphere Replication 备份虚拟机

完成 vSphere Replication 部署后，即可通过复制功能实现虚拟机备份。本节详细介绍如何配置虚拟机复制策略进行备份。

1）通过浏览器登录 vSphere Replication，注意不是管理控制台，如图 8-18 所示，单击“复制”。

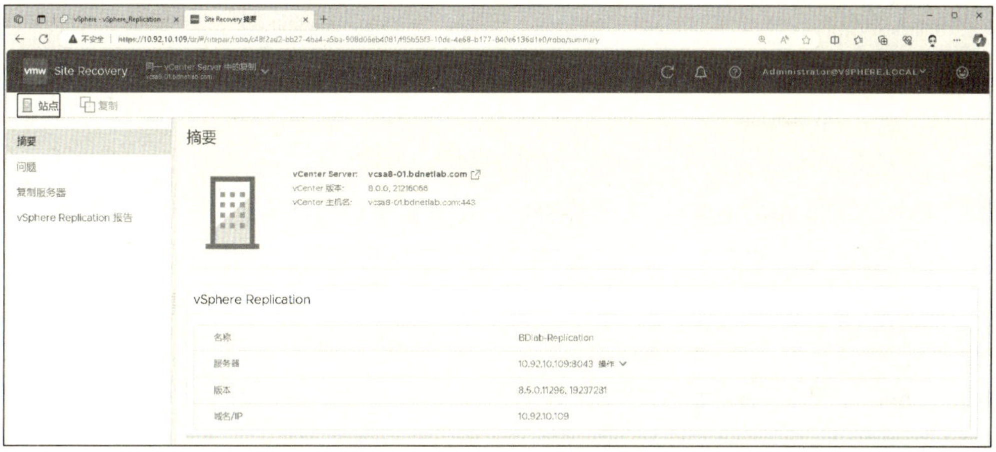

图 8-18　登录 vSphere Replication

2）若当前无复制任务，所以“复制”菜单为空，如图 8-19 所示，单击“新建”按钮启动复制向导。

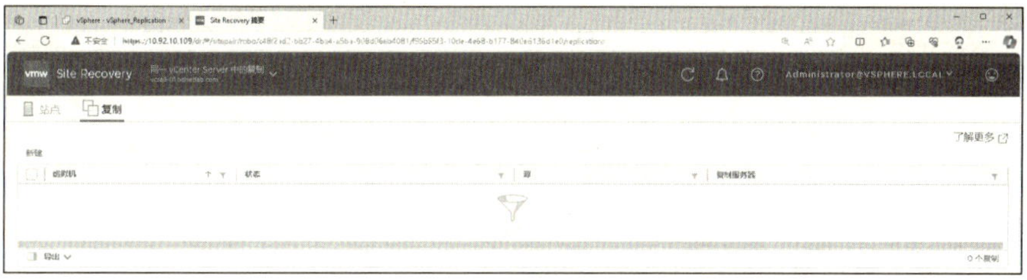

图 8-19　新建虚拟机复制任务

3）若生产环境部署了多台 vSphere Replication 服务器，可指定服务器实现负载均衡；本示例仅有一台服务器，选择 “自动分配 vSphere Replication 服务器”，如图 8-20 所示，单击“下一步”。

图 8-20　选择 vSphere Replication 服务器

4）勾选需要复制用于备份的虚拟机，如图 8-21 所示，单击“下一步”按钮。

图 8-21　选择待复制的虚拟机

5）为复制的虚拟机副本选择目标数据存储，如图 8-22 所示，单击“下一步”按钮。

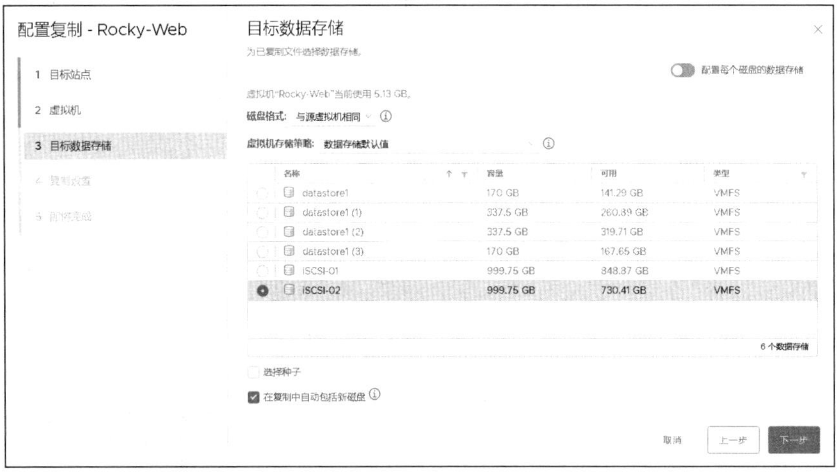

图 8-22　选择目标数据存储

6）指定恢复点目标（RPO）时间，最小值为 5 分钟，最大值为 24 小时，如图 8-23 所示。在生产环境中需根据虚拟机重要性进行配置，单击“下一步”按钮。

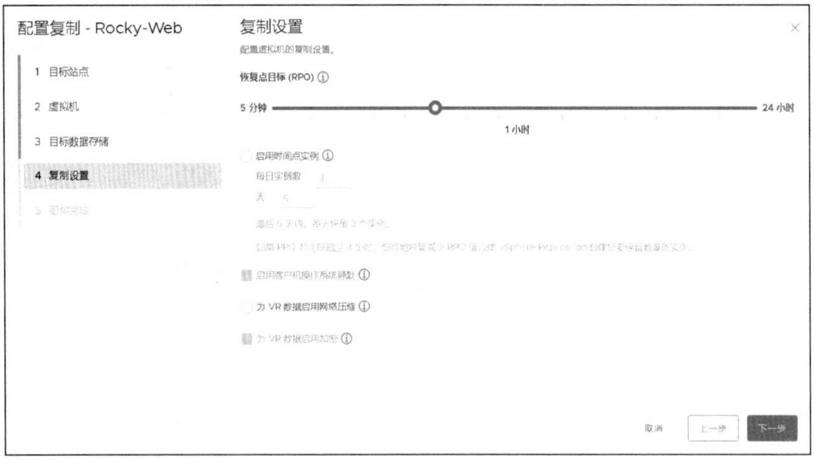

图 8-23　配置 RPO 时间

7）核对虚拟机复制参数是否正确，如图 8-24 所示，确认无误后单击“完成”按钮。

图 8-24　核对虚拟机复制参数

8）系统开始执行虚拟机初始复制，进度如图 8-25 所示。

图 8-25　虚拟机初始复制进度

9）同步完成后，复制任务状态显示为“良好”，并显示当前 RPO 时间为 1 小时（即每小时自动执行一次备份复制），如图 8-26 所示。

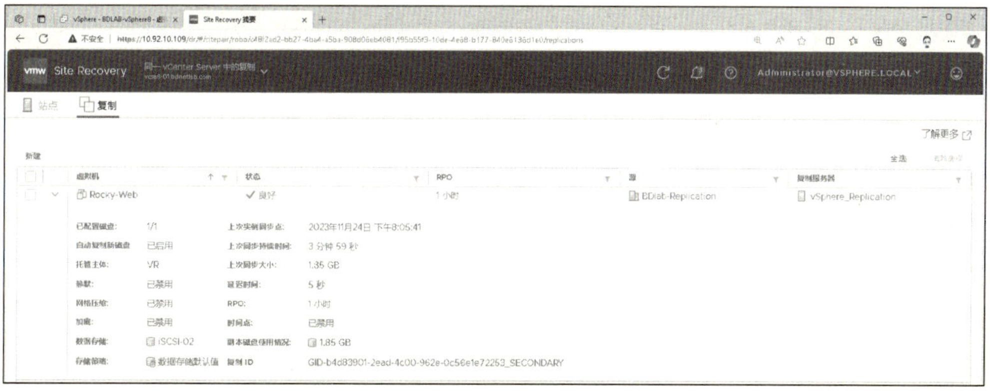

图 8-26　完成 vSphere Replication 复制

至此，使用 vSphere Replication 备份虚拟机完成，若需备份多台虚拟机，重复上述步骤即可。

需要注意的是 RPO 时间的设定，在生产环境中一般仅将非常重要的虚拟机 RPO 时间设置为 5 分钟，如果设置为 5 分钟，需确保目标存储有足够空间容纳高频增量数据。

8.1.3 使用 vSphere Replication 恢复虚拟机

通过 vSphere Replication 完成虚拟机复制后，当生产环境发生故障（如虚拟机损坏或丢失）时，可通过恢复功能还原虚拟机。本节将介绍具体的恢复操作流程。

1）模拟故障场景，将复制过的虚拟机删除（假设原虚拟机因故障被删除），如图 8-27 所示，已经看不到该虚拟机。

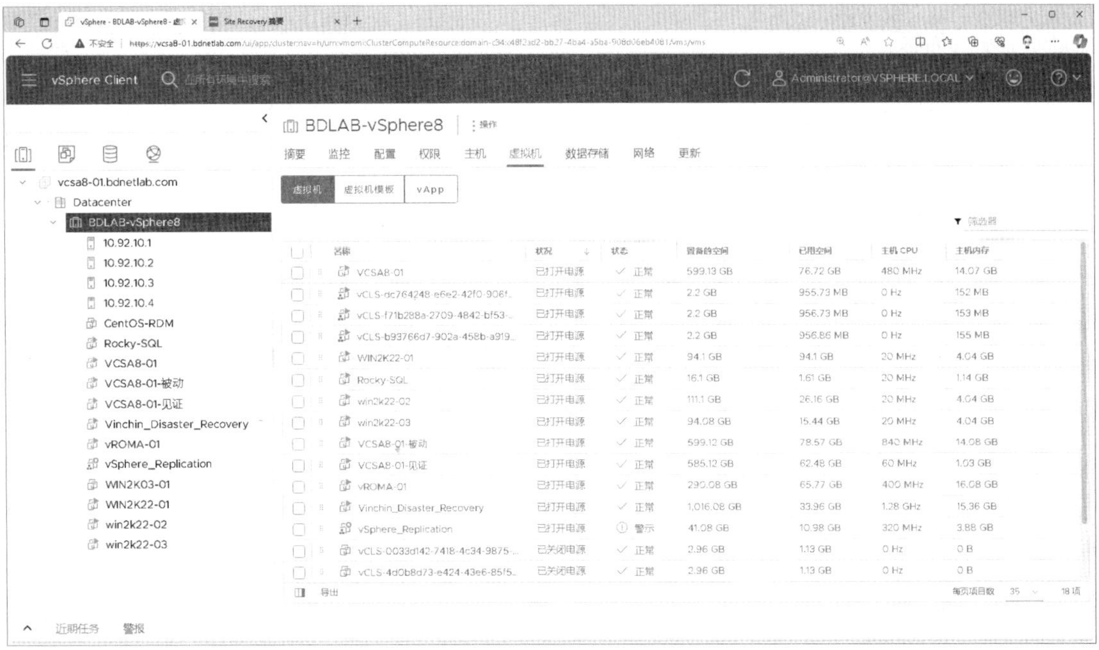

图 8-27　模拟虚拟机故障

2）在 vSphere Replication 界面中找到目标虚拟机的复制任务，如图 8-28 所示，单击“恢复”。

图 8-28　选择复制任务并启动恢复

3）进入恢复向导后，根据需求选择恢复选项，本节选择“使用最新可用数据”（即恢复至最近一次同步的状态），如图 8-29 所示，单击“下一步”按钮。

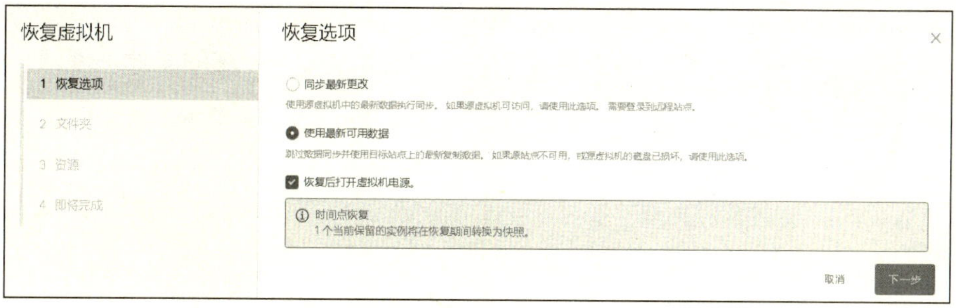

图 8-29　选择恢复选项

4）选择恢复后虚拟机存放的文件夹，如图 8-30 所示，单击“下一步”按钮。

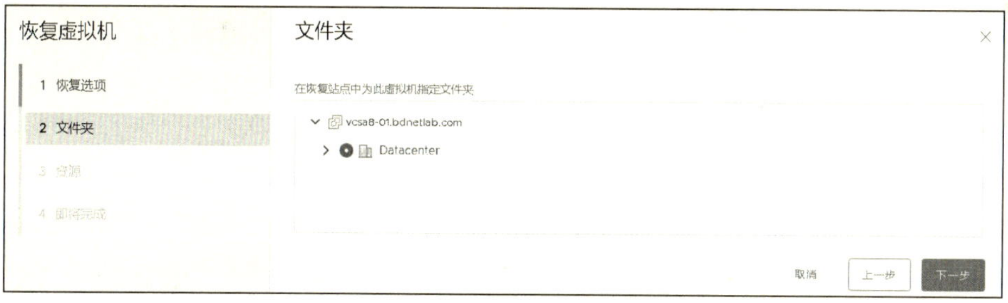

图 8-30　选择虚拟机恢复文件夹

5）选择恢复后的虚拟机运行的 ESXi 主机，如图 8-31 所示，单击“下一步”按钮。

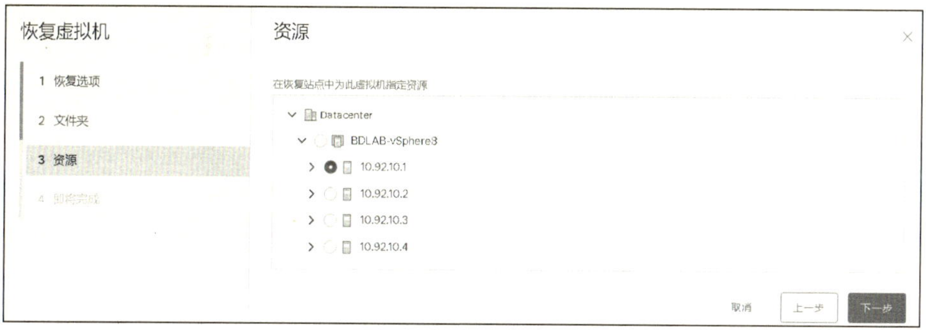

图 8-31　选择恢复后的虚拟机运行的 ESXi 主机

6）核对恢复参数，如图 8-32 所示，确认无误后单击“完成”按钮。

图 8-32　核对恢复参数

7）完成虚拟机恢复，如图 8-33 所示。

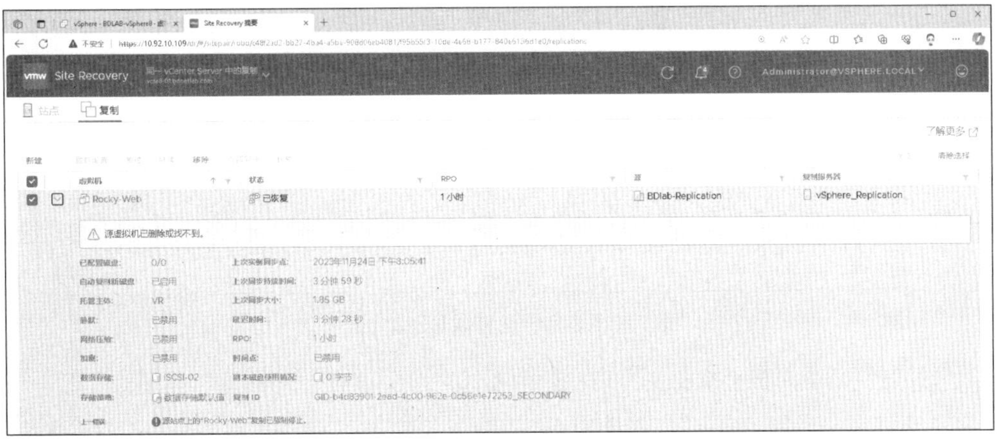

图 8-33　完成虚拟机恢复

8）登录 vCenter Server 查看虚拟机恢复情况，如图 8-34 所示，可看到被删除的虚拟机已成功恢复并处于运行状态。

图 8-34　恢复后的虚拟机正常运行

至此，使用 vSphere Replication 恢复虚拟机的操作完成。从配置到使用，vSphere Replication 的备份与恢复流程相对简洁，但需注意：由于 vSphere Replication 与 vCenter Server 深度集成，如果 vCenter Server 出现故障，vSphere Replication 备份恢复虚拟机也可能出现问题。

8.2　使用云祺容灾备份系统备份和恢复虚拟机

云祺容灾备份系统（Vinchin Disaster Recovery）支持主流虚拟化环境的虚拟机备份，可提供对云基础设施、云架构平台以及深入到应用系统的全方位数据保护。其功能包括多种异构虚拟化平台环境下的虚拟机备份、瞬时恢复、细粒度恢复、迁移、灾难演练等，能有效保障虚拟化中心的数据安全。目前支持 VMware vSphere、Microsoft Hyper-V、OpenStack、Citrix XenServer、华为 FusionCompute 等多个虚拟化平台。

8.2.1　部署云祺容灾备份系统

云祺容灾备份系统的安装镜像可从官方网站下载，部署基于 CentOS 操作系统。本节介绍具体部署步骤。

1）新建一台基于 CentOS 系统的虚拟机，作为云祺容灾备份系统的运行环境，如图 8-35 所示。

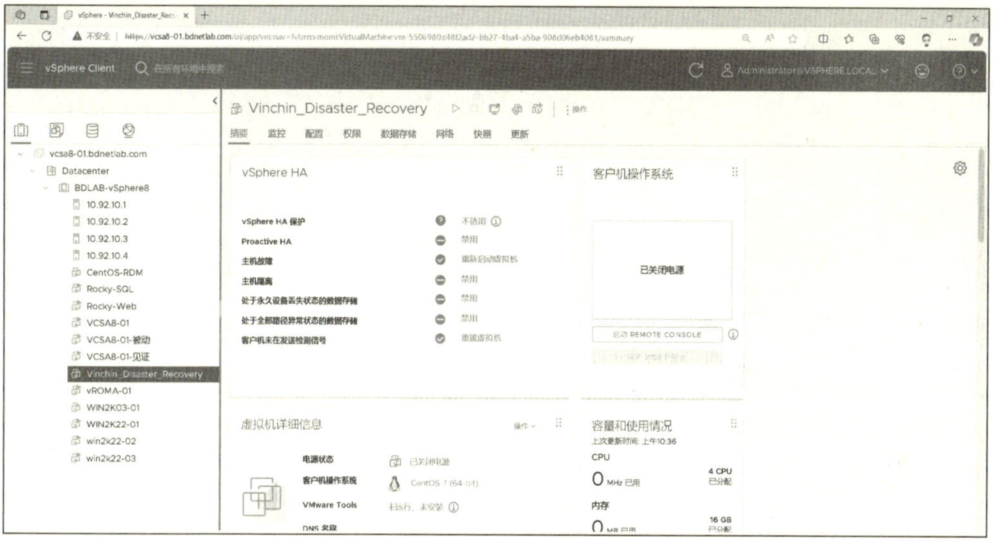

图 8-35　创建云祺容灾备份系统虚拟机

2）启动虚拟机并运行云祺容灾备份系统的安装程序，如图 8-36 所示，操作系统的安装步骤省略，读者可以参考前文虚拟机操作系统安装的相关内容。

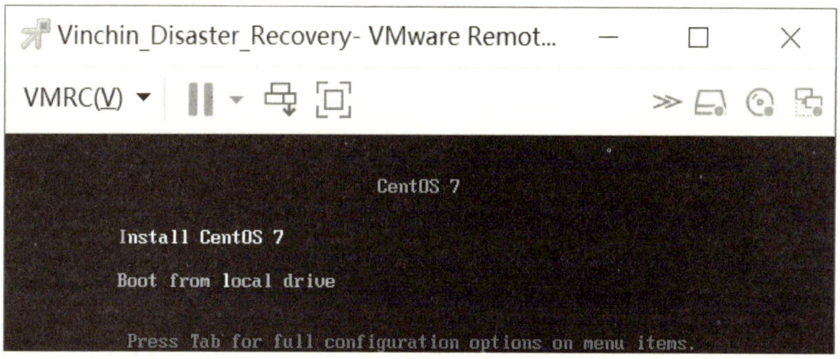

图 8-36　选择云祺容灾备份系统安装程序

3）安装完成后启动虚拟机，如图 8-37 所示。

图 8-37　云祺容灾备份系统安装完成并启动

因为云祺容灾备份系统将软件打包进 CentOS 系统，所以当 CentOS 系统安装完成后，云祺容灾备份系统也安装完成。

8.2.2 配置云祺容灾备份系统

完成云祺容灾备份系统安装后，需要先进行基础配置才能对虚拟机进行备份恢复操作。本节介绍云祺容灾备份系统的配置步骤。

1）云祺容灾备份系统通过浏览器访问，在地址栏输入系统 IP 地址后，输入默认用户名和密码（admin/Admin@3R）（如图 8-38 所示），单击“登录”按钮。

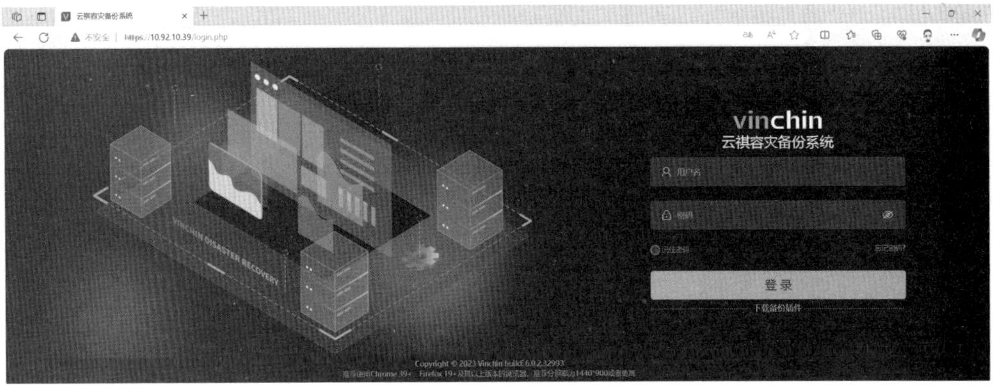

图 8-38 登录云祺容灾备份系统

2）系统首页如图 8-39 所示，单击左侧菜单栏“系统管理”按钮。

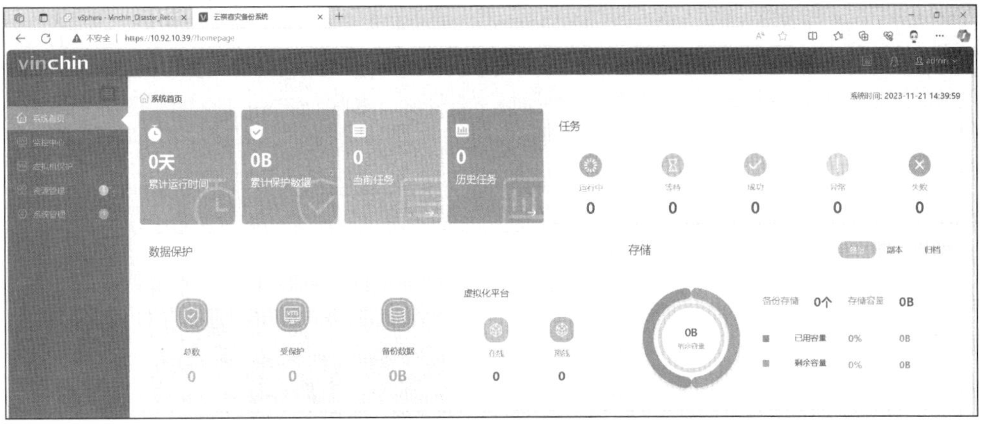

图 8-39 系统首页

3）新部署的系统默认处于未授权状态，如图 8-40 所示，需完成授权才能备份并恢复虚拟机。可以下载指纹文件后申请试用授权。

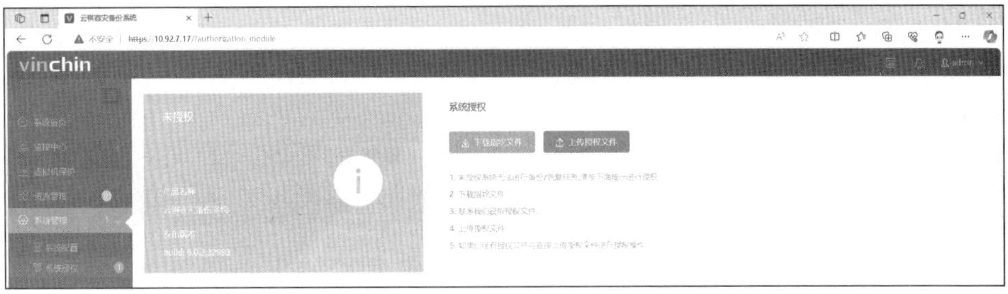

图 8-40 系统未授权提示界面

4）上传获取的授权文件后，系统状态将更新为“试用授权”，如图 8-41 所示。

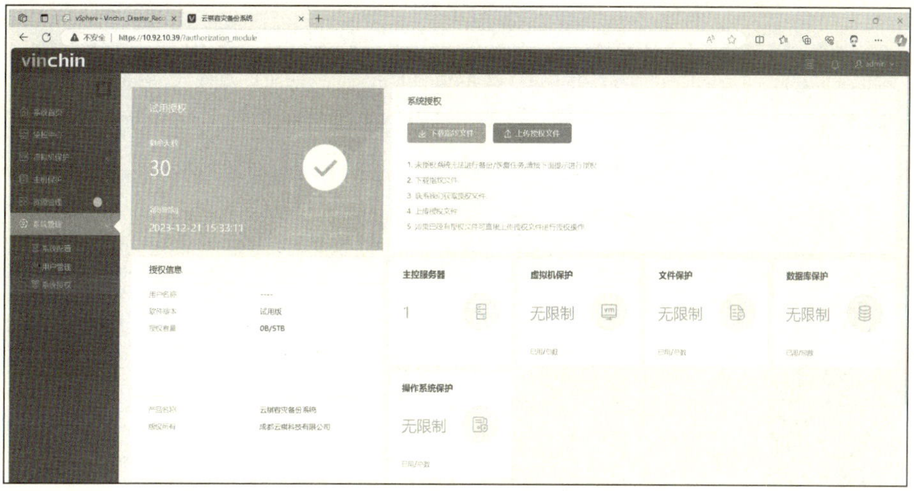

图 8-41　试用授权激活成功

5）在系统管理中切换至“存储配置”页面，如图 8-42 所示，单击“新建”按钮可添加备份使用的存储设备，如图 8-42 所示。

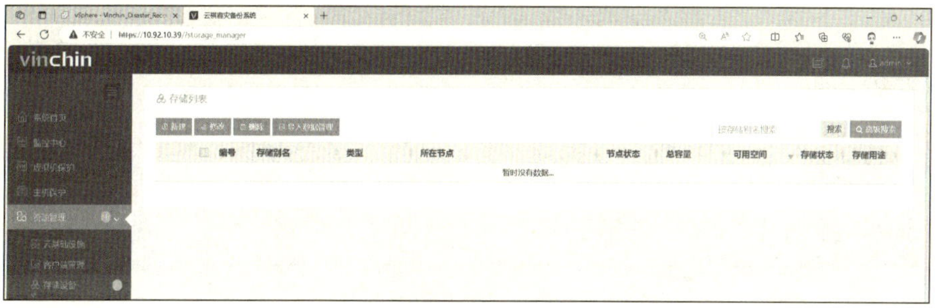

图 8-42　存储配置

6）系统支持多种存储资源，如图 8-43 所示，本节以“本地磁盘”为例进行配置。

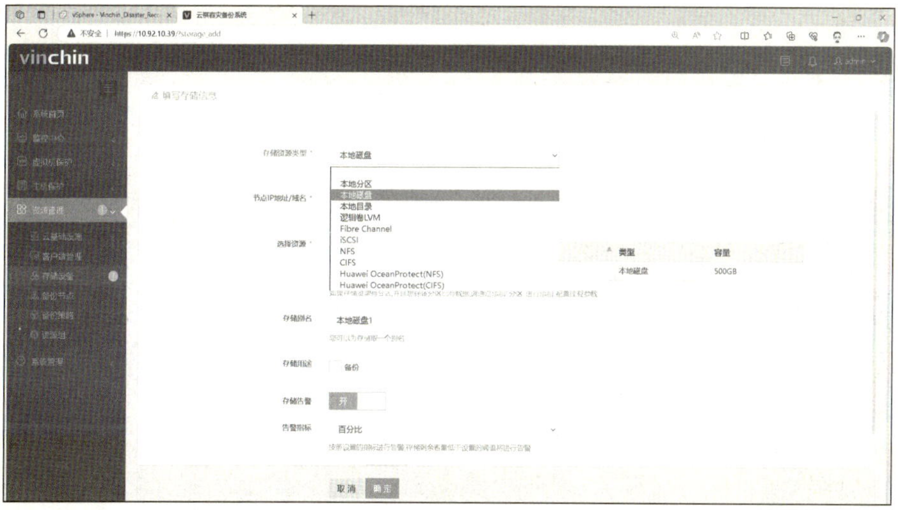

图 8-43　选择存储资源类型

7）配置本地磁盘存储参数，包括存储别名、存储用途等，如图 8-44 所示，单击“确定”按钮完成配置。

图 8-44　配置本地磁盘存储参数

8）本地磁盘添加完成后，存储列表中将显示该存储节点，存储状态为“正常”（如图 8-45 所示），代表备份存储配置成功，如图 8-45 所示。

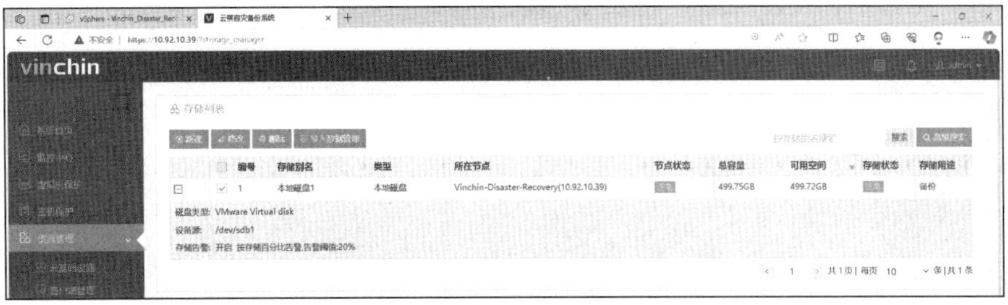

图 8-45　完成备份存储配置

8.2.3　使用云祺容灾备份系统备份虚拟机

完成云祺容灾备份系统的基础配置后，即可开始对虚拟机执行备份操作。本节详细介绍备份流程：

1）在左侧系统菜单中选择“云基础设施”→“虚拟化中心”，系统支持多种虚拟化类型的备份，如图 8-46 所示。

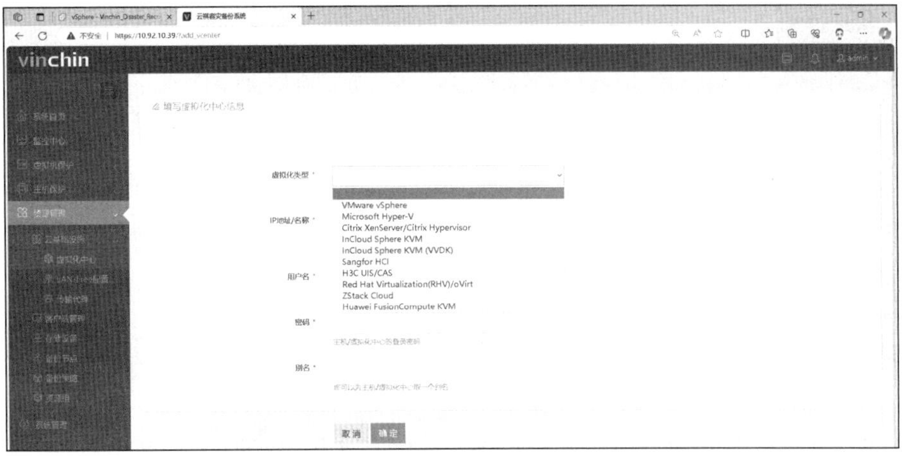

图 8-46　云祺容灾备份系统支持的虚拟化类型

2）配置虚拟化中心相关信息，如图 8-47 所示，单击“确定”按钮。

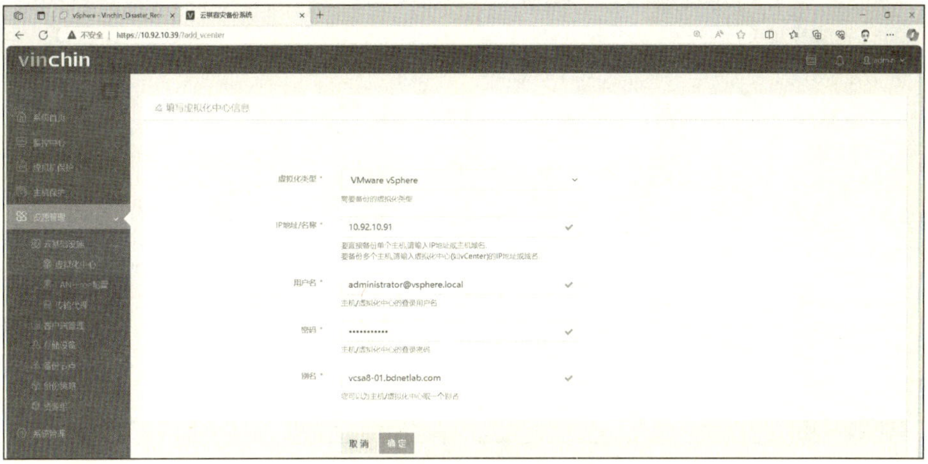

图 8-47　配置虚拟化中心相关信息

3）查看虚拟化中心的授权状态，可以看到授权状态已变为“全部授权”，代表系统已获得该平台的备份权限，如图 8-48 所示。

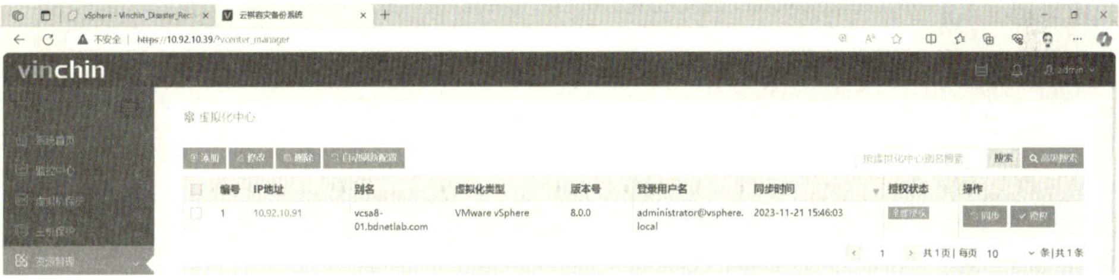

图 8-48　查看虚拟化中心的授权状态

4）在“虚拟机保护”菜单中选择“备份”，系统会自动读取虚拟化中心中的所有虚拟机列表，如图 8-49 所示。

图 8-49　读取虚拟机列表

5）勾选需要备份的虚拟机，如图 8-50 所示，单击“下一步”按钮。

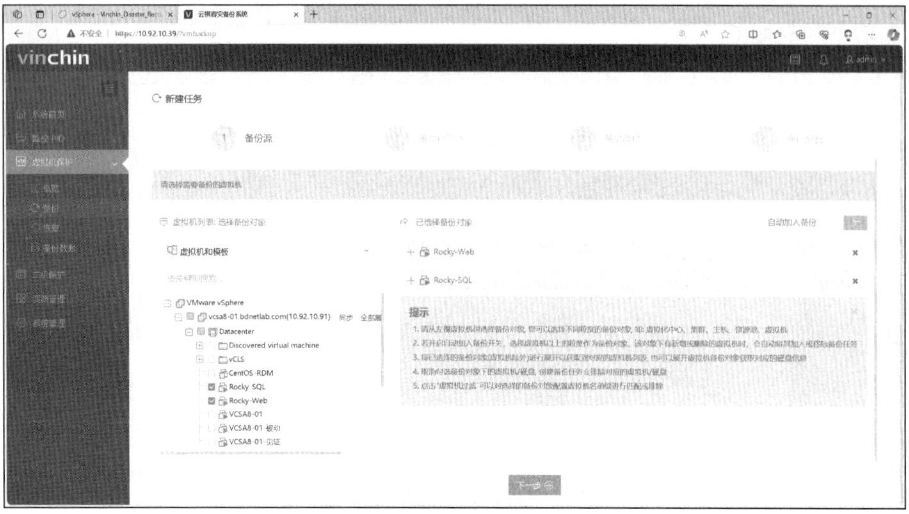

图 8-50　选择备份虚拟机

6）选择备份虚拟机使用的存储，如图 8-51 所示，单击“下一步”按钮。

图 8-51　选择备份虚拟机使用的存储

7）配置备份策略，在生产环境中推荐使用“增量备份”策略，如图 8-52 所示，单击“下一步”按钮。

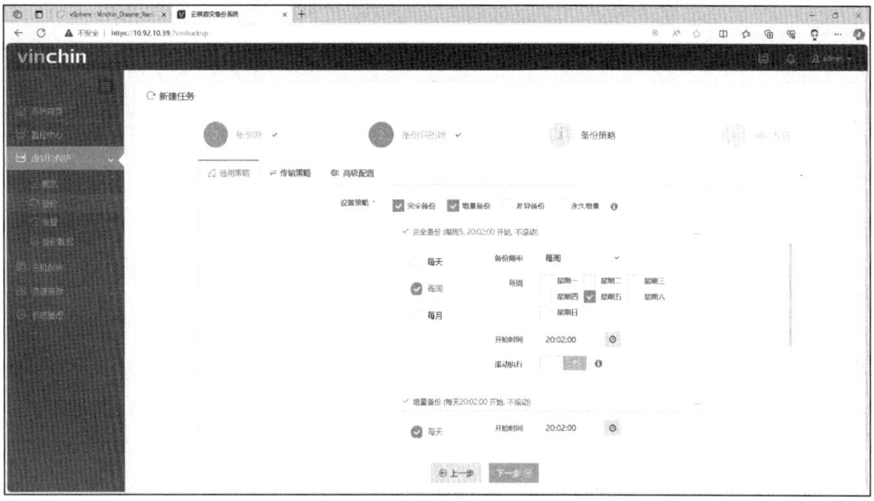

图 8-52　配置备份策略

8）生产环境中可以根据实际情况配置限速策略、存储策略、保留策略、高级策略等，如图 8-53 所示。配置完成后单击“下一步”按钮。

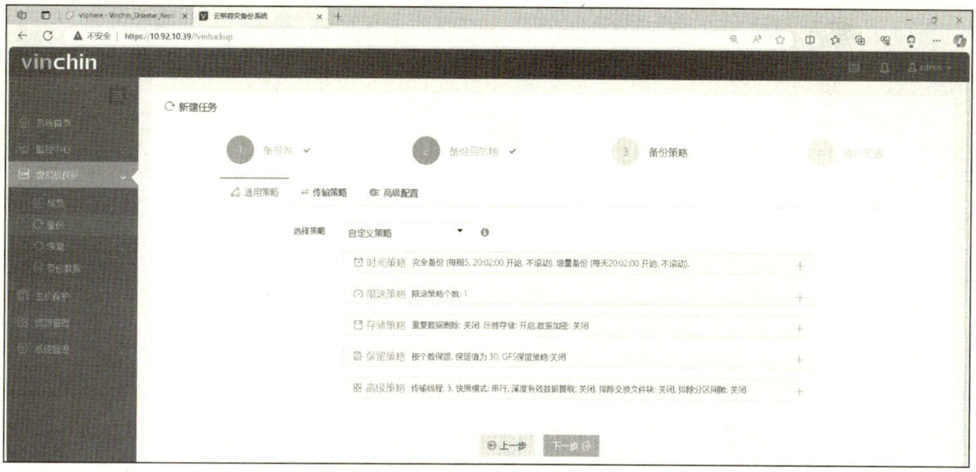

图 8-53　配置其他策略

9）核对备份策略参数，如图 8-54 所示，确认无误后单击“提交”按钮。

图 8-54　核对备份策略参数

10）虚拟机进入“等待”状态，如图 8-55 所示，可以通过手动操作启动完全备份。

图 8-55　备份等待状态

11）系统开始执行备份任务，如图 8-56 所示。

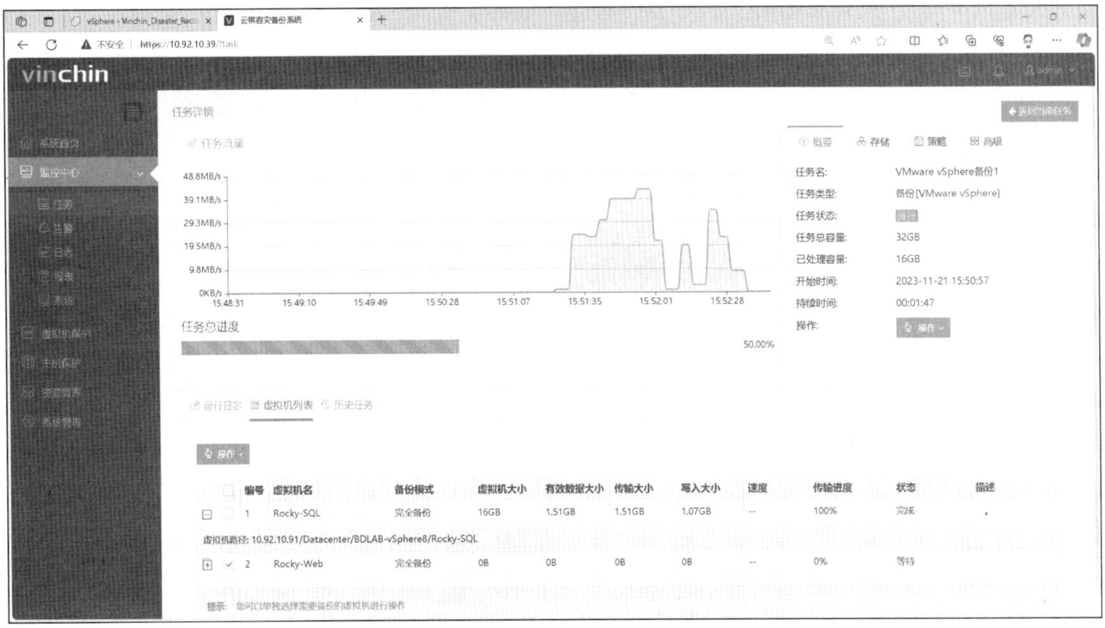

图 8-56　系统开始执行备份

12）完成虚拟机备份操作，如图 8-57 所示。

图 8-57　完成虚拟机备份操作

13）可手动启动增量备份，如图 8-58 所示。

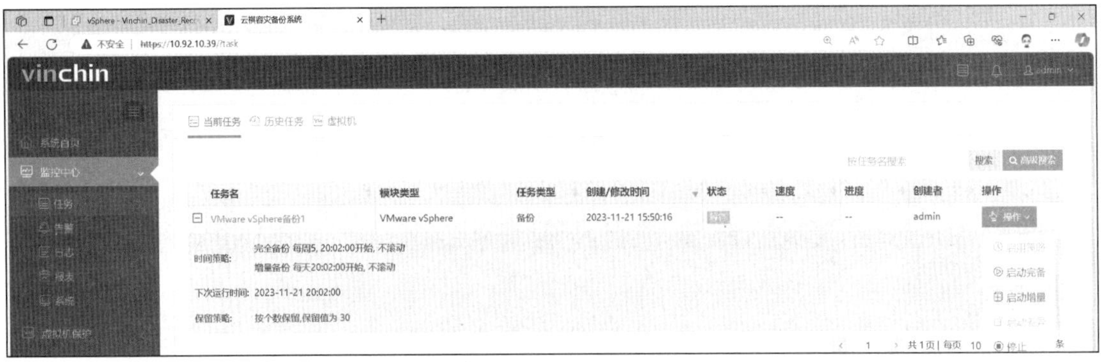

图 8-58　手动启动增量备份

14）查看虚拟机备份数据，可以看到虚拟机有完全备份点和增量备份点，如图 8-59 所示。

图 8-59　查看备份数据

8.2.4　使用云祺容灾备份系统恢复虚拟机

完成虚拟机备份操作后，如果原虚拟机出现故障，就可以对虚拟机进行恢复。本节将介绍如何恢复虚拟机。

1）在系统菜单中进入“虚拟机保护”→“恢复”，勾选需要恢复的虚拟机，如图 8-60 所示，单击“下一步”按钮。

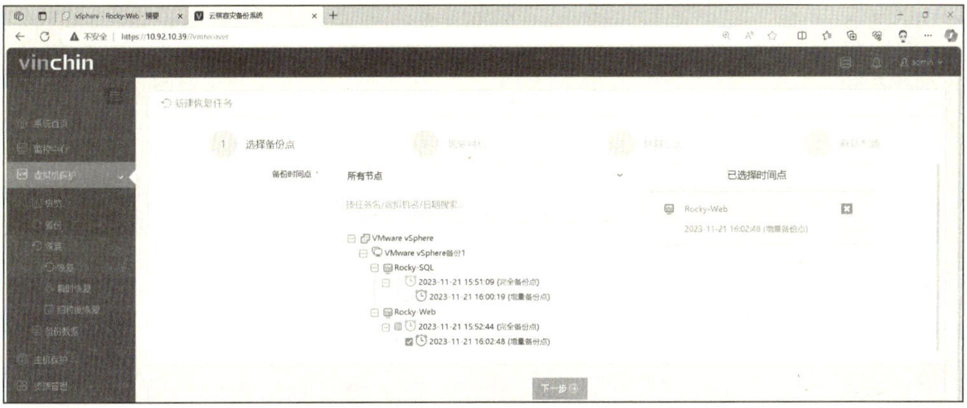

图 8-60　选择待恢复的虚拟机

2）选择虚拟机恢复目标，如图 8-61 所示，单击“下一步”按钮。

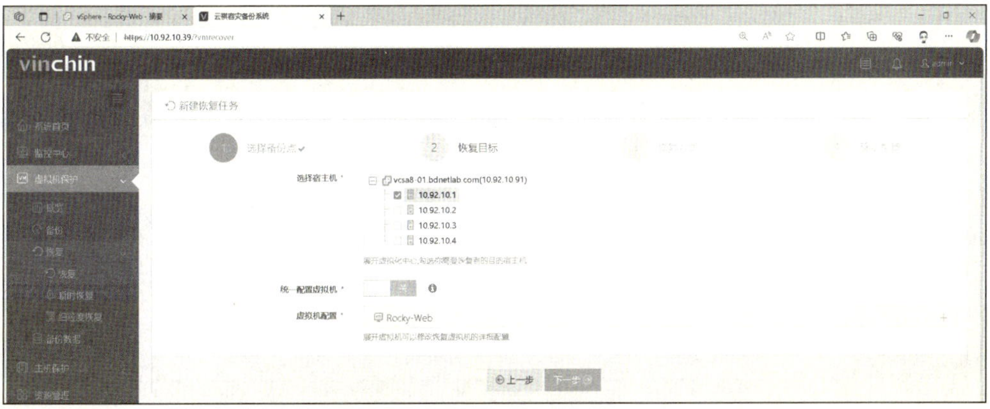

图 8-61　选择虚拟机恢复目标

3）选择虚拟机恢复方式，如图 8-62 所示，单击“下一步”按钮。

图 8-62　选择虚拟机恢复方式

4）核对恢复参数是否正确，如图 8-63 所示，确认无误后单击“提交”按钮启动恢复任务。

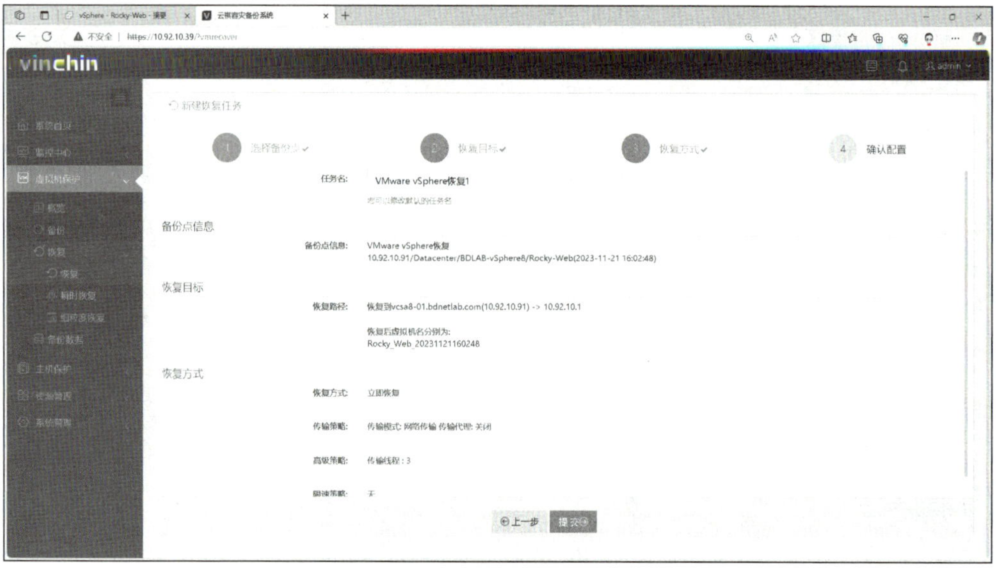

图 8-63　核对恢复参数

5）虚拟机恢复任务处于“运行”状态，如图 8-64 所示。

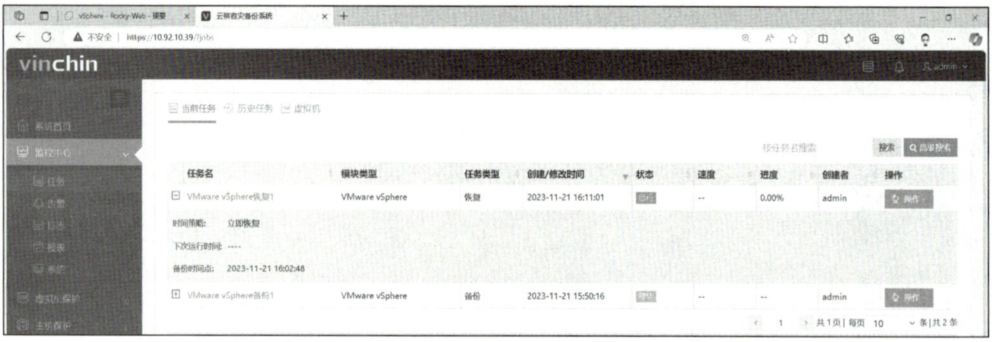

图 8-64　恢复任务处于“运行”状态

6）恢复完成后，执行结果显示为“成功”，代表虚拟机恢复操作已完成，如图 8-65 所示。

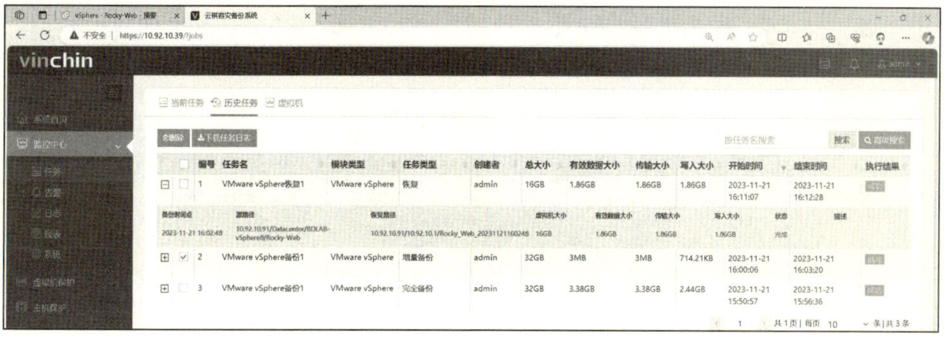

图 8-65　虚拟机已恢复成功

7）在 vCenter Server 查看虚拟机恢复情况，可看到恢复的虚拟机处于“已关闭电源”状态，如图 8-66 所示，单击打开电源按钮（▷图标）。

图 8-66　打开恢复的虚拟机电源

8）恢复的虚拟机正常运行，如图 8-67 所示。需要注意的是，恢复操作会基于备份数据新建虚拟机，需确保原故障虚拟机已停止运行或删除，避免 IP、主机名等冲突。

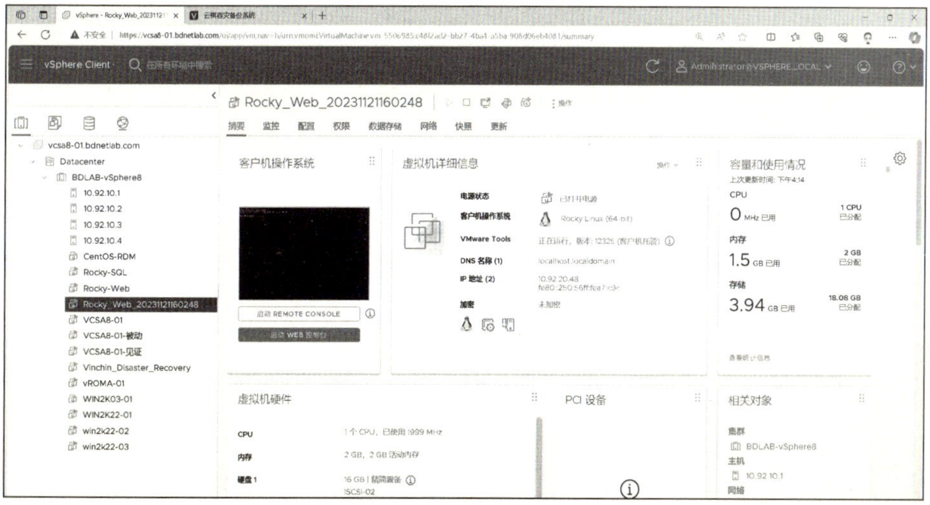

图 8-67　虚拟机处于正常状态

9）云祺容灾备份系统还提供一些监控功能。查看系统首页，可以看到整体的运行情况，如图 8-68 所示。

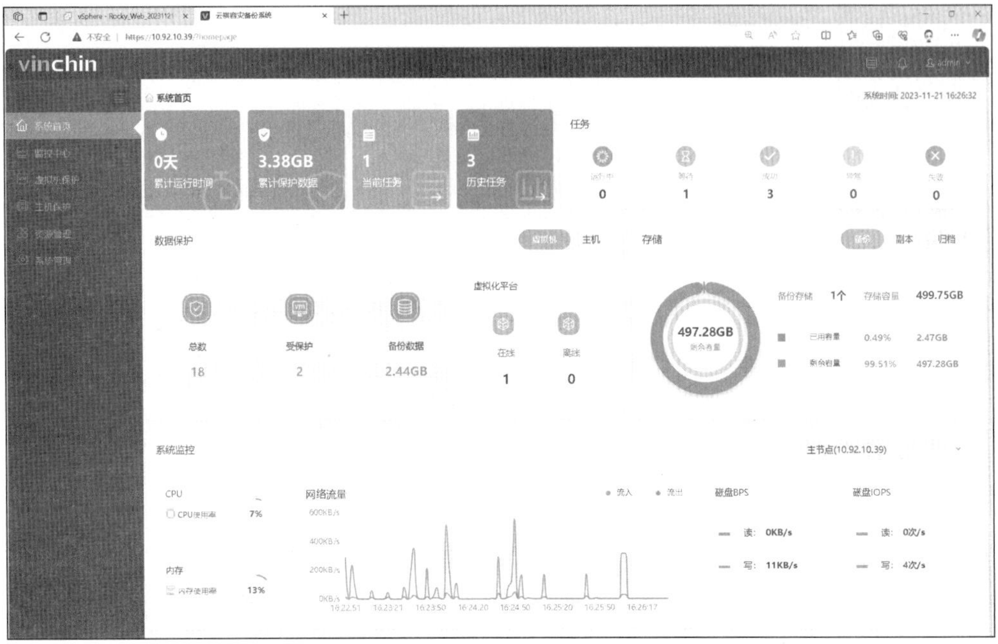

图 8-68　云祺容灾备份系统首页

10）查看监控中心的虚拟机报表，可以看到所有备份虚拟机的情况，如图 8-69 所示。

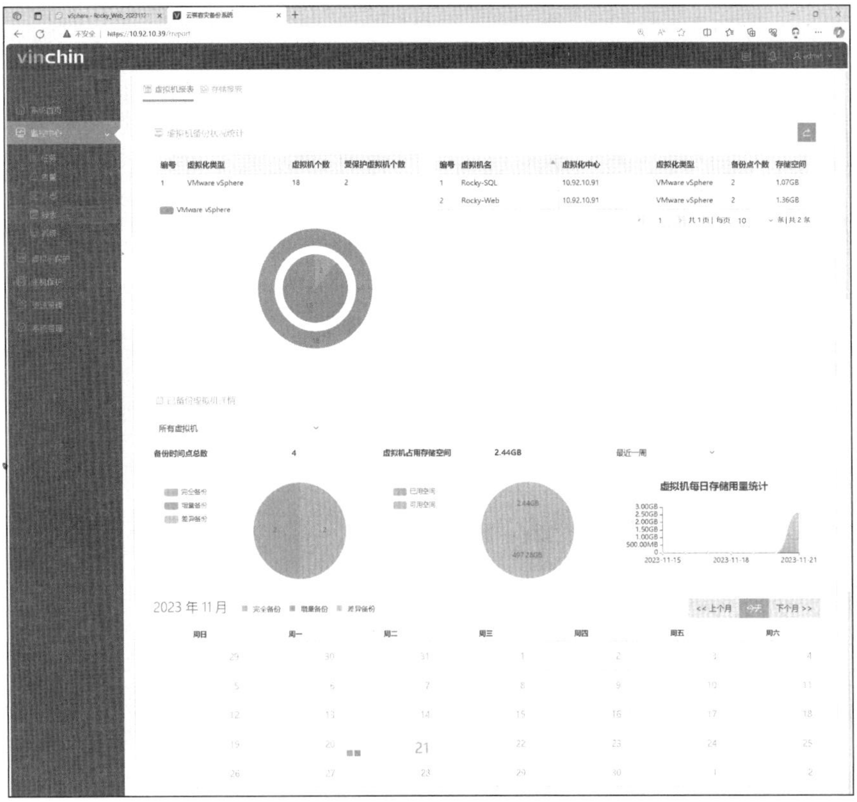

图 8-69　查看监控中心虚拟机报表

11）查看监控中心的存储报表，可以看到备份中心的存储情况，如图 8-70 所示。

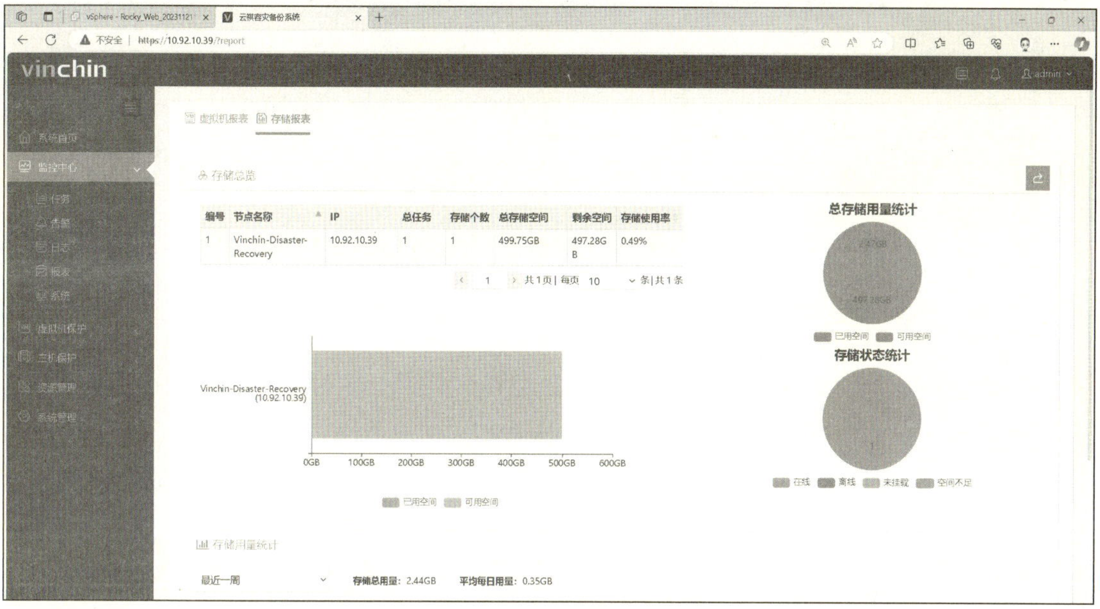

图 8-70　查看监控中心的存储报表

12）查看监控中心的系统监控，可以看到备份系统的运行情况，如图 8-71 所示。

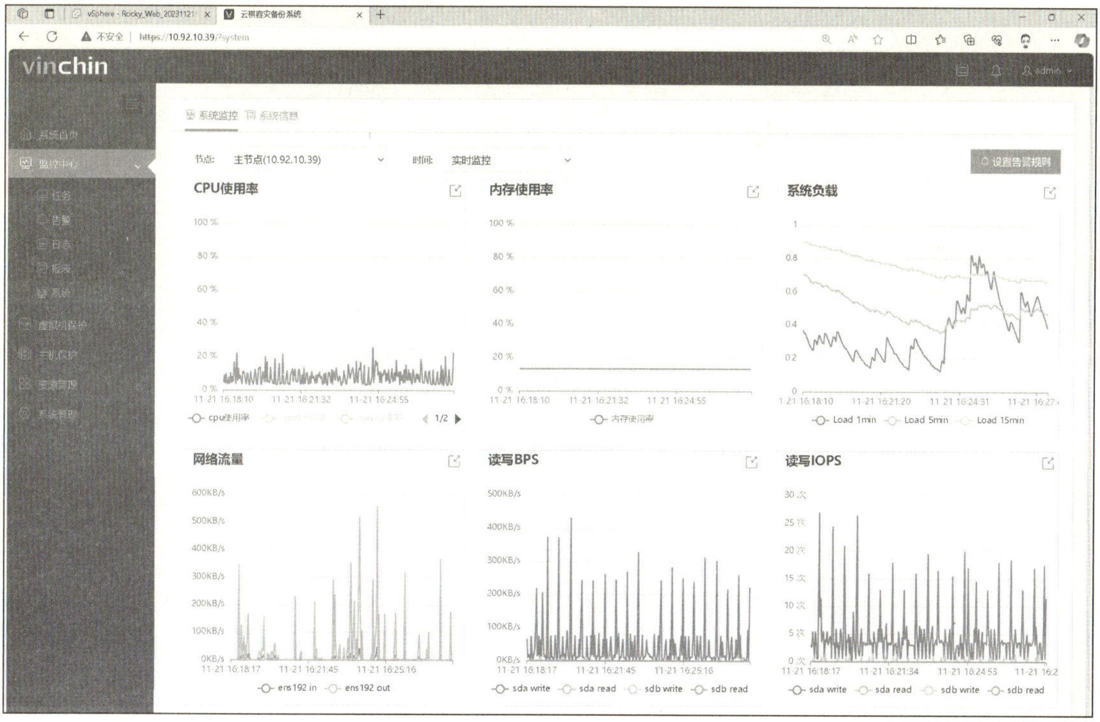

图 8-71　查看监控中心的系统监控

13）查看监控中心的系统信息，可以看到备份系统的基本信息，如图 8-72 所示。

14）云祺容灾备份系统还提供了可视化大屏功能，能够帮助运维人员直观地监控虚拟化环境的备份恢复情况，如图 8-73 所示。

图 8-72　查看监控中心系统信息

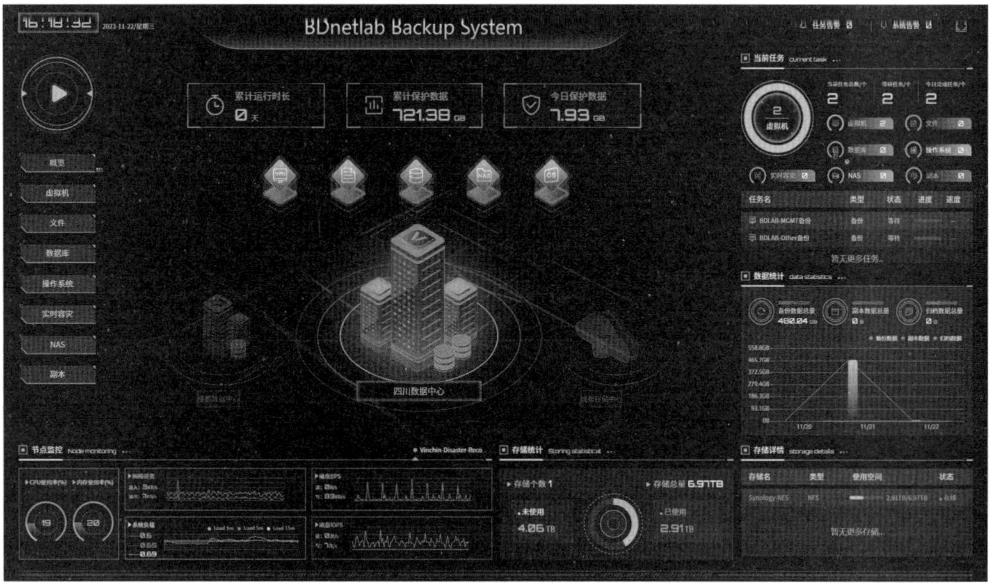

图 8-73　云祺容灾备份系统可视化大屏

8.3　本章小结

本章介绍了如何使用 vSphere Replication 和云祺容灾备份系统备份与恢复虚拟机，从部署到使用，两者均能有效实现虚拟机的备份与恢复，保障数据安全。实际生产环境中，用户可根据需求灵活选择。